CAD/CAM/CAE 基础与实践

AutoCAD 2010 基础教程

张云杰　张艳明　编　著

清华大学出版社
北　京

内 容 简 介

AutoCAD 作为一款优秀的 CAD 图形设计软件，应用程度远远高于其他的软件。本书主要针对目前非常热门的 AutoCAD 辅助设计技术，讲解最新版本 AutoCAD 2010 中文版的设计方法。全书共分为 12 章，主要内容包括：基本操作和绘图、编辑修改图形、层和块操作、文字操作、表格和打印输出，以及进行三维绘图的方法，介绍了多种技术和技巧，最后三章还讲解了三个综合的图形绘制范例，分别从应用最多的机械和建筑领域入手，从实用的角度介绍了 AutoCAD 2010 中文版的使用。另外，本书还配备了交互式多媒体教学光盘，将案例制作过程制作为多媒体视频进行讲解，讲解形式活泼、生动、实用，便于读者学习使用。

本书结构严谨、内容翔实、知识全面、可读性强，设计范例实用性强、专业性强、步骤明确，多媒体教学光盘方便实用，使读者能够快速、准确地掌握 AutoCAD 2010 中文版的绘图方法与技巧，特别适合初、中级用户的学习，是广大读者快速掌握 AutoCAD 2010 中文版的实用指导书，也可作为大中专院校计算机辅助设计课程的指导教材。

本书封面贴有清华大学出版社防伪标签，无标签者不得销售。
版权所有，侵权必究。举报：010-62782989，beiqinquan@tup.tsinghua.edu.cn。

图书在版编目(CIP)数据

AutoCAD 2010 基础教程/张云杰，张艳明编著. —北京：清华大学出版社，2010.6(2022.1重印)
(CAD/CAM/CAE 基础与实践)
ISBN 978-7-302-22835-6

Ⅰ. ①A… Ⅱ. ①张… ②张… Ⅲ. ①计算机辅助设计—应用软件，AutoCAD 2010—教材 Ⅳ. ①TP391.72

中国版本图书馆 CIP 数据核字(2010)第 097127 号

责任编辑：张彦青　张　瑜
装帧设计：杨玉兰
责任校对：李玉萍
责任印制：杨　艳

出版发行：清华大学出版社
　　　　　网　　址：http://www.tup.com.cn, http://www.wqbook.com
　　　　　地　　址：北京清华大学学研大厦 A 座　　邮　　编：100084
　　　　　社 总 机：010-62770175　　邮　　购：010-62786544
　　　　　投稿与读者服务：010-62776969, c-service@tup.tsinghua.edu.cn
　　　　　质量反馈：010-62772015, zhiliang@tup.tsinghua.edu.cn
　　　　　课件下载：http://www.tup.com.cn, 010-62791865
印 装 者：小森印刷霸州有限公司
经　　销：全国新华书店
开　　本：190mm×260mm　　印　张：34.25　　字　数：836 千字
　　　　　(附光盘 1 张)
版　　次：2010 年 6 月第 1 版　　印　次：2022 年 1 月第 15 次印刷
定　　价：54.00 元

产品编号：034331-01

前　　言

　　计算机辅助设计(Computer Aided Design，CAD)是一种通过计算机来辅助进行产品或工程设计的技术。作为计算机的重要应用方面，CAD可加快产品的开发、提高生产质量与效率、降低成本。因此，在工程应用中，CAD得到了广泛的应用。目前，AutoCAD推出了最新的版本AutoCAD 2010中文版，它更是集图形处理之大成，代表了当今CAD软件的最新潮流和技术巅峰。

　　因此，掌握AutoCAD软件对设计绘图越来越重要。为了使大家尽快掌握AutoCAD 2010中文版的使用和设计方法，笔者集多年使用AutoCAD的设计经验，编写了本书，通过循序渐进的讲解，从AutoCAD的基本操作、绘图、编辑到应用范例详细诠释了应用AutoCAD 2010中文版进行绘图设计的方法和技巧。

　　全书共分为12章，系统讲解了AutoCAD 2010中文版的设计基础和设计方法，其中第1章和第2章介绍了基本操作和绘图；第3章讲解了编辑修改图形的方法；第4章介绍了层和块操作；第5章介绍了尺寸标注的方法；第6章介绍了文字和表格的操作；第7章介绍了图块操作和对象查询；第8章讲解了打印输出的方法；第9章讲解了AutoCAD 2010进行三维绘图的方法。本书的最后三章讲解了三个综合范例，分别从应用最多的机械和建筑领域入手，通过将专业设计元素和理念多方位融入设计范例，使全书更加实用和专业。

　　笔者长期从事AutoCAD的专业设计和教学，对AutoCAD有深入的了解，并积累了大量的实际工作经验。书中的每个范例都是作者独立设计的真实作品，每一章都提供了独立、完整的设计制作过程，每个操作步骤都有简洁的文字说明和精美的图例展示。此外，本书的范例安排本着"由浅入深，循序渐进"的原则，使读者能够学以致用，举一反三，从而快速掌握使用AutoCAD 2010的诀窍，能够在以后的设计绘图工作中熟练应用。

　　本书还配备了交互式多媒体教学光盘，将案例过程制作为多媒体进行讲解，讲解形式活泼、方便、实用，便于读者学习使用。同时光盘中还提供了所有实例的源文件，以便读者练习使用。关于多媒体教学光盘的使用方法，读者可以参看光盘根目录下的光盘说明。另外，本书还提供了网络的免费技术支持，欢迎大家登录云杰漫步多媒体科技的网上技术论坛进行交流：http://www.yunjiework.com/bbs。论坛分为多个专业的设计版块，可以为读者提供实时的软件技术支持，解答读者在使用本书及相关软件时遇到的问题，相信广大读者在论坛免费学习的知识一定会更多。

　　本书由云杰漫步多媒体科技CAX设计教研室策划，由张云杰、张艳明主编，参加编写工作的还有尚蕾、汤明乐、张云静、靳翔、郝利剑、姚凌云、李红运、贺安、贺秀亭、宋志刚、董闯、李海霞、焦淑娟、刘海、田澍、周益斌、杨婷、马永健、姜兆瑞、季小武、陈静、王攀峰、尹延磊等，书中的设计实例均由云杰漫步多媒体科技公司CAX设计教研室设计制作，多媒体光盘由云杰漫步多媒体科技公司技术支持，同时要感谢出版社的编辑和老师们的大力协助。

　　由于编写人员水平有限，书中难免有不足之处，望广大用户不吝赐教，编写人员特此深表谢意。

编　者

目　　录

第 1 章　AutoCAD 2010 入门 1

1.1 AutoCAD 2010 简介 2
1.2 启动 AutoCAD 2010 2
1.3 AutoCAD 2010 的界面结构 4
　　1.3.1 标题栏 4
　　1.3.2 菜单栏 5
　　1.3.3 工具栏 7
　　1.3.4 菜单浏览器 9
　　1.3.5 快速访问工具栏 10
　　1.3.6 绘图区 11
　　1.3.7 选项卡和面板 14
　　1.3.8 命令行 15
　　1.3.9 状态栏 16
　　1.3.10 空间选项卡 18
　　1.3.11 "三维建模"工作界面 18
　　1.3.12 "AutoCAD 经典"界面 19
1.4 图形的显示 19
　　1.4.1 平移视图 19
　　1.4.2 缩放视图 22
　　1.4.3 鸟瞰视图 25
　　1.4.4 命名视图 25
1.5 基本操作 28
　　1.5.1 创建新文件 28
　　1.5.2 打开文件 29
　　1.5.3 保存文件 31
　　1.5.4 为图形文件加密 32
　　1.5.5 关闭文件和退出程序 34
1.6 视图管理 35
　　1.6.1 视图窗口的重画和生成 35
　　1.6.2 全屏显示 35
1.7 本章小结 36

第 2 章　AutoCAD 2010 绘图基础 37

2.1 设置绘图环境 38
　　2.1.1 设置参数选项 38
　　2.1.2 鼠标的设置 38
　　2.1.3 设定绘图单位 40
　　2.1.4 设置绘图界限 44
　　2.1.5 设置精确绘图的辅助功能 45
2.2 坐标系和动态坐标系 50
　　2.2.1 坐标系统 50
　　2.2.2 坐标的表示方法 50
　　2.2.3 动态输入 51
2.3 绘制基本二维图形 53
　　2.3.1 绘制点 53
　　2.3.2 绘制线 55
　　2.3.3 绘制矩形 58
　　2.3.4 绘制正多边形 59
　　2.3.5 绘制圆、圆弧、圆环 60
　　2.3.6 椭圆 70
　　2.3.7 绘制多线 72
　　2.3.8 绘制多段线 82
　　2.3.9 修订云线 83
　　2.3.10 绘制样条曲线 86
2.4 设计范例——绘制简单建筑平面图元 90
　　2.4.1 绘制轴圈 90
　　2.4.2 绘制六边形的地砖 91
　　2.4.3 绘制洗手池 92
　　2.4.4 绘制楼梯的转角箭头 93
　　2.4.5 绘制拐角沙发平面图 94
2.5 本章小结 97

第 3 章 编辑图形 99

3.1 对象选择方式 100
- 3.1.1 设置夹点 100
- 3.1.2 夹点编辑 102
- 3.1.3 选择对象的方法 103
- 3.1.4 过滤选择图形 105
- 3.1.5 快速选择图形 106
- 3.1.6 使用编组 107

3.2 编辑工具 108

3.3 删除和恢复图形 109
- 3.3.1 删除图形 109
- 3.3.2 恢复图形 110
- 3.3.3 放弃和重做 110

3.4 形体相同图形的绘制 111
- 3.4.1 复制图形 111
- 3.4.2 偏移图形 112
- 3.4.3 镜像图形 114
- 3.4.4 阵列图形 115
- 3.4.5 移动和旋转图形 122

3.5 扩展编辑工具 124
- 3.5.1 拉伸图形 124
- 3.5.2 修剪图形 125
- 3.5.3 延伸图形 127
- 3.5.4 打断图形 128
- 3.5.5 倒圆角图形 128
- 3.5.6 倒角图形 129
- 3.5.7 缩放图形 130
- 3.5.8 分解图形 132

3.6 设计小范例——编辑建筑平面 133
- 3.6.1 编辑餐厅中的桌椅图形 133
- 3.6.2 编辑厨房中的燃气灶及阳台绿植 135
- 3.6.3 编辑饮水机图形 138
- 3.6.4 楼梯图形的完善 139
- 3.6.5 调整洁具、家具的位置 140

3.7 本章小结 141

第 4 章 图层操作 143

4.1 新建图层 144
- 4.1.1 创建新图层及重命名图层 144
- 4.1.2 图层颜色 146
- 4.1.3 图层线型 147
- 4.1.4 图层线宽 150

4.2 图层管理 152
- 4.2.1 命名图层过滤器 152
- 4.2.2 删除图层 153
- 4.2.3 设置当前图层 154
- 4.2.4 显示图层细节 154
- 4.2.5 保存、恢复、管理图层状态 156

4.3 属性编辑 158

4.4 设计小范例 160
- 4.4.1 新建图层 161
- 4.4.2 重命名图层并更改线型 162
- 4.4.3 图层状态管理 164

4.5 本章小结 167

第 5 章 尺寸标注 169

5.1 图纸标注设置 170
- 5.1.1 标注样式的管理 170
- 5.1.2 创建新标注样式 171
- 5.1.3 直线和箭头 175
- 5.1.4 文字 180
- 5.1.5 调整 183
- 5.1.6 主单位 185
- 5.1.7 换算单位 187
- 5.1.8 公差 188

5.2 设置为当前尺寸标注样式 190

5.3 创建尺寸标注 190
- 5.3.1 对齐尺寸标注 190
- 5.3.2 线性尺寸标注 191
- 5.3.3 标注半径/直径 193
- 5.3.4 标注弧长 194
- 5.3.5 标注角度尺寸 194
- 5.3.6 基线尺寸标注 196
- 5.3.7 连续尺寸标注 198
- 5.3.8 标记圆心 199
- 5.3.9 引线尺寸标注 200
- 5.3.10 坐标尺寸标注 201

5.3.11　快速标注 202
5.4　编辑尺寸标注 203
　　　5.4.1　编辑标注尺寸 203
　　　5.4.2　替代尺寸标注样式 203
　　　5.4.3　删除尺寸标注样式 204
　　　5.4.4　编辑标注文字 204
5.5　尺寸标注范例 205
　　　5.5.1　设置尺寸标注样式 206
　　　5.5.2　标注轴线尺寸 208
　　　5.5.3　标注轴号 209
　　　5.5.4　标注窗 211
　　　5.5.5　标注门 212
　　　5.5.6　标注楼梯上、下方向 213
　　　5.5.7　标注房间名 214
　　　5.5.8　绘制推拉门的方向箭头 215
5.6　本章小结 217

第6章　文字和表格操作 219

6.1　文字标注 220
　　　6.1.1　文字样式 220
　　　6.1.2　指定当前文字样式 222
　　　6.1.3　文本标注 222
　　　6.1.4　文本编辑 227
　　　6.1.5　在文字说明中插入特殊符号 230
　　　6.1.6　文字的修改 230
6.2　创建和插入表格 231
　　　6.2.1　创建表格 231
　　　6.2.2　插入表格 236
　　　6.2.3　编辑表格 237
6.3　文字和表格范例——编写零件表
　　　和技术要求 239
　　　6.3.1　设置表格样式 240
　　　6.3.2　插入表格 241
　　　6.3.3　调整表格间距大小并输入
　　　　　　文字 243
　　　6.3.4　编写技术说明 245
6.4　本章小结 247

第7章　图块操作和对象查询 249

7.1　图块与图案填充 250

　　　7.1.1　图块概述 250
　　　7.1.2　创建图块 250
　　　7.1.3　插入图块 257
　　　7.1.4　图块属性 261
7.2　外部参照 268
　　　7.2.1　概述 268
　　　7.2.2　使用外部参照 269
　　　7.2.3　参照管理器 271
7.3　AutoCAD 设计中心 273
　　　7.3.1　利用设计中心打开图形 273
　　　7.3.2　通过设计中心插入常用图块 274
　　　7.3.3　设计中心的拖放功能 276
　　　7.3.4　利用设计中心引用外部参照 277
7.4　创建面域 278
　　　7.4.1　创建面域的方法 278
　　　7.4.2　计算面域 279
7.5　图案填充 279
　　　7.5.1　设置图案填充 279
　　　7.5.2　设置孤岛 282
　　　7.5.3　设置渐变色填充 284
　　　7.5.4　编辑图案填充 285
　　　7.5.5　分解填充的图案 285
7.6　查询对象 286
　　　7.6.1　查询时间 286
　　　7.6.2　查询状态 286
　　　7.6.3　查询列表 287
　　　7.6.4　查询距离 288
　　　7.6.5　查询面积及周长 288
　　　7.6.6　查询质量特性 289
7.7　设计小范例 289
　　　7.7.1　插入 A4 图框 290
　　　7.7.2　将图形创建为外部图块 291
　　　7.7.3　查询对象操作 293
7.8　本章小结 294

第8章　图纸打印输出 295

8.1　打印工程图 296
　　　8.1.1　模型空间和图纸空间 296
　　　8.1.2　在图纸空间中创建布局 297

	8.1.3 编辑和管理布局	301
	8.1.4 视口	302
	8.1.5 打印设置	305
	8.1.6 打印预览	305
	8.1.7 打印图形	306
8.2	图形输出	307
	8.2.1 设置绘图设备	307
	8.2.2 页面设置	313
	8.2.3 图形输出	319
8.3	打印输出范例	320
	8.3.1 范例介绍	320
	8.3.2 范例操作	321
8.4	本章小结	324

第 9 章 AutoCAD 三维绘图 ... 325

- 9.1 三维坐标和视点 ... 326
  - 9.1.1 三维中的用户坐标系 ... 326
  - 9.1.2 AutoCAD 中的坐标系命令 ... 326
  - 9.1.3 三维坐标的形式 ... 328
  - 9.1.4 新建 UCS ... 329
  - 9.1.5 命名 UCS ... 333
  - 9.1.6 正交 UCS ... 335
  - 9.1.7 设置 UCS ... 335
  - 9.1.8 移动 UCS ... 336
  - 9.1.9 设置三维视点 ... 337
  - 9.1.10 三维动态观察器 ... 339
- 9.2 绘制三维曲面和三维体 ... 340
  - 9.2.1 AutoCAD 中的三维模型 ... 340
  - 9.2.2 绘制三维曲面 ... 341
  - 9.2.3 三维实体 ... 347
- 9.3 显示和检查三维模型 ... 354
  - 9.3.1 三维对象精度显示的设置 ... 355
  - 9.3.2 使用视觉样式显示模型 ... 356
  - 9.3.3 实体模型中干涉的检查 ... 357
- 9.4 编辑三维图形 ... 359
  - 9.4.1 三维模型特性的修改 ... 360
  - 9.4.2 三维旋转 ... 360
  - 9.4.3 三维对齐 ... 361
  - 9.4.4 剖切实体 ... 362

- 9.4.5 三维阵列 ... 363
- 9.4.6 三维镜像 ... 365
- 9.4.7 三维倒角 ... 367
- 9.4.8 三维圆角 ... 367
- 9.5 编辑三维实体 ... 368
  - 9.5.1 并集运算 ... 368
  - 9.5.2 差集运算 ... 369
  - 9.5.3 交集运算 ... 370
  - 9.5.4 拉伸面 ... 371
  - 9.5.5 移动面 ... 373
  - 9.5.6 偏移面 ... 374
  - 9.5.7 删除面 ... 374
  - 9.5.8 旋转面 ... 375
  - 9.5.9 倾斜面 ... 377
  - 9.5.10 着色面 ... 378
  - 9.5.11 复制面 ... 379
  - 9.5.12 着色边 ... 380
  - 9.5.13 复制边 ... 381
  - 9.5.14 压印边 ... 381
  - 9.5.15 抽壳实体 ... 382
- 9.6 三维模型的后期处理 ... 383
  - 9.6.1 图形的消隐与着色 ... 383
  - 9.6.2 使用光源 ... 385
  - 9.6.3 使用材质 ... 386
  - 9.6.4 实体模型的渲染 ... 389
- 9.7 三维绘图范例 ... 394
  - 9.7.1 设置视口和图层 ... 395
  - 9.7.2 创建地面 ... 397
  - 9.7.3 创建墙体 ... 398
  - 9.7.4 创建门框和窗框 ... 406
  - 9.7.5 创建房檐 ... 409
  - 9.7.6 创建屋顶 ... 413
  - 9.7.7 创建栏杆 ... 416
  - 9.7.8 创建灯 ... 416
  - 9.7.9 创建玻璃 ... 418
- 9.8 本章小结 ... 420

第 10 章 应用范例(1)——绘制机械零件图 ... 421

- 10.1 机械零件图绘制基础 ... 422

- 10.1.1 标准件和常用件 422
- 10.1.2 零件常用的表达方法 429
- 10.2 机械零件图范例介绍 438
- 10.3 制作步骤 439
  - 10.3.1 绘制支架零件图形 439
  - 10.3.2 绘制轴的零件图 447
- 10.4 本章小结 453

第 11 章 应用范例(2)——绘制建筑平面图 455

- 11.1 建筑平面图的绘制基础 456
  - 11.1.1 建筑平面图的分类 456
  - 11.1.2 建筑平面图的基本内容 456
  - 11.1.3 建筑平面图的绘制要求 459
  - 11.1.4 建筑平面图的识图基础 459
  - 11.1.5 建筑平面图的设计思路及绘制方法 460
- 11.2 建筑平面范例介绍 461
- 11.3 制作步骤 462
  - 11.3.1 设置绘图环境 462
  - 11.3.2 绘制轴线和柱网 463
  - 11.3.3 生成墙体 467
  - 11.3.4 布置门窗 469
  - 11.3.5 大门设计和中庭设计 474
  - 11.3.6 添加楼梯和电梯 477
  - 11.3.7 开间布置 481
  - 11.3.8 卫生间布置及其他室内布置 483
  - 11.3.9 尺寸标注 488
  - 11.3.10 文字标注 490
  - 11.3.11 添加图框标题并打印输出 492
- 11.4 本章小结 494

第 12 章 应用范例(3)——绘制建筑立面图和剖面图 495

- 12.1 建筑立面图和剖面图绘制基础 496
  - 12.1.1 建筑立面图的基本知识 496
  - 12.1.2 建筑立面图的设计思路及绘制方法 497
  - 12.1.3 建筑剖面图的基本知识 499
  - 12.1.4 建筑剖面图的设计思路及绘制方法 500
- 12.2 建筑立面图和剖面图范例介绍 502
  - 12.2.1 建筑立面图 502
  - 12.2.2 建筑剖面图 504
- 12.3 绘制建筑立面图 505
  - 12.3.1 设置绘图环境 505
  - 12.3.2 绘制建筑轮廓 505
  - 12.3.3 细部设计和墙面装饰 508
  - 12.3.4 绘制门窗 511
  - 12.3.5 尺寸标注和文字标注 518
  - 12.3.6 添加图框标题并打印输出 520
- 12.4 绘制建筑剖面图 522
  - 12.4.1 设置绘图环境 522
  - 12.4.2 绘制地坪 525
  - 12.4.3 绘制墙和柱子 525
  - 12.4.4 绘制屋顶和楼板 527
  - 12.4.5 绘制电(楼)梯间 530
  - 12.4.6 绘制门窗 532
  - 12.4.7 尺寸和文字标注 534
  - 12.4.8 添加图框标题并打印输出 536
- 12.5 本章小结 538

第 1 章

AutoCAD 2010 入门

AutoCAD 2010 是 Autodesk 公司最新推出的专业化绘图软件，AutoCAD 2010 拥有强大的三维工具，几乎可以用它创建所有想象的形状，让用户直观地探究设计构想。它具备许多创新技术，能够显著提高用户的设计和文档编制效率，使同事之间实现更加安全、准确、顺畅的设计共享。AutoCAD 2010 具有上千个即时可用的插件，能够根据用户的特定需求轻松、灵活地进行自定义。除此之外，AutoCAD 2010 还具有更多优势，它具有强大的功能很多的灵活性，有助于用户绘制出更加出色的设计文档。本章作为 AutoCAD 2010 的入门章节，主要讲解 AutoCAD 2010 的一些基础知识。

本章主要内容

- AutoCAD 2010 简介
- 启动 AutoCAD 2010
- AutoCAD 2010 的界面结构
- 图形的显示
- 基本操作
- 视图管理

1.1　AutoCAD 2010 简介

近年来，随着计算机技术的飞速发展，AutoCAD 被广泛地应用于需要进行绘图的各个行业，包括建筑装潢、园林设计、电子电路、机械设计等领域。下面从 AutoCAD 2010 的工作界面、基础操作到二维图形及简单建筑平面的绘制进行逐一讲解。

1.2　启动 AutoCAD 2010

当用户安装好软件后，可通过以下 3 种方法来启动 AutoCAD 2010 应用程序。

1. 通过快捷方式启动

在电脑中安装好 AutoCAD 2010 应用程序后，桌面上将显示其快捷方式图标，如图 1-1 所示。双击该快捷方式图标，可快速启动 AutoCAD 2010 应用程序。

图 1-1　快捷方式图标

2. 通过【开始】菜单启动

选择【开始】|【程序】| Autodesk | AutoCAD 2010-Simplified Chinese | AutoCAD 2010 命令，启动 AutoCAD 2010 应用程序，如图 1-2 所示。

第 1 章
AutoCAD 2010 入门

图 1-2 选择 AutoCAD 2010 命令

3. 通过 DWG 格式文件启动

AutoCAD 的标准文件格式为 DWG，双击如图 1-3 所示的文件夹中的.dwg 格式文件，即可启动 AutoCAD 2010 应用文件并打开该图形的文件。

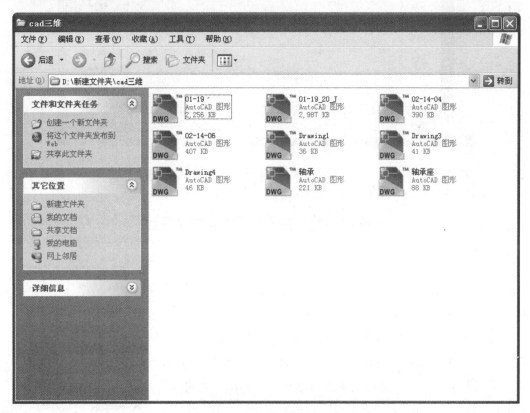

图 1-3 AutoCAD 文件

1.3 AutoCAD 2010 的界面结构

启用 AutoCAD 2010 后，系统默认显示的是 AutoCAD 2010 的经典工作界面。AutoCAD 2010 二维草图与注释操作界面的主要组成元素有标题栏、菜单栏、工具栏、菜单浏览器、快速访问工具栏、绘图区域、选项卡、面板、命令行窗口、空间选项卡和状态栏，如图 1-4 所示。

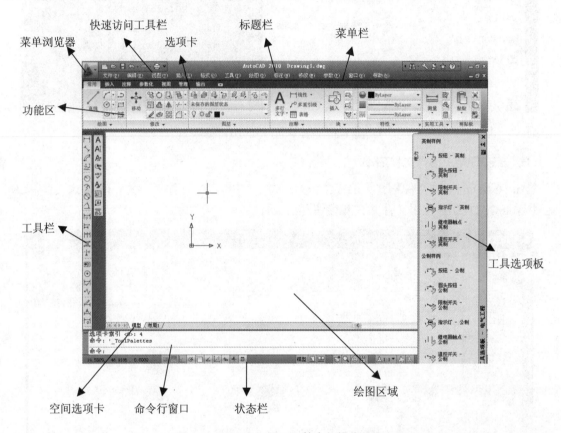

图 1-4 AutoCAD 2010 基本的操作界面

1.3.1 标题栏

标题栏位于应用程序窗口最上方，用于显示当前正在运行的程序和文件的名称等信息。如果是 AutoCAD 默认的图形文件，其名称为 DrawingN.dwg(N 是大于 0 的自然数)。单击标题栏最右边的 3 个按钮，可以将应用程序的窗口最小化、最大化或还原和关闭。用鼠标右键单击标题栏，将弹出一个快捷菜单，如图 1-5 所示。利用它可以执行最大化窗口、最小化窗口、还原窗口、移动窗口和关闭应用程序等操作。

图 1-5 快捷菜单

1.3.2 菜单栏

当我们初次打开 AutoCAD 2010 时，菜单栏并没显示在初始界面中，在【快速访问】工具栏上单击▼按钮，在弹出的下拉菜单中选择【显示菜单栏】选项命令，则菜单栏会显示在操作界面中，如图 1-6 所示。

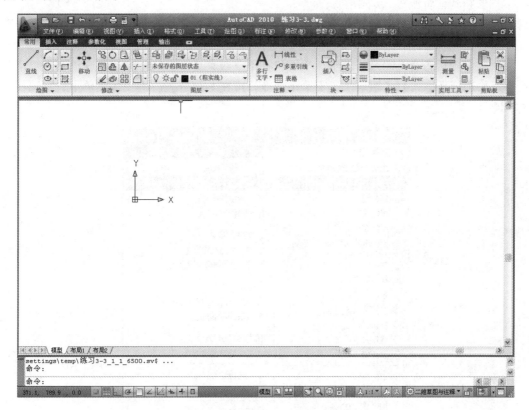

图 1-6　显示菜单栏的操作界面

菜单栏中各菜单项的含义如下。

- 文件：该菜单用于管理图形文件，如新建、打开、保存、输出和打印等，还可以对文件的页面进行设置。
- 编辑：该菜单用于文件常规编辑操作，如剪切、复制、粘贴和查找等。
- 视图：该菜单用于管理 CAD 的工作界面，如重画、重生成、缩放、平移、鸟瞰视图、着色以及渲染等操作。
- 插入：该菜单主要用于在当前 CAD 绘图状态下，插入所需的图块或其他格式的文件，如块、字段等。
- 格式：该菜单用于设置与绘图环境有关的参数，如图层、颜色、线型、文字样式、标注样式和点样式等。
- 工具：该菜单为用户设置了一些辅助绘图工具，如拼写检查、快速选择和查询等。
- 绘图：该菜单中包含了用户绘制二维或三维图形时所需的命令，如直线、多线、多线段、圆和圆弧等。

- 标注：该菜单用于对所绘制的图形进行尺寸标注，如快速标注、标注样式等。
- 修改：该菜单用于对所绘制的图形进行编辑，如镜像、偏移、复制和修剪等。
- 窗口：该菜单用于在多文档状态时，进行各文档的屏幕布置，如全部关闭文件、层叠、排列图标等。
- 帮助：该菜单用于提供用户在使用 AutoCAD 2010 时所需的帮助信息，如创建支持请求和其他资源等。

在弹出的下拉菜单中，用户看到除了使用命令外，还有其他的一些标记符号，常见的有以下几种形式。

如果菜单项后带有▶符号，表示该项还包括下一级菜单，用户可进一步选定下一级菜单中的命令。如选择【格式】|【图层工具】菜单命令，可在▶符号之后下一级菜单中进行选择，如图 1-7 所示。

图 1-7 ▶符号后的下一级菜单

如果菜单项后带有省略号"..."，表示选择该项后打开一个对话框，通过该对话框可为命令的操作指定参数。如选择【格式】|【颜色】菜单命令后，将打开【选择颜色】对话框，如图 1-8 所示。

如某菜单项后没有任何内容的菜单，则表示如果选择它即可直接执行 AutoCAD 的命令。

在 AutoCAD 中用黑色字符标明的菜单选项表示该项可用，为有效菜单，用灰色字符标明的菜单选项表示该项暂时不可用，为无效菜单，需要选定合乎要求的对象后才能使用。

AutoCAD 2010 使用的大多数命令均可在菜单栏中找到，它包含了文件管理菜单、文件编辑菜单、绘图菜单以及信息帮助菜单等。菜单的配置可通过典型的 Windows 方式实现。用户在命令行中输入 menu(菜单)命令并按 Enter 键后，即可打开如图 1-9 所示的【选择自定义文件】

对话框，可以从中选择其中的一项作为菜单文件进行设置。

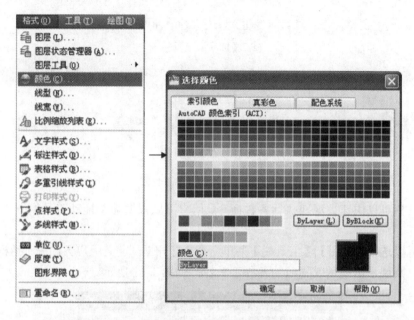

图 1-8　选择带有省略号"…"的菜单项后打开的对话框

图 1-9　【选择自定义文件】对话框

1.3.3　工具栏

AutoCAD 2010 中工具栏的使用有了一些变化，在初始界面中不显示工具栏，需要通过下面的方法调出。

用户可以在菜单栏中选择【工具】|【工具栏】| AutoCAD 命令，在其菜单中选择需用的工

具，如图 1-10 所示。

(a) 【标注】工具栏

(b) 【绘图】工具栏

(c) 【修改】工具栏

图 1-10　调用的各种工具栏

利用工具栏可以快速直观地执行各种命令，用户可以根据需要拖动工具栏置于屏幕的任何位置。

用户还可以选择【视图】|【工具栏】菜单命令，打开【自定义用户界面】对话框，双击【工具栏】选项，则展示出显示或隐藏的各种工具栏，如图 1-11 所示。

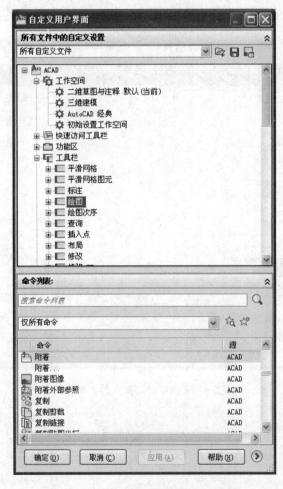

图 1-11　【自定义用户界面】对话框

此外，AutoCAD 2010 中工具提示已得到增强，包括两个级别的内容：基本内容和补充内容。光标最初悬停在命令或控件上时，将显示基本工具提示。其中包含对该命令或控件的概括说明、命令名、快捷键和命令标记。当光标在命令或控件上的悬停时间累积超过一特定数值时，将显示补充工具提示。用户可以在【选项】对话框中设置累积时间。补充工具提示提供了有关命令或控件的附加信息，并且可以显示图示说明，如图 1-12 所示。

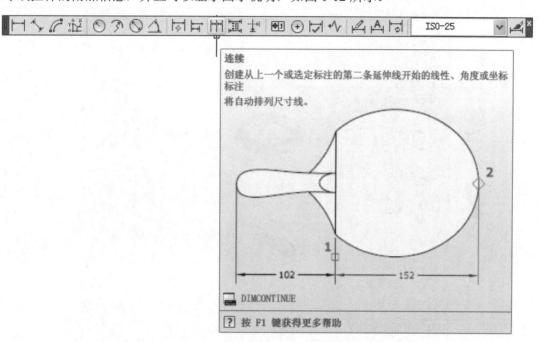

图 1-12　显示基本工具提示和补充工具提示

1.3.4　菜单浏览器

单击【菜单浏览器】按钮，打开【菜单浏览器】窗格，其中包含【最近使用的文档】和【打开文档】两个选项，如图 1-13 所示。

此窗格中还包括【新建】、【打开】、【保存】、【另存为】、【输出】、【打印】、【关闭】等命令按钮，部分按钮说明如下。

【发布】按钮：将图形发布为 DWF、DWFx、PDF 文件或发布到绘图仪。

【发送】按钮：将一组文件打包以进行 Internet 传递。

【图形实用工具】按钮：用于维护图形的一系列工具。

【选项】按钮：单击该按钮，打开【选项】对话框，根据需要设置参数选项。

【退出 AutoCAD】按钮：退出 AutoCAD 2010。

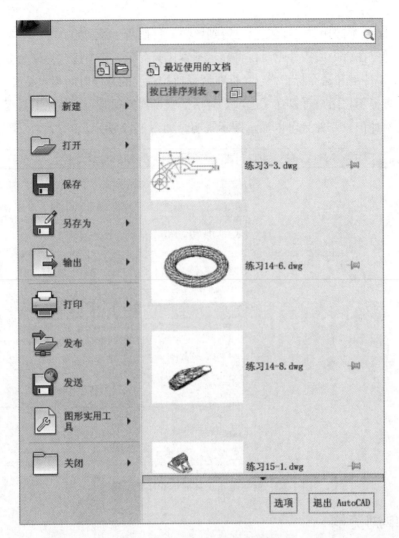

图 1-13 【菜单浏览器】窗格

1.3.5 快速访问工具栏

快速访问工具栏如图 1-14 所示，此工具栏中有【新建】、【打开】、【保存】、【放弃】、【重做】、【打印】和【特性】等常用命令，还可以将经常使用的命令存储在快速访问工具栏中。在【快速访问】工具栏上单击鼠标右键，然后选择快捷菜单中的【自定义快速访问工具栏】命令。将打开如图 1-15 所示的【自定义用户界面】对话框，并显示可用命令的列表。将想要添加的命令从【自定义用户界面】对话框中的【命令列表】选项组拖动到快速访问工具栏即可。

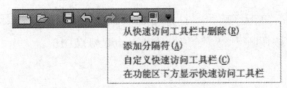

图 1-14 快速访问工具栏

第 1 章
AutoCAD 2010 入门

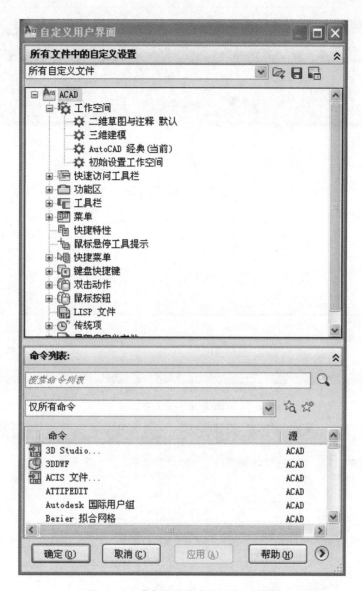

图 1-15 【自定义用户界面】对话框

1.3.6 绘图区

绘图区主要是图形绘制和编制的区域,当光标在这个区域中移动时,便会变成一个十字游标的形式,用来定位。在某些特定的情况下,光标也会变成方框光标或其他形式的光标。绘图区如图 1-16 所示。

根据在绘图过程中不同的需要,可以对十字光标的大小进行更改,这样在绘图过程中的定位就更加方便。例如,可通过以下操作将光标的大小设置为"30"。

(1) 选择【工具】|【选项】菜单命令或单击【菜单浏览器】中的【选项】按钮,打开【选项】对话框,如图 1-17 所示。

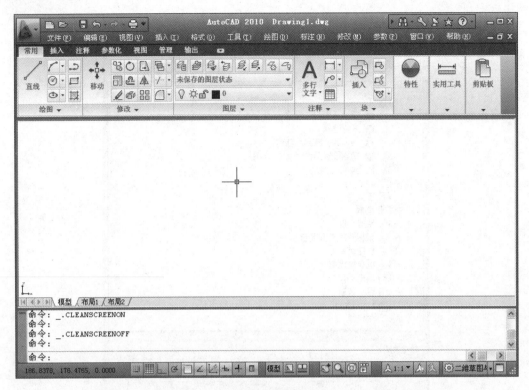

图 1-16　绘图区

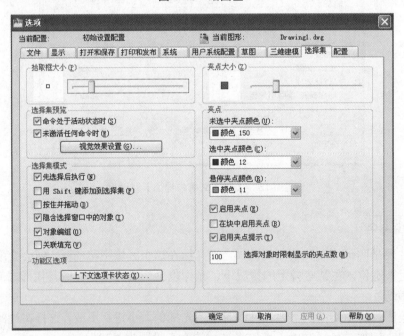

图 1-17　【选项】对话框

(2) 单击【显示】标签，切换到【显示】选项卡，在【十字光标大小】选项组中拖动滑块，使文本框中的值为"30"，也可在文本框中直接输入数值，如图 1-18 所示，然后单击【确定】按钮即可。

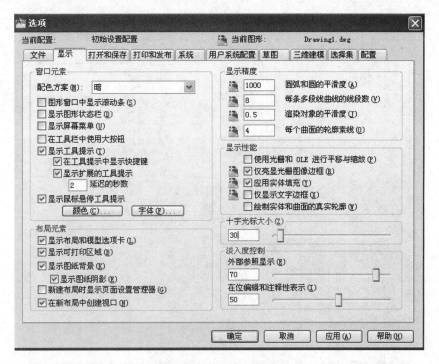

图 1-18　设置十字光标大小

另外，启动 AutoCAD 后，其绘图区的颜色默认为黑色，用户还可根据自己的习惯对绘图区的颜色进行修改。

在【选项】对话框中【显示】选项卡的【窗口元素】选项组中单击【颜色】按钮，打开【图形窗口颜色】对话框，如图 1-19 所示，在【颜色】下拉列表框中选择【青】选项，如图 1-20 所示，即可预览绘图区的背景颜色。

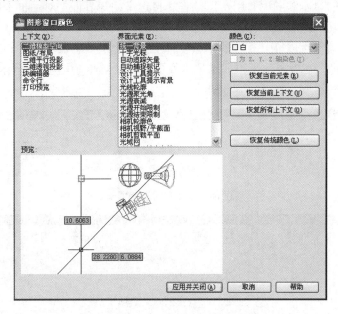

图 1-19　【图形窗口颜色】对话框

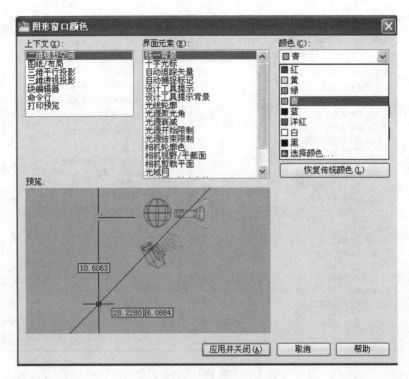

图 1-20 设置颜色为青

1.3.7 选项卡和面板

功能区由许多面板组成,这些面板被组织到依任务进行标记的选项卡中。选项卡由【常用】、【插入】、【注释】、【参数化】、【视图】、【管理】和【输出】七部分组成。选项卡可控制面板在功能区上的显示和顺序。用户可以在【自定义用户界面】对话框中将选项卡添加至工作空间,以控制在功能区中显示哪些功能区选项卡。

单击不同的选项卡可以打开相应的面板,面板包含的很多工具和控件与工具栏和对话框中的相同。图 1-21~图 1-27 展示了不同选项卡及面板。选项卡和面板的运用将在后面的相关章节中分别进行详尽的讲解,在此不再赘述。

图 1-21 【常用】选项卡

图 1-22 【插入】选项卡

图 1-23 【注释】选项卡

图 1-24 【参数化】选项卡

图 1-25 【视图】选项卡

图 1-26 【管理】选项卡

图 1-27 【输出】选项卡

1.3.8 命令行

命令行用来接收用户输入的命令或数据，同时显示命令、系统变量、选项、信息，以引导用户进行下一步操作，如更正或重复命令等。初学者往往忽略命令行中的提示，实际上只有时刻关注命令行中的提示，才能真正达到灵活快速的使用。命令行可以拖放为浮动窗口，如图 1-28 所示。

图 1-28 命令行窗口

在绘制图形的过程中，用户可以根据命令行中的内容，设置命令行的行数与字体。

1. 设置命令行的行数

在 AutoCAD 中命令行默认的行数为 3 行，如果需要直接查看最近进行的操作，就需要增加命令行的行数。将鼠标光标移动至命令行与绘图区之间的边界处，鼠标光标变为双向箭头时，按住鼠标左键向上拖动鼠标，可以增加命令行行数，向下拖动鼠标可减少行数。

2. 设置命令行的字体

在 AutoCAD 的命令行中默认的字体为 Courier，用户可以根据自己的需要进行更改，如将命令行的字体设置为"隶书"，字形设置为"常规"，字号设置为"五号"，其操作步骤如下。

(1) 选择【工具】|【选项】菜单命令，打开【选项】对话框，单击【显示】标签，切换到【显示】选项卡，在【窗口元素】选项组中单击【字体】按钮，弹出【命令行窗口字体】对话框，如图 1-29 所示。

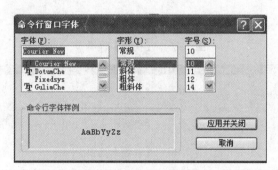

图 1-29 【命令行窗口字体】对话框

(2) 在【命令行窗口字体】对话框中的【字体】、【字形】、【字号】列表框中进行设置，如图 1-30 所示，然后单击【应用并关闭】按钮。

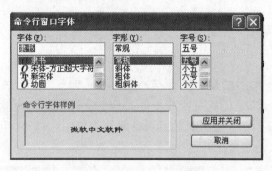

图 1-30 设置命令行字体

1.3.9 状态栏

主要显示当前 AutoCAD 2010 所处的状态，状态栏的左边显示当前光标的三维坐标值，右边为定义绘图时的状态，可以通过单击相关选项打开或关闭绘图状态，包括【应用程序】状态栏和【图形】状态栏。

(1) 【应用程序】状态栏显示光标的坐标值、绘图工具、导航工具以及用于快速查看和注释缩放的工具,如图 1-31 所示。

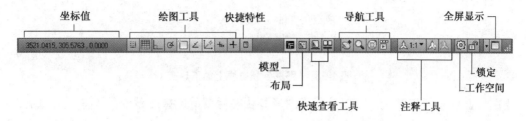

图 1-31 【应用程序】状态栏

- 绘图工具:用户可以以图标或文字的形式查看图形工具按钮。可以通过捕捉工具、极轴工具、对象捕捉工具和对象追踪工具的快捷菜单,轻松更改这些绘图工具的设置,如图 1-32 所示。

图 1-32 查看设置绘图工具

- 快速查看工具:用户可以通过快速查看工具预览打开的图形和图形中的布局,并在其间进行切换。
- 导航工具:用户可以使用导航工具在打开的图形之间进行切换和查看图形中的模型。
- 注释工具:可以显示用于注释缩放的工具。

用户可以利用【工作空间】按钮切换工作空间。利用【锁定】按钮锁定工具栏和窗口的当前位置,防止它们意外地移动。单击【全屏显示】按钮可以展开图形显示区域。

另外,还可以通过状态栏的快捷菜单向【应用程序】状态栏添加或删除按钮。

注 意

【应用程序】状态栏关闭后,屏幕上将不显示【全屏显示】按钮。

(2) 【图形】状态栏显示缩放注释的若干工具,如图 1-33 所示。

【图形】状态栏打开后,将显示在绘图区域的底部。【图形】状态栏关闭时,【图形】状态栏上的工具移至【应用程序】状态栏。

图 1-33 【图形】状态栏上的工具

【图形】状态栏打开后，可以使用【图形】状态栏菜单选择要显示在状态栏上的工具。

1.3.10 空间选项卡

【模型】和【布局】标签位于绘图区的左下方，通过单击这两个标签，可以使绘制的图形文字在模型空间和图纸空间之间切换。单击【布局】标签，进入图纸空间，此空间用于打印图形文件；单击【模型】标签，返回模型空间，在此空间进行图形设计。

在绘图区中，可以通过坐标系的显示来确认当前图形的工作空间。模型空间中的坐标系是两个互相垂直的箭头，而图纸空间中的坐标系则是一个直角三角形。

1.3.11 "三维建模"工作界面

AutoCAD 2010 可以通过单击状态栏中的【切换工作空间】按钮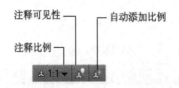，切换至"三维建模"工作界面，如图 1-34 所示。

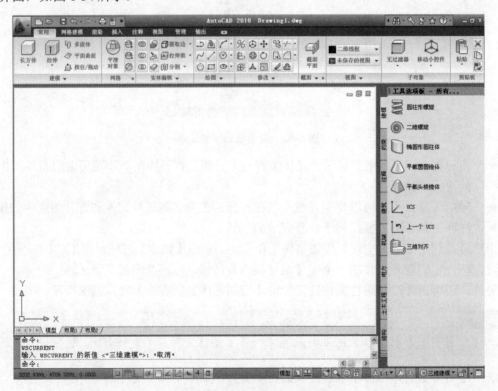

图 1-34 "三维建模"界面

在"三维建模"工作界面中可以方便用户在三维空间中绘制图形。在功能区上有【常用】、

【网格建模】、【渲染】等选项卡，为绘制三维对象操作提供了非常便利的环境。

1.3.12 "AutoCAD 经典"界面

可以通过单击状态栏中的【切换工作空间】按钮 进行工作界面的切换，如图 1-35 所示为切换至"AutoCAD 经典"界面的效果。

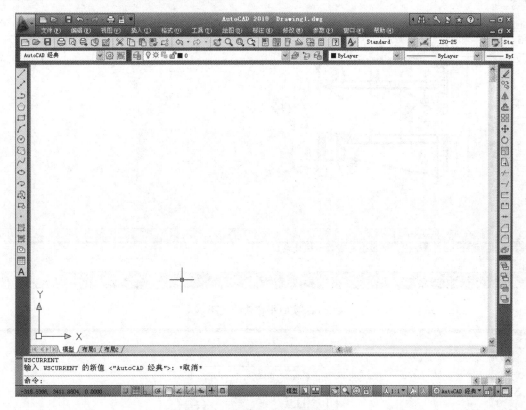

图 1-35　"AutoCAD 经典"界面

1.4　图形的显示

在绘制比较复杂的图形时，为了更好地查看细节和全局对象，需要在保证图形实际大小、形状不变的情况下调整视图的显示方式。

1.4.1　平移视图

在编辑图形对象时，如果当前视口不能显示全部图形，可以适当平移视图，以显示被隐藏的部分图形。就像日常生活中使用相机平移一样，执行平移操作不会改变图形中对象的位置和视图比例，它只改变当前视图中显示的内容。下面对具体操作进行介绍。

1. 实时平移视图

需要实时平移视图时，可以在菜单栏中选择【视图】|【平移】|【实时】命令；也可以调

出【标准】工具栏,单击【实时平移】按钮；也可以在【视图】选项卡的【导航】面板中单击【平移】按钮；或在命令行中输入 pan 命令后按下 Enter 键,当十字光标变为【手形标志】后,再按住鼠标左键进行拖动,以显示需要查看的区域,图形显示将随光标向同一方向移动,如图 1-36(a)、(b)所示。

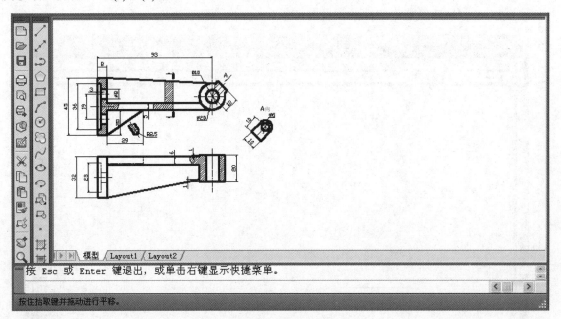

(a) 实时平移前的视图

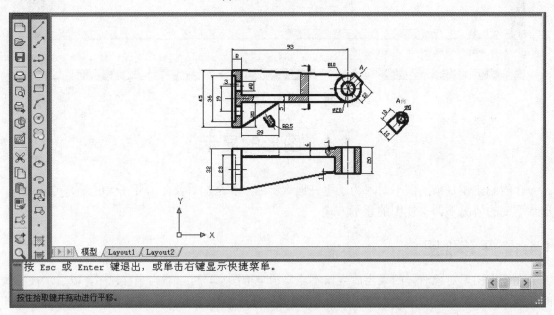

(b) 实时平移后的视图

图 1-36　实时平移视图

当释放鼠标按键之后将停止平移操作。如果要结束平移视图的任务,可按下 Esc 键或按下 Enter 键,或者单击鼠标右键执行快捷菜单中的【退出】命令,光标即可恢复至原来的状态。

> **提 示**
> 用户也可以在绘图区的任意位置单击鼠标右键,然后执行弹出的快捷菜单中的【平移】命令。

2. 定点平移视图

需要通过指定点平移视图时,可以在菜单栏中选择【视图】|【平移】|【定点】命令,但十字光标中间的正方形消失之后,在绘图区中单击鼠标可指定平移基点位置,再次单击鼠标可指定第二点的位置,即刚才指定的变更点移动后的位置,此时 AutoCAD 将会计算出从第一点至第二点的位移,如图 1-37 所示。

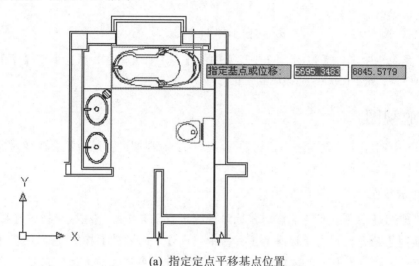

(a) 指定定点平移基点位置

(b) 指定定点平移第二点位置

图 1-37 定点平移视图

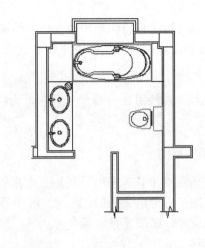

(c) 定点平移后的视图

图 1-37 （续）

另外，在菜单栏中选择【视图】|【平移】中的【左】、【右】、【上】或【下】命令，可使视图向左(或向右或向上或向下)移动固定的距离。

1.4.2 缩放视图

在绘图时，有时需要放大或缩小视图的显示比例。对视图进行缩放不会改变对象的绝对大小，改变的只是视图的显示比例。下面介绍具体内容。

1. 实时缩放视图

实时缩放视图是指向上或向下移动鼠标对视图进行动态缩放。在菜单栏中选择【视图】|【缩放】|【实时】命令，或在【标准】工具栏中单击【实时缩放】按钮 ，或在【视图】选项卡的【导航】面板中单击【实时】按钮，当十字光标变成【放大镜标志】之后，按住鼠标左键垂直进行拖动，即可放大或缩小视图，如图 1-38 所示。当缩放到适合的尺寸后，按下 Esc 键或 Enter 键，或者单击鼠标右键执行快捷菜单中的【退出】命令，光标即可恢复至原来的状态，结束该操作。

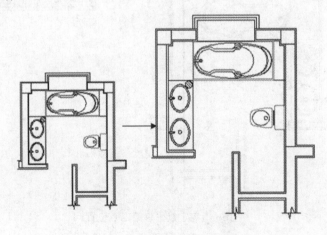

图 1-38 实时缩放前后的视图

> 提 示
>
> 用户也可以在绘图区的任意位置单击鼠标右键,然后执行弹出的快捷菜单中的【缩放】命令。

2. 上一个

当需要恢复到上一个设置的视图比例和位置时,在菜单栏中选择【视图】|【缩放】|【上一步】命令,或在【标准】工具栏中单击【缩放上一个】按钮 ,或在【视图】选项卡的【导航】面板中单击【上一个】按钮 ,但它不能恢复到以前编辑图形的内容。

3. 窗口缩放视图

当需要查看特定区域的图形时,可采用窗口缩放的方式,在菜单栏中选择【视图】|【缩放】|【窗口】命令,或在【标准】工具栏中单击【窗口缩放】按钮 ,或在【视图】选项卡的【导航】面板中单击【窗口】按钮 ,用鼠标在图形中圈定要查看的区域,释放鼠标后在整个绘图区就会显示要查看的内容,如图1-39所示。

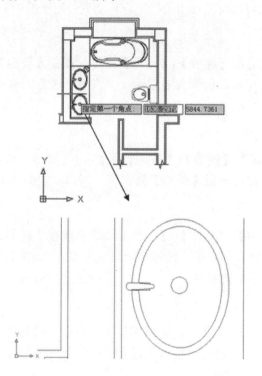

图1-39 采用窗口缩放前后的视图

> 提 示
>
> 当采用窗口缩放方式时,指定缩放区域的形状不需要严格符合新视图,但新视图必须符合视口的形状。

4. 动态缩放视图

当进行动态缩放时,在菜单栏中选择【视图】|【缩放】|【动态】菜单命令,或在【视图】

选项卡的【导航】面板中单击【动态】按钮，这时绘图区将出现颜色不同的线框，蓝色的虚线框表示图纸的范围，即图形实际占用的区域，黑色的实线框为选取视图框，在未执行缩放操作前，中间有一个"×"符号，在其中按住鼠标左键进行拖动，视图框右侧会出现一个箭头。用户可根据需要调整该框，至合适的位置后单击鼠标，重新出现"×"符号后按下 Enter 键，则绘图区只显示视图框的内容。

5. 比例缩放视图

在菜单栏中选择【视图】|【缩放】|【比例】命令，或在【视图】选项卡的【导航】面板中单击【缩放】按钮，表示以指定的比例缩放视图。当输入具体的数值时，图形就会按照该数值比例实现绝对缩放；当在比例系数后面加 X 时，图形将实现相对缩放；若在数值后面添加 XP，则图形会相对于图纸空间进行缩放。

6. 中心点缩放视图

在菜单栏中选择【视图】|【缩放】|【圆心】命令，或在【视图】选项卡的【导航】面板中单击【中心】按钮，可以将图形中的指定点移动到绘图区的中心。

7. 对象缩放视图

在菜单栏中选择【视图】|【缩放】|【对象】命令，或在【视图】选项卡的【导航】面板中单击【对象】按钮，可以尽可能大地显示一个或多个选定的对象并使其位于绘图区域的中心。

8. 放大、缩小视图

在菜单栏中选择【视图】|【缩放】|【放大】或【缩小】命令，或在【视图】选项卡的【导航】面板中单击【放大】按钮或【缩小】按钮，可以将视图放大或缩小一定的比例。

9. 全部缩放视图

在菜单栏中选择【视图】|【缩放】|【全部】命令，或在【视图】选项卡的【导航】面板中单击【全部】按钮，可以显示栅格区域界限，图形栅格界限将填充当前视口或图形区域，若栅格外有对象，也将显示这些对象。

10. 范围缩放视图

在菜单栏中选择【视图】|【缩放】|【范围】菜单命令，或在【视图】选项卡的【导航】面板中单击【范围】按钮，将尽可能放大显示当前绘图区的所有对象，并且仍在当前视口或当前图形区域中全部显示这些对象。

另外，需要缩放视图时还可以在命令行中输入 zoom 命令后按下 Enter 键，则命令行窗口提示如下：

命令: zoom
指定窗口的角点，输入比例因子 (nX 或 nXP)，或者[全部(A)/中心(C)/动态(D)/范围(E)/上一个(P)/比例(S)/窗口(W)/对象(O)] <实时>:

用户可以按照提示选择需要的命令进行输入后按下 Enter 键，则可完成需要的缩放操作。

1.4.3 鸟瞰视图

在菜单栏中选择【视图】|【鸟瞰视图】命令，打开如图 1-40 所示的【鸟瞰视图】窗口。利用此窗口可以快速更改当前视口中的视图，只要【鸟瞰视图】窗口处于打开状态，在绘图过程中不中断当前命令便可以直接进行平移或缩放等操作，且无须选择菜单命令或输入命令就可以指定新的视图。用户还可以通过执行【鸟瞰视图】窗口中所提供的命令来改变该窗口中图像的放大比例，或以增量方式重新调整图像的大小，而不会影响到绘图本身的视图。

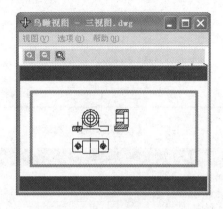

图 1-40 【鸟瞰视图】窗口

在该窗口中显示的宽线框为视图框，标记当前视图。该窗口的【视图】菜单中包括以下命令。

- 【放大】：以当前视图框为中心，放大两倍【鸟瞰视图】窗口中的图形显示比例。
- 【缩小】：以当前视图框为中心，缩小一半【鸟瞰视图】窗口中的图形显示比例。
- 【全局】：在【鸟瞰视图】窗口显示整个图形和当前视图。

在该窗口的【选项】菜单中包括以下命令。

- 【自动视口】：当显示多重视口时，自动显示当前视口的模型空间视图。关闭"自动视口"时，将不更新【鸟瞰视图】窗口以匹配当前视图。
- 【动态更新】：编辑图形时更新【鸟瞰视图】窗口。关闭"动态更新"时，将不更新【鸟瞰视图】窗口，直到在【鸟瞰视图】窗口中单击。
- 【实时缩放】：使用【鸟瞰视图】窗口进行缩放时实时更新绘图区域。

1.4.4 命名视图

按一定比例、位置和方向显示的图形称为视图。按名称保存特定视图后，可以在布局和打印或者需要参考特定的细节时恢复它们。在每一个图形任务中，可以恢复每个视口中显示的最后一个视图，最多可恢复前 10 个视图。命名视图随图形一起保存并可以随时使用。在构造布局时，可以将命名视图恢复到布局的视口中。下面具体介绍保存、恢复、删除命名视图的步骤。

1. 保存命名视图

(1) 在菜单栏中选择【视图】|【命名视图】命令，或者调出【视图】工具栏，在其中单击【命名视图】按钮 ，打开【视图管理器】对话框，如图 1-41 所示。

(2) 在【视图管理器】对话框中单击【新建】按钮,打开如图 1-42 所示的【新建视图/快照特性】对话框。在该对话框中为该视图输入名称(如:输入"tu1"),输入视图类别(可选)。

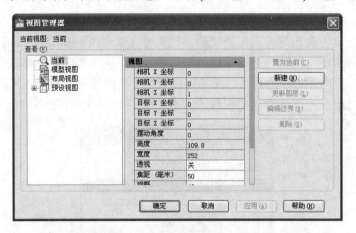

图 1-41　【视图管理器】对话框

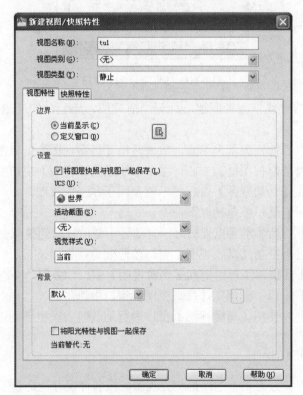

图 1-42　【新建视图/快照特性】对话框

(3) 选择以下单选按钮之一来定义视图区域。

- 【当前显示】:包括当前可见的所有图形。
- 【定义窗口】:保存部分当前显示。使用定点设备指定视图的对角点时,该对话框将关闭。单击【定义视图窗口】按钮 ,可以重定义该窗口。

(4) 单击【确定】按钮,保存新视图并返回【视图管理器】对话框,再单击【确定】按钮。

2. 恢复命名视图

(1) 在菜单栏中选择【视图】|【命名视图】命令，或者在【视图】工具栏中单击【命名视图】按钮 ，打开保存过的【视图管理器】对话框，如图1-43所示。

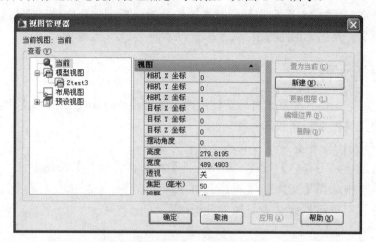

图1-43 保存过的【视图管理器】对话框

(2) 在【视图管理器】对话框中，选择想要恢复的视图(如选择视图"2re")后，单击【置为当前】按钮，如图1-44所示。

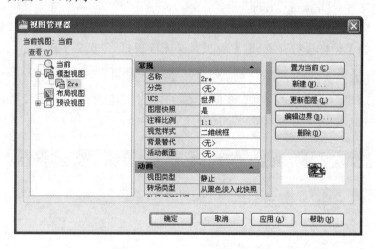

图1-44 【置为当前】的设置

(3) 单击【确定】按钮恢复视图并退出所有对话框。

3. 删除命名视图

(1) 在菜单栏中选择【视图】|【命名视图】命令，或者在【视图】工具栏中单击【命名视图】按钮 ，打开保存过的【视图管理器】对话框。

(2) 在【视图管理器】对话框中选择想要删除的视图后，单击【删除】按钮。

(3) 单击【确定】按钮删除视图并退出所有对话框。

1.5 基本操作

在 AutoCAD 2010 中，对图形文件的基本操作一般包括创建新文件、打开已有的图形文件、保存文件、加密文件及关闭图形文件等。

1.5.1 创建新文件

打开 AutoCAD 2010 后，系统自动新建一个名为 Drawing.dwg 的图形文件。另外，用户还可以根据需要选择模板来新建图形文件。

在 AutoCAD 2010 中创建新文件有以下几种方法。

- 在【快速访问工具栏】或【菜单浏览器】中单击【新建】按钮。
- 在菜单栏中选择【文件】|【新建】命令。
- 在命令行中输入 new 命令后按下 Enter 键。
- 按下 Ctrl+N 组合键。
- 调出【标准】工具栏，单击其中的【新建】按钮。

通过使用以上的任意一种方式，系统会打开如图 1-45 所示的【选择样板】对话框，从其列表中选择一个样板后单击【打开】按钮或直接双击选中的样板，即可建立一个新文件。图 1-46 所示为新建立的文件"Drawing1.dwg"。

另外，如果想不使用样板文件创建新图形文件，可以单击【打开】按钮旁边的箭头，选择其下拉列表框中的【无样板打开-公制】选项或【无样板打开-英制】选项。

> **注意**
> 要打开【选择样板】对话框，须在进行上述操作前将 STARTUP 系统变量设置为 0(关)，将 FILEDIA 系统变量设置为 1(开)。

图 1-45 【选择样板】对话框

第 1 章
AutoCAD 2010 入门

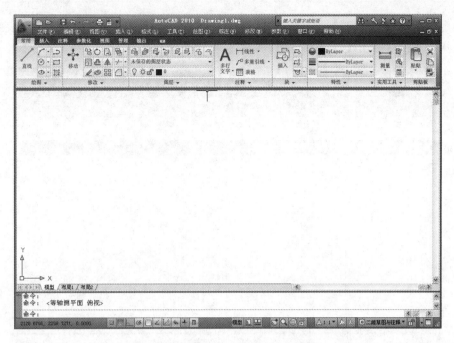

图 1-46 新建文件 "Drawing1.dwg"

1.5.2 打开文件

在 Auto CAD 2010 中打开现有文件，有以下几种方法。
- 单击【快速访问工具栏】或【菜单浏览器】中的【打开】按钮。
- 在菜单栏中选择【文件】|【打开】命令。
- 在命令行中输入 open 命令后按下 Enter 键。
- 按下 Ctrl+O 组合键。
- 调出【标准】工具栏，单击其中的【打开】按钮。

通过使用以上的任意一种方式进行操作后，系统会打开如图 1-47 所示的【选择文件】对话框，从其列表中选择一个用户想要打开的现有文件后单击【打开】按钮或直接双击想要打开的文件。

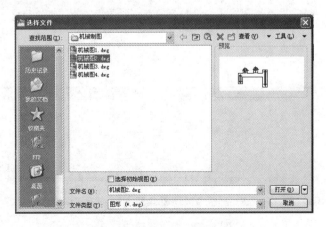

图 1-47 【选择文件】对话框

例如用户想要打开"机械图2.dwg"文件，只要在【选择文件】对话框中的列表中双击该文件或选择该文件后单击【打开】按钮，即可打开"机械图2.dwg"文件，如图1-48所示。

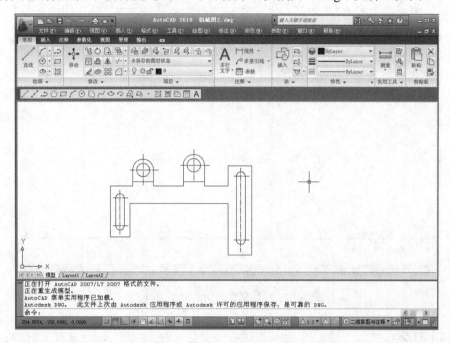

图1-48　打开的"机械图2.dwg"文件

有时在单个任务中打开多个图形，可以方便地在它们之间传输信息。这时可以通过水平平铺或垂直平铺的方式来排列图形窗口，以便操作。

(1) 水平平铺：是以水平、不重叠的方式排列窗口。选择【窗口】|【水平平铺】菜单命令，或者在【视图】选项卡的【窗口】面板中单击【水平平铺】按钮，排列的窗口如图1-49所示。

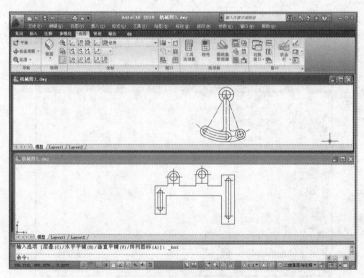

图1-49　水平平铺的窗口

(2) 垂直平铺：以垂直、不重叠的方式排列窗口。选择【窗口】|【垂直平铺】菜单命令，或者在【视图】选项卡的【窗口】面板中单击【垂直平铺】按钮，排列的窗口如图 1-50 所示。

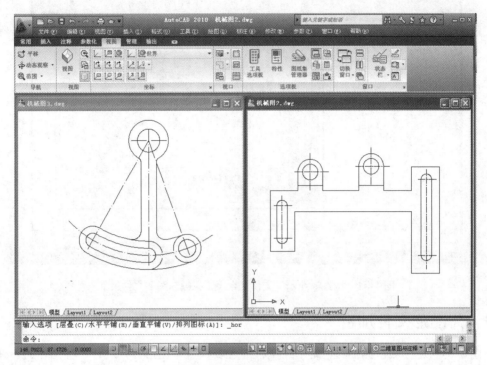

图 1-50　垂直平铺的窗口

1.5.3　保存文件

在 Auto CAD 2010 中打开现有文件，有以下几种方法。

- 单击【快速访问工具栏】或【菜单浏览器】中的【保存】按钮。
- 在菜单栏中选择【文件】|【保存】命令。
- 在命令行中输入 save 命令后按下 Enter 键。
- 按下 Ctrl+S 组合键。
- 调出【标准】工具栏，单击其中的【保存】按钮。

通过使用以上的任意一种方式进行操作后，系统会打开如图 1-51 所示的【图形另存为】对话框，从其列表中选择保存位置后单击【保存】按钮，即可完成保存文件的操作。如此处是将"轴.dwg"文件保存至【机械制图】文件夹下。

> **提示**
>
> Auto CAD 中除了图形文件后缀为 dwg 外，还使用了以下一些文件类型，其后缀分别对应如下：图形标准 dws，图形样板 dwt、dxf 等。

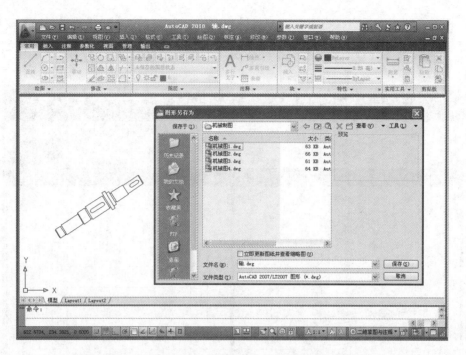

图 1-51 将"轴.dwg"文件保存至【机械制图】文件夹下

1.5.4 为图形文件加密

对图形文件进行加密，可以拒绝未经授权的人员查看该图形，在进行工程协作时，确保图形数据的安全。对图形文件进行加密，其方法如下。

(1) 单击【菜单浏览器】中的【选项】按钮，打开【选项】对话框，如图 1-52 所示。

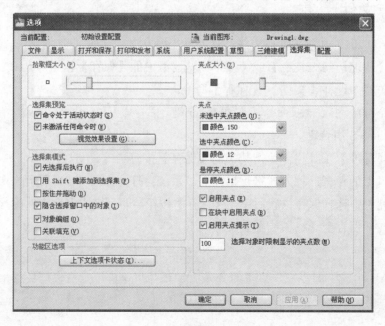

图 1-52 【选项】对话框

(2) 在【选项】对话框中单击【打开和保存】标签，切换到【打开和保存】选项卡，如图 1-53 所示。在【文件安全措施】选项组中单击【安全选项】按钮，打开【安全选项】对话框，如图 1-54 所示。

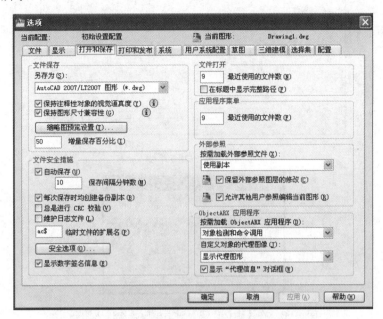

图 1-53　【选项】对话框中的【打开和保存】选项卡

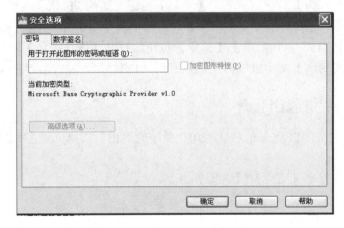

图 1-54　【安全选项】对话框

(3) 在【安全选项】对话框中单击【密码】标签，切换到【密码】选项卡，并在【用于打开此图形的密码或短语】文本框中输入密码"12345"，如图 1-55 所示。

(4) 单击【确定】按钮，打开【确认密码】对话框。在【确认密码】对话框中的【再次输入用于打开此图形的密码】文本框中再次输入密码"12345"，如图 1-56 所示。单击【确定】按钮，返回【选项】对话框。

(5) 在【选项】对话框中单击【确定】按钮，完成密码设置。

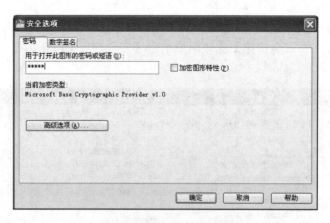

图 1-55 输入密码

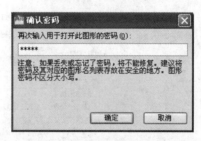

图 1-56 在【确认密码】对话框中再次输入密码

也可在【图形另存为】对话框中单击【工具】按钮右侧的按钮,在弹出的下拉菜单中选择【安全选项】命令。在打开的【安全选项】对话框中的【用于打开此图形的密码或短语】文本框中输入密码"12345",然后单击【确定】按钮,打开【确认密码】对话框,在【再次输入用于打开此图形的密码】文本框中再次输入密码"12345",完成后单击【确定】按钮。

1.5.5 关闭文件和退出程序

本节介绍文件的关闭以及 AutoCAD 2010 程序的退出。在 AutoCAD 2010 中关闭图形文件,有以下几种方法。

- 在菜单栏中选择【文件】|【关闭】命令。
- 在命令行中输入 close 命令后按下 Enter 键。
- 按下 Ctrl+C 组合键。
- 单击工作窗口右上角的【关闭】按钮 。

退出 AutoCAD 2010 有以下几种方法。

- 在菜单栏中选择【文件】|【退出】命令。
- 在命令行中输入 quit 命令后按下 Enter 键。
- 单击 AutoCAD 2010 系统窗口右上角的【关闭】按钮 。
- 按下 Ctrl+Q 组合键。

执行以上任意一种操作后,会退出 AutoCAD 2010,若当前文件未保存,则系统会自动弹出如图 1-57

图 1-57 AutoCAD 2010 的提示对话框

所示的提示对话框。

1.6 视图管理

在 AutoCAD 中，既可以绘制很小很精确的零件图，也可以绘制大型轮船的施工图，还可以绘制巨大的建筑物或建筑群。大家知道，电脑的显示屏大小是有限的，为了便于用户准确细致地绘制各种图纸，AutoCAD 提供了图形缩放、图形平移、视窗控制、视图重显等一系列便于用户绘图的命令，利用这些命令可以随心所欲地观看和绘制图形。

1.6.1 视图窗口的重画和生成

在进行建筑制图过程中，常会遇到因建筑图形文件较大，部分操作完成后，其结果并未及时显示出来，或在视图中显示了残留的点痕迹，此时就需要重画或重生成图形。

1. 视图重画

使用重画命令将重新显示当前视窗中的图形，消除残留的标记点痕迹，使图形变得清晰。视图重画的显示速度很快。它是将虚拟屏幕上的图形传送到实际屏幕，并不需要重新计算图形。

视图重画首先需要执行重画命令，其方法有如下两种。

- 在菜单栏中选择【视图】|【重画】命令。
- 在命令行中输入 redrawall 命令。

执行重画命令后，视图中图形将重新显示。

2. 图形重生成

图形重生成又称为刷新，图形重生成会重新计算当前图形的尺寸，并将计算的图形存储在虚拟屏幕上。当图形较复杂时，图形重生成过程需占用较长的时间。

执行重生成命令的方法有如下两种。

- 在菜单栏中选择【视图】|【重生成】命令。
- 在命令行中输入 regen 命令。

当执行重生成命令后，开始重新计算当前激活视窗中对象的几何数据及其属性，并重绘当前视窗图形，在计算过程中，用户可按下 Esc 键将操作中断。

1.6.2 全屏显示

全屏显示是指将视图中显示的工具栏和可固定的窗口隐藏，以扩大绘图区的命令。

执行全屏显示命令的方法有以下两种。

- 在菜单栏中选择【视图】|【全屏显示】命令。
- 在命令行中输入 CleanScreenON 命令。

在清除屏幕命令显示模式下，再次在菜单栏中选择【视图】|【全屏显示】命令，或执行 CleanScreenOFF 命令可恢复原设置。

1.7 本章小结

　　本章主要介绍了启动 AutoCAD 2010 的方法、AutoCAD 2010 工作界面的结构，图形不同的显示方法，图形文件管理的相关操作以及视图管理知识。使读者对 AutoCAD 2010 有了基本的认识，便于以后的学习。

第 2 章

AutoCAD 2010 绘图基础

图形是由一些基本元素组成，如圆、直线和多边形等，而绘制这些图形是绘制复杂图形的基础，本章将讲解如何绘制基本图形，使读者掌握一些基本的绘图技巧，为以后进一步绘图打下坚实的基础。

本章主要内容

- 设置绘图环境
- 坐标系和动态坐标系
- 绘制基本二维图形
- 设计范例——绘制简单建筑平面图元

2.1 设置绘图环境

使用 AutoCAD 绘制图形时，需要先定义符合要求的绘图环境，如设置绘图测量单位、图层以及坐标系统、对象捕捉、极轴跟踪等，这样不仅可以方便修改，而且可以实现与绘图团队的沟通和协作，本节将对设置绘图环境做具体的介绍。

2.1.1 设置参数选项

要想提高绘图的速度和质量，必须有一个合理的、适合自己绘图习惯的参数配置。

在菜单栏中选择【工具】|【选项】命令，或在命令行中输入 options 命令后按下 Enter 键。打开【选项】对话框，在该对话框中包括【文件】、【显示】、【打开和保存】、【打印和发布】、【系统】、【用户系统配置】、【草图】、【三维建模】、【选择集】和【配置】10个选项卡，如图 2-1 所示。可以从中进行参数选项的设置。

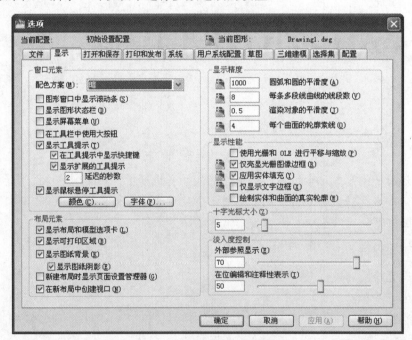

图 2-1 【选项】对话框

2.1.2 鼠标的设置

在绘制图形时，灵活使用鼠标的右键将使操作方便快捷，在【选项】对话框中可以自定义鼠标右键的功能。

在【选项】对话框中单击【用户系统配置】标签，切换到【用户系统配置】选项卡，如图 2-2 所示。

单击【Windows 标准操作】选项组中的【自定义右键单击】按钮，弹出【自定义右键单击】对话框，如图 2-3 所示。用户可以在该对话框中根据需要进行设置。

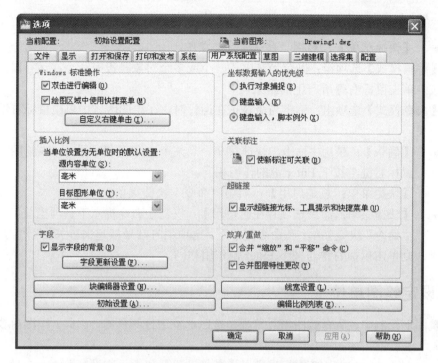

图 2-2 【选项】对话框中的【用户系统配置】选项卡

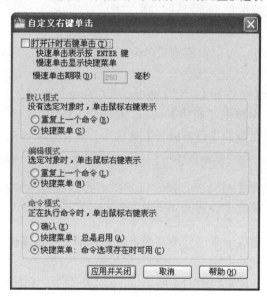

图 2-3 【自定义右键单击】对话框

- 【打开计时右键单击】复选框:控制右键单击操作。快速单击与按下 Enter 键的作用相同。缓慢单击将显示快捷菜单。可以用毫秒来设置慢速单击的持续时间。
- 【默认模式】选项组:确定未选中对象且没有命令在运行时,在绘图区域中单击鼠标右键所产生的结果。
  - ◆ 【重复上一个命令】:禁用"默认"快捷菜单。当没有选择任何对象并且没有任何命令运行时,在绘图区域中单击鼠标右键与按下 Enter 键的作用相同,即重复上一次使用的命令。
- ◆【快捷菜单】：启用"默认"快捷菜单。
● 【编辑模式】选项组：确定当选中了一个或多个对象且没有命令在运行时，在绘图区域中单击鼠标右键所产生的结果。
● 【命令模式】选项组：确定当命令正在运行时，在绘图区域中单击鼠标右键所产生的结果。
  - ◆【确认】：禁用"命令"快捷菜单。当某个命令正在运行时，在绘图区域中单击鼠标右键与按下 Enter 键的作用相同。
  - ◆【快捷菜单：总是启用】：启用"命令"快捷菜单。
  - ◆【快捷菜单：命令选项存在时可用】：仅当在命令提示下选项当前可用时，启用"命令"快捷菜单。在命令提示下，选项用方括号括起来。如果没有可用的选项，则单击鼠标右键与按下 Enter 键作用相同。

2.1.3 设定绘图单位

在建筑图形绘制中，所有的图形对象都是按照单位进行测量的，因此，绘图前要首先确定度量单位。

方法一：在 AutoCAD 2010 中，提供了【高级设置】和【快速设置】两个向导，用户可以根据向导的提示轻松完成绘图单位的设置。

1) 使用【高级设置】向导

运用【高级设置】向导，可以设置测量单位、显示单位精度、创建角度设置等。具体操作如下。

(1) 在菜单栏中选择【文件】|【新建】命令，或在命令行中输入 new 命令后按下 Enter 键，或在【快速访问工具栏】中单击【新建】按钮。打开【创建新图形】对话框，单击对话框中的【使用向导】标签，切换到【使用向导】选项卡，如图 2-4 所示。

> **注意**
>
> 要打开【创建新图形】对话框，须在进行上述操作前将 STARTUP 系统变量设置为 1(开)，将 FILEDIA 系统变量设置为 1(开)。

(2) 在【使用向导】选项卡中选择【高级设置】选项，单击【确定】按钮。打开【高级设置】对话框，如图 2-5 所示。

这时，在对话框中可以设置绘图的长度单位，即【小数】、【工程】、【建筑】、【分数】、【科学】5 种长度测量单位，在【精度】下拉列表框中可以设置单位的精确程度。

(3) 测量单位设置完成后，单击【下一步】按钮，打开设置角度测量单位和精度的对话框，如图 2-6 所示。

在此，用户可以根据需要选择设置绘图的角度单位，即【十进制度数】、【度/分/秒】、【百分度】、【弧度】、【勘测】5 种角度测量单位，AutoCAD 默认的测量单位为十进制度数。在【精度】下拉列表框中可以设置角度的精确程度。

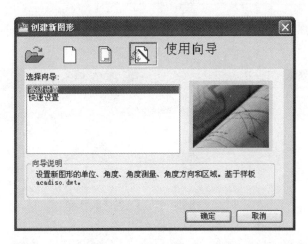

图 2-4 【创建新图形】对话框中的【使用向导】选项卡

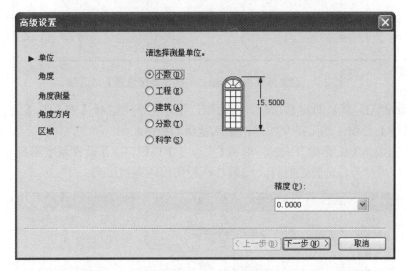

图 2-5 设置长度单位的【高级设置】对话框

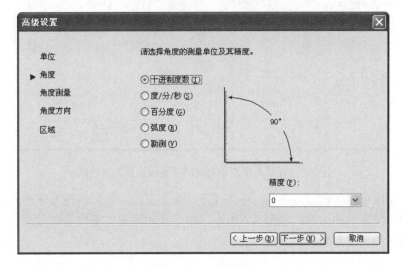

图 2-6 设置角度的【高级设置】对话框

(4) 完成角度设置后，单击【下一步】按钮，打开设置角度起始方向的对话框，如图 2-7 所示。

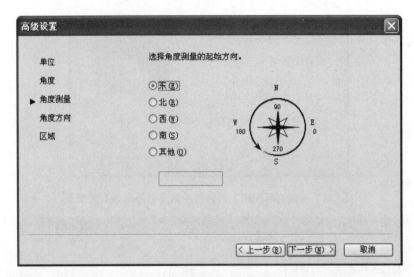

图 2-7　设置角度测量起始方向的【高级设置】对话框

在此，AutoCAD 默认的测量起始方向为东，用户可从中选择【东】、【北】、【西】、【南】、【其他】选项，然后在文本框中输入精确的数值。

(5) 设置完成角度的起始方向后，单击【下一步】按钮，打开设置角度测量方向的对话框，如图 2-8 所示。用户可以选择逆时针、顺时针两种角度的测量方向。

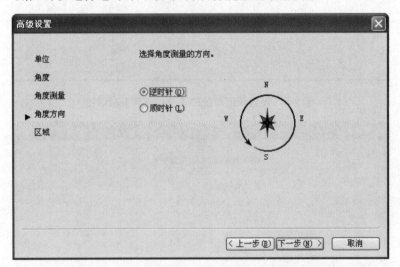

图 2-8　设置角度测量方向的【高级设置】对话框

(6) 设置完成角度的测量方向后，单击【下一步】按钮，最后打开设置的对话框可以设置要使用全比例单位表示的区域，如图 2-9 所示。用户在此设置完宽度和长度后，从对话框的右侧可以预览纸张的大致形状。

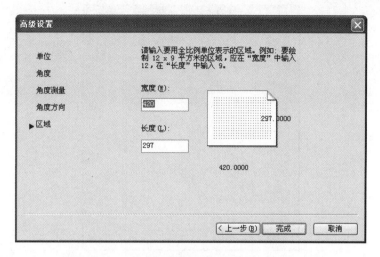

图 2-9 设置区域的【高级设置】对话框

2) 使用【快速设置】向导

在【使用向导】选项卡中选择【快速设置】选项，单击【确定】按钮。打开【快速设置】对话框，如图 2-10 所示。

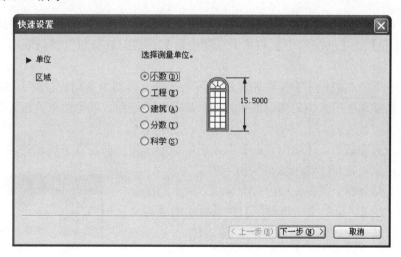

图 2-10 【快速设置】对话框

【快速设置】向导包含【单位】和【区域】。使用此向导时，可以选择【上一步】和【下一步】按钮在对话框之间切换以进行设置，选择最后一个对话框页面上的【完成】按钮关闭向导，则按照设置创建新图形。

方法二：选择【格式】|【单位】菜单命令，或在命令行中输入 units 命令后按下 Enter 键，这时打开【图形单位】对话框，如图 2-11 所示。

(1) 在【长度】选项组中的【类型】下拉列表框中有 5 个选项，分别是【工程】、【建筑】、【分数】、【科学】和【小数】。其中【工程】、【建筑】设置的是英制单位，【分数】、【科学】也不符合我国的制图标准，因此通常选择【小数】选项。

在【精度】下拉列表框中有 9 个精度选项可供选择，分别为不同精度的小数位数。

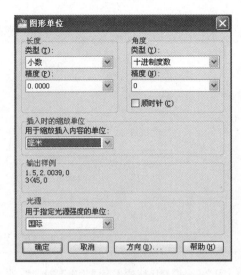

图 2-11 【图形单位】对话框

(2) 【插入时的缩放单位】选项组中的【用于缩放插入内容的单位】下拉列表框中的选项用来设置插入块时的缩放单位,有多个选项可供选择,如果插入块时不按指定单位缩放,则选择【无单位】。

(3) 在【角度】选项组的【类型】下拉列表框中有 5 个选项,分别是【百分度】、【度/分/秒】、【弧度】、【勘测单位】和【十进制度数】。通常选择符合我国制图规范的【十进制度数】选项。

在【精度】下拉列表框中有 9 个精度选项可供选择,分别为不同的精度小数位数。

【顺时针】复选框用来确定角度的正方向,启用该复选框,表示角度的正方向为顺时针方向,反之则为逆时针方向。

(4) 单位设置完成后,【输出样例】选项组中会显示出当前设置下输出的单位样式。单击【确定】按钮,就设定好了这个文件的图形单位。

在这里,还要介绍一下单位中的方向设定,这个功能用来确定 0°的方向。单击【图形单位】对话框中的【方向】按钮,打开【方向控制】对话框,如图 2-12 所示。在【基准角度】选项组中选中【东】(默认方向)、【南】、【西】、【北】或【其他】中的任何一个可以设置角度的零度的方向。当选中【其他】单选按钮时,也可以通过输入值来指定角度。

【角度】按钮,是基于假想线的角度定义图形区域中的零角度,该假想线连接用户使用定点设备指定的任意两点。只有选中【其他】单选按钮时,此项才可用。

图 2-12 【方向控制】对话框

2.1.4 设置绘图界限

图形界限是世界坐标系中的几个二维点,表示图形范围的左下基准线和右上基准线。如果设置了图形界限,就可以把输入的坐标限制在矩形的区域范围内。图形界限还限制显示网格点的图形范围等。另外还可以指定图形界限作为打印区域，应用到图纸的打印输出中。

选择【格式】|【图形界限】菜单命令，输入图形界限的左下角及右上角位置，命令行窗口提示如下：

```
命令: '_limits
重新设置模型空间界限:
指定左下角点或 [开(ON)/关(OFF)] <0.0000,0.0000>: 0,0        //输入左下角位置(0,0)后按下 Enter 键
指定右上角点 <420.0000,297.0000>: 420,297                    //输入右上角位置(420,297)后按下 Enter 键
```

这样，所设置的绘图面积为 420×297，相当于 A3 图纸的大小。

2.1.5 设置精确绘图的辅助功能

在绘制建筑图形的过程中，充分利用捕捉和栅格、正交模式、对象捕捉、对象追踪等辅助功能，将提高绘图的速度。

1. 使用捕捉和栅格功能

捕捉和栅格功能在绘图过程中能更好地定位坐标位置。

1) 捕捉

使用捕捉功能可以快速在绘图区中拾取固定的点，从而方便绘制需要的图形。

单击状态栏中的【捕捉模式】按钮▣，当该按钮显示为"蓝色"时，表示启用了捕捉功能。此时若启动绘图命令，绘图光标在绘图中将会按一定的间隔移动。再次单击【捕捉模式】按钮▣，当该按钮显示为"灰色"时，则表示关闭捕捉功能。

使用 snap 命令可以设置绘图区中间隔移动的间距值，其操作步骤如下。

(1) 单击状态栏中的【捕捉模式】按钮▣，启动捕捉功能。

(2) 执行 snap 命令，设置绘图光标在绘图区的捕捉间距值为"30"，命令行窗口提示如下：

```
命令: snap                                                   //执行【捕捉】命令
指定捕捉间距或 [开(ON)/关(OFF)/纵横向间距(A)/旋转(R)/样式(S)/类型(T)] <10.0000>:30
                                                             //输入间距值，并按下 Enter 键
```

> **提示**
> 启用了"捕捉"功能后，用户并不能看到绘图区中的捕捉点，此时可通过栅格功能来进行辅助以提高制图效率。

2) 栅格

通过状态栏中的【栅格显示】工具可按用户指定的 X、Y 方向间距在绘图界限内显示栅格点阵。使用栅格功能是为了让用户在绘图时有一个直观的定位参照。单击状态栏中的【栅格显示】按钮▣，当该按钮显示为蓝色时，即表示启用了栅格功能，此时在绘图区中就会显示出栅格阵列；再次单击【栅格显示】按钮▣，按钮显示为灰色时，则表示关闭栅格功能。

使用 grid 命令可对栅格功能参数进行设置，如点间距、开/关状态等。其操作步骤如下。

(1) 单击状态栏中的【栅格显示】按钮▣，启动栅格功能。

(2) 执行 grid 命令，设置绘图光标在绘图区的栅格间距值为"50"，命令行窗口提示如下。

命令: grid   //执行【栅格】命令
指定栅格间距 (X) 或 [开(ON)/关(OFF)/捕捉(S)/纵横向间距(A)] <10.0000>:50
                                                        //输入间距值，并按下 Enter 键

若用户在状态栏的【捕捉模式】按钮或【栅格显示】按钮上单击鼠标右键，在弹出的快捷菜单中选择【设置】命令，在打开的【草图设置】对话框中也可设置捕捉和栅格的间距及开关状态。

> **注 意**
>
> 要在对话框中设置捕捉与栅格的相应参数，首先得启用捕捉与栅格功能，即选中【启用捕捉】和【启用栅格】复选框，如图 2-13 所示。

图 2-13 启用捕捉和栅格功能

2. 使用正交与极轴功能

运用正交与极轴功能可以更好地辅助绘图。

使用正交功能可在绘图区中手动绘制绝对水平或垂直的直线。单击状态栏中的【正交模式】按钮，当该按钮呈蓝色时，表示启用了正交模式，此时，若用户即可在绘图区中绘制水平或垂直的直线。再次单击【正交模式】按钮，该按钮呈灰色时，即表示关闭了正交功能。如要绘制一个直角三角形，如图 2-14 所示，其操作步骤如下。

(1) 单击状态栏中的【正交模式】按钮，启动正交功能。

(2) 执行【直线】命令，绘制矩形，命令行窗口提示如下。

命令: _line   //执行【直线】命令
指定第一点: //在点 1 处单击
指定下一点或 [放弃(U)]:   //在点 2 处单击
指定下一点或 [放弃(U)]:   //在点 3 处单击
指定下一点或 [闭合(C)/放弃(U)]: c   //选择【闭合】选项

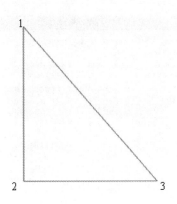

图 2-14　直角三角形效果图

3. 使用极轴追踪功能

使用极轴功能可在绘图区中根据用户指定的极轴角度，绘制或编辑具有一定角度的直线。但极轴功能与正交功能不能同时启用。单击状态栏中的【极轴追踪】按钮，当按钮呈蓝色状态时，则启用了极轴功能，此时，在绘图区中使用绘图光标手动绘制直线时，当绘图光标靠近用户指定的极轴角度时，在绘图光标的一侧总是会显示当前点距离前一点的长度、角度及极轴追踪的轨迹。再次单击【极轴追踪】按钮，该按钮呈灰色状态时，即表示关闭了极轴功能。

系统默认极轴追踪角度为 90°，如要设置极轴追踪的角度为 30°，附加角为 15°，其操作步骤如下。

(1) 用鼠标右键单击【极轴追踪】按钮，在弹出的下拉菜单中选择【设置】命令，如图 2-15 所示，打开【草图设置】对话框，在【极轴追踪】选项卡中(见图 2-16)进行设置。

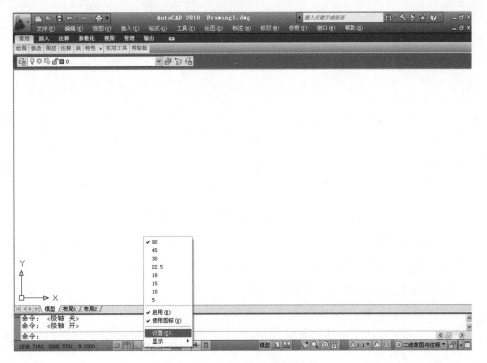

图 2-15　选择【设置】命令

图 2-16 【草图设置】对话框中的【极轴追踪】选项卡

(2) 在【极轴角设置】选项组的【增量角】下拉列表框中选择追踪角度，选择"45"，表示以角度为 45°的整数倍进行追踪。并选中【附加角】复选框，如图 2-17 所示。

(3) 单击【新建】按钮，添加一个 15°的附加追踪值。在【对象捕捉追踪设置】选项组中选中【仅正交追踪】单选按钮，在【极轴角测量】选项组中选中【绝对】单选按钮，如图 2-17 所示，单击【确定】按钮完成设置。

(a) 选择追踪角度，选中【附加角】复选框　　　　　　(b) 极轴追踪的其他设置

图 2-17　设置【极轴追踪】选项卡

当启用了极轴追踪以后，用户在绘图区中绘制直线对象时，每当绘图光标移动到用户指定的极轴角度时，都会出现相应的追踪轨迹。

4. 使用对象捕捉与对象捕捉追踪功能

1) 使用对象捕捉功能

AutoCAD 为用户提供了多种对象捕捉类型，使用对象捕捉方式，可以快速准确地捕捉到实体，从而提高了工作效率。

单击状态栏中的【对象捕捉】按钮，当该按钮呈蓝色状态时，则表示启用了对象捕捉功能,再次单击【对象捕捉】按钮□,该按钮呈灰色状态时,则关闭了对象捕捉功能。

对象捕捉是一种特殊点的输入方法,该操作不能单独进行,只有在执行某个命令需要指定点时才能调用。在 AutoCAD 中,系统提供的对象捕捉模式如表 2-1 所示。

表 2-1 AutoCAD 各捕捉模式

捕捉模式	表示方式	命令形式	捕捉模式	表示方式	命令形式
端点捕捉	□	END	垂足捕捉	⊥	PER
中点捕捉	△	MID	切点捕捉	○	TAN
圆心捕捉	○	CEN	最近点捕捉	⊠	NEA
节点捕捉	⊗	NOD	外观交点捕捉	⊠	APPINT
象限点捕捉	◇	QUA	平行线捕捉	∥	PAR
交点捕捉	×	INT			
延长线捕捉	---	EXT			
插入点捕捉	⇩	INS			

启用对象捕捉方式的常用方法有以下几种。

- 调出【对象捕捉】工具栏,在工具栏中选择相应的捕捉方式即可。
- 在命令行中直接输入所需对象捕捉命令的英文缩写。
- 在绘图区中按住 Shift 键再单击鼠标右键,在弹出的快捷菜单中选择【对象捕捉设置】命令,设置相应的捕捉方式。

在使用对象捕捉功能时,应先设置要启用的对象捕捉方式,其方法如下。

(1) 在状态栏中的【对象捕捉】按钮上单击鼠标右键,在弹出的快捷菜单中选择【设置】命令,打开【草图设置】对话框。

(2) 选中【启用对象捕捉】复选框即启用了对象捕捉功能。在【对象捕捉模式】选项组中选中相应的复选框,即表示启用相应的对象捕捉方式。

2) 使用对象捕捉追踪功能

启用对象捕捉追踪功能后,当自动捕捉到图形中某个特征点时,系统将以这个点为基准点沿正交或某个极坐标方向寻找另一特征点,此时在追踪方向上显示一条辅助线。

对象捕捉追踪的特征点也可在【草图设置】对话框的【对象捕捉】选项卡中设置,其设置方法与对象捕捉特征点的设置方法相同。

单击状态栏中的【对象捕捉追踪】按钮∠,当该按钮呈蓝色状态时,则表示启用了对象捕捉功能,再次单击【对象捕捉追踪】按钮∠,该按钮呈灰色状态时,则关闭了对象捕捉追踪功能。

5. 线宽功能的使用

若用户为绘图区中的线段指定了线宽,则可通过状态栏中的【显示/隐藏线宽】按钮+的开关状态来控制绘图区中线段的线宽显示状态。

单击【显示/隐藏线宽】按钮+,该按钮呈蓝色状态时,则表示启用了线宽显示功能,再次单击【显示/隐藏线宽】按钮+,该按钮呈灰色状态时,则关闭了线宽显示功能。为对象指定线宽的方法在后面的章节会详细介绍。

6. 模型空间与图纸空间的转换

在 AutoCAD 中，系统提供了模型空间和图纸空间两种操作空间。通常情况下，我们绘制建筑图形都是在模型空间中进行的，完成绘图后，则可切换到图纸空间中设置打印布局，将图形输出到图纸上。

系统默认的绘图空间是模型空间，因此，默认情况下，状态栏中显示的是 模型 按钮，若单击该按钮，则切换到图纸空间，此时 模型 按钮变为 图纸 按钮。再次单击该按钮，则返回模型空间。另外，单击命令行上的 模型 / 布局1 / 布局2 / 按钮也可在模型空间及图纸空间之间进行切换。

2.2 坐标系和动态坐标系

要在 AutoCAD 中准确、高效地绘制图形，必须充分利用坐标系并掌握各坐标系的概念以及输入方法。它是确定对象位置的最基本的手段。

2.2.1 坐标系统

AutoCAD 中的坐标系按定制对象的不同，可分为世界坐标系(WCS)和用户坐标系(UCS)。

1. 世界坐标系(WCS)

根据笛卡儿坐标系的习惯，沿 X 轴正方向向右为水平距离增加的方向，沿 Y 轴正方向向上为竖直距离增加的方向，垂直于 XY 平面，沿 Z 轴正方向从所视方向向外为距离增加的方向。这一套坐标轴确定了世界坐标系，简称 WCS。该坐标系的特点是：它总是存在于一个设计图形之中，并且不可更改。

2. 用户坐标系(UCS)

相对于世界坐标系 WCS，可以创建无限多的坐标系，这些坐标系通常称为用户坐标系(UCS)，并且可以通过调用 UCS 命令去创建用户坐标系。尽管世界坐标系 WCS 是固定不变的，但可以从任意角度、任意方向来观察或旋转世界坐标系 WCS，而不用改变其他坐标系。AutoCAD 提供的坐标系图标，可以在同一图纸不同坐标系中保持同样的视觉效果。这种图标将通过指定 X、Y 轴的正方向来显示当前 UCS 的方位。

用户坐标系(UCS)是一种可自定义的坐标系，可以修改坐标系的原点和轴方向，即 X、Y、Z 轴以及原点方向都可以移动和旋转，在绘制三维对象时非常有用。

调用用户坐标首先需要执行用户坐标命令，其方法有以下几种。

- 在菜单栏中选择【工具】|【新建 UCS】|【三点】命令，执行用户坐标命令。
- 调出 UCS 工具栏，单击其中的【三点】按钮 ，执行用户坐标命令。
- 在命令行中输入 ucs 命令，执行用户坐标命令。

2.2.2 坐标的表示方法

在使用 AutoCAD 进行绘图过程中，绘图区中的任何一个图形都有属于自己的坐标位置。当用户在绘图过程中需要指定点位置时，便需使用指定点的坐标位置来确定点，从而精确、有效地完成绘图。

常用的坐标表示方法有绝对直角坐标、相对直角坐标、绝对极坐标和相对极坐标。

1. 绝对直角坐标

以坐标原点(0,0,0)为基点定位所有的点。用户可以通过输入(X,Y,Z)坐标的方式来定义一个点的位置。

如图 2-18 所示，O 点绝对坐标为(0,0,0)，A 点绝对坐标为(6,6,0)，B 点绝对坐标为(18,6,0)，C 点绝对坐标为(18,18,0)。

如果 Z 方向坐标为 0，则可省略，则 A 点绝对坐标为(6,6)，B 点绝对坐标为(18,6)，C 点绝对坐标为(18,18)。

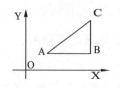

图 2-18　绝对直角坐标

2. 相对直角坐标

相对直角坐标是以某点相对于另一特定点的相对位置定义一个点的位置。相对特定坐标点(X,Y,Z)增量为(△X,△Y,△Z)的坐标点的输入格式为@△X,△Y,△Z。"@"字符的使用相当于输入一个相对坐标值"@0,0"或极坐标"@0<任意角度"，它指定与前一个点的偏移量为 0。

在图 2-18 绝对直角坐标中所示的图形中，O 点绝对坐标为(0,0,0)，A 点相对于 O 点相对坐标为"@6,6"，B 点相对于 O 点相对坐标为"@18,6"，B 点相对于 A 点相对坐标为"@12,0"，C 点相对于 O 点相对坐标为"@18,18"，C 点相对于 A 点相对坐标为"@12,12"，C 点相对于 B 点相对坐标为"@0,12"。

3. 绝对极坐标

以坐标原点(0,0,0)为极点定位所有的点，通过输入相对于极点的距离和角度的方式来定义一个点的位置。AutoCAD 的默认角度正方向是逆时针方向。起始 0 为 X 正向，用户输入极线距离再加一个角度即可指明一个点的位置。其使用格式为"距离<角度"。如要指定相对于原点距离为 80，角度为 30°的点，输入"80<30"即可。

其中，角度按逆时针方向增大，按顺时针方向减小。如果要向顺时针方向移动，应输入负的角度值，如输入 25<-60 等价于输入 25<300。

4. 相对极坐标

以某一特定点为参考极点，输入相对于极点的距离和角度来定义一个点的位置。其使用格式为@距离<角度。如要指定相对于前一点距离为 75，角度为 60°的点，输入"@75<60"即可。在绘图中，多种坐标输入方式配合使用会使绘图更灵活，再配合目标捕捉，夹点编辑等方式，则使绘图更快捷。

2.2.3　动态输入

如果需要在绘图提示中输入坐标值，而不必在命令行中输入，这时可以通过动态输入功能实现。动态输入功能对于习惯在绘图提示中进行数据信息输入的人来说，可以大大提高绘图工作效率。

1. 打开或关闭动态输入

启用"动态输入"绘图时，工具提示将在光标附近显示信息，该信息将随着光标的移动而动态更新。当某个命令处于活动状态时，可以在工具提示中输入值，动态输入不会取代命令窗口。打开和关闭【动态输入】功能可以单击状态栏上的【动态输入】按钮，进行切换。按住 F12 键可以临时将其关闭。

2. 设置动态输入

鼠标右键单击状态栏中的【动态输入】按钮，在弹出的快捷菜单中选择【设置】命令，打开【草图设置】对话框中【动态输入】选项卡，如图 2-19 所示。选中【启用指针输入】和【可能时启用标注输入】复选框。

图 2-19 【草图设置】对话框中的【动态输入】选项卡

当设置了动态输入功能后，在绘制图形时，便可在动态输入框中输入图形的尺寸等，从而方便用户的操作。

3. 在动态输入工具提示中输入坐标值的方法

(1) 在状态栏上单击【动态输入】按钮，使其处于启用状态。

(2) 可以使用下列方法输入坐标值或选择选项。

- 若需要输入极坐标，则输入距第一点的距离并按下 Tab 键，然后输入角度值并按下 Enter 键。
- 若需要输入笛卡儿坐标，则输入 X 坐标值和逗号"，"，然后输入 Y 坐标值并按下 Enter 键。
- 如果提示后有一个下箭头，则按下箭头键，直到选项旁边出现一个点为止。再按下 Enter 键。

> **提 示**
>
> 按上箭头键可显示最近输入的坐标，也可以通过单击鼠标右键并在快捷菜单中选择【最近的输入】命令，从其快捷菜单中查看这些坐标或命令。

注 意
对于标注输入，在输入字段中输入值并按下 Tab 键后，该字段将显示一个锁定。

2.3 绘制基本二维图形

图形是由一些基本的元素组成，如圆、直线和多边形等，而绘制这些图形是绘制复杂图形的基础。本章的目标就是使读者学会如何绘制一些基本图形与掌握一些基本的绘图技巧，为以后进一步的绘图打下坚实的基础。

2.3.1 绘制点

点是构成图形最基本的元素之一。

1．绘制点的方法

AutoCAD 2010 提供的绘制点的方法有以下几种。

- 在【绘图】面板中单击【点】下拉列表，显示绘制点的按钮，从中进行选择，如图 2-20 所示。

图 2-20 【点】下拉列表

提 示
单击【多点】按钮也可进行单点的绘制，在【绘图】面板中没有显示【单点】按钮，若需要使用，可在菜单栏中选择。

- 在命令行中输入 point 命令后，按下 Enter 键。
- 在菜单栏中选择【绘图】|【点】命令。

2．绘制点的方式

绘制点的方式有以下几种。

- 单点：用户确定了点的位置后，绘图区出现一个点，如图 2-21(a)所示。
- 多点：用户可以同时画多个点，如图 2-21(b)所示。

提 示
可以按下 Esc 键结束绘制点。

- 定数等分画点：用户可以指定一个实体，然后输入该实体被等分的数目后，AutoCAD

2010 会自动在相应的位置上画出点,如图 2-21(c)所示。
- 定距等分画点:用户选择一个实体,输入每一段的长度值后,AutoCAD 2010 会自动在相应的位置上画出点,如图 2-21(d)所示。

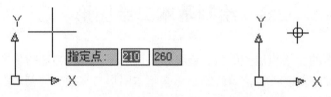

(a) 【单点】命令绘制的图形

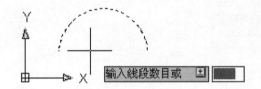 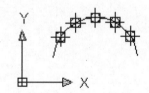

(b) 【多点】命令绘制的图形

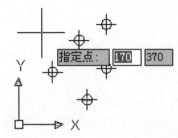 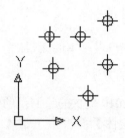

(c) 【定数等分】画点绘制的图形

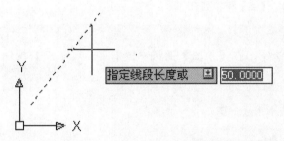 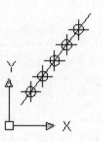

(d) 【定距等分】画点绘制的图形

图 2-21　几种画点方式绘制的点

> **提　示**
>
> 输入的长度值即为最后的点与点之间的距离。

3. 设置点

在用户绘制点的过程中,可以改变点的形状和大小。

选择【格式】|【点样式】菜单命令,打开如图 2-22 所示的【点样式】对话框。在此对话

框中，可以先选取上面点的形状，然后选中【相对于屏幕设置大小】或【按绝对单位设置大小】两个单选按钮中的一个，最后在【点大小】文本框中输入所需的数字。当选中【相对于屏幕设置大小】单选按钮时，在【点大小】文本框输入的是点的大小相对于屏幕大小的百分比的数值，当选中【按绝对单位设置大小】单选按钮时，在【点大小】文本框中输入的是像素点的绝对大小。

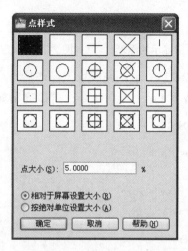

图 2-22　【点样式】对话框

2.3.2　绘制线

AutoCAD 中常用的线类型有直线、射线、构造线等，下面将分别介绍这几种线条的绘制。

1. 绘制直线

首先介绍绘制直线的具体方法。

1）调用绘制直线命令

调用绘制直线命令有以下几种方法。

- 单击【绘图】面板中的 【直线】按钮。
- 在命令行中输入 line 后按下 Enter 键。
- 在菜单栏中选择【绘图】|【直线】命令。

2）绘制直线的方法

选择命令后，命令行将提示用户指定第一点的坐标值，命令行窗口提示如下：

命令:_line 指定第一点:

指定第一点后绘图区如图 2-23 所示。输入第一点后，命令行将提示用户指定下一点的坐标值或放弃，命令行窗口提示如下：

指定下一点或 [放弃(U)]:

指定第二点后绘图区如图 2-24 所示。输入第二点后，命令行将提示用户再次指定下一点的坐标值或放弃，命令行窗口提示如下：

指定下一点或 [放弃(U)]:

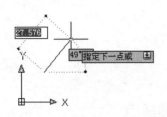 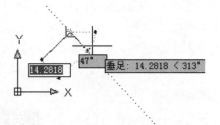

图 2-23　指定第一点后绘图区所显示的图形　　图 2-24　指定第二点后绘图区所显示的图形

指定第三点后绘图区如图 2-25 所示。完成以上操作后，命令行将提示用户指定下一点或闭合/放弃，在此输入闭合 c，按下 Enter 键。命令行窗口提示如下：

指定下一点或 [闭合(C)/放弃(U)]: c

所绘制图形如图 2-26 所示。

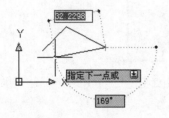

图 2-25　指定第三点后绘图区所显示的图形　　图 2-26　用 line 命令绘制的直线

命令选项说明如下。

- 【放弃】：取消最后绘制的直线。
- 【闭合】：由当前点和起始点生成的封闭线。

2．绘制射线

射线是一种单向无限延伸的直线，在机械图形绘制中它常用作绘图辅助线来确定一些特殊的点或边界。

1）调用绘制射线命令

调用绘制射线命令的方法如下。

- 在命令行中输入 ray 命令后按下 Enter 键。
- 在菜单栏中选择【绘图】|【射线】命令。

2）绘制射线的方法

选择【射线】命令后，命令行将提示用户指定起点，输入射线的起点坐标值。命令行窗口提示如下：

命令: _ray 指定起点:

指定起点后绘图区如图 2-27 所示。在输入起点之后，命令行将提示用户指定通过点。命令行窗口提示如下：

指定通过点:

指定通过点后绘图区如图 2-28 所示。

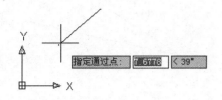

图 2-27　指定起点后绘图区所显示的图形

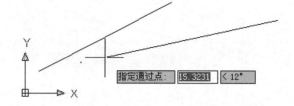

图 2-28　指定通过点后绘图区所显示的图形

在 ray 命令下，AutoCAD 默认用户会画第二条射线，在此为演示用，故此只画一条射线，右击或按下 Enter 键后结束。如图 2-29 所示即为用 ray 命令绘制的图形，可以看出，射线从起点沿射线方向一直延伸到无限远处。

3. 绘制构造线

构造线是一种双向无限延伸的直线，在机械图形绘制中它也常用作绘图辅助线，来确定一些特殊点或边界。

1) 调用绘制构造线命令

调用绘制构造线命令的方法有以下几种。

- 单击【绘图】面板中的 ✏ 【构造线】按钮。
- 在命令行中输入 xline 命令后按下 Enter 键。
- 在菜单栏中选择【绘图】|【构造线】命令。

2) 绘制构造线的方法

选择【构造线】命令后，命令行将提示用户指定点或[水平(H)/垂直(V)/角度(A)/二等分(B)/偏移(O)]，命令行窗口提示如下：

命令: _xline
指定点或 [水平(H)/垂直(V)/角度(A)/二等分(B)/偏移(O)]:

指定点后绘图区如图 2-30 所示。

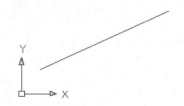

图 2-29　用 ray 命令绘制的射线　　　图 2-30　指定点后绘图区所显示的图形

输入第一点的坐标值后，命令行将提示用户指定通过点，命令行窗口提示如下：

指定通过点:

指定通过点后绘图区如图 2-31 所示。输入通过点的坐标值后，命令行将再次提示用户指定通过点，命令行窗口提示如下：

指定通过点:

单击鼠标右键或按下 Enter 键后结束。由以上命令绘制的图形如图 2-32 所示。

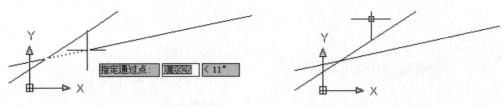

图 2-31 指定通过点后绘图区所显示的图形　　　　图 2-32 用 xline 命令绘制的构造线

在执行【构造线】命令时，会出现部分让用户选择的选项，其功能说明如下。

- 【水平】：放置水平构造线。
- 【垂直】：放置垂直构造线。
- 【角度】：在某一个角度上放置构造线。
- 【二等分】：用构造线平分一个角度。
- 【偏移】：放置平行于另一个对象的构造线。

2.3.3 绘制矩形

绘制矩形时，需要指定两个对角点。

1. 绘制矩形命令调用方法

- 单击【绘图】面板中的【矩形】按钮 □。
- 在命令行中输入 rectang 命令后按下 Enter 键。
- 在菜单栏中选择【绘图】|【矩形】命令。

2. 绘制矩形的方法

选择命令后，命令行窗口提示如下：

命令: _rectang
指定第一个角点或 [倒角(C)/标高(E)/圆角(F)/厚度(T)/宽度(W)]:

指定第一个角点后绘图区如图 2-33 所示。
输入第一个角点值后命令行提示用户输入选项，命令行窗口提示如下：

指定另一个角点或 [面积(A)/尺寸(D)/旋转(R)]:

绘制的图形如图 2-34 所示。

 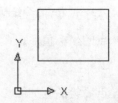

图 2-33 指定第一个角点后绘图区所显示的图形　　　　图 2-34 用 rectang 命令绘制的矩形

2.3.4 绘制正多边形

正多边形是指正方形、等边三角形、八边形等图形。正多边形最少具有 3 条边,在 AutoCAD 2010 中最多边数可以达到 1024 条边。

1. 绘制正多边形的方法

- 单击【绘图】面板中的【正多边形】按钮 ⬠。
- 在命令行中输入 polygon 命令后按下 Enter 键。
- 在菜单栏中选择【绘图】|【正多边形】命令。

使用【正多边形】命令绘制正多边形的方式有以下 3 种。

- 内切圆法:多边形的各边与假设圆相切,需要指定边数和半径。
- 外接圆法:多边形的顶点均位于假设圆的弧上,需要指定边数和半径。
- 边长方式:上面两种方式是以假设圆的大小确定多边形的边长,而边长方式则直接给出边长的大小和方向。

2. 绘制正多边形的方法

选择命令后,命令行将提示用户输入边的数目,命令行窗口提示如下:

命令: _polygon 输入边的数目 <4>: 10

此时绘图区如图 2-35 所示。输入数目后,命令行将提示用户指定正多边形的中心点或 [边(E)],命令行窗口提示如下:

指定正多边形的中心点或 [边(E)]:

指定正多边形的中心点后绘图区如图 2-36 所示。

图 2-35 输入边的数目后绘图区所显示的图形　　图 2-36 指定正多边形的中心点后绘图区所显示的图形

输入数值后,命令行将提示用户输入选项,命令行窗口提示如下:

输入选项 [内接于圆(I)/外切于圆(C)] <I>: C

选择外切于圆(C)后绘图区如图 2-37 所示。选择外切于圆(C)后,命令行将提示用户指定圆的半径,命令行窗口提示如下:

指定圆的半径:

绘制的图形如图 2-38 所示。

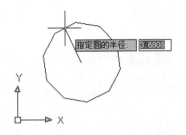
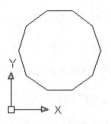

图 2-37 选择外切于圆(C)后绘图区所显示的图形　　图 2-38 用 polygon 命令绘制的正多边形

2.3.5 绘制圆、圆弧、圆环

圆是构成图形的基本元素之一。它的绘制方法有多种，下面将依次介绍。

1. 绘制圆命令调用方法

调用绘制圆命令的方法如下。

- 单击【绘图】面板中的【圆】按钮 ⊙▼。
- 在命令行中输入 circle 命令后按下 Enter 键。
- 在菜单栏中选择【绘图】|【圆】命令。

2. 多种绘制圆的方法

绘制圆的方法有多种，下面来分别介绍。

1) 圆心和半径画圆

AutoCAD 默认的画圆方式。选择命令后，命令行窗口提示如下：

命令: _circle 指定圆的圆心或 [三点(3P)/两点(2P)/切点、切点、半径(T)]:

指定圆的圆心后绘图区如图 2-39 所示。输入圆心坐标值后，命令行窗口提示如下：

指定圆的半径或 [直径(D)]:

绘制的图形如图 2-40 所示。在执行【圆】命令时，会出现部分让用户选择的选项，其功能说明如下。

- 【圆心】：基于圆心和直径(或半径)绘制圆。
- 【三点】：指定圆周上的 3 点绘制圆。
- 【两点】：指定直径的两点绘制圆。
- 【相切、相切、半径】：根据与两个对象相切的指定半径绘制圆。

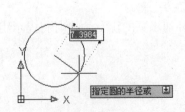
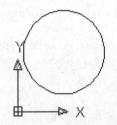

图 2-39 指定圆的圆心后绘图区所显示的图形　　图 2-40 用圆心、半径命令绘制的圆

2) 圆心、直径画圆

选择命令后，命令行将提示用户，命令行窗口提示如下：

命令: _circle 指定圆的圆心或 [三点(3P)/两点(2P)/切点、切点、半径(T)]:

指定圆的圆心后绘图区如图 2-41 所示。输入圆心坐标值后，命令行将提示用户输入选项，命令行窗口提示如下：

指定圆的半径或 [直径(D)] <100.0000>: _d 指定圆的直径 <200.0000>: 160
//输入直径数值后按下 Enter 键

绘制的图形如图 2-42 所示。

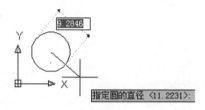

图 2-41　指定圆的圆心后绘图区所显示的图形　　图 2-42　用圆心、直径命令绘制的圆

3) 两点画圆

选择命令后，命令行将提示用户输入选项，命令行窗口提示如下：

命令: _circle 指定圆的圆心或 [三点(3P)/两点(2P)/切点、切点、半径(T)]: _2p 指定圆直径的第一个端点:

指定圆直径的第一个端点后绘图区如图 2-43 所示。输入第一个端点的数值后，命令行将提示用户指定圆直径的第二个端点(在此 AutoCAD 认为首末两点的距离为直径)，命令行窗口提示如下：

指定圆直径的第二个端点:

绘制的图形如图 2-44 所示。

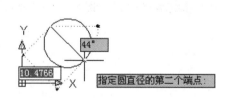

图 2-43　指定圆直径的第一端点后绘图区所显示的图形　　图 2-44　用两点命令绘制的圆

4) 三点画圆

选择命令后，命令行将提示用户选择选项，命令行窗口提示如下：

命令: _circle 指定圆的圆心或 [三点(3P)/两点(2P)/切点、切点、半径(T)]: _3p 指定圆上的第一个点:

指定圆上的第一个点后绘图区如图 2-45 所示。指定第一个点的坐标值后，命令行将提示用户指定圆上的第二个点，命令行窗口提示如下：

指定圆上的第二个点:

指定圆上的第二个点后绘图区如图 2-46 所示。

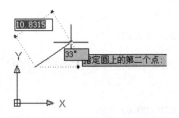 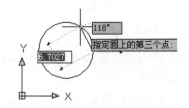

图 2-45　指定圆上的第一个点后绘图区所显示的图形　　图 2-46　指定圆上的第二个点后绘图区所显示的图形

指定第二个点的坐标值后，命令行将提示用户指定圆上的第三个点，命令行窗口提示如下：

指定圆上的第三个点：

绘制的图形如图 2-47 所示。

5)　相切、相切圆半径

选择命令后，命令行将提示用户选择选项，命令行窗口提示如下：

命令: _circle 指定圆的圆心或 [三点(3P)/两点(2P)/切点、切点、半径(T)]: _ttr

选取与之相切的实体。命令行将提示用户指定对象与圆的第一个切点，指定对象与圆的第二个切点，命令行窗口提示如下：

指定对象与圆的第一个切点：

指定第一个切点时绘图区如图 2-48 所示。

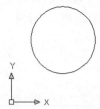

图 2-47　用三点命令绘制的圆　　图 2-48　指定第一个切点绘图区所显示的图形

指定第二个切点时绘图区如图 2-49 所示。

指定两个切点后，命令行将提示用户指定圆的半径，命令行窗口提示如下：

指定圆的半径 <119.1384>: 指定第二点：

指定圆的半径和第二点时绘图区如图 2-50 所示。

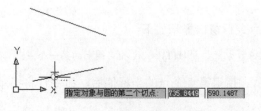 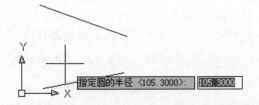

图 2-49　指定第二个切点时绘图区所显示的图形　　图 2-50　指定圆的半径和第二点绘图区所显示的图形

绘制的图形如图 2-51 所示。

6) 三个相切

选择命令后，选取与之相切的实体，命令行窗口提示如下：

命令: _circle 指定圆的圆心或 [三点(3P)/两点(2P)/切点、切点、半径(T)]: _3p
指定圆上的第一个点: _tan 到

指定圆上的第一个点时绘图区如图 2-52 所示。

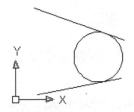

图 2-51　用两个相切、半径命令绘制的圆 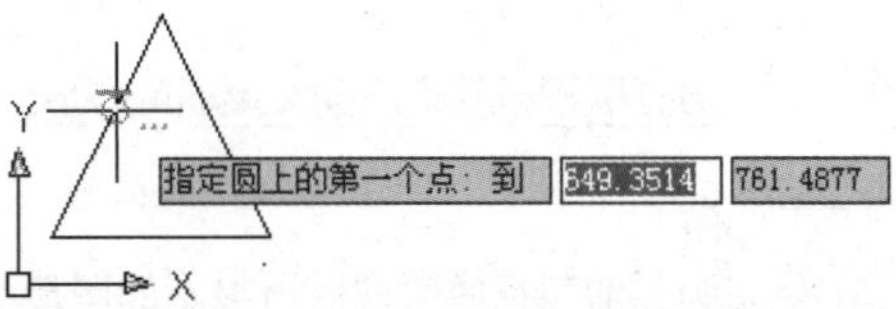　　图 2-52　指定圆上的第一个点时绘图区所显示的图形

指定圆上的第二个点: _tan 到

指定圆上的第二个点时绘图区如图 2-53 所示。

图 2-53　指定圆上的第二个点时绘图区所显示的图形

指定圆上的第三个点: _tan 到

指定圆上的第三个点时绘图区如图 2-54 所示。绘制的图形如图 2-55 所示。

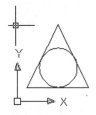

图 2-54　指定圆上的第三个点时绘图区所显示的图形　　图 2-55　用三个相切命令绘制的圆

3．绘制圆弧命令调用方法

绘制圆弧命令调用方法如下。

- 单击【绘图】面板中的【圆弧】按钮 。
- 在命令行中输入 arc 命令后按下 Enter 键。
- 在菜单栏中选择【绘图】|【圆弧】命令。

4．多种绘制圆弧的方法

绘制圆弧的方法有多种，下面来分别介绍。

1) 三点画弧

AutoCAD 提示用户输入起点、第二点和端点，顺时针或逆时针绘制圆弧，绘图区显示的图形如图 2-56(a)～(c)所示。用此命令绘制的图形如图 2-57 所示。

(a) 指定圆弧的起点时绘图区所显示的图形

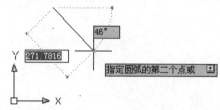

(b) 指定圆弧的第二个点时绘图区所显示的图形

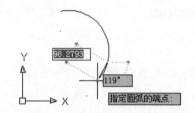

(c) 指定圆弧的端点时绘图区所显示的图形

图 2-56　三点画弧的绘制步骤

2) 起点、圆心、端点

AutoCAD 提示用户输入起点、圆心、端点，绘图区显示的图形如图 2-58～图 2-60 所示。在给出圆弧的起点和圆心后，弧的半径就确定了，端点只是决定弧长，因此，圆弧不一定通过终点。用此命令绘制的圆弧如图 2-61 所示：

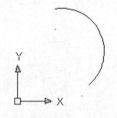

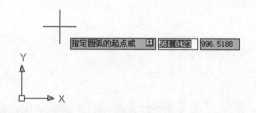

图 2-57　用三点画弧命令绘制的圆弧　　图 2-58　指定圆弧的起点时绘图区所显示的图形

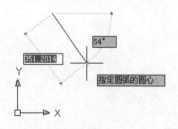

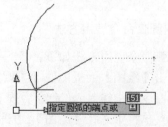

图 2-59　指定圆弧的圆心时绘图区所显示的图形　　图 2-60　指定圆弧的端点时绘图区所显示的图形

3) 起点、圆心、角度

AutoCAD 提示用户输入起点、圆心、角度(此处的角度为包含角,即为圆弧的中心到两个端点的两条射线之间的夹角,如夹角为正值,按顺时针方向画弧,如为负值,则按逆时针方向画弧),绘图区显示的图形如图 2-62～图 2-64 所示。用此命令绘制的圆弧如图 2-65 所示。

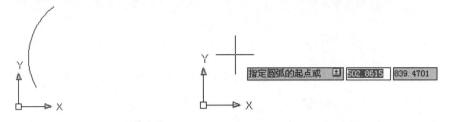

图 2-61　用起点、圆心、端点命令绘制的圆弧　　　图 2-62　指定圆弧的起点时绘图区所显示的图形

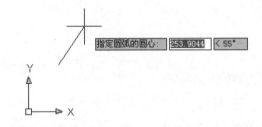

图 2-63　指定圆弧的圆心时绘图区所显示的图形

图 2-64　指定包含角时绘图区所显示的图形　　　图 2-65　用起点、圆心、角度命令绘制的圆弧

4) 起点、圆心、长度

AutoCAD 提示用户输入起点、圆心、弦长。绘图区显示的图形如图 2-66～图 2-68 所示。当逆时针画弧时,如果弦长为正值,则绘制的是与给定弦长相对应的最小圆弧,如果弦长为负值,则绘制的是与给定弦长相对应的最大圆弧;顺时针画弧则正好相反。用此命令绘制的图形如图 2-69 所示。

 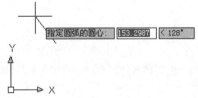

图 2-66　指定圆弧的起点时绘图区所显示的图形　　　图 2-67　指定圆弧的圆心时绘图区所显示的图形

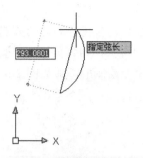 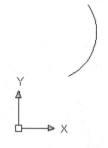

图 2-68　指定弦长时绘图区所显示的图形　　图 2-69　用起点、圆心、长度命令绘制的圆弧

5) 起点、端点、角度

AutoCAD 提示用户输入起点、端点、角度(此角度也包含角)，绘图区显示的图形如图 2-70～图 2-72 所示。当角度为正值时，按逆时针画弧，否则按顺时针画弧。用此命令绘制的图形如图 2-73 所示。

 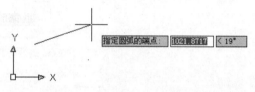

图 2-70　指定圆弧的起点时绘图区所显示的图形　　图 2-71　指定圆弧的端点时绘图区所显示的图形

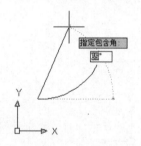 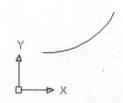

图 2-72　指定包含角时绘图区所显示的图形　　图 2-73　用起点、端点、角度命令绘制的圆弧

6) 起点、端点、方向

AutoCAD 提示用户输入起点、端点、方向(方向指的是圆弧的起点切线方向，以度数来表示)，绘图区显示的图形如图 2-74～图 2-76 所示。用此命令绘制的图形如图 2-77 所示。

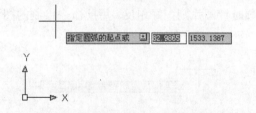 

图 2-74　指定圆弧的起点时绘图区所显示的图形　　图 2-75　指定圆弧的端点时绘图区所显示的图形

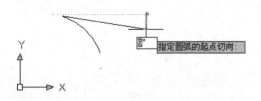 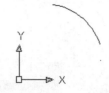

图 2-76　指定圆弧的起点切向时绘图区所显示的图形　　图 2-77　用起点、端点、方向命令绘制的圆弧

7）起点、端点、半径

AutoCAD 提示用户输入起点、端点、半径，绘图区显示的图形如图 2-78～图 2-80 所示。此命令绘制的图形如图 2-81 所示。

图 2-78　指定圆弧的起点时绘图区所显示的图形　　图 2-79　指定圆弧的端点时绘图区所显示的图形

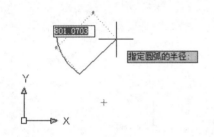 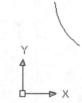

图 2-80　指定圆弧的半径时绘图区所显示的图形　　图 2-81　用起点、端点、半径命令绘制的圆弧

> **提示**
> 在此情况下，用户只能沿逆时针方向画弧，如果半径是正值，则绘制的是起点与终点之间的短弧，否则为长弧。

8）圆心、起点、端点

AutoCAD 提示用户输入圆心、起点、端点，绘图区显示的图形如图 2-82～图 2-84 所示。此命令绘制的图形如图 2-85 所示。

 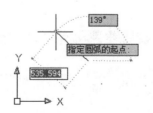

图 2-82　指定圆弧的圆心时绘图区所显示的图形　　图 2-83　指定圆弧的起点时绘图区所显示的图形

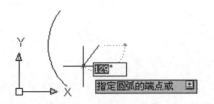
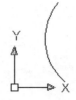

图 2-84 指定圆弧的端点时绘图区所显示的图形   图 2-85 用圆心、起点、端点命令绘制的圆弧

9) 圆心、起点、角度

AutoCAD 提示用户输入圆心、起点、角度，绘图区显示的图形如图 2-86～图 2-88 所示。此命令绘制的图形如图 2-89 所示。

图 2-86 指定圆弧的圆心时绘图区所显示的图形   图 2-87 指定圆弧的起点时绘图区所显示的图形

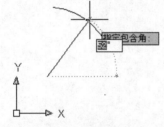
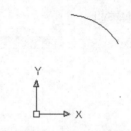

图 2-88 指定包含角时绘图区所显示的图形   图 2-89 用圆心、起点、角度命令绘制的圆弧

10) 圆心、起点、长度

AutoCAD 提示用户输入圆心、起点、长度(此长度也为弦长)，绘图区显示的图形如图 2-90～图 2-92 所示。此命令绘制的图形如图 2-93 所示。

11) 继续

在这种方式下，用户可以从以前绘制的圆弧的终点开始继续下一段圆弧。在此方式下画弧时，每段圆弧都与以前的圆弧相切。以前圆弧或直线的终点和方向就是此圆弧的起点和方向。

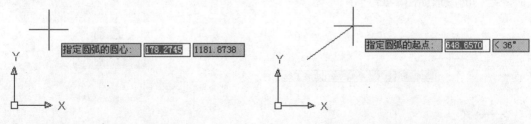

图 2-90 指定圆弧的圆心时绘图区所显示的图形   图 2-91 指定圆弧的起点时绘图区所显示的图形

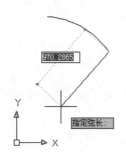
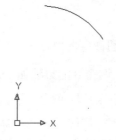

图 2-92　指定弦长时绘图区所显示的图形　　图 2-93　用圆心、起点、长度命令绘制的圆弧

5. 绘制圆环命令调用方法

调用绘制圆环命令的方法如下。

- 单击【绘图】面板中的 ◎【圆环】按钮。
- 在命令行中输入 donut 命令后按下 Enter 键。
- 在菜单栏中选择【绘图】|【圆环】命令。

6. 绘制圆环的步骤

选择命令后,命令行将提示用户指定圆环的内径,命令行窗口提示如下:

命令:_donut
指定圆环的内径 <260.0000>:

指定圆环的内径,绘图区如图 2-94 所示。指定圆环的内径后,命令行将提示用户指定圆环的外径,命令行窗口提示如下:

指定圆环的外径 <370.0000>:

指定圆环的外径,绘图区如图 2-95 所示。

图 2-94　指定圆环的内径,绘图区所显示的图形　　图 2-95　指定圆环的外径,绘图区所显示的图形

指定圆环的外径后,命令行将提示用户选择选项,命令行窗口提示如下:

指定圆环的中心点或 <退出>:

指定圆环的中心点绘图区如图 2-96 所示。绘制的图形如图 2-97 所示。

图 2-96　指定圆环的中心点绘图区所显示的图形　　图 2-97　用 donut 命令绘制的圆环

2.3.6 椭圆

1. 绘制椭圆命令调用方法

调用绘制椭圆命令的方法如下。

- 单击【绘图】面板中的【椭圆】按钮 。
- 在命令行中输入 ellipse 命令后按下 Enter 键。
- 在菜单栏中选择【绘图】|【椭圆】命令。

2. 三种绘制椭圆的方法

绘制椭圆的方法有三种,下面来分别介绍。

1) 中心点创建椭圆

AutoCAD 默认的画圆方式。选择命令后,命令行窗口提示如下:

命令: _ellipse
指定椭圆的轴端点或 [圆弧(A)/中心点(C)]: c
指定椭圆的中心点:

指定椭圆中心点后,绘图区如图 2-98 所示。指定中心点后,命令行窗口提示如下:

指定轴的端点:

指定轴的端点后绘图区如图 2-99 所示。

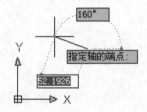 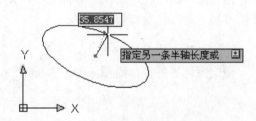

图 2-98 指定椭圆的中心点后绘图区所显示的图形　　图 2-99 指定轴的端点后绘图区所显示的图形

指定轴的端点后,命令行窗口提示如下:

指定另一条半轴长度或 [旋转(R)]:

绘制的图形如图 2-100 所示。

2) 轴,端点创建椭圆

选择命令后,命令行窗口提示如下:

命令: _ellipse
指定椭圆的轴端点或 [圆弧(A)/中心点(C)]:

指定椭圆的轴的端点后绘图区如图 2-101 所示。

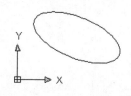 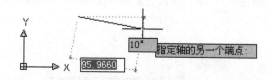

图 2-100　用中心点命令绘制的椭圆　　图 2-101　指定椭圆的轴端点后绘图区所显示的图形

指定轴的另一个端点：

指定轴的另一端点后绘图区如图 2-102 所示。指定另一端点后，命令行窗口提示如下：

指定另一条半轴长度或 [旋转(R)]：

绘制的图形如图 2-103 所示。

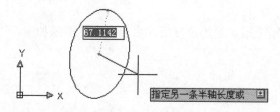 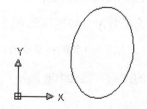

图 2-102　指定轴的另一端点后绘图区所显示的图形　　图 2-103　用轴、端点命令绘制的椭圆

3) 椭圆弧创建椭圆

选择命令后，命令行窗口提示如下：

命令：_ellipse
指定椭圆的轴端点或 [圆弧(A)/中心点(C)]：_a
指定椭圆弧的轴端点或 [中心点(C)]：

指定椭圆的圆弧(A)后绘图区如图 2-104 所示。

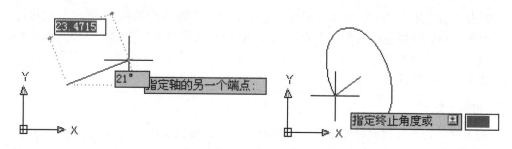

图 2-104　指定椭圆的圆弧后(A)绘图区所显示的图形

指定椭圆的圆弧(A)后，命令行窗口提示如下：

指定轴的另一个端点：

指定轴的另一个端点后绘图区如图 2-105 所示。指定另一端点后，命令行窗口提示如下：

指定另一条半轴长度或 [旋转(R)]：

指定另一条半轴长度后绘图区如图 2-106 所示。

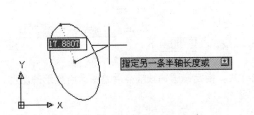
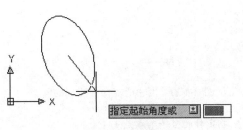

图 2-105　指定轴的另一个端点后　　　图 2-106　指定另一条半轴长度后
　　　　　绘图区所显示的图形　　　　　　　　　　绘图区所显示的图形

指定半轴长度后，命令行窗口提示如下：

指定起始角度或 [参数(P)]:

指定起始角度后绘图区如图 2-107 所示。指定起始角度后，命令行窗口提示如下：

指定终止角度或 [参数(P)/包含角度(I)]:

绘制的图形如图 2-108 所示。

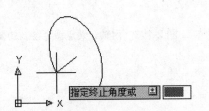
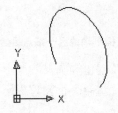

图 2-107　指定起始角度后绘图区所显示的图形　　　图 2-108　用圆弧命令绘制的椭圆

2.3.7　绘制多线

多线是工程中常用的一种对象，多线对象由 1~16 条平行线组成，这些平行线称为元素。绘制多线时，可以使用包含两个元素的 STANDARD 样式，也可以指定一个以前创建的样式。开始绘制之前，可以修改多线的对正和比例。要修改多线及其元素，可以使用通用编辑命令、多线编辑命令和多线样式。

1．绘制多线

绘制多线的命令可以同时绘制若干条平行线，大大减轻了用 line 命令绘制平行线的工作量。在机械图形绘制中，这条命令常用于绘制厚度均匀零件的剖切面轮廓线或它在某视图上的轮廓线。

1) 绘制多线命令调用方法
- 在命令行中输入 mline 命令后按下 Enter 键。
- 在菜单栏中选择【绘图】|【多线】命令。

2) 绘制多线

选择【多线】命令后，命令行窗口提示如下：

命令: mline
当前设置: 对正 = 上，比例 = 20.00，样式 = STANDARD
指定起点或 [对正(J)/比例(S)/样式(ST)]:

指定起点后绘图区如图 2-109 所示。输入第一点的坐标值后，命令行将提示用户指定下一点，命令行窗口提示如下：

指定下一点:

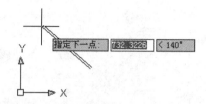

图 2-109　指定起点后绘图区所显示的图形

指定下一点后绘图区如图 2-110 所示。在 mline 命令下，AutoCAD 默认用户画第二条多线。命令行窗口提示如下：

指定下一点或 [放弃(U)]:

第二条多线从第一条多线的终点开始，以刚输入的点坐标为终点，画完后右击或按下 Enter 键后结束。绘制的图形如图 2-111 所示。

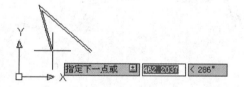

图 2-110　指定下一点后绘图区所显示的图形　　图 2-111　用 mline 命令绘制的多线

在执行【多线】命令时，会出现部分让用户选择的选项，说明如下。
- 【对正】：指定多线的对齐方式。
- 【比例】：指定多线宽度缩放比例系数。
- 【样式】：指定多线样式名。

2．编辑多线

用户可以通过编辑来增加、删除顶点或者控制角点连接的显示等，还可以编辑多线的样式来改变各个直线元素的属性等。

1) 增加或删除多线的顶点

用户可以在多线的任何一处增加或删除顶点。增加或删除顶点的步骤如下。

(1) 在命令行中输入 mledit 命令后按下 Enter 键；或者选择【修改】|【对象】|【多线】菜单命令。

(2) 执行此命令后，AutoCAD 将打开如图 2-112 所示的【多线编辑工具】对话框。

(3) 在【多线编辑工具】对话框中单击如图 2-113 所示的【删除顶点】按钮。

(4) 选择在多线中将要删除的顶点。绘制的图形如图 2-114 和图 2-115 所示。

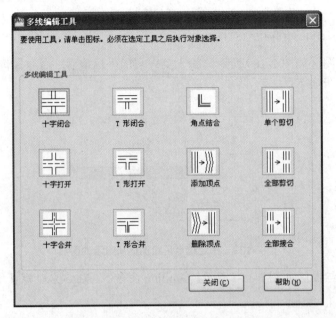

图 2-112　【多线编辑工具】对话框

　　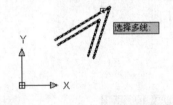　　

图 2-113　【删除顶点】按钮　　图 2-114　多线中要删除的顶点　　图 2-115　删除顶点后的多线

2) 编辑相交的多线

如果在图形中有相交的多线，用户能够通过编辑线脚的多线来控制它们相交的方式。多线可以相交成十字形或 T 字形，并且十字形或 T 字形可以被闭合、打开或合并。编辑相交多线的步骤如下：

(1) 在命令行中输入 mledit 命令后按下 Enter 键；或者选择【修改】|【对象】|【多线】菜单命令。

(2) 执行此命令后，打开【多线编辑工具】对话框。

(3) 在此对话框中，单击如图 2-116 所示的【十字合并】按钮。

选择此项后，AutoCAD 会提示用户选择第一条多线，命令行窗口提示如下：

命令: _mledit
选择第一条多线:

选择第一条多线绘图区如图 2-117 所示。

图 2-116 【十字合并】按钮

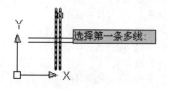
图 2-117 选择第一条多线绘图区所显示的图形

选择第一条多线后,命令行将提示用户选择第二条多线,选择第二条多线绘图区如图 2-118 所示。绘制的图形如图 2-119 所示。

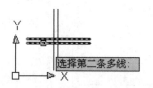
图 2-118 选择第二条多线绘图区所显示的图形

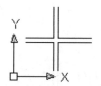
图 2-119 用【十字合并】编辑的相交多线

(4) 在【多线编辑工具】对话框中单击如图 2-120 的【T 形打开】按钮。

选择此项后,AutoCAD 会提示用户选择第一条多线,命令行窗口提示如下:

命令:_mledit
选择第一条多线:

选择第一条多线绘图区如图 2-121 所示。

图 2-120 【T 形打开】按钮

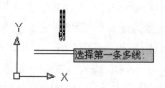
图 2-121 选择第一条多线绘图区所显示的图形

选择第一条多线后,命令行将提示用户选择第二条多线,选择第二条多线绘图区如图 2-122 所示。绘制的图形如图 2-123 所示。

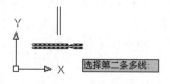
图 2-122 选择第二条多线绘图区所显示的图形

图 2-123 用【T 形打开】编辑的多线

如利用【T 形打开】命令编辑图 2-124 所示的墙线,其操作步骤如下。

选择【修改】|【对象】|【多线】菜单命令,打开【多线编辑工具】对话框,单击【T 形打开】按钮,单击【确定】按钮,返回绘图区,命令行窗口提示如下:

命令:_mledit   //选择多线编辑命令
选择第一条多线: //单击墙线 B

选择第二条多线:	//单击墙线 A
选择第一条多线 或 [放弃(U)]:	//单击墙线 B
选择第二条多线:	//单击墙线 C
选择第一条多线 或 [放弃(U)]:	//单击墙线 C
选择第二条多线:	//单击墙线 A
选择第一条多线 或 [放弃(U)]:	//按下 Enter 键结束

编辑后效果如图 2-125 所示。

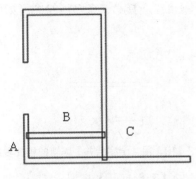

图 2-124 编辑多线前的墙线

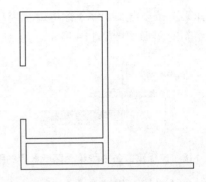

图 2-125 编辑多线后的墙线

3) 编辑多线的样式

多线样式用于控制多线中直线元素的数目、颜色、线型、线宽以及每个元素的偏移量。还可以修改合并的显示、端点封口和背景填充。

多线样式具有以下限制。

- 不能编辑 STANDARD 多线样式或图形中已使用的任何多线样式的元素和多线特性。
- 要编辑现有的多线样式，必须在用此样式绘制多线之前进行。

编辑多线样式的步骤如下。

(1) 在命令行中输入 mlstyle 命令后按下 Enter 键，或者选择【格式】|【多线样式】菜单命令。执行此命令后打开如图 2-126 所示的【多线样式】对话框。

(2) 在此对话框中，可以对多线进行编辑工作，如【新建】、【修改】、【重命名】、【删除】、【加载】、【保存】多线样式。

下面将详细介绍【多线样式】对话框中的选项。

- 【当前多线样式】：显示当前多线样式的名称，该样式将在后续创建的多线中用到。
- 【样式】：显示已加载到图形中的多线样式列表。

多线样式列表中可以包含外部参照的多线样式，即存在于外部参照图形中的多线样式。外部参照的多线样式名称使用与其他外部依赖非图形对象所使用的语法相同。

- 【说明】：显示选定多线样式的说明。
- 【预览】：显示选定多线样式的名称和图像。
- 【置为当前】：设置用于后续创建的多线的当前多线样式。从【样式】列表中选择一个名称，然后选择【置为当前】。

注 意

不能将外部参照中的多线样式设置为当前样式。

图 2-126 【多线样式】对话框

- 【新建】：显示如图 2-127 所示的【创建新的多线样式】对话框，从中可以创建新的多线样式。

图 2-127 【创建新的多线样式】对话框

◆ 【新样式名】：命名新的多线样式。只有输入新名称并单击【继续】按钮后，元素和多线特征才可用。

◆ 【基础样式】：确定要用于创建新多线样式的多线样式。要节省时间，请选择与要创建的多线样式相似的多线样式。

命名新的多线样式后单击【继续】按钮，显示如图 2-128 所示的【新建多线样式】对话框，对话框中的选项说明如下。

◆ 【说明】：为多线样式添加说明。最多可以输入 255 个字符(包括空格)。

◆ 【封口】：选项组：用于控制多线起点和端点封口。

　– 【直线】：显示穿过多线每一端的直线段，如图 2-129 所示。

　– 【外弧】：显示多线的最外端元素之间的圆弧，如图 2-130 所示。

　– 【内弧】：显示成对的内部元素之间的圆弧。如果有奇数个元素，中心线将不被连接。例如，如果有 6 个元素，内弧连接元素 2 和 5、元素 3 和 4。如果有 7 个元素，内弧连接元素 2 和 6、元素 3 和 5；元素 4 不连接，如图 2-131 所示。

　– 【角度】：指定端点封口的角度，如图 2-132 所示。

◆ 【填充】：选项组：用于控制多线的背景填充。

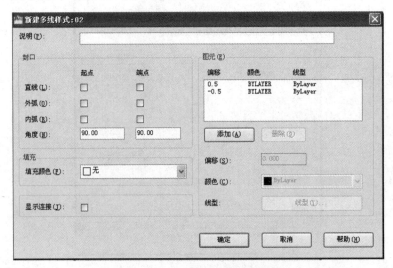

图 2-128 【新建多线样式】对话框

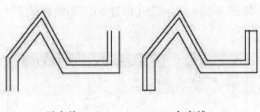

无直线　　　　　　有直线

图 2-129 穿过多线每一端的直线段

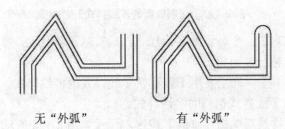

无"外弧"　　　　　　有"外弧"

图 2-130 多线的最外端元素之间的圆弧

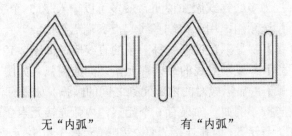

无"内弧"　　　　　　有"内弧"

图 2-131 成对的内部元素之间的圆弧

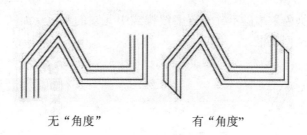

无"角度"　　　　　　有"角度"

图 2-132　指定端点封口的角度

【填充颜色】：设置多线的背景填充色。如图 2-133 所示的【填充颜色】下拉列表框。

图 2-133　【填充颜色】下拉列表框

◆ 【显示连接】：控制每条多线线段顶点处连接的显示。接头也称为斜接。如图 2-134 所示。

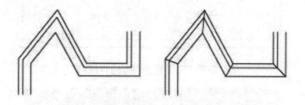

"显示连接"关闭　　　　　打开"显示连接"

图 2-134　多线线段顶点处连接的显示

◆ 【图元】选项组：用于设置新的和现有的多线元素的元素特性，例如偏移、颜色和线型。

– 【偏移】、【颜色】和【线型】：显示当前多线样式中的所有元素。样式中的每个元素由其相对于多线的中心、颜色及其线型定义。元素始终按它们的偏移值降序显示。

– 【添加】：将新元素添加到多线样式。只有为除 STANDARD 以外的多线样式选择了颜色或线型后，此选项才可用。

– 【删除】：从多线样式中删除元素。

– 【偏移】：为多线样式中的每个元素指定偏移值，如图 2-135 所示。

- 【颜色】：显示并设置多线样式中元素的颜色。如图 2-136 所示的【颜色】下拉列表框。

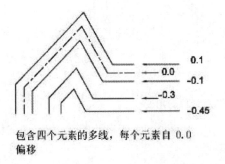

图 2-135　为多线样式中的每个元素指定偏移值　　　图 2-136　【颜色】下拉列表框

- 【线型】：显示并设置多线样式中元素的线型。如果单击【线型】按钮，将显示如图 2-137 所示的【选择线型】对话框，该对话框列出了已加载的线型。要加载新线型，则单击【加载】按钮，将打开如图 2-138 所示的【加载或重载线型】对话框。

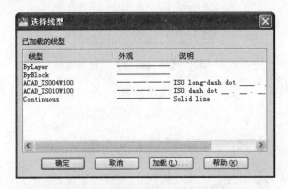

图 2-137　【选择线型】对话框

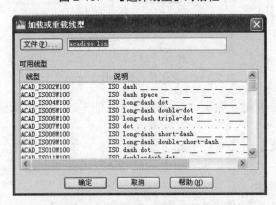

图 2-138　【加载或重载线型】对话框

- 【修改】：【多线样式】对话框中的【修改】显示如图 2-139 所示的【修改多线样式】对话框，从中可以修改选定的多线样式。不能修改默认的 STANDARD 多线样式。

图 2-139 【修改多线样式】对话框

> **注 意**
> 不能编辑 STANDARD 多线样式或图形中正在使用的任何多线样式的元素和多线特性。要编辑现有多线样式，必须在使用该样式绘制任何多线之前进行。

- 【重命名】：【多线样式】对话框中的【重命名】重命名当前选定的多线样式。不能重命名 STANDARD 多线样式。
- 【删除】：【多线样式】对话框中的【删除】从【样式】列表中删除当前选定的多线样式。此操作并不会删除 MLN 文件中的样式。
  不能删除 STANDARD 多线样式、当前多线样式或正在使用的多线样式。
- 【加载】：【多线样式】对话框中的【加载】显示如图 2-140 所示的【加载多线样式】对话框，从中可以从指定的 MLN 文件加载多线样式。

图 2-140 【加载多线样式】对话框

- 【保存】：【多线样式】对话框中的【保存】将多线样式保存或复制到多线库(MLN)文件。如果指定了一个已存在的 MLN 文件，新样式定义将添加到此文件中，并且不会删除其中已有的定义。默认文件名是 acad.mln。

2.3.8 绘制多段线

由于多段线是多条直线或弧线所构成的实体，易于选择和编辑，并且可以通过不同的线宽设置绘制出很多有特殊效果的线性图形。因此在建筑绘图中应用比较广泛。

调用绘制多段线命令的方法有以下两种。
- 在命令行中输入 pline 命令后按下 Enter 键。
- 在菜单栏中选择【绘图】|【多段线】命令。

1. 绘制多段线

选择【多段线】命令后，命令行窗口提示如下：

命令: _pline

然后在命令行中将提示用户指定起点并提示当前线宽，命令行窗口提示如下：

指定起点:
当前线宽为 0.0000

指定起点后绘图区如图 2-141 所示。输入起点的坐标值后，命令行将提示用户指定下一个点，命令行窗口提示如下：

指定下一点或 [圆弧(A)/闭合(C)/半宽(H)/长度(L)/放弃(U)/宽度(W)]:

指定第一点的坐标后，绘图区如图 2-142 所示。

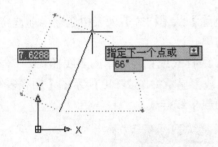 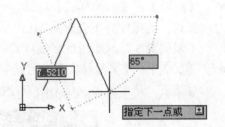

图 2-141 指定起点后绘图区所显示的图形　　图 2-142 指定下一点后绘图区所显示的图形

指定第二点后，命令行窗口提示如下：

指定下一点或 [圆弧(A)/闭合(C)/半宽(H)/长度(L)/放弃(U)/宽度(W)]: c　　//按 Enter 键

绘制的图形如图 2-143 所示。

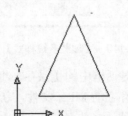

图 2-143 用 pline 命令绘制的多线

2. 编辑多段线

使用多段线编辑对象工具可以对任何多段线和多段线形体(包括多边形、填充图形、二维及三维多端线)以及多边形网格进行编辑修改。如果要将图 2-144 中的墙线转变为多段线，并将宽度设置为 15，效果如图 2-145 所示。

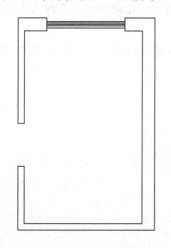

图 2-144 编辑多段线前的墙线　　　　图 2-145 编辑多段线后的墙线

绘制方法：选择多段线编辑命令，对墙线进行编辑，命令行窗口提示如下。

```
命令: _pedit                                            //执行多段线编辑命令
选择多段线或 [多条(M)]: m                                //选择【多条】选项
选择对象: 指定对角点: 找到 10 个                          //框选下半部分的墙线
选择对象: 指定对角点: 找到 3 个, 总计 13 个                //框选右上角除窗户以外的墙线
选择对象: 指定对角点: 找到 3 个, 总计 16 个                //框选左上角除窗户以外的墙线
选择对象:                                               //按下 Enter 键结束
是否将直线、圆弧和样条曲线转换为多段线? [是(Y)/否(N)]? <Y> y    //选择【是】选项
输入选项 [闭合(C)/打开(O)/合并(J)/宽度(W)/拟合(F)/样条曲线(S)/非曲线化(D)/线型生成(L)/反转(R)/放弃(U)]: w          //选择【宽度】选项
指定所有线段的新宽度: 15                                 //输入宽度值
输入选项 [闭合(C)/打开(O)/合并(J)/宽度(W)/拟合(F)/样条曲线(S)/非曲线化(D)/线型生成(L)/反转(R)/放弃(U)]:             //按下 Enter 键结束
```

> **提示**
> 在执行多段线编辑命令的过程中，在命令行提示输入选项时，选择【合并】选项，可将两条或多条相连的多段线合并为一条多段线，从而能对该多段线进行整体编辑。

2.3.9 修订云线

修订云线是由连续圆弧组成的多段线。用于在检查阶段提醒用户注意图形的某个部分。

在检查或用红线圈阅图形时，可以使用修订云线功能亮显标记以提高工作效率。REVCLOUD 命令用于创建由连续圆弧组成的多段线以构成云线形对象。用户可以为修订云线选择样式：【普通】或【手绘】。如果选择【手绘】，修订云线看起来像是用画笔绘制的。

可以从头开始创建修订云线，也可以将对象(例如圆、椭圆、多段线或样条曲线)转换为修

订云线。将对象转换为修订云线时，如果 DELOBJ 设置为 1(默认值)，原始对象将被删除。

可以为修订云线的弧长设置默认的最小值和最大值。绘制修订云线时，可以使用拾取点选择较短的弧线段来更改圆弧的大小。也可以通过调整拾取点来编辑修订云线的单个弧长和弦长。

REVCLOUD 用于存储上一次使用的圆弧长度作为多个 DIMSCALE 系统变量的值，这样，就可以统一使用不同比例因子的图形。

在执行此命令之前，请确保能够看见要使用 REVCLOUD 添加轮廓的整个区域。REVCLOUD 不支持透明以及实时平移和缩放。

下面将介绍几种创建修订云线的方法。
- 使用普通样式创建修订云线。
- 使用手绘样式创建修订云线。
- 将对象转换为修订云线。

1) 使用普通样式创建修订云线的方法
(1) 单击【绘图】面板上的 【修订云线】按钮。
(2) 在命令行中输入 revcloud 命令后按下 Enter 键。
(3) 在菜单栏中选择【绘图】|【修订云线】命令。

创建修订云线。

执行【修订云线】命令后，命令行窗口提示如下：

命令：_revcloud
最小弧长：15   最大弧长：15   样式：普通
指定起点或 [弧长(A)/对象(O)/样式(S)] <对象>：
沿云线路径引导十字光标...
修订云线完成。

使用普通样式创建的修订云线如图 2-146 所示。

提 示

默认的弧长最小值和最大值设置为 0.5000 个单位。弧长的最大值不能超过最小值的 3 倍。

可以随时按下 Enter 键停止绘制修订云线。若要闭合修订云线，必须返回到它的起点。

2) 使用手绘样式创建修订云线的步骤

单击【绘图】面板上的 【修订云线】按钮；或在命令行中输入 revcloud 命令后按下 Enter 键；或选择【绘图】|【修订云线】菜单命令。

创建修订云线。

执行【修订云线】命令后，命令行窗口提示如下：

命令：_revcloud
最小弧长：15   最大弧长：15   样式：普通
指定起点或 [弧长(A)/对象(O)/样式(S)] <对象>：a
指定最小弧长 <15>：20   //输入最小弧长 20 后按下 Enter 键
指定最大弧长 <30>：20   //输入最大弧长 20 后按下 Enter 键
指定起点或 [弧长(A)/对象(O)/样式(S)] <对象>：s

选择圆弧样式 [普通(N)/手绘(C)] <手绘>:c
圆弧样式 = 手绘
指定起点或 [弧长(A)/对象(O)/样式(S)] <对象>:
沿云线路径引导十字光标…
反转方向 [是(Y)/否(N)] <否>: N
修订云线完成。

使用手绘样式创建的修订云线如图 2-147 所示。

 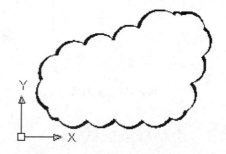

图 2-146　使用普通样式创建的修订云线　　　图 2-147　使用手绘样式创建的修订云线

3) 将对象转换为修订云线的步骤

绘制一个要转换为修订云线的圆、椭圆、多段线或样条曲线。

单击【绘图】面板上的【修订云线】按钮 ；或在命令行中输入 revcloud 命令后按下 Enter 键；或选择【绘图】|【修订云线】菜单命令。

下面以绘制一个圆形并将其转换为修订云线为例说明转换修订云线的方法，初始图形如图 2-148 所示。

执行【修订云线】命令后，命令行窗口提示如下：

命令: _revcloud
最小弧长: 20　最大弧长: 20　样式: 手绘
指定起点或 [弧长(A)/对象(O)/样式(S)] <对象>: a
指定最小弧长 <30>: 55　　　　　　　　　//输入最小弧长 55 后按下 Enter 键
指定最大弧长 <60>: 55　　　　　　　　　//输入最大弧长 55 后按下 Enter 键
指定起点或 [弧长(A)/对象(O)/样式(S)] <对象>: o
选择对象:
反转方向 [是(Y)/否(N)] <否>: N
修订云线完成。

将圆转换为修订云线如图 2-149 所示。

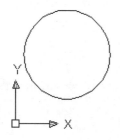 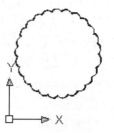

图 2-148　将要转换为修订云线的圆　　　　图 2-149　将圆转换为修订云线

将多段线转换为修订云线如图 2-150 和图 2-151 所示。

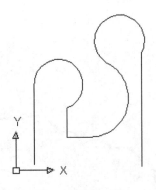

图 2-150　多段线

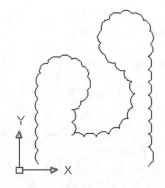

图 2-151　多段线转换为修订云线

2.3.10　绘制样条曲线

样条曲线是经过或接近一系列给定点的光滑曲线。可以控制曲线与点的拟合程度。可以通过指定点来创建样条曲线。也可以封闭样条曲线，使起点和端点重合。附加编辑选项可用于修改样条曲线对象的形状。除了在大多数对象上使用的一般编辑操作外，使用 SPLINEDIT 编辑样条曲线时还可以使用其他选项。

1. 创建样条曲线

样条曲线适用于不规则的曲线，如汽车或飞机设计或地理信息系统所涉及的曲线。

虽然用户可以通过对多段线的平滑处理来绘制近似于样条曲线的线条，但是创意真正的样条曲线与之相比具有以下的优点。

（1）通过对曲线路径上的一系列点进行平滑拟合，可以创建样条曲线，进行二维或三维制图建模时，使用这种方法创建的样条曲线远比多段线精确。

（2）使用样条曲线编辑命令或自动编辑命令可以很容易地创建样条曲线，并保留样条曲线的定义。但是如果使用的是多段线编辑，就会丢失这些定义，成为平滑的多段线。

（3）使用样条曲线的图形比使用多段线的图形所占据的磁盘空间和内存要小。

用户在绘制样条曲线时可以改变样条曲线的拟合公差来查看拟后效果。拟合公差指的是样条曲线与指定拟合点之间的接近程度。拟合公差越小，样条曲线与拟合点就越接近，拟合公差为 0 时，样条曲线将通过拟合点。用户也可以通过样条曲线使起点与终点重合。

用户可以通过以下几种方法绘制样条曲线。

- 单击【绘图】面板上的【样条曲线】按钮 。
- 在命令行中输入 spline 命令后按下 Enter 键。
- 在菜单栏中，选择【绘图】|【样条曲线】命令。

执行此命令后，AutoCAD 提示用户指定第一个点或[对象(O)]，命令行窗口提示如下：

命令: _spline
指定第一个点或 [对象(O)]:

指定第一个点后绘图区如图 2-152 所示。指定第一个点后 AutoCAD 提示用户指定下一点，命令行窗口提示如下：

指定下一点：

指定下一点后绘图区如图 2-153 所示。

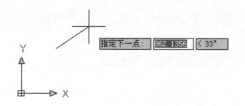

图 2-152　指定第一个点后绘图区所显示的图形

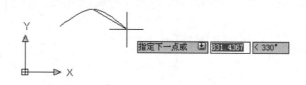

图 2-153　指定下一点后绘图区所显示的图形

指定下一点后命令行窗口提示如下：

指定下一点或 [闭合(C)/拟合公差(F)] <起点切向>:

指定下一点后绘图区如图 2-154 所示。

指定下一点后 AutoCAD 再次提示：

指定下一点或 [闭合(C)/拟合公差(F)] <起点切向>:

指定下一点后绘图区如图 2-155 所示。

图 2-154　指定下一点后绘图区所显示的图形

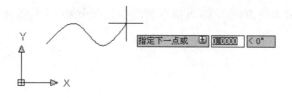

图 2-155　指定下一点后绘图区所显示的图形

默认情况下 AutoCAD 还会提示"指定下一点或 [闭合(C)/拟合公差(F)] <起点切向>"，在这里我们单击右键选择确认或按下 Enter 键。命令行窗口提示用户指定起点切向。

此时绘图区如图 2-156 所示。

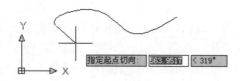

图 2-156　按下 Enter 键后绘图区所显示的图形

指定起点切向后 AutoCAD 提示用户指定端点切向，命令行窗口提示如下：

指定端点切向：

此时绘图区如图 2-157 所示。

图 2-157　指定端点切向绘图区所显示的图形

用【样条曲线】命令绘制的图形如图 2-158 所示。
下面将对命令输入行中的其他选项进行介绍。

- 【闭合】：在命令行中输入 c 后，AutoCAD 会自动地将最后一点定义为与第一点一致，并且使它在连接处相切。输入 c 后，在命令行中会要求用户选择切线方向，如图 2-159 所示。

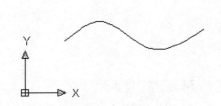　　　　　　　　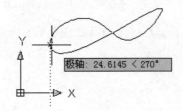

图 2-158　用【样条曲线】命令绘制的图形　　　图 2-159　选择闭合后绘图区所显示的图形

- 【拟合公差】：在命令行中输入 f 后，AutoCAD 会提示用户确定拟合公差的大小，用户可以在命令行中输入一定的数值来定义拟合公差的大小。

图 2-160 和图 2-161 所示的图形即为拟合公差分别为 0 和 15 时的不同的样条曲线。

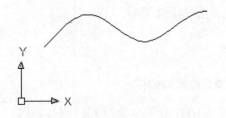　　　　　　　　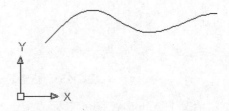

图 2-160　拟合公差为 0 时的样条曲线　　　图 2-161　拟合公差为 15 时的样条曲线

2. 编辑样条曲线

用户能够删除样条曲线的拟合点，也可以提高精度增加拟合点或改变样条曲线的形状。用户还能够让样条曲线封闭或打开，并编辑起点和终点的切线方向。样条曲线的方向是双向的，其切向偏差是可以改变的。这里所说的精确度是指样条曲线和拟合点的允差。允差越小，精确度越高。

可以向一段样条曲线中增加控制点的数目或改变指定的控制点的密度来提高样条曲线的

精确度。同样，用户可以用改变样条曲线的次数来提高精确度。

可以通过以下几种方式执行编辑样条曲线的命令。

- 在命令行中输入 splinedit 命令后按下 Enter 键。
- 在菜单栏中选择【修改】|【对象】|【样条曲线】命令。
- 单击【修改】面板上的【编辑样条曲线】按钮 。

执行此命令后，在命令行中会出现如下信息提示用户选择样条曲线：

命令: _splinedit
选择样条曲线:

选择样条曲线后，AutoCAD 会提示用户选择下面的一个选项作为用户下一步的操作，命令行窗口提示如下：

输入选项 [拟合数据(F)/闭合(C)/移动顶点(M)/优化(R)/反转(E)/转换为多段线(P)/放弃(U)]:

下面讲述以上各选项的含义。

- 【拟合数据】：编辑定义样条曲线的拟合点数据，包括修改公差。在命令行中输入命令后，按下 Enter 键选择此项后，在命令行中会出现如下信息，要求用户选择某一项操作，然后在绘图区绘制此样条曲线的插值点后会自动呈现高亮显示。

输入拟合数据选项:
[添加(A)/闭合(C)/删除(D)/移动(M)/清理(P)/相切(T)/公差(L)/退出(X)] <退出>:

上面选项的含义及其说明如表 2-2 所示。

表 2-2 选项及其说明

选 项	说 明
添加	在样条曲线外部增加插值点
闭合	闭合样条曲线
删除	从外至内删除
移动	移动插值点
清理	清除拟合数据
相切	调整起点和终点切线方向
公差	调整插值的允差
退出	退出此项操作(默认选项)

- 【闭合】：使样条曲线的始末闭合，闭合的切线方向根据始末的切线方向由 AutoCAD 自定。
- 【移动顶点】：将拟合点移动到新位置。
- 【优化】：在命令行中输入 r 命令后，按下 Enter 键选择此项后，在命令行中会出现如下信息，要求用户选择某一项操作。

输入优化选项 [添加控制点(A)/提高阶数(E)/权值(W)/退出(X)] <退出>:

如表 2-3 所示的选项及其含义。

表 2-3　优化的选项及其含义

选　项	含　义
添加控制点	增加插值点
提高阶数	更改插值次数(如致二次插值为三次插值等)
权值	更改样条曲线的磅值(磅值越大，越接近插值点)
退出	退出此步操作

- 【反转】：主要是为第三方应用程序使用的，是用来转换样条曲线的方向。
- 【放弃】：取消最后一步操作。

2.4　设计范例——绘制简单建筑平面图元

在绘制建筑图尤其是平面图时，一些家具、标注符号等必不可少，本章的范例就是用来绘制建筑图中常用的一些图元，如图 2-162 所示。通过这些绘制，可以加深读者对前面绘图基础知识的了解，并能将其应用到实际的绘图工作中去。

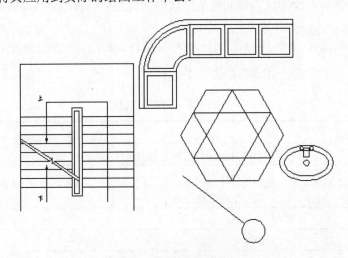

图 2-162　建筑平面图元

2.4.1　绘制轴圈

绘制轴圈的操作步骤如下。

(1) 首先启动 AutoCAD 2010，新建一个绘图文件，选择【工具】|【工具栏】|【绘图】菜单命令，调出【绘图】工具栏。

(2) 下面利用【直线】和【圆】命令绘制轴圈。单击【常用】选项卡中【绘图】面板上的【直线】按钮，绘制轴线。命令行窗口提示如下。

```
命令:_line
指定第一点:                                    //在绘图区中单击
指定下一点或 [放弃(U)]: @1350,0                 //输入坐标
指定下一点或 [放弃(U)]:                         //按下 Enter 键
```

(3) 单击【常用】选项卡中【绘图】面板上的【圆】按钮 ⊙，绘制轴圈，其效果如图 2-163 所示。命令行窗口提示如下：

图 2-163 绘制的轴圈

命令:_circle
指定圆的圆心或 [三点(3P)/两点(2P)/切点、切点、半径(T)]: 2p   //选择【两点】选项
指定圆直径的第一个端点: //捕捉所绘直线的端点
指定圆直径的第二个端点: @400,0   //指定另一个端点

2.4.2 绘制六边形的地砖

利用【正多边形】命令，绘制六边形的地砖。其操作步骤如下。

(1) 单击【绘图】工具栏上的【正多边形】按钮 ⬠，绘制地砖的外框，效果如图 2-164 所示。命令行窗口提示如下。

命令:_polygon
输入边的数目 <4>:6   //指定地砖的边数
指定正多边形的中心点或 [边(E)]:   //在绘图区中单击
输入选项 [内接于圆(I)/外切于圆(C)] <I>:   //按下 Enter 键
指定圆的半径: 900   //输入圆的半径

绘制的正多边形如图 2-165 所示。

(2) 单击【绘图】工具栏上的【正多边形】按钮 ⬠，绘制地砖的样式，其效果如图 2-165 所示。命令行窗口提示如下。

命令:_polygon
输入边的数目 <6>: 3   //输入边数
指定正多边形的中心点或 [边(E)]: e   //选择【边】选项
指定边的第一个端点: //捕捉 AB 边的中点
指定边的第二个端点: //捕捉 EF 边的中点

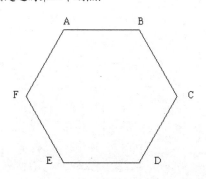

图 2-164 绘制的正多边形外框

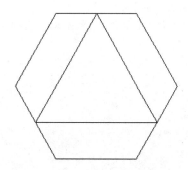

图 2-165 绘制地砖的样式

(3) 单击【绘图】工具栏上的【正多边形】按钮 ⬠，继续绘制地砖的样式，最终效果如

图 2-166 所示。命令行窗口提示如下。

```
命令: _polygon
输入边的数目 <6>: 3                    //输入边数
指定正多边形的中心点或 [边(E)]: e      //选择【边】选项
指定边的第一个端点:                    //捕捉 AF 边的中点
指定边的第二个端点:                    //捕捉 ED 边的中点
```

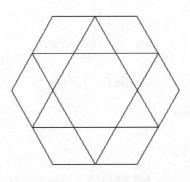

图 2-166 绘制的地砖

2.4.3 绘制洗手池

绘制洗手池的操作步骤如下。

(1) 单击【常用】选项卡中【绘图】面板上的【椭圆】按钮，绘制洗手池水槽外边，效果如图 2-167 所示。命令行窗口提示如下。

```
命令: _ellipse
指定椭圆的轴端点或[圆弧(A)/中心点(C)]:     //在绘图区单击
指定轴的另一个端点: @920,0                 //输入坐标值
指定另一条半轴长度或 [旋转(R)]: 300         //输入长度
```

(2) 继续运用【椭圆】命令，绘制洗手池水槽内边，如图 2-168 所示。命令行窗口提示如下。

```
命令: _ellipse
指定椭圆的轴端点或 [圆弧(A)/中心点(C)]: c    //选择【中心点】选项
指定椭圆的中心点:                           //捕捉椭圆的圆心
指定轴的端点: @0,220                        //输入坐标值
指定另一条半轴长度或 [旋转(R)]: @380,0       //输入坐标值
```

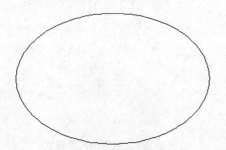

图 2-167 洗手池水槽外边

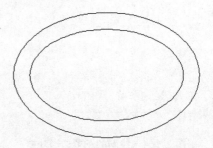

图 2-168 绘制的洗手池水槽

(3) 单击【常用】选项卡中【绘图】面板中的【矩形】按钮，绘制水龙头，如图 2-169 所示，命令行窗口提示如下。

命令: _rectang
指定第一个角点或 [倒角(C)/标高(E)/圆角(F)/厚度(T)/宽度(W)]:
指定另一个角点或 [面积(A)/尺寸(D)/旋转(R)]: @100,-160

(4) 再利用【圆】命令在水龙头附近绘制冷、热水开关及渗水口，单击【常用】选项卡中【绘图】面板中的【圆】按钮，命令行窗口提示如下。

命令: _circle
指定圆的圆心或 [三点(3P)/两点(2P)/切点、切点、半径(T)]:
指定圆的半径或 [直径(D)] <23.2824>:   //绘制开关
命令: _circle
指定圆的圆心或 [三点(3P)/两点(2P)/切点、切点、半径(T)]: <对象捕捉 开>   //捕捉椭圆圆心
指定圆的半径或 [直径(D)] <15.0000>: 40

结果如图 2-170 所示。

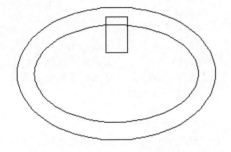
图 2-169 绘制的水龙头

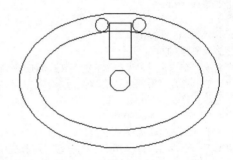
图 2-170 绘制的洗手池图形

2.4.4 绘制楼梯的转角箭头

下面利用【多段线】命令在如图 2-171 所示的楼梯图形中绘制转角箭头，其操作步骤如下。

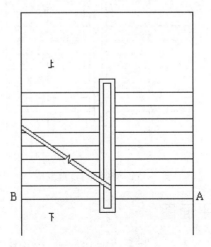
图 2-171 楼梯图形

93

单击【绘图】工具栏中的【多段线】按钮，绘制楼梯上下方向线及线上箭头，效果如图 2-172 所示，命令行窗口提示如下：

命令: _pline
指定起点: from   //输入 from 命令
基点: //捕捉 A 点
<偏移>: @-450,-250   //指定多段线起点
当前线宽为 0.0000   //系统显示当前多段线宽度
指定下一个点或 [圆弧(A)/半宽(H)/长度(L)/放弃(U)/宽度(W)]: @0,1700   //指定多段线下一点
指定下一点或 [圆弧(A)/闭合(C)/半宽(H)/长度(L)/放弃(U)/宽度(W)]: @-1080,0 //指定多段线下一点
指定下一点或 [圆弧(A)/闭合(C)/半宽(H)/长度(L)/放弃(U)/宽度(W)]: @0,-625 //指定多段线下一点
指定下一点或 [圆弧(A)/闭合(C)/半宽(H)/长度(L)/放弃(U)/宽度(W)]: W   //选择【宽度】选项
指定起点宽度 <0.0000>: 25   //指定多段线起点宽度
指定端点宽度 <50.0000>: 0   //指定多段线端点宽度
指定下一点或 [圆弧(A)/闭合(C)/半宽(H)/长度(L)/放弃(U)/宽度(W)]: @0,-75   //指定多段线下一点
指定下一点或 [圆弧(A)/闭合(C)/半宽(H)/长度(L)/放弃(U)/宽度(W)]:   //按下 Enter 键结束 pline 命令
命令: _pline
指定起点: from   //输入 from 命令
基点: //捕捉 B 点
<偏移>: @450,-250   //指定多段线起点
当前线宽为 0.0000   //系统显示当前多段线宽度
指定下一个点或 [圆弧(A)/半宽(H)/长度(L)/放弃(U)/宽度(W)]: @0,550   //指定多段线下一点
指定下一点或 [圆弧(A)/闭合(C)/半宽(H)/长度(L)/放弃(U)/宽度(W)]: W   //选择【宽度】选项
指定起点宽度 <0.0000>: 25   //指定多段线起点宽度
指定端点宽度 <50.0000>: 0   //指定多段线端点宽度
指定下一点或 [圆弧(A)/闭合(C)/半宽(H)/长度(L)/放弃(U)/宽度(W)]: @0,75   //指定多段线下一点
指定下一点或 [圆弧(A)/闭合(C)/半宽(H)/长度(L)/放弃(U)/宽度(W)]:   //按下 Enter 键结束 pline 命令

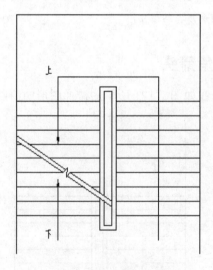

图 2-172 楼梯的转角箭头

2.4.5 绘制拐角沙发平面图

下面运用【矩形】、【直线】、【圆】等命令，绘制拐角沙发平面图。

(1) 单击【绘图】工具栏中的【矩形】按钮，绘制横排沙发，如图 2-173 所示。命令行

窗口提示如下。

```
命令: _rectang
指定第一个角点或 [倒角(C)/标高(E)/圆角(F)/厚度(T)/宽度(W)]:        //在绘图区中指定一点
指定另一个角点或 [面积(A)/尺寸(D)/旋转(R)]: @1800,560              //输入相对坐标
```

(2) 单击【绘图】工具栏中的【直线】按钮，在矩形的三分之一处绘制直线，如图 2-174 所示。命令行窗口提示如下。

```
命令: _line
指定第一点: from                    //输入 from 命令
基点:                               //捕捉横排沙发左上角的交点
<偏移>: @600,0                      //输入相对坐标
指定下一点或 [放弃(U)]:              //捕捉横排沙发下边的垂点
指定下一点或 [放弃(U)]:              //按下 Enter 键
```

图 2-173　绘制的横排沙发　　　　　　图 2-174　在矩形的三分之一处绘制绘制直线

(3) 使用与第 2 步同样的方法，在矩形的另一个三分之一处绘制直线，如图 2-175 所示。
(4) 单击【绘图】工具栏中的【矩形】按钮，绘制左侧的沙发，效果如图 2-176 所示。命令行窗口提示如下。

```
命令: _rectang
指定第一个角点或 [倒角(C)/标高(E)/圆角(F)/厚度(T)/宽度(W)]: from    //输入 from 命令
基点:                                                              //捕捉横排坐垫左下角的交点
<偏移>: @-240,-240                                                  //输入相对坐标
指定另一个角点或 [面积(A)/尺寸(D)/旋转(R)]:: @-560,-620              //输入相对坐标
```

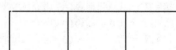

图 2-175　在矩形的另一三分之一处绘制直线　　　　图 2-176　绘制的左侧沙发

(5) 单击绘图工具栏中的【圆弧】按钮，绘制拐角处沙发的前边线，效果如图 2-177 所示。命令行窗口提示如下。

```
命令: _arc
指定圆弧的起点或 [圆心(C)]:                 //捕捉横排坐垫左下角的交点
指定圆弧的第二个点或 [圆心(C)/端点(E)]: e    //选择【端点】选项
指定圆弧的端点:                             //捕捉左侧坐垫右上角的交点
```

指定圆弧的圆心或 [角度(A)/方向(D)/半径(R)]: r　　　　　//选择【半径】选项
指定圆弧的半径: 240　　　　　　　　　　　　　　　　　//指定圆弧的半径

(6) 使用与第5步同样的方法，绘制拐角处的沙发的后边线，如图2-178所示。

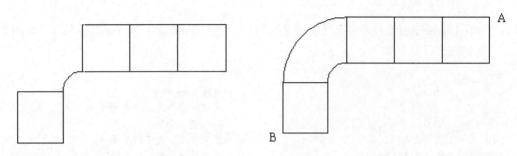

图2-177　拐角处的沙发的前边线　　　　　图2-178　拐角处的沙发的后边线

(7) 单击【绘图】工具栏中的【多段线】按钮，绘制沙发的靠背，如图2-179所示。命令行窗口提示如下。

命令: _pline
指定起点:　　　　　　　　　　　　　　　　　　　　　//捕捉A点
当前线宽为 0.0000　　　　　　　　　　　　　　　　　 //系统提示
指定下一个点或 [圆弧(A)/半宽(H)/长度(L)/放弃(U)/宽度(W)]: @0,90　　　　　//输入相对坐标
指定下一点或 [圆弧(A)/闭合(C)/半宽(H)/长度(L)/放弃(U)/宽度(W)]: @-1800,0　//输入相对坐标
指定下一点或 [圆弧(A)/闭合(C)/半宽(H)/长度(L)/放弃(U)/宽度(W)]: a　　　　//选择【圆弧】选项
指定圆弧的端点或[角度(A)/圆心(CE)/闭合(CL)/方向(D)/半宽(H)/直线(L)/半径(R)/第二个点(S)/放弃(U)/宽度(W)]: ce　　　　//选择【圆心】选项
指定圆弧的圆心:　　　　　　　　　　　　　　　　　//捕捉前面所绘圆弧的圆心
指定圆弧的端点或 [角度(A)/长度(L)]: a　　　　　　　//选择【角度】选项
指定包含角: 90　　　　　　　　　　　　　　　　　　//输入所包含角的角度
指定圆弧的端点或[角度(A)/圆心(CE)/闭合(CL)/方向(D)/半宽(H)/直线(L)/半径(R)/第二个点(S)/放弃(U)/宽度(W)]: l　　　　　//选择【直线】选项
指定下一点或 [圆弧(A)/闭合(C)/半宽(H)/长度(L)/放弃(U)/宽度(W)]: @0,-620　//输入相对坐标
指定下一点或 [圆弧(A)/闭合(C)/半宽(H)/长度(L)/放弃(U)/宽度(W)]:　　　　//捕捉B点
指定下一点或 [圆弧(A)/闭合(C)/半宽(H)/长度(L)/放弃(U)/宽度(W)]:　　　　//按下Enter键结束

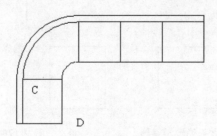

图2-179　沙发后面的靠背

(8) 单击【常用】选项卡的【绘图】面板中的【矩形】按钮，绘制沙发上的坐垫，效果如图2-180所示。命令行窗口提示如下。

命令: _rectang
指定第一个角点或 [倒角(C)/标高(E)/圆角(F)/厚度(T)/宽度(W)]: from　　　//输入from命令
基点:　　　　　　　　　　　　　　　　　　　　　　//捕捉C点

<偏移>: @60,-60	//输入偏移坐标
指定另一个角点或 [面积(A)/尺寸(D)/旋转(R)]: from	//输入 from 命令
基点:	//捕捉 D 点
<偏移>: @-60,60	//输入偏移坐标

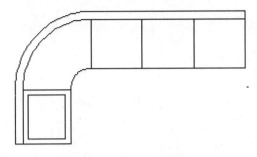

图 2-180　绘制的矩形坐垫

(9) 使用与第 8 步相同的方法，绘制其他坐垫的样式，最终效果如图 2-181 所示。

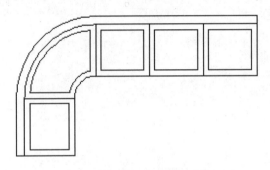

图 2-181　绘制的拐角沙发

2.5　本章小结

　　本章讲解了绘图环境的设置方法，包括对鼠标的设置、绘图单位的设定、设置绘图界限以及精确绘图的辅助功能；介绍了坐标系和动态坐标系；重点讲解了基本二维图形的绘制方法，包括点、线、矩形、正多边形、圆弧等的绘制，最后以绘制简单的建筑平面图元为例，回顾二维图的绘制方法，由简到繁，层层递进，有助于读者的理解。

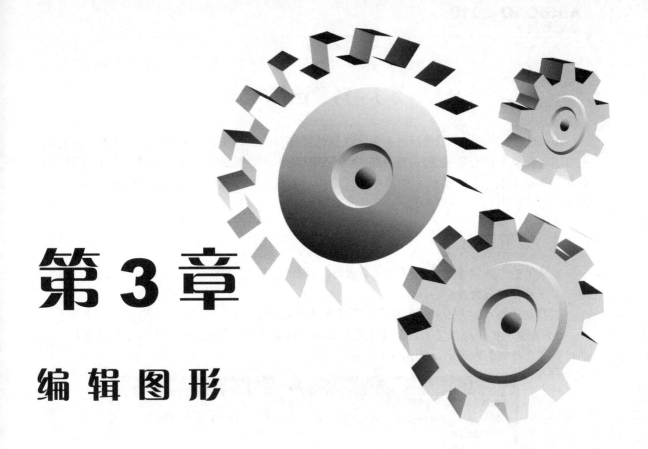

第 3 章

编辑图形

在第 2 章的学习中，读者了解到如何绘制简单平面。在绘图的过程中，会发现某些图形不是一次就可以绘制出来的，并且不可避免地会出现一些错误操作，有时绘制好图形后，需要对图形进行修改和组合，以得到更加复杂的图形。这时就要用到编辑命令。通过本章的学习，读者应学会一些基本的编辑命令，如删除、移动和旋转、拉伸、比例缩放及拉长、修剪和分解等。

本章主要内容

- 对象选择方式
- 编辑工具
- 删除和恢复图形
- 形体相同图形的绘制
- 扩展编辑工具
- 设计小范例——编辑平面

3.1 对象选择方式

AutoCAD 用虚线亮显选择的对象，这些对象将构成选择集，选择集可以包括单个的对象，也可以包括复杂的对象编组。在 AutoCAD 2010 中，可以在菜单栏中选择【工具】|【选项】命令，弹出【选项】对话框，在其中的【选择集】选项卡中设置集模式、拾取框的大小及夹点等。

3.1.1 设置夹点

在菜单栏中选择【工具】|【选项】命令，打开【选项】对话框，在该对话框的【选择集】选项卡中可以设置夹点。

如要设置夹点的大小和显示颜色，其操作步骤如下。

(1) 在菜单栏中选择【工具】|【选项】命令，打开【选项】对话框，单击【选择集】标签，切换到【选择集】选项卡，如图 3-1 所示。

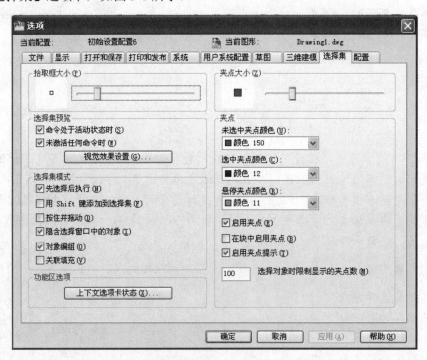

图 3-1 【选项】对话框中的【选择集】选项卡

(2) 在【夹点大小】选项组中拖动滑块调整夹点显示大小，向左夹点变小，向右夹点变大，如图 3-2 所示。

(3) 如图 3-3 所示，在【未选中夹点颜色】下拉列表框中设置夹点未选中时的颜色，如【洋红】。

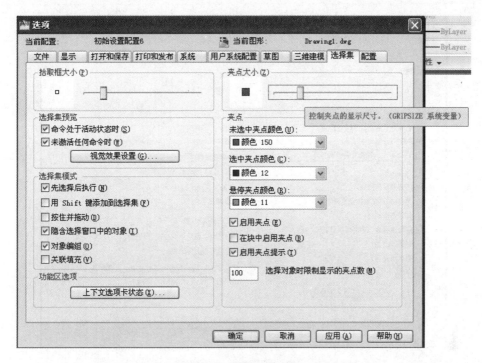

图 3-2　调整夹点大小

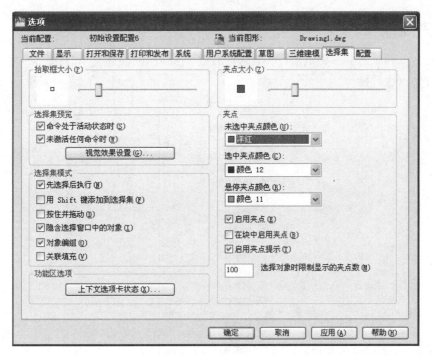

图 3-3　设置【未选中夹点颜色】为【洋红】

(4) 在【选中夹点颜色】下拉列表框中设置在选中夹点时夹点显示的颜色，如【绿】。单击【确定】按钮，如图 3-4 所示。

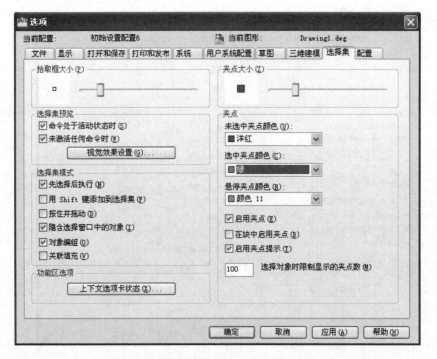

图 3-4　设置【选中夹点颜色】为【绿】

3.1.2　夹点编辑

当建立夹点并单击某一夹点后，单击鼠标右键，在弹出的快捷菜单(见图 3-5)中选择相应命令，便可对夹点进行操作。

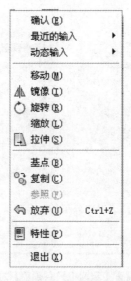

图 3-5　快捷菜单

快捷菜单中各主要命令说明如下。
- 【移动】：夹点移动方式所选择的夹点相当于 MOVE 命令所选择的移动基点。如选择的移动基点的夹点位于直线中点或圆、椭圆的中心点，则与"拉伸"基点拉伸方式效果相同。
- 【镜像】：夹点【镜像】选项用于镜像图形物体，可进行以镜像线镜像、以指定基点及第二点连线镜像、复制镜像等编辑操作。
- 【旋转】：旋转的默认选项将把所选择的夹点作为旋转的基准点并旋转物体；【基点】选项用于设置一个参考点，形体以参考点为基准旋转；【复制】选项可旋转并复制夹点所在的物体。
- 【缩放】：夹点缩放的默认选项【指定比例因子】可将夹点所在形体以指定夹点为参考基点等比例缩放。
- 【基点】：用于先设置一个参考点，然后夹点所在形体以参考点等比例缩放。
- 【复制】：可缩放并复制生成新的物体。
- 【参照】：可以先指定一个参考长度值和新长度值，新长度与参考长度的比值将作为缩放的比例因子。
- 【拉伸】：对于圆环、椭圆、弧线等实体，若启动的夹点位于圆周上时，则拉伸功能等效于对半径(对于椭圆则是长轴或短轴)进行"比例"夹点编辑方式；对于圆环实体，若启动的夹点位于0°、180°方向或位于90°、270°方向的象限点时，拉伸的结果不同。

3.1.3 选择对象的方法

选择对象的方法很多。例如，可以通过单击对象选择，也可以利用矩形窗口或交叉窗口选择；可以选择最近创建的对象或图形中的所有对象，也可以向选择集中添加或删除对象。

在命令行中输入 select 命令并按下 Enter 键，然后在命令行中输入"?"，按下 Enter 键，命令行窗口提示如下：

需要点或窗口(W)/上一个(L)/窗交(C)/框(BOX)/全部(ALL)/栏选(F)/圈围(WP)/圈交(CP)/编组(G)/添加(A)/删除(R)/多个(M)/前一个(P)/放弃(U)/自动(AU)/单个(SI)/子对象(SU)/对象(O)

根据提示信息，在命令行中输入相应的字母即可指定选择对象的模式。其中主要选项的含义如下。
- 【窗口】选项：可以通过绘制一个矩形窗口来选择对象。当指定了矩形窗口的两个对角点时，所有部分均位于矩形窗口内的对象将被选中，效果如图 3-6 所示。

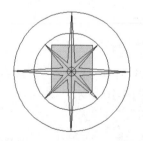 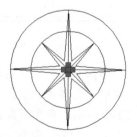

图 3-6　使用【窗口】选项选择图形

- 【窗交】选项：使用交叉窗口选择对象，与用"窗口"选择方式选择对象的方法类似，但全部位于窗口之内或与窗口边界相交的对象都将被选中。在定义交叉窗口的矩形窗口时，以虚线方式显示矩形边界，以区别于"窗口"选择方式，效果如图3-7所示。

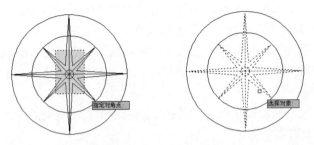

图3-7 使用【窗交】选项选择图形

- 【编组】选项：使用组名称来选择一个已定义的对象编辑组。使用该选项的前提是必须有编组对象，例如，新建一个编组，组名为"小圆"，使用该方法选择"小圆"后的效果如图3-8所示。

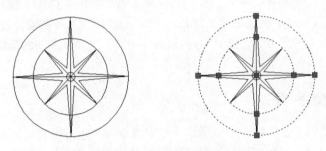

图3-8 使用【编组】选项选择图形

如要将如图3-9所示的天然气灶左侧的炉盘缩小，其操作步骤如下。

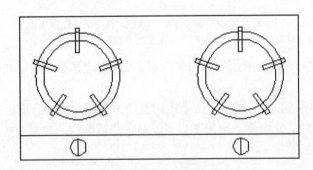

图3-9 天然气灶原图

(1) 利用交叉窗口选择天然气灶左侧的炉盘，单击圆心建立夹点，然后在夹点上单击鼠标右键，在弹出的快捷菜单中选择【缩放】命令，如图3-10所示。

(2) 选择【缩放】命令后，命令行窗口提示如下。

```
** 比例缩放 **                                                    //系统提示
指定比例因子或 [基点(B)/复制(C)/放弃(U)/参照(R)/退出(X)]: 0.8       //输入比例值
```

缩放后效果如图3-11所示。

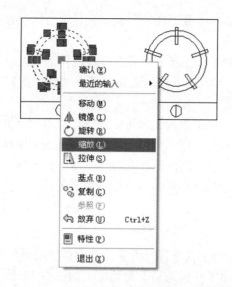

图 3-10　在快捷菜单中选择【缩放】命令

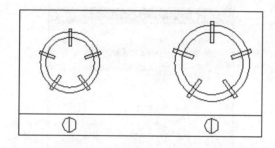

图 3-11　缩放左侧灶盘后的效果图

3.1.4　过滤选择图形

在命令行中输入 filter 命令，按下 Enter 键，弹出【对象选择过滤器】对话框，如图 3-12 所示。其中可以以对象的类型(圆、圆弧等)、图层、颜色、线性或线宽等特性为条件，过滤选择符合设定条件的图形对象。此时，必须考虑图形中的这些特性是否设置为随层。

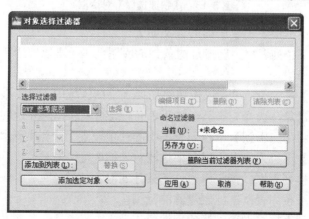

图 3-12　【对象选择过滤器】对话框

【对象选择过滤器】对话框中最上面的列表中将显示当前设置的过滤条件,该对话框中其他各主要选项的含义如下。

- 【选择过滤器】选项组:在其中设置选择过滤器的类型。该选项组主要包括【选择过滤器】列表框,X、Y、Z 下拉列表框,【添加到列表】按钮,【替换】按钮和【添加选定对象】按钮。
- 【编辑项目】按钮:单击该按钮,可以编辑过滤器列表框中选中的选项。
- 【删除】按钮:单击该按钮,可以删除过滤器列表框中选中的选项。
- 【命名过滤器】选项组:选择已命名的过滤器。该选项组主要包括【当前】下拉列表框、【另存为】按钮和【删除当前过滤器列表】按钮。

3.1.5 快速选择图形

在 AutoCAD 2010 中,当需要选择具有某些共同特性的对象时,可以通过选择【工具】|【快速选择】菜单命令,弹出【快速选择】对话框,如图 3-13 所示。在对话框中根据对象的图层、线型、颜色、图案填充等特性,创建选择集。

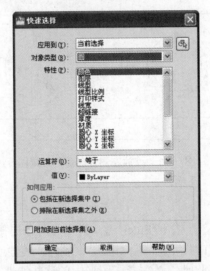

图 3-13 【快速选择】对话框

【快速选择】对话框中各主要选项的含义如下。

- 【应用到】下拉列表框:选择过滤条件的应用范围,可以应用于整个图形,也可以应用到当前选择集。
- 【选择对象】按钮:单击该按钮将切换到绘图区域中,可以根据当前所指定的过滤条件来选择对象,选择完毕后,按下 Enter 键结束选择,并返回到【快速选择】对话框中,同时将【应用到】下拉列表框中的选项设置为【当前选择】。
- 【对象类型】下拉列表框:指定要过滤对象的类型。
- 【特性】下拉列表框:指定作为过滤条件的对象特性。
- 【运算符】下拉列表框:控制过滤的范围。
- 【值】下拉列表框:设置过滤的特性值。

- 【如何应用】选项组：选中其中的【包括在新选择集中】单选按钮，则由满足过滤条件的对象构成选择集；选中【排除在新选择集之外】单选按钮，则由不满足过滤条件的对象构成选择集。
- 【附加到当前选择集】复选框：指定由 QSELECT 命令所创建的选择集时追加到当前的选择集中，还可以替换当前选择集。

3.1.6 使用编组

在 AutoCAD 2010 中，可以将图形对象进行编组以创建一种选择集，从而使进行图形编辑时选择图形更加方便、快捷、准确。

1. 创建编组

编组是已经命名的选择集，随图层一起被保存，一个对象可以作为多个编组的成员。在命令行中输入 group 命令并按下 Enter 键，弹出【对象编组】对话框，如图 3-14 所示。

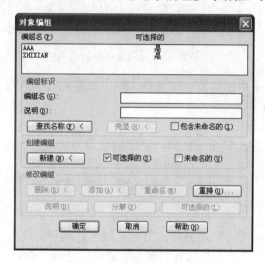

图 3-14　【对象编组】对话框

【对象编组】对话框中各主要选项的含义如下。

- 【编组名】列表框：显示当前图形中已存在的对象编组名称。
- 【编组标识】选项组：设置编组的名称及说明等。该选项组主要包括【编组名】文本框、【说明】文本框、【查找名称】按钮、【亮显】按钮和【包含未命名的】复选框。
- 【创建编组】选项组：创建一个有名称或无名称的新组。该选项组主要包括【新建】按钮、【可选择的】复选框和【未命名的】复选框。

2. 修改编组

在【对象编组】对话框中，使用【修改编组】选项组中的选项，可以修改对象编组中的单个成员或编组对象本身。只有在【编组名】列表框中选择一个对象编组后，该选项区的按钮才可以用。

- 【删除】按钮：单击该按钮，切换到绘图区域，从中删除要从编组中删除的对象。
- 【添加】按钮：单击该按钮，切换到绘图区域，添加要加入编组的图形对象。

- 【重命名】按钮：单击该按钮，可以在【编组标识】选项组的【编组名】文本框中输入新的名称。
- 【重排】按钮：单击该按钮，打开【编组排序】对话框，如图 3-15 所示。从中可以重排编组中的对象顺序。

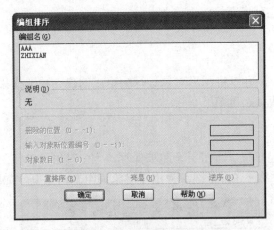

图 3-15 【编组排序】对话框

- 【说明】按钮：单击该按钮，可以在【编组标识】选项组的【说明】文本框中修改对所选对象编组的说明。
- 【分解】按钮：单击该按钮，可以取消所选对象的编组。
- 【可选择的】按钮：单击该按钮，可以控制对象编组的可选择性。

3.2 编辑工具

AutoCAD 2010 的编辑工具包括删除、复制、镜像、偏移、阵列、移动、旋转、缩放、拉伸、修剪、延伸、打断于点、打断、合并、倒角、圆角、分解等命令。编辑图形对象的【修改】面板如图 3-16 所示。

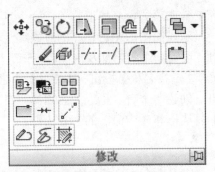

图 3-16 【修改】面板

面板中的编辑命令功能说明如表 3-1 所示，在下面的几节中将详细介绍编辑命令的使用。

表 3-1　编辑图形的图标及其功用

图标	功能说明	图标	功能说明
✎	删除图形对象	⚙	复制图形对象
⌬	镜像图形对象	⎕	偏移图形对象
⊞	阵列图形对象	✥	移动图形对象
↻	旋转图形对象	⬜	缩放图形对象
⬜	拉伸图形对象	-/-	修剪图形对象
-/	延伸图形对象	⎕	在图形对象某点打断
⎕	删除打断某图形对象	⊢⊣	合并图形对象
⬜	对某图形对象倒角	⎕	对某图形对象倒圆
⎕	分解图形对象	⟋	拉长图形对象

3.3　删除和恢复图形

绘制图形的过程中，经常需要删除一些辅助图形及多余的图形，有时还需要对误删的图形进行恢复操作，本节将介绍删除和恢复图形的方法。

3.3.1　删除图形

在制图中常会删除多余的图形对象，此时就需要使用到删除命令，若要恢复被删除的对象，则需要使用到恢复删除命令，熟练掌握这些命令也是提高作图效率的因素之一。

- 单击【修改】面板上的【删除】按钮 ✎。
- 在命令行中输入 e 命令后按下 Enter 键。
- 在菜单栏中选择【修改】|【删除】命令。

使用上面的任意一种方法后在编辑区会出现 ⎕ 图标，然后移动鼠标到要删除图形对象的位置。单击图形后再右击或按下 Enter 键，即可完成删除图形的操作。如将图形中的中点连接线和内接四边形删除，其操作步骤如下。

(1) 打开要删除图形的文件，如图 3-17 所示。
(2) 执行【删除】命令，删除图形中四边形中点连接线和内接四边形，命令行窗口提示如下。

```
命令: _erase                              //执行删除命令
选择对象: 找到 1 个                        //单击上下边的中点的连线
选择对象: 找到 1 个, 总计 2 个             //单击左右边的中点的连线
选择对象: 找到 1 个, 总计 3 个             //单击左右边的中点的连线
选择对象:                                 //按下 Enter 键结束
```

执行【删除】命令后的图形如图 3-18 所示。

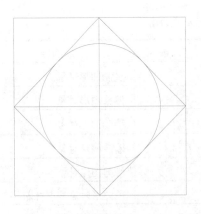
图 3-17 原始图形

图 3-18 执行【删除】命令后的图形

3.3.2 恢复图形

用户在执行【删除】命令时，可能会不小心删除某些有用的图形，这时可以用【恢复】命令来帮助用户改正操作失误。用户只要在命令行中输入 oops 命令并按下 Enter 键确认，就可恢复到上一步。如将上述删除后的图形恢复。执行【恢复】命令，命令行窗口提示如下：

命令: oops　　　　　　　　//按下 Enter 键结束

恢复后的图形如图 3-19 所示。

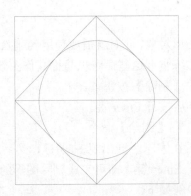
图 3-19 执行【恢复】命令后的图形

> **注意**
> 【恢复】命令只能恢复最近一次【删除】命令所删除的图形对象。若连续多次使用【删除】命令后，想要恢复前几次删除的图形对象，则只能使用【放弃】命令。

3.3.3 放弃和重做

在绘制过程中，有时并不是当时就能发现错误，而要等绘制了多步后才发现，此时就不能用【恢复】命令，只能使用【放弃】命令，放弃前几步所绘制的图形，在进行设计时，一次性设计成功的几率往往很小，这时用户可以利用【放弃】或【重做】命令来完成图形的绘制。

1. 放弃命令

在 AutoCAD 2010 中，可以通过以下 3 种方法执行放弃命令。
- 选择【编辑】|【放弃】菜单命令。
- 在命令行中输入 undo 命令后按下 Enter 键。
- 在【快速访问工具栏】上单击【放弃】按钮。

2. 重做命令

重做的功能是重做上一次使用 undo 命令所放弃的命令操作。在 AutoCAD 2010 中，可以通过以下 4 种方法调用【重做】命令。
- 选择【编辑】|【重做】菜单命令。
- 在命令行中输入 redo 命令后按下 Enter 键。
- 在【快速访问工具栏】上单击【重做】按钮。
- 按下 Ctrl+Y 组合键。

在绘制图形的过程中，经常会遇到绘制相同或相似的多个对象，对于这些对象只需要绘制出一个，其余的使用 AutoCAD 提供的如复制、偏移、阵列等命令进行操作，这样可以大大提高工作效率。

3.4 形体相同图形的绘制

绘制图形的过程中，使用【复制】、【偏移】、【镜像】和【阵列】命令处理图形对象，可以将图形对象进行复制，创建出与原图相同或相似的图形，这样可以大大提高工作效率。

3.4.1 复制图形

1. 通过剪贴板复制图形

在复制图形对象时，内存会自动留出空间存储复制的数据，一般将这个临时存储数据的内存空间叫剪贴板。通过剪贴板可以快速地复制图形对象。

通过剪贴板进行复制图形时，首先要执行复制命令，然后再执行粘贴命令，其方法有如下几种。
- 选择【编辑】|【复制】菜单命令，再选择【编辑】|【粘贴】菜单命令。
- 先单击标准工具栏中【复制】按钮，再单击标准工具栏中的【粘贴】按钮。
- 首先在命令行中输入 copyclip 命令，然后在命令行中输入 pasteclip 命令。

> **提示**
> 通过剪贴板复制图形时，也可在选择对象后，按下 Ctrl+C 组合键，在需要复制到的文件中按下 Ctrl+V 组合键，并指定要复制到的位置即可。

2. 直接复制图形

通过剪贴板复制对象虽然很方便，但是很难控制插入点与图形原先位置的一致，而直接复制命令可以很好地控制这一关系。

执行直接复制命令的方法有如下几种。
- 单击【修改】面板上的【复制】按钮。
- 在命令行中输入 copy 命令后按下 Enter 键。
- 在菜单栏中选择【修改】|【复制】命令。

如要复制图 3-20 中的椅子，则选择【复制】命令进行复制操作，复制效果如图 3-21 所示。

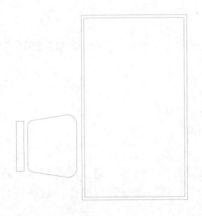 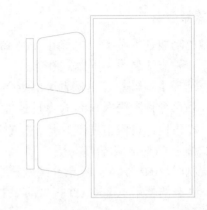

图 3-20　桌椅原始图　　　　　　　　图 3-21　执行【复制】命令后的桌椅图形

命令行窗口提示如下：

命令: _copy   //执行【复制】命令
选择对象: 指定对角点: 找到 12 个   //选择椅子图形
选择对象: //按下 Enter 键
当前设置: 复制模式 = 单个
指定基点或 [位移(D)/模式(O)/多个(M)] <位移>:   //捕捉 A 点
指定第二个点或 <使用第一个点作为位移>:   //指定插入 B 点

> **提 示**
> 使用 copy 命令只能用在同一个文件中，而使用 copyclip 命令或单击【标准】工具栏中的【复制】按钮，可将绘图区中的选择图形复制到 Windows 剪贴板上，然后再应用到其他文件或软件中。

3.4.2　偏移图形

偏移图形是将图形在一定方向上进行固定距离的偏移复制。它可以复制圆弧、直线、圆、样条曲线和多段线，若偏移的对象为封闭体，则偏移后图形被放大或缩小，原实体不变。使用【偏移】命令偏移后的线性对象总是与原对象平行。

当两个图形严格相似，只是在位置上有偏差时，可以用【偏移】命令。AutoCAD 提供了偏移命令使用户可以很方便地绘制此类图形，特别是要绘制许多相似的图形时，此命令要比使用拷贝命令快捷。

执行【偏移】命令有以下 3 种方法。
- 单击【修改】面板上的【偏移】按钮。
- 在命令行中输入 offset 命令后按下 Enter 键。

- 在菜单栏中选择【修改】|【偏移】命令。

1. 非封闭图形对象的偏移

非封闭图形包括直线、样条曲线等有起点和终点的曲线，对于这样的图形需要指定偏移的方向和距离。如要将图 3-22 所示的非封闭图形进行偏移，选择【偏移】命令进行操作后，偏移效果如图 3-23 所示。

 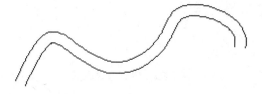

图 3-22　样条曲线原始图　　　　　图 3-23　执行【偏移】命令后的样条曲线图形

命令行窗口提示如下：

命令: _offset   //执行【偏移】命令
当前设置: 删除源=否　图层=源　OFFSETGAPTYPE=0   //系统提示
指定偏移距离或 [通过(T)/删除(E)/图层(L)] <通过>: 20   //输入偏移量
选择要偏移的对象，或 [退出(E)/放弃(U)] <退出>:   //选择要偏移的图形
指定要偏移的那一侧上的点，或 [退出(E)/多个(M)/放弃(U)] <退出>:   //在图形的上方单击
选择要偏移的对象，或 [退出(E)/放弃(U)] <退出>:   //按下 Enter 键结束

> **提示**
> 在偏移非封闭图形时，将偏移所有选定顶点的控制点，如果把某个顶点偏移到非封闭图形的一个锐角内时，则可能出错。

2. 封闭图形对象的偏移

封闭图形对象是指圆、多边形等没有起点和终点的闭合图形。对于这样的图形进行偏移需要指定偏移距离和偏移的内外方向。

选择【偏移】命令后，命令行将提示用户当前设置等，如要偏移图 3-24 所示的封闭图形，选择【偏移】命令，命令行窗口提示如下：

命令: _offset   //执行【偏移】命令
当前设置: 删除源=否　图层=源　OFFSETGAPTYPE=0   //系统提示
指定偏移距离或 [通过(T)/删除(E)/图层(L)] <通过>:15   //输入偏移量
选择要偏移的对象，或 [退出(E)/放弃(U)] <退出>:   //选择要偏移的图形
指定要偏移的那一侧上的点，或 [退出(E)/多个(M)/放弃(U)] <退出>:   //在图形的上方单击
选择要偏移的对象，或 [退出(E)/放弃(U)] <退出>:   //按下 Enter 键结束

执行【偏移】命令后的图形如图 3-25 所示。

> **提示**
> 在偏移图形时，当选择对象为直线，新对象将在源对象的基础上进行平行复制；当选择对象为弧线或闭合图形时，新对象将在源对象的基础上进行同心复制，即中心点与源对象相同。

图 3-24　修订云线原图　　　　　图 3-25　执行【偏移】命令后的图形

3.4.3　镜像图形

使用【镜像】命令可以镜像图形，在使用镜像命令时需要指定镜像的对称轴线，该轴线可以是任意方向的，原实体可以删去或保留。

执行【镜像】命令有以下 3 种方法：

- 单击【修改】面板上的【镜像】按钮 。
- 在命令行中输入 mirror 命令后按下 Enter 键。
- 在菜单栏中选择【修改】|【镜像】命令。

如要绘制图 3-26 所示的洗手池的另一个开关以完成洗手池的绘制。

选择【镜像】命令后，命令行窗口提示如下：

命令: _mirror	//执行【镜像】命令
选择对象: 指定对角点: 找到 15 个	//用框选的方式选择洗手池左侧的开关
选择对象:	//按下 Enter 键
指定镜像线的第一点: <对象捕捉 开>	//打开对象捕捉，并设置【中点】捕捉项，捕捉 AB 的中点
指定镜像线的第二点: <正交 开>	//打开正交，在 AB 下方单击
要删除源对象吗? [是(Y)/否(N)] <N>:	//按下 Enter 键结束

镜像后的效果如图 3-27 所示。

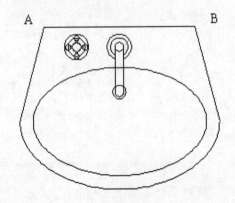
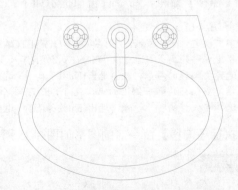

图 3-26　洗手池原始图　　　　　图 3-27　执行【镜像】命令后的洗手池图形

> **提示**
> 当命令行提示："要删除源对象吗？[是(Y)/否(N)] <N>:"时，选择默认选项 N 表示不删除源对象，结束镜像命令。如果选择【是(Y)】选项，则镜像后原图形将被删除。

3.4.4 阵列图形

使用【阵列】命令可以将被阵列的源对象按一定的规则复制多个并进行排列。阵列复制出的多个对象是分散的对象，可以对其中的一个或者几个分别进行编辑而不影响其他对象。

执行【阵列】命令有以下 3 种方法。

- 单击【修改】面板上的【阵列】按钮。
- 在命令行中输入 array 命令后按下 Enter 键。
- 在菜单栏中选择【修改】|【阵列】命令。

AutoCAD 会自动打开如图 3-28 所示的【阵列】对话框。

下面介绍【阵列】对话框中各参数项的设置。

在对话框最上面有【矩形阵列】和【环形阵列】两个单选按钮，是阵列的两种方式。使用【矩形阵列】选项创建选定对象的副本的行和列阵列。使用【环形阵列】选项通过围绕圆心复制选定对象来创建阵列。

对话框中的【行数】和【列数】文本框可输入阵列的行数和列数。

- 【行偏移】文本框：按单位指定行间距。要向下添加行，指定负值。若要使用定点设备指定行间距，则单击【拾取两者偏移】按钮或【拾取行偏移】按钮。
- 【列偏移】文本框：按单位指定列间距。要向左边添加列，指定负值。若要使用定点设备指定列间距，则单击【拾取两者偏移】按钮或【拾取列偏移】按钮。
- 【阵列角度】文本框：指定旋转角度。此角度通常为 0，因此行和列与当前 UCS 的 X 和 Y 图形坐标轴正交。使用 UNITS 可以更改测量单位。阵列角度受 ANGBASE 和 ANGDIR 系统变量影响。
- 【拾取两个偏移】按钮：该按钮如图 3-29 所示。临时关闭【阵列】对话框，这样可以使用定点设备指定矩形的两个斜角，从而设置行间距和列间距。

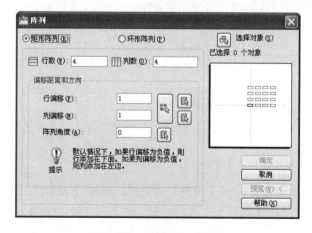

图 3-28 【阵列】对话框

图 3-29 【拾取两个偏移】按钮

- 【拾取行偏移】按钮：临时关闭【阵列】对话框，这样可以使用定点设备来指定行间距。ARRAY 提示用户指定两个点，并使用这两个点之间的距离和方向来指定【行偏移】中的值。
- 【拾取列偏移】按钮：临时关闭【阵列】对话框，这样可以使用定点设备来指定列间距。ARRAY 提示用户指定两个点，并使用这两个点之间的距离和方向来指定【列偏移】中的值。
- 【拾取阵列的角度】按钮：临时关闭【阵列】对话框，这样可以输入值或使用定点设备指定两个点，从而指定旋转角度。使用 UNITS 可以更改测量单位。阵列角度受 ANGBASE 和 ANGDIR 系统变量影响。
- 【选择对象】按钮：指定用于构造阵列的对象。可以在【阵列】对话框显示之前或之后选择对象。要在【阵列】对话框显示之后选择对象，则单击【选择对象】按钮，【阵列】对话框将暂时关闭。完成对象选择后，按下 Enter 键。【阵列】对话框将重新显示，并且选定对象将显示在【选择对象】按钮下面。

> **提示**
> 在执行矩形阵列时，在指定行偏移、列偏移及阵列角度时，用户除了可在其后的文本框中输相应的值以外，还可以单击其后相应的工具按钮，然后在绘图区中手动指定相应的值来设置阵列参数。

矩形阵列是将选择的图形在设定的行列内等距离复制，如要绘制一段楼梯，其操作步骤如下。

(1) 执行【多段线】命令，绘制如图 3-30 所示的图形，在命令行中输入 pline 命令合并后按下 Enter 键，命令行窗口提示如下。

```
命令:_pline                                                      //执行【多段线】命令
指定起点:                                                        //在绘图区中单击
当前线宽为 0.0000                                                //系统提示
指定下一个点或 [圆弧(A)/半宽(H)/长度(L)/放弃(U)/宽度(W)]: @0,200                //输入坐标值
指定下一点或 [圆弧(A)/闭合(C)/半宽(H)/长度(L)/放弃(U)/宽度(W)]: @-300,0         //输入坐标值
指定下一点或 [圆弧(A)/闭合(C)/半宽(H)/长度(L)/放弃(U)/宽度(W)]:                  //按下 Enter 键结束
```

图 3-30 用【多段线】命令绘制的图形

(2) 在菜单栏中选择【修改】|【阵列】命令，打开【阵列】对话框，选中【矩形阵列】单选按钮，并在【行数】文本框中输入"1"，在【列数】文本框中输入"8"，如图 3-31 所示。

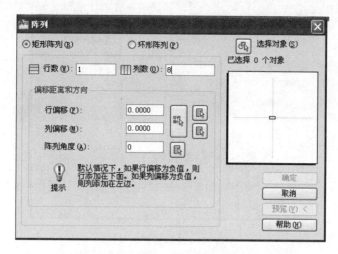

图 3-31 设置矩形阵列的行数和列数

(3) 在【偏移距离和方向】选项组中的【行偏移】文本框中输入"1",单击【列偏移】文本框后的【拾取列偏移】按钮，指定阵列的列间距,系统返回绘图区中,命令行窗口提示如下。

指定列间距:　　　　　　　　//捕捉图形中 A 点
第二点:　　　　　　　　　　//捕捉图形中 C 点

设置结果如图 3-32 所示。

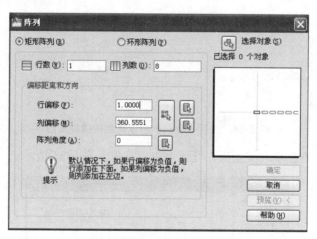

图 3-32 设置行间距、拾取列间距

(4) 系统返回【阵列】对话框,单击【阵列角度】文本框后的【拾取阵列的角度】按钮，以指定阵列的角度,系统返回绘图区中,命令行窗口提示如下。

指定阵列角度:　　　　　　　//捕捉图形中 C 点
指定第二点:　　　　　　　　//捕捉图形中 A 点

(5) 系统返回【阵列】对话框,从该对话框右侧的预览框(见图 3-33)可以看到阵列后的效果。

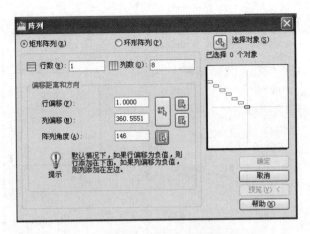

图 3-33 阵列后的效果图

(6) 单击【选择对象】按钮，以选择阵列对象，系统返回绘图区，命令行窗口提示如下。

选择对象：找到 1 个　　　　　　　　　//选择绘制的台阶
选择对象：　　　　　　　　　　　　　//按下 Enter 键结束

(7) 系统返回【阵列】对话框，单击【确定】按钮，即可得到 8 个台阶楼梯，如图 3-34 所示。

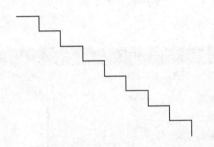

图 3-34 执行【阵列】命令得到的楼梯图形

当选中【环形阵列】单选按钮后，【阵列】对话框如图 3-35 所示。

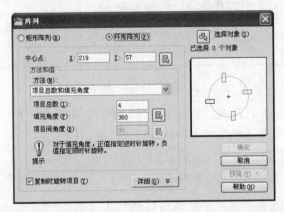

图 3-35 选中【环形阵列】单选按钮后的【阵列】对话框

【中心点】指定环形阵列的中心点。输入 X 和 Y 坐标值，或单击【拾取中心点】按钮以使用定点设备指定中心点。
- 【拾取中心点】按钮：将临时关闭【阵列】对话框，以便用户使用定点设备在绘图区域中指定中心点。
- 【方法和值】选项组：指定用于定位环形阵列中的对象的方法和值。
  - 【方法】下拉列表框：设置定位对象所用的方法。此设置控制哪些【方法和值】字段可用于指定值。例如，如果方法为【项目总数和填充角度】，则可以使用相关字段来指定值；【项目间的角度】字段不可用。
  - 【项目总数】文本框：设置在结果阵列中显示的对象数目。默认值为4。
  - 【填充角度】文本框：通过定义阵列中第一个和最后一个元素的基点之间的包含角来设置阵列大小。正值指定逆时针旋转，负值指定顺时针旋转。默认值为360。不允许值为0。
  - 【项目间角度】文本框：设置阵列对象的基点和阵列中心之间的包含角。输入一个正值。默认方向值为90。

> **提示**
> 可以选择拾取键并使用定点设备来为【填充角度】和【项目间角度】指定值。

  - 【拾取要填充的角度】按钮：临时关闭【阵列】对话框，这样可以定义阵列中第一个元素和最后一个元素的基点之间的包含角。ARRAY 提示在绘图区域参照一个点选择另一个点。
  - 【拾取项目间角度】按钮：临时关闭【阵列】对话框，这样可以定义阵列对象的基点和阵列中心之间的包含角。ARRAY 提示在绘图区域参照一个点选择另一个点。
- 【复制时旋转项目】复选框：预览区域所示旋转阵列中的项目。
- 【详细】/【简略】按钮：打开和关闭【阵列】对话框中的附加选项的显示。单击【详细】按钮时，将显示附加选项，此按钮名称变为【简略】，如图 3-36 所示。

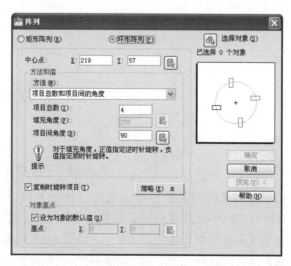

图 3-36　单击【详细】按钮后附加选项的显示

- 【对象基点】选项组：相对于选定对象指定新的参照(基准)点，对对象指定阵列操作时，这些选定对象将与阵列中心点保持不变的距离。要构造环形阵列，ARRAY 将确定从阵列中心点到最后一个选定对象上的参照点(基点)之间的距离。所使用的点取决于对象类型。
  - 【设为对象的默认值】复选框：使用对象的默认基点定位阵列对象。若要手动设置基点，则取消选中此复选框。
  - 【基点】：设置新的 X 和 Y 基点坐标。选择【拾取基点】临时关闭对话框，并指定一个点。指定了一个点后，【阵列】对话框将重新显示。

> **注意**
> 构造环形阵列而且不旋转对象时，要避免意外结果，请手动设置基点。

环形阵列是将选择的图形按设定值在圆弧上等距离复制。如要绘制旋转楼梯平面图，操作步骤如下。

(1) 绘制如图 3-37 所示的直线，单击【绘图】面板中的【直线】按钮，执行【直线】命令，命令行窗口提示如下。

```
命令：_line                              //执行【直线】命令
指定第一点：                              //在绘图区中单击
指定下一点或 [放弃(U)]: 120<45            //输入第二点
指定下一点或 [放弃(U)]:                   //按下 Enter 键结束
```

(2) 绘制如图 3-38 所示的直线 AB，在命令行中输入 line 命令后按下 Enter 键。再次选择直线命令，命令行窗口提示如下。

```
命令：_line                              //执行【直线】命令
指定第一点：                              //捕捉 B 点
指定下一点或 [放弃(U)]:                   //输入 A 点
指定下一点或 [放弃(U)]:                   //按下 Enter 键结束
```

图 3-37 绘制的直线

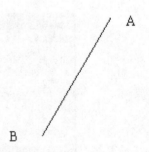

图 3-38 绘制的直线 AB

(3) 单击【修改】面板上的【阵列】按钮，打开【阵列】对话框，选中【环形阵列】单选按钮，在【方法】下拉列表框中选择【项目总数和填充角度】，并在【项目总数】文本框中输入"16"，在【填充角度】文本框中输入"300"，如图 3-39 所示。

(4) 单击【选择对象】按钮，在绘图区选择阵列对象，命令行窗口提示如下。

选择对象:	//选择旋转楼梯的起步台阶
选择对象:	//按下 Enter 键结束

(5) 单击【拾取中心点】按钮，在绘图区选择阵列的中心点，命令行窗口提示如下。

指定阵列中心点:	//捕捉 A 点

图 3-39 设置环形阵列的项目总数和填充角度

(6) 系统返回【阵列】对话框，单击【确定】按钮，即可得到旋转楼梯的雏形，如图 3-40 所示。

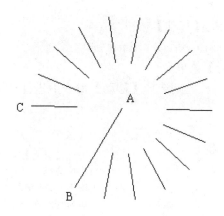

图 3-40 用【环形阵列】命令绘制的旋转楼梯雏形

(7) 绘制如图 3-41 所示的楼梯外弧。在命令行中输入 arc 命令后按下 Enter 键，执行【圆弧】命令，命令行窗口提示如下。

命令: _arc	//执行【圆弧】命令
指定圆弧的起点或 [圆心(C)]: c	//选择【圆心】选项
指定圆弧的圆心:	//捕捉 A 点
指定圆弧的起点:	//捕捉 B 点
指定圆弧的端点或 [角度(A)/弦长(L)]:	//捕捉 C 点

(8) 用相同的方法绘制楼梯的内弧。完成旋转楼梯的绘制，如图 3-42 所示。

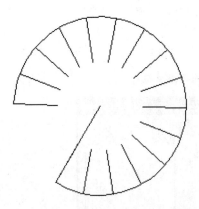 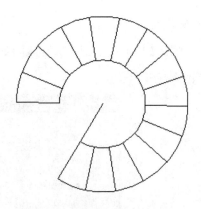

图 3-41　用【圆弧】命令绘制楼梯的外弧　　　　图 3-42　旋转楼梯最终效果图

3.4.5　移动和旋转图形

改变图形的位置是指在不影响对象形状和结构的基础上，将对象的坐标值进行改变。常用于改变图形位置的工具是移动工具和旋转工具。

1. 移动图形

使用移动工具移动图形，就是把单个对象或多个对象从它们当前的位置移至新位置，这种移动并不改变对象的尺寸和方位。

执行【移动】命令有以下 3 种方法。

- 单击【修改】面板上的【移动】按钮 。
- 在命令行中输入 move 命令后按下 Enter 键。
- 选择【修改】|【移动】菜单命令。

如要移动图 3-43 所示的马桶，则选择【移动】命令后进行移动操作，移动效果如图 3-44 所示。

命令行窗口提示如下：

命令:_move　　　　　　　　　　　　　　　　//执行【移动】命令
选择对象: 找到 1 个　　　　　　　　　　　　//选择马桶
选择对象:　　　　　　　　　　　　　　　　 //按下 Enter 键结束
指定基点或 [位移(D)] <位移>:　　　　　　　 //在马桶的左侧捕捉一点
指定第二个点或<使用第一个点作为位移>:　　　//在墙上捕捉一点

2. 旋转图形

旋转对象是指用户将图形对象转一个角度使之符合用户的要求，旋转后的对象与原对象的距离取决于旋转的基点与被旋转对象的距离。

执行【旋转】命令有以下 3 种方法。

- 单击【修改】面板上的【旋转】按钮 。
- 在命令行中输入 rotate 命令后按下 Enter 键。
- 在菜单栏中选择【修改】|【旋转】命令。

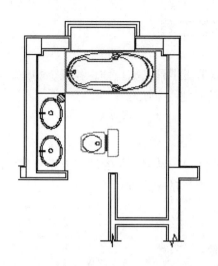
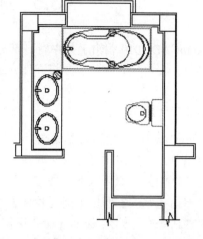

图 3-43　卫生间原始图　　　　　图 3-44　执行【移动】命令后的卫生间图形

如要旋转图 3-45 中的椅子，执行此命令后出现 口 图标，移动鼠标到要旋转的图形对象的位置，单击选择完需要移动的图形对象后右击，AutoCAD 提示用户选择基点，选择基点后移动鼠标至相应的位置。

执行【旋转】命令，将椅子摆正，命令行窗口提示如下：

命令: _rotate   //执行【旋转】命令
UCS 当前的正角方向： ANGDIR=逆时针   ANGBASE=0   //系统提示
选择对象: 指定对角点: 找到 1 个   //选择椅子
选择对象: //按下 Enter 键结束
指定基点: //捕捉 A 点
指定旋转角度，或 [复制(C)/参照(R)] <0>: 90   //输入旋转角度

旋转后效果如图 3-46 所示：

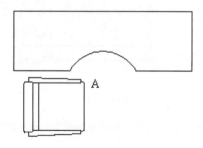
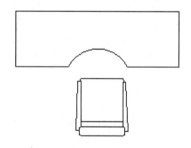

图 3-45　原图形　　　　　　　　图 3-46　执行【旋转】命令后的图形

> **提示**
>
> 　　在"指定旋转角度，或 [复制(C)/参照(R)]:"提示中选择【参照】选项，则通过指定当前的绝对旋转角度和所需的新旋转角度旋转对象。

3.5 扩展编辑工具

在 AutoCAD 2010 编辑工具中有一部分属于扩展编辑工具，如拉伸、拉长、修剪、延伸、打断、倒角、圆角、分解。下面将详细介绍这些工具的使用方法。

3.5.1 拉伸图形

在 AutoCAD 中，允许将对象端点拉伸到不同的位置。当将对象的端点放在交叉窗口的内部时，可以单方向拉伸图形对象，而将新的对象与原对象的关系保持不变。

执行【拉伸】命令有以下 3 种方法。

- 单击【修改】面板上的【拉伸】按钮。
- 在命令行中输入 Stretch 命令后按下 Enter 键。
- 在菜单栏中选择【修改】|【拉伸】命令。

选择【拉伸】命令后出现图标，命令行窗口提示如下：

命令:_stretch
以交叉窗口或交叉多边形选择要拉伸的对象...
选择对象:

选择对象后绘图区如图 3-47 所示。

指定对角点: 找到 3 个

指定对角点后绘图区如图 3-48 所示。

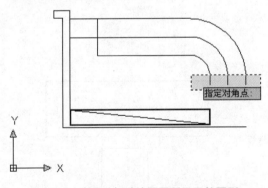
图 3-47 选择对象后绘图区所显示的图形

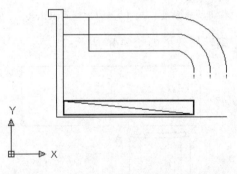
图 3-48 指定对角点后绘图区所显示的图形

选择对象:
指定基点或 [位移(D)] <位移>:

指定基点后绘图区如图 3-49 所示。

指定第二个点或 <使用第一个点作为位移>:

指定第二个点后绘制的图形如图 3-50 所示。

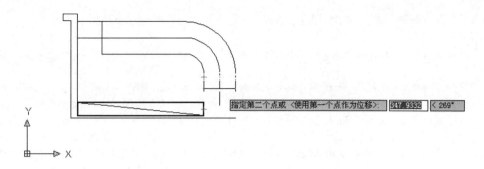

图 3-49　指定基点后绘图区所显示的图形

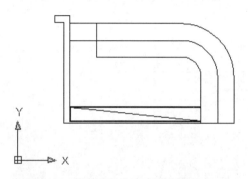

图 3-50　用【拉伸】命令绘制的图形

> **提　示**
>
> 　　圆等不能拉伸,选择拉伸命令时圆、点、块以及文字是特例,当基点在圆心、点的中心、块的插入点或文字行的最左边的点时是移动图形对象而不会拉伸。当基点在此中心之外,不会产生任何影响。

3.5.2　修剪图形

使用修剪工具修剪图形时,需要选定一个对象或者几个对象作为修剪边界,该命令可以将被修剪对象处于边界外的部分剪除。

修剪命令的功能是将一个对象以另一个对象或它的投影面作为边界进行精确的修剪编辑。

执行【修剪】命令有以下 3 种方法。

- 单击【修改】面板上的【修剪】按钮 。
- 在命令行中输入 trim 命令后按下 Enter 键。
- 在菜单栏中选择【修改】|【修剪】命令。

如果将修剪如图 3-51 所示的洗手池,其操作步骤如下。

(1) 修剪洗手池的上部,效果如图 3-52 所示。

选择【修剪】命令后出现 图标,在命令行中出现提示,要求用户选择实体作为将要被修剪实体的边界,这时可选取修剪实体的边界。命令行窗口提示如下:

```
命令:_trim                              //执行【修剪】命令
当前设置:投影=UCS,边=无                 //系统提示
选择剪切边...                            //系统提示
```

选择对象或 <全部选择>: 指定对角点: 找到 3 个　　//框选直线 AB、CD、EF
选择对象:　　//按下 Enter 键结束对象选择
选择要修剪的对象, 或按住 Shift 键选择要延伸的对象, 或 [栏选(F)/窗交(C)/投影(P)/边(E)/删除(R)/放弃(U)]:　　//在线段 AB 的上边单击
选择要修剪的对象, 或按住 Shift 键选择要延伸的对象, 或 [栏选(F)/窗交(C)/投影(P)/边(E)/删除(R)/放弃(U)]:　　//在线段 EF 的左边单击
选择要修剪的对象, 或按住 Shift 键选择要延伸的对象, 或 [栏选(F)/窗交(C)/投影(P)/边(E)/删除(R)/放弃(U)]:　　//在线段 CD 的上边单击
选择要修剪的对象, 或按住 Shift 键选择要延伸的对象, 或 [栏选(F)/窗交(C)/投影(P)/边(E)/删除(R)/放弃(U)]:　　//在线段 EF 的右边单击
选择要修剪的对象, 或按住 Shift 键选择要延伸的对象, 或 [栏选(F)/窗交(C)/投影(P)/边(E)/删除(R)/放弃(U)]:　　//按下 Enter 键结束

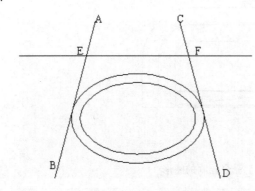
图 3-51　洗手池原始图

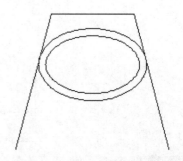
图 3-52　修剪过的洗手池上部

(2) 修剪洗手池的下边, 效果如图 3-53 所示。

选择【修剪】命令后, 命令行窗口提示如下:

命令:_trim　　//执行【修剪】命令
当前设置:投影=UCS, 边=无　　//系统提示
选择剪切边...　　//系统提示
选择对象或 <全部选择>: 找到 1 个　　//选择直线 AB
选择对象: 找到 1 个, 总计 2 个　　//选择直线 CD
选择对象: 找到 1 个, 总计 3 个　　//选择外椭圆
选择对象:　　//按下 Enter 键结束对象选择
选择要修剪的对象, 或按住 Shift 键选择要延伸的对象, 或 [栏选(F)/窗交(C)/投影(P)/边(E)/删除(R)/放弃(U)]:　　//在线段 AB 的下边单击
选择要修剪的对象, 或按住 Shift 键选择要延伸的对象, 或 [栏选(F)/窗交(C)/投影(P)/边(E)/删除(R)/放弃(U)]:　　//在线段 CD 的下边单击
选择要修剪的对象, 或按住 Shift 键选择要延伸的对象, 或 [栏选(F)/窗交(C)/投影(P)/边(E)/删除(R)/放弃(U)]:　　//在线段外椭圆的上边单击
选择要修剪的对象, 或按住 Shift 键选择要延伸的对象, 或 [栏选(F)/窗交(C)/投影(P)/边(E)/删除(R)/放弃(U)]:　　//按下 Enter 键结束

> **注意**
> 执行【修剪】命令的前提是被修剪对象和修剪边界必须处于相交状态。

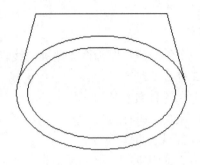

图 3-53　完成修剪后的洗手池图形

3.5.3　延伸图形

通过【延伸】命令，可以延伸图形。该命令是针对多个不相交的对象，选定一个或多个对象作为边界，然后延伸其他对象与边界相交。【延伸】命令与【修剪】命令的原理相反。

执行【延伸】命令有以下 3 种方法。

- 单击【修改】面板上的【延伸】按钮 。
- 在命令行中输入 extend 命令后按下 Enter 键。
- 在菜单栏中选择【修改】|【延伸】命令。

如利用【延伸】命令，将如图 3-54 所示的门洞之间的线段连接起来，效果如图 3-55 所示。

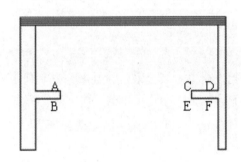

图 3-54　门洞原始图

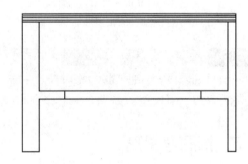

图 3-55　执行【延伸】命令后的门洞图形

在执行【延伸】命令后出现捕捉按钮图标 ，在命令行中出现提示，要求用户选择实体作为将要被延伸的边界，这时可选取延伸实体的边界。命令行窗口提示如下：

命令: _extend　　　　　　　　　　　　　　　　　//执行【延伸】命令
当前设置:投影=UCS，边=无　　　　　　　　　　　//系统提示
选择边界的边...　　　　　　　　　　　　　　　　//系统提示
选择对象或 <全部选择>: 找到 1 个　　　　　　 //选择 AB 线段
选择对象:　　　　　　　　　　　　　　　　　　　//按下 Enter 键结束
选择要延伸的对象，或按住 Shift 键选择要修剪的对象，或[栏选(F)/窗交(C)/投影(P)/边(E)/放弃(U)]:
　　　　　　　　　　　　　　　　　　　　　　　 //单击线段 CD
选择要延伸的对象，或按住 Shift 键选择要修剪的对象，或[栏选(F)/窗交(C)/投影(P)/边(E)/放弃(U)]:
　　　　　　　　　　　　　　　　　　　　　　　 //单击线段 EF
选择要延伸的对象，或按住 Shift 键选择要修剪的对象，或[栏选(F)/窗交(C)/投影(P)/边(E)/放弃(U)]:
　　　　　　　　　　　　　　　　　　　　　　　 //按下 Enter 键结束

3.5.4 打断图形

使用打断命令可以将一条完整的线段打断为两条单独的线段。

执行【打断】命令有以下 3 种方法。

- 单击【修改】工具栏上的【打断】按钮。
- 在命令行中输入 break 后按下 Enter 键。
- 在菜单栏中选择【修改】|【打断】命令。

如利用【打断】命令,将图 3-56 中的 A、B 点处打断,效果如图 3-57 所示。

选择命令后,命令行窗口提示如下:

命令:_break   //执行【打断】命令
选择对象: //选择要打断的图形
指定第二个打断点 或 [第一点(F)]: f   //选择【第一点】选项
指定第一个打断点   //捕捉 A 点
指定第二个打断点   //捕捉 B 点

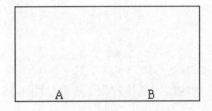

图 3-56 原始图形

图 3-57 执行【打断】命令后的图形

> **提示**
>
> 使用 break 命令也可将对象打断于一点,即打断对象后不会在线段的打断点之间创建一定的间距,第一个打断点与第二个打断点为同一点。

3.5.5 倒圆角图形

使用倒圆角命令对图形进行倒圆角,该命令用来将两个线性对象之间以圆弧相连,可以将多个顶点进行一次性倒圆角。倒圆角命令与倒角命令不同的是可以在平行线之间进行倒圆角;使用倒圆角命令时应首先设置圆弧半径,然后再选择需要倒圆角的线段。

执行【圆角】命令有以下 3 种方法。

- 单击【修改】面板上的【圆角】按钮。
- 在命令行中输入 fillet 命令后按下 Enter 键。
- 在菜单栏中选择【修改】|【圆角】命令。

如要将图 3-58 所示的浴缸内边框进行倒圆角。其操作步骤如下。

(1) 将浴缸内边的右上角倒圆角,效果如图 3-59 所示,选择【圆角】命令后,命令行窗口提示如下。

命令:_fillet   //执行【圆角】命令
当前模式:模式 = 修剪,半径 = 180.0000   //系统提示
选择第一个对象或 [放弃(U)/多段线(P)/半径(R)/修剪(T)/多个(M)]:R //选择【半径】选项

指定圆角半径 <10.0000>:150   //输入圆角半径并按下 Enter 键
选择第一个对象或 [放弃(U)/多段线(P)/半径(R)/修剪(T)/多个(M)]:   //选择 AB 线
选择第二个对象，或按住 Shift 键选择要应用角点的对象: //选择 BC 线

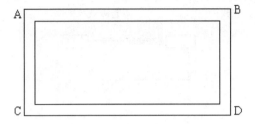 

图 3-58 浴缸原始图　　　　　　　　　　图 3-59 倒圆角后的右上角

（2）使用与第 1 步相同的方法，将浴缸内边的右下角倒圆角，如图 3-60 所示。

（3）参照第 1 步的方法，将半径值设为"50"，将浴缸内边的左上角和左下角倒圆角，如图 3-61 所示。

 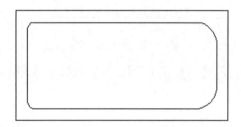

图 3-60 倒圆角后的右下角　　　　　　　图 3-61 执行【倒圆角】命令后的浴缸图形

> **提示**
> 使用【圆角】命令可以通过一个指定半径的圆弧来连接对象，使用该命令对实体执行圆角操作时应先设定圆角弧半径，再进行圆角操作。

3.5.6 倒角图形

使用【倒角】命令对图形进行倒角，该命令用于将两条非平行直线或者样条曲线做出有斜度的倒角，使用时需要先设定倒角距离再指定倒角线。

执行【倒角】命令有以下 3 种方法。

- 单击【修改】工具栏中的【倒角】按钮 ⌐。
- 在命令行中输入 chamfer 命令后按下 Enter 键。
- 在菜单栏中选择【修改】|【倒角】命令。

如将图 3-62 所示的橱柜进行倒角，其操作步骤如下。

（1）将 AB 线段与 BC 线段的交点倒角，如图 3-63 所示，在选择【倒角】命令后，命令行窗口提示如下。

命令:_chamfer   //执行【倒角】命令
("修剪"模式) 当前倒角距离 1 = 50.0000，距离 2 = 50.0000   //系统提示
选择第一条直线或 [放弃(U)/多段线(P)/距离(D)/角度(A)/修剪(T)/方式(E)/多个(M)]: d

```
指定第一个倒角距离 <50.0000>: 150                              //指定倒角距离
指定第二个倒角距离 <150.0000>:                                 //指定倒角距离
选择第一条直线或 [放弃(U)/多段线(P)/距离(D)/角度(A)/修剪(T)/方式(E)/多个(M)]:    //选择线段 AB
选择第二条直线，或按住 Shift 键选择要应用角点的直线:              //选择线段 CD
```
//选择【距离】选项

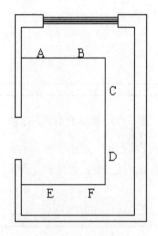
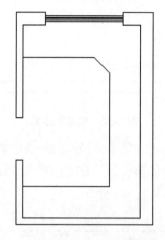

图 3-62 橱柜原始图　　　　图 3-63 将 AB 与 BC 两段线的交点倒角

(2) 使用与第 1 步相同的方法，对线段 CD 与线段 EF 的交点进行倒角，最终效果如图 3-64 所示。

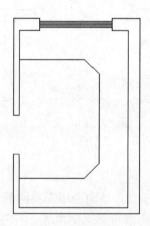

图 3-64 执行【倒角】命令后的橱柜图

注 意

使用【倒角】命令只能对直线、多段线进行倒角，不能对弧、椭圆弧等弧线对象进行倒角。

3.5.7 缩放图形

在 AutoCAD 中，可以通过【缩放】命令来使实际的图形对象放大或缩小。

执行【缩放】命令有以下 3 种方法。

- 单击【修改】面板上的【缩放】按钮 。

- 在命令行中输入 scale 命令后按下 Enter 键。
- 在菜单栏中选择【修改】|【缩放】命令。

执行此命令后出现 ▫ 图标，AutoCAD 提示用户选择需要缩放的图形对象后移动鼠标到要缩放的图形对象位置。单击选择需要缩放的图形对象后右击，AutoCAD 提示用户选择基点。选择基点后在命令行中输入缩放比例系数后按下 Enter 键，缩放完毕。

1. 指定比例方法缩放

指定比例缩放对象是指通过输入比例因子的方法来控制图形的缩放程度。如将图所示的桌子缩放到原来的 0.8 倍，选择【缩放】命令后，命令行窗口提示如下：

命令:_scale
选择对象:找到 1 个

选取实体后绘图区如图 3-65 所示。

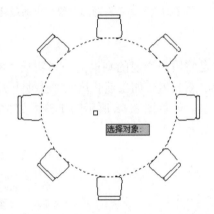

图 3-65　选取实体绘图区所显示的图形

选择对象:
指定基点:

指定基点后绘图区如图 3-66 所示。

指定比例因子或 [复制(C)/参照(R)] <1.0000>:0.8

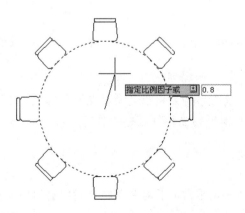

图 3-66　指定基点后绘图区所显示的图形

绘制的图形如图 3-67 所示。

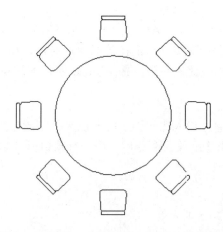

图 3-67　用【缩放】命令将图形对象缩小的最终效果

2. 根据参照对象缩放

根据参照对象缩放对象，是将用户当前的测量值作为新长度的基础。以该方法缩放对象，需指定当前测量的长度及对象的新长度，如果新长度大于参照长度，则将对象放大；如果新长度小于参照长度，则将对象缩小。如将图 3-68 所示的小椅子放大，效果如图 3-69 所示。执行【缩放】命令后，命令行窗口提示如下：

```
命令: _scale                                        //执行【缩放】命令
选择对象: 指定对角点: 找到 1 个                      //选择小椅子
选择对象:                                           //按下 Enter 键
指定基点:                                           //捕捉小椅子的下边的中点
指定比例因子或 [复制(C)/参照(R)] <2.0000>:  r        //选择【参照】选项
指定参照长度 <1.0000>: 1                            //输入参照长度
指定新的长度或 [点(P)] <1.0000>:  2                 //输入新的长度
```

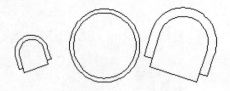 

图 3-68　缩放前桌椅原始图　　　　图 3-69　执行【缩放】命令后的桌椅图形

> **注意**
> 在指定图形基点，所选图形将会按指定的基点进行缩放，若指定的基点不在图形的中心位置，则缩放图形后，图形的坐标位置也会改变。

3.5.8　分解图形

在对图形进行编辑过程中，常常需要对多个组合对象的组成元素进行编辑，此时就需要使用到【分解】命令。

执行【分解】命令有以下 3 种方法。
- 单击【修改】面板上的【分解】按钮 。
- 在命令行中输入 explode 命令后按下 Enter 键。
- 在菜单栏中选择【修改】|【分解】命令。

使用 Explode 命令分解对象，并不会改变对象的尺寸、位置等整体参数设置，只是将多个组成的图形分解为单个的组成的元素。

使用【分解】命令对图形进行分解，执行该命令后，命令行提示："选择对象："，用户直接选择对象，然后按下 Enter 键确定即可把选择的对象分解成单一的图形对象。应注意单击的实体如直线、圆、文字等不能被分解。

3.6 设计小范例——编辑建筑平面

在绘制图形的过程中，编辑命令尤为重要，下面结合具体的设计范例介绍各种编辑方法的应用。

3.6.1 编辑餐厅中的桌椅图形

具体的操作步骤如下。

(1) 首先打开编辑前的建筑平面图文件，如图 3-70 所示。选择【工具】|【工具栏】|【修改】菜单命令，调出【修改】工具栏，随后对此建筑图形进行编辑。此时可以看到编辑前的餐厅桌椅图形，如图 3-71 所示。

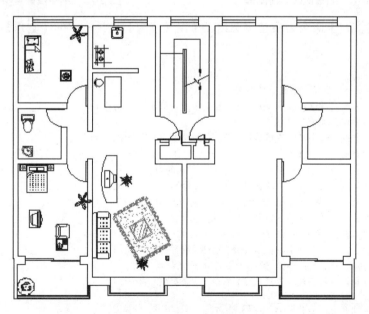

图 3-70　编辑前的平面图

(2) 复制餐桌旁边的椅子，依次单击【修改】工具栏中的【复制】按钮 以及【镜像】按钮 ，执行【复制】命令及【镜像】命令，命令行窗口提示如下。

```
命令: _copy
选择对象: 找到 1 个                                    //选择椅子
选择对象:                                             //按下 Enter 键
当前设置:  复制模式 = 单个
指定基点或 [位移(D)/模式(O)/多个(M)] <位移>:           //捕捉椅子圆心
指定第二个点或 <使用第一个点作为位移>:                   //在椅子下方单击
命令: _mirror
选择对象: 找到 1 个                                    //选择上述的两把椅子
选择对象: 找到 1 个, 总计 2 个
选择对象:                                             //按下 Enter 键
指定镜像线的第一点:                                    //捕捉桌子上方水平线中点
指定镜像线的第二点:                                    //捕捉桌子下方水平线中点
要删除源对象吗? [是(Y)/否(N)] <N>:n
```

编辑后的效果如图 3-72 所示。

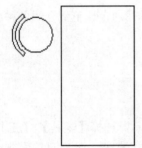

图 3-71 编辑前的桌椅图形

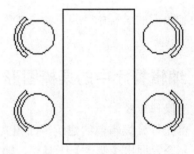

图 3-72 编辑后的桌椅图形

(3) 利用【圆角】命令为桌子倒圆角,单击【修改】工具栏中的【圆角】按钮,命令行窗口提示如下。

```
命令: _fillet
当前设置: 模式 = 修剪,半径 = 0.0000
选择第一个对象或 [放弃(U)/多段线(P)/半径(R)/修剪(T)/多个(M)]: r
指定圆角半径 <0.0000>: 80
选择第一个对象或 [放弃(U)/多段线(P)/半径(R)/修剪(T)/多个(M)]: m
选择第一个对象或 [放弃(U)/多段线(P)/半径(R)/修剪(T)/多个(M)]:       //选择相应的直线
选择第二个对象,或按住 Shift 键选择要应用角点的对象:
选择第一个对象或 [放弃(U)/多段线(P)/半径(R)/修剪(T)/多个(M)]:
选择第二个对象,或按住 Shift 键选择要应用角点的对象:
选择第一个对象或 [放弃(U)/多段线(P)/半径(R)/修剪(T)/多个(M)]:
选择第二个对象,或按住 Shift 键选择要应用角点的对象:
选择第一个对象或 [放弃(U)/多段线(P)/半径(R)/修剪(T)/多个(M)]:
选择第二个对象,或按住 Shift 键选择要应用角点的对象:
选择第一个对象或 [放弃(U)/多段线(P)/半径(R)/修剪(T)/多个(M)]:
```

(4) 桌子倒圆角后效果如图 3-73 所示。

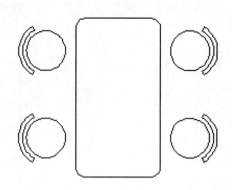

图 3-73 倒圆角后的桌子图形

3.6.2 编辑厨房中的燃气灶及阳台绿植

1. 修剪燃气灶图形

可以看到编辑之前的燃气灶图形,如图 3-74 所示,下面来进行编辑。

单击【修改】工具栏中的【修剪】按钮,命令行窗口提示如下。

命令:_trim
当前设置:投影=UCS,边=无
选择剪切边...
选择对象或 <全部选择>: 找到 1 个   //选择相交的直线
选择对象: 找到 1 个,总计 2 个
选择对象: 找到 1 个,总计 3 个
选择对象: 找到 1 个,总计 4 个
选择对象: 找到 1 个,总计 5 个
选择对象: //窗交法选择要删除的直线段
选择要修剪的对象,或按住 Shift 键选择要延伸的对象,或[栏选(F)/窗交(C)/投影(P)/边(E)/删除(R)/放弃(U)]:
指定对角点:
选择要修剪的对象,或按住 Shift 键选择要延伸的对象,或[栏选(F)/窗交(C)/投影(P)/边(E)/删除(R)/放弃(U)]:
指定对角点:
选择要修剪的对象,或按住 Shift 键选择要延伸的对象,或[栏选(F)/窗交(C)/投影(P)/边(E)/删除(R)/放弃(U)]:
指定对角点:
选择要修剪的对象,或按住 Shift 键选择要延伸的对象,或[栏选(F)/窗交(C)/投影(P)/边(E)/删除(R)/放弃(U)]:

修剪后的效果如图 3-75 所示。

2. 环形阵列灶台上的金属支架

(1) 在【修改】面板上单击【阵列】按钮,打开【阵列】对话框,如图 3-76 所示。

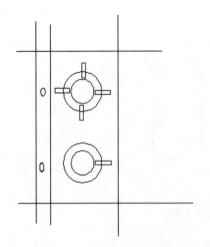
图 3-74 编辑前的燃气灶图形

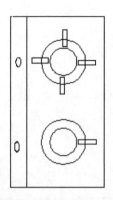
图 3-75 修剪后的燃气灶图形

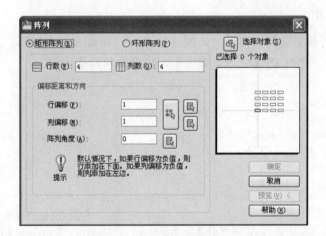
图 3-76 【阵列】对话框

(2) 选中【环形阵列】单选按钮,在【方法】下拉列表框中选择【项目总数和填充角度】,并在【项目总数】文本框中输入"4",在【填充角度】文本框中输入"360",如图 3-77 所示。

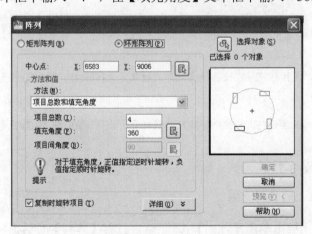
图 3-77 设置环形阵列的项目总数和填充角度

(3) 单击【选择对象】按钮，在绘图区选择阵列对象，命令行窗口提示如下。

选择对象： //选择长方形支架
选择对象： //按下 Enter 键结束

(4) 单击【拾取中心点】按钮，在绘图区选择阵列的中心点，命令行窗口提示如下。

指定阵列中心点： //捕捉灶台圆心

(5) 系统返回【阵列】对话框，单击【确定】按钮，结果如图 3-78 所示。

3. 阵列阳台绿植

可以看到阵列操作前阳台上只有一盆植物，如图 3-79 所示，下面来进行编辑。

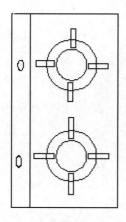
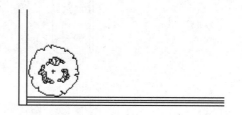

图 3-78　阵列操作后的燃气灶图形　　　　图 3-79　植物图形

(1) 在【阵列】对话框中选中【矩形阵列】单选按钮，设置相应参数，如图 3-80 所示。

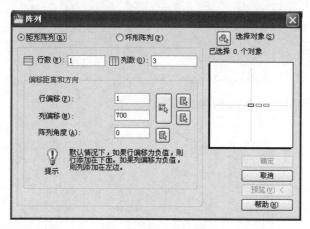

图 3-80　设置【阵列】对话框

(2) 单击【选择对象】按钮，在绘图区选择阵列对象，命令行窗口提示如下。

选择对象： //选择植物
选择对象： //按下 Enter 键结束

(3) 单击【确定】按钮，结果如图 3-81 所示。

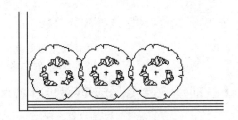

图 3-81　阵列后的植物图形

3.6.3　编辑饮水机图形

可以看到修改之前的饮水机图形如图 3-82 所示，下面进行编辑。

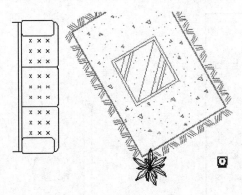

图 3-82　饮水机图形

(1)　由于插入饮水机时其比例太小，因此需要对其进行缩放，单击【修改】工具栏中的【缩放】按钮，命令行窗口提示如下。

```
命令: _scale
选择对象: 找到 1 个                                    //选择饮水机图形
选择对象:                                             //按下 Enter 键
指定基点:                                             //捕捉圆心
指定比例因子或 [复制(C)/参照(R)] <0.8000>:  3.5        //按下 Enter 键
```

(2)　缩放之后的效果如图 3-83 所示。

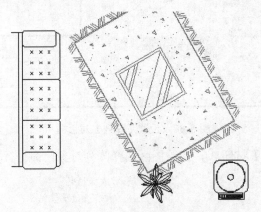

图 3-83　缩放操作后的饮水机图形

3.6.4 楼梯图形的完善

(1) 可以看到未完善的楼梯图形如图 3-84 所示,从图中可以看出楼梯的护栏只画出一条,下面对齐进行完善。

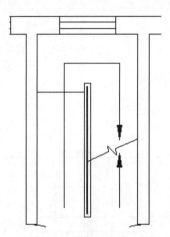

图 3-84　未完成的楼梯图形

(2) 单击【修改】工具栏中的【偏移】按钮 ,命令行窗口提示如下。

命令:_offset
当前设置:删除源=否　图层=源　OFFSETGAPTYPE=0
指定偏移距离或 [通过(T)/删除(E)/图层(L)] <通过>: 300
选择要偏移的对象,或 [退出(E)/放弃(U)] <退出>:　　　　　//选择水平直线
指定要偏移的那一侧上的点,或 [退出(E)/多个(M)/放弃(U)] <退出>:　//单击直线下方
选择要偏移的对象,或 [退出(E)/放弃(U)] <退出>:
指定要偏移的那一侧上的点,或 [退出(E)/多个(M)/放弃(U)] <退出>:
选择要偏移的对象,或 [退出(E)/放弃(U)] <退出>:
指定要偏移的那一侧上的点,或 [退出(E)/多个(M)/放弃(U)] <退出>:
选择要偏移的对象,或 [退出(E)/放弃(U)] <退出>:
指定要偏移的那一侧上的点,或 [退出(E)/多个(M)/放弃(U)] <退出>:
选择要偏移的对象,或 [退出(E)/放弃(U)] <退出>:
指定要偏移的那一侧上的点,或 [退出(E)/多个(M)/放弃(U)] <退出>:
选择要偏移的对象,或 [退出(E)/放弃(U)] <退出>:
指定要偏移的那一侧上的点,或 [退出(E)/多个(M)/放弃(U)] <退出>:
选择要偏移的对象,或 [退出(E)/放弃(U)] <退出>:
指定要偏移的那一侧上的点,或 [退出(E)/多个(M)/放弃(U)] <退出>:
选择要偏移的对象,或 [退出(E)/放弃(U)] <退出>:　　　　　//按下 Enter 键

(3) 单击【修改】工具栏中的【镜像】按钮,执行【镜像】命令,绘制另一侧的护栏,命令行窗口提示如下。

命令:_mirror
选择对象:找到 1 个　　　　　　　　//选择护栏
选择对象:找到 1 个,总计 2 个

```
选择对象: 找到 1 个, 总计 3 个
选择对象: 找到 1 个, 总计 4 个
选择对象: 找到 1 个, 总计 5 个
选择对象: 找到 1 个, 总计 6 个
选择对象: 找到 1 个, 总计 7 个
选择对象: 找到 1 个, 总计 8 个
选择对象: 找到 1 个, 总计 9 个
选择对象:                                          //按下 Enter 键
指定镜像线的第一点:                              //选择扶手上方宽度方向中点
指定镜像线的第二点:                              //选择扶手下方宽度方向中点
要删除源对象吗? [是(Y)/否(N)] <N>: n
```

(4) 编辑后的楼梯图形如图 3-85 所示。

至此，这个范例就制作完成了。

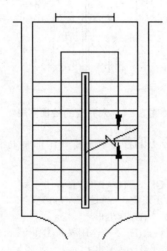

图 3-85 完成后的楼梯图形

3.6.5 调整洁具、家具的位置

下面进行卫生间内洁具的移动与旋转。

(1) 首先调整面盆的位置，用鼠标右键单击面盆图形，在弹出的快捷菜单中分别选择【旋转】命令和【移动】命令，命令行窗口提示如下：

```
命令: _rotate
UCS 当前的正角方向:  ANGDIR=逆时针   ANGBASE=0
找到 1 个
指定基点:                                        //捕捉圆心
指定旋转角度, 或 [复制(C)/参照(R)] <90>: 180      //按下 Enter 键
命令: move
选择对象: 找到 1 个                              //选择面盆
选择对象:
指定基点或 [位移(D)] <位移>:                     //选择面盆的一角
指定第二个点或 <使用第一个点作为位移>:           //选择墙角
```

(2) 用同样的方法旋转并移动马桶至合适的位置。

(3) 复制卧室中的沙发以及卧室里的床，并对客厅中的地毯、饮水机等位置进行调整。

至此,这个范例就制作完成了,范例的最终结果如图 3-86 所示。

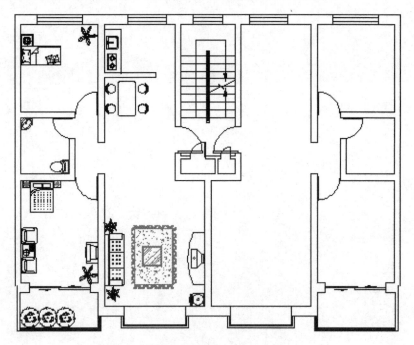

图 3-86 编辑后的建筑平面图

3.7 本章小结

本章主要讲解了图形的基本编辑工具(如复制、偏移、镜像等)和扩展工具(如拉伸、修剪、延伸、打断等)命令的应用,这有助于提高读者在自行绘制图形时的效率,精心选取的范例是平面绘图中的典型,细细体味会有利于读者对图形的深入学习。

第 4 章

图层操作

图层是 AutoCAD 的一大特点，也是计算机绘图不可缺少的功能，用户可以使用图层来管理图形的显示与输出。图层像透明的覆盖图，运用它可以很好地组织不同类型的图形信息，图形对象都具有很多图形特性，如颜色、线型、线宽等，对象可以直接使用其所在图层定义的特性，也可以专门给各个对象指定特性，颜色有助于区分图形中相似的元素，线宽则可以区分不同的绘图元素(如中心线和点划线)，线宽可以表示对象的大小和类型，提高了图形的表达能力和可读性。合理组织图层和图层上的对象能使图形中信息的处理更加容易。本章主要讲述图层的状态、特性、管理等知识，以及建筑平面数据的计算，为后面的建筑图绘图打下基础。

本章主要内容

- 新建图层
- 图层管理
- 属性编辑
- 设计小范例

4.1 新建图层

图层是用来管理和控制复杂的图形。类似于用叠加的方法来存放图的各种类型的信息。通过图层，可以把多个实体组合起来，形成一幅完整的图形。图层就如同许多透明的纸，在每张纸上画出不同的部分，把它们叠合起来，就成为一幅完美的画。而且可以根据需要，进行不同的叠加。

AutoCAD 允许用户根据需要建立无限多个层，并可以对每个层指定相应的名称、线型、颜色、线宽等，通过图层对图形进行管理，可以方便对图形进行绘制和编辑，并且可以节约大量的时间。在设计某一复杂图形时，可以将图形各部分分布在不同的图层上。在针对某部分图形操作时，可以只将需要进行操作的图层显示出来，而关闭无关的图层，这样可以加快图形的显示速度。

在这一小节里，我们将介绍创建新图层的方法，在图层创建的过程中涉及到图层的命名、图层颜色、线型和线宽的设置。

4.1.1 创建新图层及重命名图层

在绘图设计中，用户可以为设计概念相关的一组对象创建和命名图层，并为这些图层指定通用特性。对于一个图形可创建的图层数和在每个图层中创建的对象数都是没有限制的，只要将对象分类并置于各自的图层中，即可方便、有效地对图形进行编辑和管理。

通过创建图层，可以将类型相似的对象指定给同一个图层使其相关联。例如，可以将构造线、文字、标注和标题栏置于不同的图层上，然后进行控制。本节就来讲述如何创建新图层。

创建图层的步骤如下。

(1) 在【常用】选项卡中的【图层】面板中单击【图层特性】按钮 ，将打开【图层特性管理器】选项板，图层列表中将自动添加名称为"图层 1"的图层，所添加的图层呈被选中即高亮显示状态。

(2) 在"名称"列为新建的图层命名。图层名最多可包含 255 个字符，其中包括字母、数字和特殊字符，如：￥符号等，但图层名中不可包含空格。

(3) 如果要创建多个图层，可以多次单击【新建图层】按钮 ，并以同样的方法为每个图层命名，按名称的字母顺序来排列图层，创建完成的图层如图 4-1 所示。

每个新图层的特性都被指定为默认设置，即在默认情况下，新建图层与当前图层的状态、颜色、线性、线宽等设置相同。当然用户既可以使用默认设置，也可以给每个图层指定新的颜色、线型、线宽和打印样式，其概念和操作将在下面的讲解中涉及。

在绘图过程中，为了更好地描述图层中图形的，用户还可以随时对图层进行重命名，但对于图层 0 和依赖外部参照的图层不能重命名。

当创建了新图层后，即可对其进行重命名，其方法如下。

(1) 选中需要重命名的图层，使用鼠标指针单击该图层的图层名两次。

(2) 当图层名呈可编辑状态时，输入新的图层名称，然后按下 Enter 键即可。如创建新图层并将其命名为"墙体"，其操作步骤如下。

第 4 章 图层操作

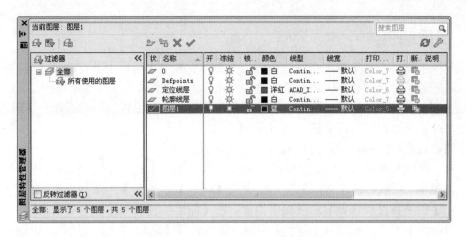

图 4-1 【图层特性管理器】选项板

① 在【图层特性管理器】选项板中单击【新建图层】按钮，图层特性管理器中增加一个名称为【图层 1】的新图层，如图 4-2 所示。

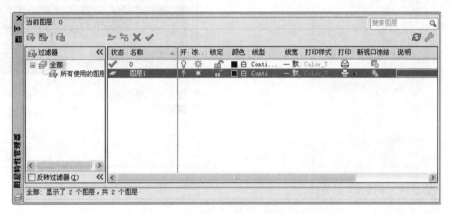

图 4-2 创建名为【图层 1】的新图层

② 在图层名【图层 1】上单击，此时图层名呈编辑状态，输入新的图层名称【墙体】，按下 Enter 键，最后单击【确定】按钮即可，如图 4-3 所示。

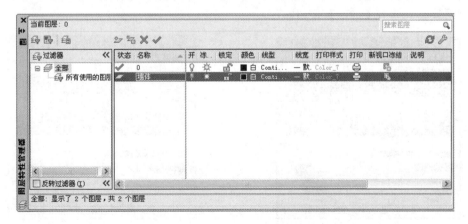

图 4-3 将【图层 1】重命名为【墙体】

4.1.2 图层颜色

图层颜色也就是为选定图层指定颜色或修改颜色。颜色在图形中具有非常重要的作用，可用来表示不同的组件、功能和区域。图层的颜色实际上是图层中图形对象的颜色，每个图层都拥有自己的颜色，对不同的图层既可以设置相同的颜色，也可以设置不同的颜色，所以对于绘制复杂图形时就可以很容易区分图形的各个部分。

当我们要设置图层颜色时，可以通过以下几种方式。

- 在【视图】选项卡中的【选项板】面板中单击【特性】按钮，打开【特性】选项板，如图 4-4 所示，在【常规】选项组中的【颜色】下拉列表中选择需要的颜色。
- 在【图层特性管理器】选项板中设置。在【图层特性管理器】选项板中选中要指定修改颜色的图层，选择其【颜色】图标，即可打开【选择颜色】对话框，如图 4-5 所示。

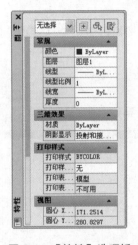

图 4-4 【特性】选项板

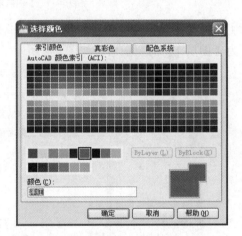

图 4-5 【选择颜色】对话框

如将上述【墙体】图层的颜色设置为蓝色，操作步骤如下。

(1) 在【常用】选项卡中的【图层】面板中单击【图层特性】按钮，打开【图层特性管理器】选项板，单击"墙体"图层的颜色特性图标，打开【选择颜色】对话框，如图 4-6 所示。

(2) 单击"蓝色"色块，或在【颜色】文本框中输入"蓝"，如图 4-7 所示，此时，右侧的色块变成蓝色，单击【确定】按钮即可。

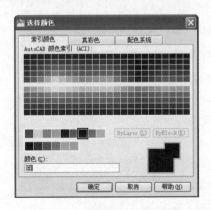

图 4-6 【选择颜色】对话框

图 4-7 单击"蓝"色块

下面我们来了解一下图 4-7 中的三种颜色模式。
- 索引颜色模式，也叫做映射颜色。在这种模式下，只能存储一个 8 位色彩深度的文件，即最多 256 种颜色，而且颜色都是预先定义好的。一幅图像所有的颜色都在它的图像文件里定义，也就是将所有色彩映射到一个色彩盘里，这就叫色彩对照表。因此，当打开图像文件时，色彩对照表也一同被读入了 Photoshop 中，Photoshop 由色彩对照表找到最终的色彩值。若要转换为索引颜色，必须从每通道 8 位的图像以及灰度或 RGB 图像开始。通常索引色彩模式用于保存 GIF 格式等网络图像。

  索引颜色是 AutoCAD 中使用的标准颜色。每一种颜色用一个 AutoCAD 颜色索引编号(1～255 之间的整数)标识。标准颜色名称仅适用于 1～7 号颜色。颜色指定如下：1 红、2 黄、3 绿、4 青、5 蓝、6 洋红、7 白/黑。

- 真彩色(true-color)是指图像中的每个像素值都分成 R、G、B 三个基色分量，每个基色分量直接决定其基色的强度，这样产生的色彩称为真彩色。例如，图像深度为 24，用 R：G：B=8：8：8 来表示色彩，则 R、G、B 各占用 8 位来表示各自基色分量的强度，每个基色分量的强度等级为 2^8=256 种。图像可容纳 2^{24} 种色彩。这样得到的色彩可以反映原图的真实色彩，故称真彩色。如果使用 HSL 颜色模式，则可以指定颜色的色调、饱和度和亮度要素。

  真彩色图像把颜色的种类推提高了一大步，它为制作高质量的彩色图像带来了不少便利。真彩色也可以说是 RGB 的另一种叫法。从技术程度上来说，真彩色是指写到磁盘上的图像类型。而 RGB 颜色是指显示器的显示模式。不过这两个术语常常被当做同义词，因为从结果上来看它们是一样的。都有同时显示 16 万种颜色的能力。RGB 图像是非映射的，它可以从系统的颜色表中自由获取所需的颜色，这种颜色直接与 PC 上显示的颜色对应。

- 配色系统包括几个标准 Pantone 配色系统，也可以输入其他配色系统，例如，DIC 颜色指南或 RAL 颜色集。输入用户定义的配色系统可以进一步扩充可供使用的颜色选择。这种模式需要具有很深的专业色彩知识，所以在实际操作中不必使用。

我们根据需要在对话框的不同选项卡中选择需要的颜色，然后单击【确定】按钮，应用选择颜色。

(3) 也可以在【特性】面板中的【选择颜色】 ByLayer 下拉列表中选择系统自定的几种颜色或自定义颜色。

> **注意**
> 如果 AutoCAD 系统的背景色设置为白色，则"白色"颜色显示为黑色。

4.1.3 图层线型

线型是指图形基本元素中线条的组成和显示方式，如虚线和实线等。在 AutoCAD 中既有简单线型，也有由一些特殊符号组成的复杂线型，以满足不同国家或行业标准的要求。

在图层中绘图时，使用线型可以有效地传达视觉信息，它是由直线、横线、点或空格等组合的不同图案，给不同图层指定不同的线型，可以达到区分线型的目的。如果为图形对象指定某种线型，则对象将根据此线型的设置进行显示和打印。

如创建并命名一个"中心线"图层，设置其线型为 CENTER，其操作步骤如下。

(1) 创建好"中心线"图层后，在【图层特性管理器】选项板中选择"中心线"图层，然后在"线型"列单击与该图层相关联的线型，打开【选择线型】对话框，如图 4-8 所示。

图 4-8 【选择线型】对话框

(2) 单击【加载】按钮，打开【加载或重载线型】对话框，在【可用线型】列表框中选择 CENTER 线型，如图 4-9 所示。

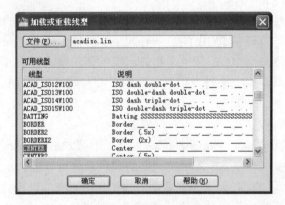

图 4-9 在【可用线型】列表框中选择 CENTER 线型

(3) 单击【确定】按钮，返回【选择线型】对话框。此时在【选择线型】对话框中即显示了新加载的线型，从中选择 CENTER 线型，如图 4-10 所示。

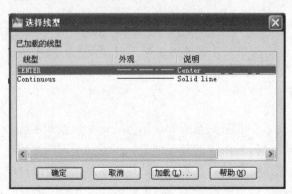

图 4-10 从加载的线型中选择 CENTER

(4) 单击【确定】按钮，返回【图层特性管理器】选项板，即可看到【中心线】层的线型已改，如图 4-11 所示，再次单击【确定】按钮即可。

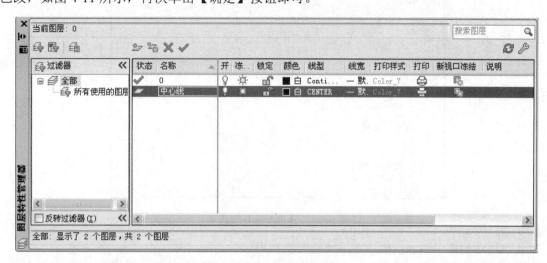

图 4-11 【中心线】层的线型更改为 CENTER

> **提 示**
>
> 在为图层设置线型后，显示的线型与样式线型不一样的原因可能是【全局比例因子】值较小，这就需要通过【线型管理器】对话框进行设置。选择【格式】|【线型】菜单命令，打开【线型管理器】对话框，如图 4-12 所示。

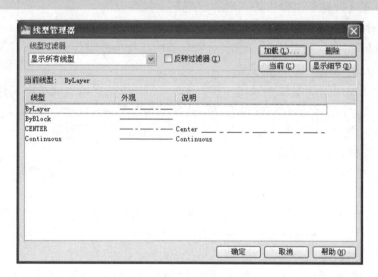

图 4-12 【线型管理器】对话框

单击【显示细节】按钮，在【详细信息】选项组中的【全局比例因子】文本框中输入合适的数值即可，如图 4-13 所示。

在设置线型时，也可以采用其他的途径。

(1) 在【视图】选项卡中的【选项板】面板中单击【特性】按钮，打开【特性】选项板，在【常规】选项组中的【线型】下拉列表中选择线的类型。

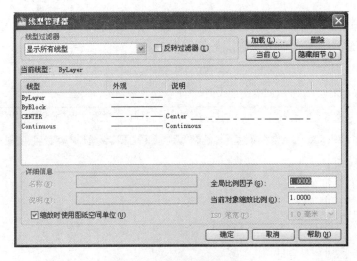

图 4-13 设置全局比例因子

在这里我们需要知道一些"线型比例"的知识。

通过全局修改或单个修改每个对象的线型比例因子，可以以不同的比例使用同一个线型。

默认情况下，全局线型和单个线型比例均设置为 1.0。比例越小，每个绘图单位中生成的重复图案就越多。例如，设置为 0.5 时，每一个图形单位在线型定义中显示重复两次的同一图案。不能显示完整线型图案的短线段显示为连续线。对于太短，甚至不能显示一个虚线小段的线段，可以使用更小的线型比例。

(2) 也可以在【特性】面板中的【选择线型】下拉列表框中选择。

- ByLayer(随层)：逻辑线型，表示对象与其所在图层的线型保持一致。
- ByBlock(随块)：逻辑线型，表示对象与其所在块的线型保持一致。
- Continuous(连续)：连续的实线。

当然，用户可使用的线型远不只这几种。AutoCAD 系统提供了线型库文件，其中包含了数十种的线型定义。用户可随时加载该文件，并使用其定义各种线型。如果这些线型仍不能满足用户的需要，则用户可以自行定义某种线型，并在 AutoCAD 中使用。

关于线型应用的几点说明如下。

(1) 当前线型：如果某种线型被设置为当前线型，则新创建的对象(文字和插入的块除外)将自动使用该线型。

(2) 线型的显示：可以将线型与所有 AutoCAD 对象相关联，但是它们不随同文字、点、视口、参照线、射线、三维多段线和块一起显示。如果一条线过短，不能容纳最小的点划线序列，则显示为连续的直线。

(3) 如果图形中的线型显示过于紧密或过于疏松，用户可设置比例因子来改变线型的显示比例。改变所有图形的线型比例，可使用全局比例因子；而对于个别图形的修改，则应使用对象比例因子。

4.1.4 图层线宽

线宽设置就是改变线条的宽度，可用于除 TrueType 字体、光栅图像、点和实体填充(二维实体)之外的所有图形对象，通过更改图层和对象的线宽设置来更改对象显示于屏幕和纸面上的宽度特性。在 AutoCAD 中，使用不同宽度的线条表现对象的大小或类型，可以提高图形的表达能力和可读性。如果为图形对象指定线宽，则对象将根据此线宽的设置进行显示和打印。

如将"中心线"图层的线宽设置为 0.30mm，操作步骤如下。

(1) 在【图层特性管理器】选项板中选择"中心线"图层，然后在"线宽"列单击与该图层相关联的线宽，打开【线宽】对话框，如图 4-14 所示，在 AutoCAD 中可用的线宽预定义值包括 0.00mm、0.05mm、0.09mm、0.13mm、0.15mm、0.18mm、0.20mm、0.25mm、0.30mm、0.35mm、0.40mm、0.50mm、0.53mm、0.60mm、0.70mm、0.80mm、0.90mm、1.00mm、1.06mm、1.20mm、1.40mm、1.58mm、2.00mm 和 2.11mm 等。

(2) 从中选择 0.30mm 的线宽，单击【确定】按钮，退出【线宽】对话框。

图 4-14 【线宽】对话框

提 示

为图层设置线宽后，还需单击状态栏上的【显示/隐藏线宽】按钮，使其呈"蓝色"状态，这时才能显示设置的线宽。

同理在设置线宽时，也可以采用其他的途径。

(1) 在【视图】选项卡中的【选项板】面板中单击【特性】按钮，打开【特性】选项板，在【常规】选项组中的【线宽】下拉列表中选择线的宽度。

(2) 也可以在【特性】面板中的【选择线宽】下拉列表框中选择。

- ByLayer(随层)：逻辑线宽，表示对象与其所在图层的线宽保持一致。
- ByBlock(随块)：逻辑线宽，表示对象与其所在块的线宽保持一致。
- 默认：创建新图层时的缺省线宽设置，其默认值为 0.25mm(0.01")。

关于线宽应用的几点说明如下。

(1) 如果需要精确表示对象的宽度，应使用指定宽度的多段线，而不要使用线宽。

(2) 如果对象的线宽值为 0，则在模型空间显示为 1 个像素宽，并将以打印设备允许的最细宽度打印。如果对象的线宽值为 0.25mm(0.01")或更小，则将在模型空间中以 1 个像素显示。

(3) 具有线宽的对象以超过一个像素的宽度显示时，可能会增加 AutoCAD 的重生成时间，因此关闭线宽显示或将显示比例设成最小可优化显示性能。

> **注意**
>
> 图层特性(如线型和线宽)可以通过【图层特性管理器】选项板和【特性】选项板设置，但对于重命名图层来说，只能在【图层特性管理器】选项板中修改，而不能在【特性】选项板中修改。
>
> 对于块引用所使用的图层也可以进行保存和恢复，但外部参照的保存图层状态不能被当前图形所使用。如果使用 wblock 命令创建外部块文件，则只有在创建时选择"Entire Drawing(整个图形)"项，才能将保存的图层状态信息包含在内，并且仅涉及那些含有对象的图层。

4.2 图层管理

图层管理包括图层的创建、图层过滤器的命名、图层的保存、恢复等，下面对图层的管理作详细的讲解。

4.2.1 命名图层过滤器

绘制一个图形时，可能需要创建多个图层，当只需列出部分图层时，通过【图层特性管理器】选项板的过滤图层设置，可以按一定的条件对图层进行过滤，最终只列出满足要求的部分图层。

在过滤图层时，可依据图层名称、颜色、线型、线宽、打印样式或图层的可见性等条件过滤图层。这样，可以更加方便地选择或清除具有特定名称或特性的图层。

单击【图层特性管理器】选项板中的【新建特性过滤器】按钮，打开【图层过滤器特性】对话框，如图 4-15 所示。

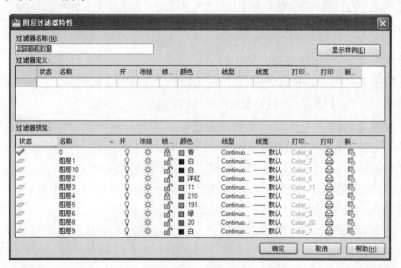

图 4-15 【图层过滤器特性】对话框

在该对话框中可以选择或输入图层状态、特性设置，包括【状态】、【名称】、【开】、【冻结】、【锁定】、【颜色】、【线型】、【线宽】、【打印样式】、【打印】、【新视口冻结】等。
- 【过滤器名称】文本框：提供用于输入图层特性过滤器名称的空间。
- 【显示样例】按钮 显示样例(E) 显示了图层特性过滤器定义样例。
- 【过滤器定义】列表：显示图层特性。可以使用一个或多个特性定义过滤器。例如，可以将过滤器定义为显示所有的红色或蓝色且正在使用的图层。若用户想要包含多种颜色、线型或线宽，可以在下一行复制该过滤器，然后选择一种不同的设置。
- 【过滤器预览】列表：显示根据用户定义进行过滤的结果。它显示选定此过滤器后将在图层特性管理器的图层列表中显示的图层。

如果在【图层特性管理器】选项板中选中【反转过滤器】复选框，则可反向过滤图层，这样，可以方便地查看未包含某个特性的图层。使用图层过滤器的反转功能，可只列出被过滤的图层。例如，如果图形中所有的场地规划信息均包括在名称中包含字符 site 的多个图层中，则可以先创建一个以名称(*site*)过滤图层的过滤器定义，然后使用【反向过滤器】选项，这样，该过滤器就包括了除场地规划信息以外的所有信息。

4.2.2 删除图层

可以通过从【图层特性管理器】选项板中删除图层来从图形中删除不使用的图层。但是只能删除未被参照的图层。被参照的图层包括图层 0 及 Defpoints、包含对象(包括块定义中的对象)的图层、当前图层和依赖外部参照的图层。其操作方法如下。

在【图层特性管理器】选项板中选择图层，单击【删除图层】按钮✕，如图 4-16 所示，则选定的图层被删除，效果如图 4-17 所示，继续单击【删除图层】按钮✕，可以连续删除不需要的图层。

> **注 意**
> 图层 0、当前图层、依赖外部参照的图层以及包含对象的图层均不能被删除。

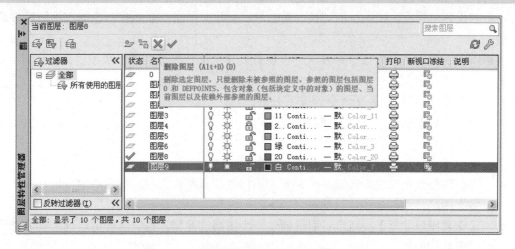

图 4-16　选择图层后单击【删除图层】按钮

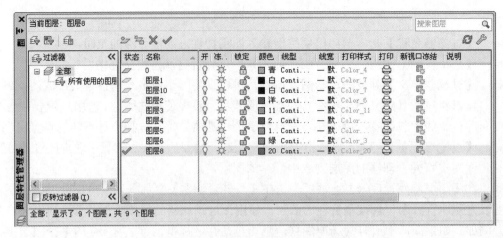

图 4-17 选择删除图层后的图层状态

4.2.3 设置当前图层

绘图时，新创建的对象将置于当前图层上。当前图层可以是默认图层 0，也可以是用户自己创建并命名的图层。通过将其他图层置为当前图层，可以从一个图层切换到另一个图层；随后创建的任何对象都与新的当前图层关联并采用其颜色、线型和其他特性。但是不能将冻结的图层或依赖外部参照的图层设置为当前图层。其操作步骤如下。

在【图层特性管理器】选项板中选择图层，单击【置为当前】按钮，则选定的图层被设置为当前图层。

4.2.4 显示图层细节

【图层特性管理器】选项板用来显示图形中的图层列表及其特性。在 AutoCAD 中，使用【图层特性管理器】选项板不仅可以创建图层，设置图层的颜色、线型和线宽，还可以对图层进行更多的设置与管理，如图层的切换、重命名、删除及图层的显示控制、修改图层特性或添加说明。

利用以下 3 种方法中的任一种方法都可以打开【图层特性管理器】选项板。

- 单击【图层】面板中的【图层特性】按钮。
- 在命令行中输入 layer 命令后按下 Enter 键。
- 在菜单栏中选择【格式】|【图层】命令。

【图层特性管理器】选项板如图 4-18 所示。

下面介绍【图层特性管理器】选项板的功能。

- 【新建特性过滤器】按钮：显示【图层过滤器特性】对话框，从中可以基于一个或多个图层特性创建图层过滤器。
- 【新建组过滤器】按钮：用来创建一个图层过滤器，其中包含用户选定并添加到该过滤器的图层。
- 【图层状态管理器】按钮：显示【图层状态管理器】对话框，从中可以将图层的当前特性设置保存到命名图层状态中，以后可以再恢复这些设置。

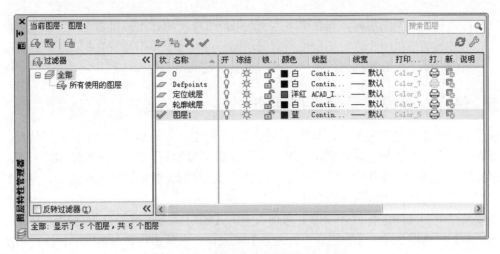

图 4-18 【图层特性管理器】选项板

- 【新建图层】按钮：用来创建新图层。列表中将显示名为【图层1】的图层。该名称处于选中状态，从而用户可以直接输入一个新图层名。新图层将继承图层列表中当前选定图层的特性(颜色、开/关状态等)。
- 【在所有视口中都被冻结的新图层视口】按钮：创建新图层，然后在所有现有布局视口中将其冻结。
- 【删除图层】按钮：用来删除已经选定的图层。但是只能删除未被参照的图层，参照图层包括图层 0 和 DEFPOINTS、包含对象(包括块定义中的对象)的图层、当前图层和依赖外部参照的图层。局部打开图形中的图层也被视为参照并且不能被删除。

> **注意**
> 如果处理的是共享工程中的图形或基于一系列图层标准的图形，删除图层时要特别小心。

- 【置为当前】按钮：用来将选定图层设置为当前图层。用户创建的对象将被放置到当前图层中。
- 【当前图层】：显示当前图层的名称。
- 【搜索图层】：当输入字符时，按名称快速过滤图层列表。关闭图层特性管理器时并不保存此过滤器。
- 【状态行】：显示当前过滤器的名称、列表图中所显示图层的数量和图形中图层的数量。
- 【反转过滤器】复选框：显示所有不满足选定图层特性过滤器中条件的图层。

【图层特性管理器】选项板中还有以下两个窗格。

- 【树状图】：显示图形中图层和过滤器的层次结构列表。顶层节点【全部】显示了图形中的所有图层。过滤器按字母顺序显示。【所有使用的图层】过滤器是只读过滤器。
- 【列表图】：显示图层和图层过滤器状态及其特性和说明。如果在树状图中选定了某一个图层过滤器，则列表图仅显示该图层过滤器中的图层。树状图中的"所有"过滤器用来显示图形中的所有图层和图层过滤器。当选定了某一个图层特性过滤器且没有符合其定义的图层时，列表图将为空。用户可以使用标准的键盘选择方法。要修改选定过滤器中某一个选定图层或所有图层的特性，可以单击该特性的图标。当图层过滤器中显示了混合图标或"多种"时，表明在过滤器的所有图层中，该特性互不相同。

4.2.5 保存、恢复、管理图层状态

在绘制较复杂的建筑图形时，常常需要创建多个图层，并为其设置相应的图层特性，若每次绘制新的图形时都要创建这些图层，则会大大降低工作效率。因此，AutoCAD 为用户提供了保存及恢复等图层特性功能，即用户可将创建好的图层以文件的形式保存起来，再绘制其他图形，用户还可将其调用到当前图形中。

可以通过单击【图层特性管理器】选项板中的【图层状态管理器】按钮，打开【图层状态管理器】对话框，运用【图层状态管理器】来保存、恢复和管理命名图层状态，如图4-19所示。

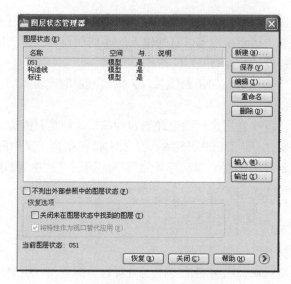

图 4-19 【图层状态管理器】对话框

下面介绍【图层状态管理器】的功能。
- 【图层状态】：列出了保存在图形中的命名图层状态、保存它们的空间及可选说明等。
- 【新建】按钮：单击此按钮，显示【要保存的新图层状态】对话框，如图4-20所示，从中可以输入新命名图层状态的名称和说明。

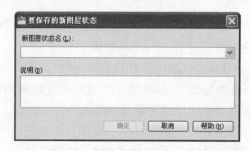

图 4-20 【要保存的新图层状态】对话框

- 【保存】按钮：单击此按钮，保存选定的命名图层状态。
- 【编辑】按钮：单击此按钮，显示【编辑图层状态】对话框，如图 4-21 所示，从中可以修改选定的命名图层状态。

图 4-21 【编辑图层状态】对话框

- 【重命名】按钮：单击此按钮，在位编辑图层状态名。
- 【删除】按钮：单击此按钮，删除选定的命名图层状态。
- 【输入】按钮：单击此按钮，显示【输入图层状态】对话框，从中可以将上一次输出的图层状态(LAS)文件加载到当前图形。输入图层状态文件可能导致创建其他图层。
- 【输出】按钮：单击此按钮，显示【输出文件状态】对话框，从中可以将选定的命名图层状态保存到图层状态(LAS)文件中。
- 【不列出外部参照中的图层状态】复选框：控制是否显示外部参照中的图层状态。
- 【恢复选项】选项组：指定恢复选定命名图层状态时所要恢复的图层状态设置和图层特性。
    - 【关闭未在图层状态中找到的图层】复选框：用于恢复命名图层状态时，关闭未保存设置的新图层，以便图形的外观与保存命名图层状态时一样。
    - 【将特性作为视口替代应用】复选框：视口替代将恢复为恢复图层状态时为当前的视口。
- 【恢复】按钮：将图形中所有图层的状态和特性设置恢复为先前保存的设置。仅恢复保存该命名图层状态时选定的那些图层状态和特性设置。
- 【关闭】按钮：关闭【图层状态管理器】对话框并保存所做更改。

单击 ⊙【更多恢复选项】按钮，打开如图 4-22 所示的【图层状态管理器】对话框，以显示更多的恢复设置选项。

- 【要恢复的图层特性】选项组：指定恢复选定命名图层状态时所要恢复的图层状态设置和图层特性。在【模型】选项卡上保存命名图层状态时，【在当前视口中的可见性】和【新视口冻结/解冻】复选框不可用。
- 【全部选择】按钮：选择所有设置。
- 【全部清除】按钮：从所有设置中删除选定设置。

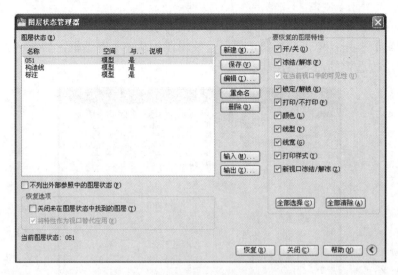

图 4-22 【图层状态管理器】对话框

单击<【更少恢复选项】按钮,打开如图 4-19 所示的【图层状态管理器】对话框,以显示更少的恢复设置选项。

AutoCAD 提供了 draworder 命令来修改对象的次序,该命令行窗口提示如下:

命令: draworder
选择对象: 找到 1 个
选择对象:
输入对象排序选项 [对象上(A)/对象下(U)/最前(F)/最后(B)]<最后>: B

该命令各选项的作用如下。

- 【最前】:将选定的对象移到图形次序的最前面。
- 【最后】:将选定的对象移到图形次序的最后面。
- 【对象上】:将选定的对象移动到指定参照对象的上面。
- 【对象下】:将选定的对象移动到指定参照对象的下面。

如果我们一次选中多个对象进行排序,则被选中对象之间的相对显示顺序并不改变,而只改变与其他对象的相对位置。

4.3 属性编辑

图层设置包括图层状态(例如开或锁定)和图层特性(例如颜色或线型)。在【图层特性管理器】选项板列表图中显示了图层和图层过滤器状态及其特性和说明。用户可以通过单击状态和特性图标来设置或修改图层的状态和特性。在上一小节中了解了部分选项的内容,下面对上节没有涉及到的选项作具体的介绍。

1. "状态"列

双击其图标,可以改变图层的使用状态。

✓图标表示该图层正在使用,➥图标表示该图标未被使用。

2. "名称"列

显示图层名。可以选择图层名后单击并输入新图层名。

3. "开"列

确定图层打开还是关闭。如果图层被打开，该层上的图形可以在绘图区显示或在绘图区中绘出。被关闭的图层仍然是图的一部分，但关闭图层上的图形不显示，也不能通过绘图区绘制出来。用户可以根据需要，打开或关闭图层。

在图层列表框中，与"开"对应的列是"小灯泡"图标。通过单击"小灯泡"图标可实现打开或关闭图层的切换。如果灯泡颜色是黄色，表示对应层是打开的；如果是灰色，则表示对应层是关闭的。如果关闭的是当前层，AutoCAD 会显示出对应的提示信息，警告正在关闭当前层，但用户可以关闭当前层。很显然，关闭当前层后，所绘的图形均不能显示出来。

当图层关闭时，它是不可见的，并且不能打印，即使【打印】选项是打开的。

依次单击"开"按钮，可调整各图层的排列顺序，使当前关闭的图层放在列表的最前面或最后面，也可以通过其他途径来调整图层顺序，我们将在后面的讲解中涉及到对图层顺序的调整。

图标表示图层是打开的， 图标表示图层是关闭的。

4. "冻结"列

在所有视口中冻结选定的图层。冻结图层可以加快 ZOOM、PAN 和许多其他操作的运行速度，增强对象选择的性能并减少复杂图形的重生成时间。AutoCAD 不显示、打印、隐藏、渲染或重生成冻结图层上的对象。

如果图层被冻结，该层上的图形对象不能被显示出来或绘制出来，而且也不参与图形之间的运算。被解冻的图层则正好相反。从可见性来说，冻结层与关闭层是相同的，但冻结层上的对象不参与处理过程中的运算，关闭层上的对象则要参与运算。所以，在复杂的图形中冻结不需要的图层可以加快系统重新生成图形时的速度。

图层列表框中，与"在所有视口冻结"对应的列是太阳或雪花图标。太阳表示所对应层没有冻结，雪花则表示相应层被冻结。单击这些图标可实现图层冻结与解冻的切换。

用户不能冻结当前层，也不能将冻结层设为当前层。另外，依次单击"在所有视口冻结"标题，可调整各图层的排列顺序，使当前冻结的图层放在列表的最前面或最后面。

用户可以冻结长时间不用看到的图层。当解冻图层时，AutoCAD 会重生成和显示该图层上的对象。可以在创建时冻结所有视口、当前图层视口或新图层视口中的图层。

图标表示图层是冻结的， 图标表示图层是解冻的。

5. "锁定"列

锁定和解锁图层。

图标表示图层是锁定的，图标表示图层是解锁的。

锁定并不影响图层上图形对象的显示，即锁定层上的图形仍然可以显示出来，但用户不能改变锁定层上的对象，不能对其进行编辑操作。如果锁定层是当前层，用户仍可在该层上绘图。

图层列表框中，与"锁定"对应的列是关闭或打开的小锁图标。锁打开表示该层是非锁定层；关闭则表示对应层是锁定的。单击这些图标可实现图层锁定或解锁的切换。

同样，依次单击图层列表中的"锁定"按钮，可以调整各图层的排列顺序，使当前锁定的图层放在列表的最前面或最后面。

6. "打印样式"列

修改与选定图层相关联的打印样式。如果正在使用颜色相关打印样式(PSTYLEPOLICY 系统变量设为 1),则不能修改与图层关联的打印样式。单击任意打印样式均可以显示【选择打印样式】对话框。

7. "打印"列

控制是否打印选定的图层。即使关闭了图层的打印,该图层上的对象仍会显示出来。关闭图层打印只对图形中的可见图层(图层是打开的并且是解冻的)有效。如果图层设为打印但该图层在当前图形中是冻结的或关闭的,则 AutoCAD 不打印该图层。如果图层包含了参照信息(比如构造线),则关闭该图层的打印可能有益。

8. "新视口冻结"列

冻结或解冻新创建视口中的图层。

9. "说明"列

为所选图层或过滤器添加说明,或修改说明中的文字。过滤器的说明将添加到该过滤器及其中的所有图层。

4.4 设计小范例

下面讲解一个图层操作的设计范例,主要是针对如图 4-23 所示的机械平面图,对其进行图层操作,包括新建图层,设置更改图层颜色,线型等操作。下面来具体讲解操作方法。

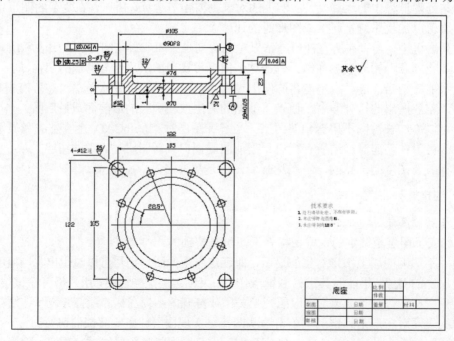

图 4-23 底座图

4.4.1 新建图层

1. 创建名为"文字"的新图层,并为其设置颜色

(1) 在【常用】选项卡中的【图层】面板中单击【图层特性】按钮，打开【图层特性管理器】选项板。

(2) 单击【新建图层】按钮，图层列表中自动添加名称为"图层 1"的图层,在【名称】列输入新建的图层名称【文字】,创建完成的图层如图 4-24 所示。

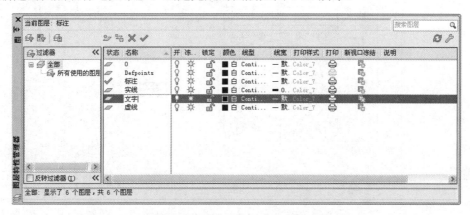

图 4-24 【图层特性管理器】选项板

(3) 选择【文字】图层,选择其【颜色】图标,打开【选择颜色】对话框,在其中选择"红色",如图 4-25 所示,然后单击【确定】按钮。

(4) 关闭【图层特性管理器】选项板,返回绘图区,单击图形右方的文字,并单击【视图】选项卡中【选项板】面板中的【特性】按钮，打开【特性】选项板,在【常规】选项组中的【图层】下拉列表中选择【文字】图层,如图 4-26 所示,然后关闭该选项板,文字即变为红色。

图 4-25 选择"红色"

图 4-26 选择【文字】图层

2. 新建"图框和标题栏"图层

用同样的方法新建"图框和标题栏"图层，并设置其颜色为"30"，其效果如图 4-27 所示。

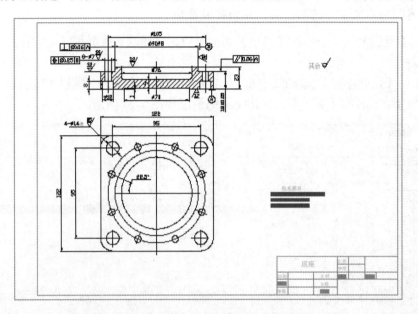

图 4-27 为新图层设置颜色后的效果

4.4.2 重命名图层并更改线型

（1）在【图层特性管理器】选项板中用鼠标右键单击"实线"图层名称，在弹出的快捷菜单中选择【重命名图层】命令，如图 4-28 所示，然后输入"轮廓"，重命名后的图层如图 4-29 所示。

图 4-28 选择【重命名图层】命令

（2）按照同样的方法将"虚线"图层重名为"中心线"，在【线型】列单击与该图层相关联的线型，在打开的【选择线型】对话框中选择线型 CENTER2，如图 4-30 所示。然后单击【确定】按钮。

(3) 设置"轮廓"图层的颜色为"蓝",将"中心线"图层的颜色设置为"红",设置"标注"图层的颜色为"80",其效果如图 4-31 所示。

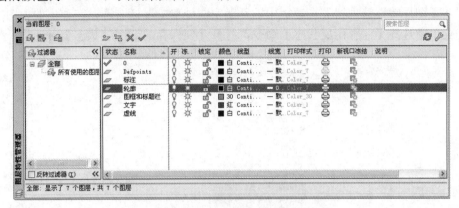

图 4-29　重命名后的图层

图 4-30　选择 CENTER2 线型

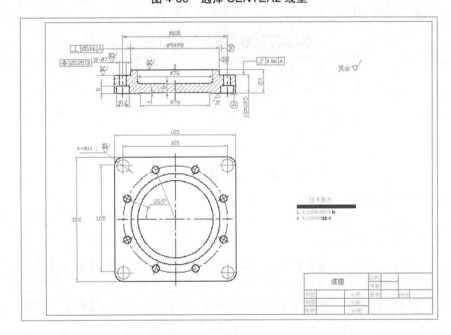

图 4-31　图层设置完成后的效果

4.4.3 图层状态管理

步骤 1：保存当前图层状态。

(1) 在【图层特性管理器】选项板中的任意空白处单击鼠标右键，在弹出的如图 4-32 所示的快捷菜单中选择【保存图层状态】命令，打开【要保存的新图层状态】对话框。

图 4-32　选择【保存图层状态】命令

(2) 在对话框中的【新图层状态名】文本框中输入"状态 1"，如图 4-33 所示。单击【确定】按钮，即保存成功该图层状态。

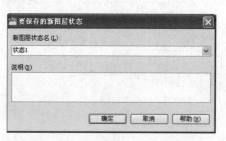

图 4-33　输入新图层状态名"状态 1"

步骤 2：新建图层状态并保存。

(1) 单击【图层特性管理器】选项板中的【图层状态管理器】按钮，打开【图层状态管理器】对话框，如图 4-34 所示。

(2) 单击【新建】按钮，在【要保存的新图层状态】对话框中的【新图层状态名】文本框中输入"状态 2"，如图 4-35 所示。

(3) 单击【确定】按钮，返回【图层状态管理器】对话框，单击【编辑】按钮，打开【编辑图层状态：状态 2】对话框，编辑图层状态，如图 4-36 所示。

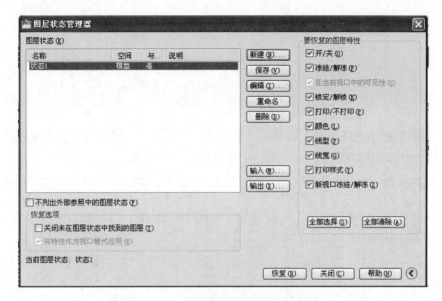

图 4-34 【图层状态管理器】对话框

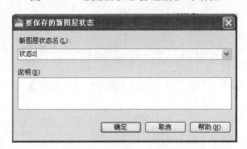

图 4-35 输入新图层状态名

图 4-36 编辑图层状态

(4) 设置完成后，单击【确定】按钮，返回【图层状态管理器】对话框，单击【保存】按钮，打开【图层-覆盖图层状态】对话框，如图 4-37 所示，询问是否要覆盖状态 2，单击【否】按钮。返回【图层状态管理器】对话框。

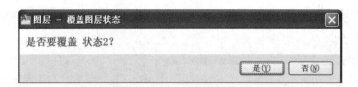

图 4-37 【图层-覆盖图层状态】对话框

(5) 单击对话框中的【恢复】按钮,"状态 2"下的【图层特性管理器】选项板如图 4-38 所示,显示的图形如图 4-39 所示。至此,这个范例就操作完成了。

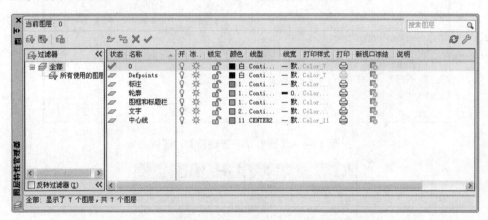

图 4-38 "状态 2"下的【图层特性管理器】选项板

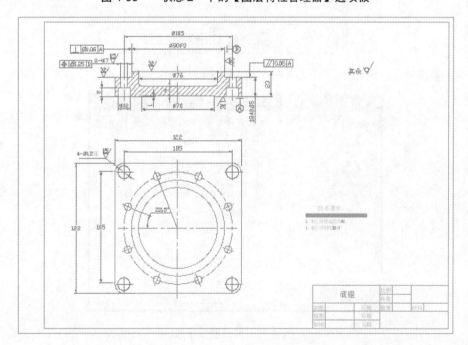

图 4-39 "状态 2"下显示的图形

4.5 本章小结

　　本章主要讲解了创建图层、命名图层，以及图层颜色、线宽、线型等特性的设置；图层管理如图层的删除、保存、恢复、管理图层等知识；随后较细致的讲解了图层的属性编辑；范例所用到的知识贯穿本章所讲内容，图层操作在日后设计、绘制图形的过程中起着尤为重要的作用，希望读者认真学习。

第 5 章

尺寸标注

尺寸标注是图形绘制的一个重要组成部分，他是图形的测量注释，AutoCAD 提供了多种标注样式和设置标注格式的方法，在绘图时使用尺寸标注，能够对图形的各个部分添加提示和解释等辅助信息，既方便用户绘制，又方便使用者阅读。本章将讲述自行设置尺寸标注的方法以及对图形进行尺寸标注的方法。

本章主要内容

- 图纸标注设置
- 设置为当前尺寸标注样式
- 创建尺寸标注
- 编辑尺寸标注
- 尺寸标注范例

5.1 图纸标注设置

在进行尺寸标注前，应首先设置尺寸标注格式，AutoCAD 默认的标注格式是 STANDARD。该格式是基于美国国家标准协会(ANSI)标准标注的，如果开始绘制新的图形并选择公制单位，则"ISO-25"(国际标准组织)是系统默认的格式。用户还可以根据有关规定及所标注图形的具体要求对尺寸标注格式进行设置。

5.1.1 标注样式的管理

设置尺寸标注样式有以下几种方法。

- 在菜单栏中选择【标注】|【标注样式】命令。
- 在命令行中输入 Ddim 命令后按下 Enter 键。
- 单击【常用】选项卡的【注释】面板中的【标注样式】按钮 。

无论使用上述任何一种方法，AutoCAD 都会打开如图 5-1 所示的【标注样式管理器】对话框。在其中，显示当前可以选择的尺寸样式名，可以查看所选择样式的预览图。

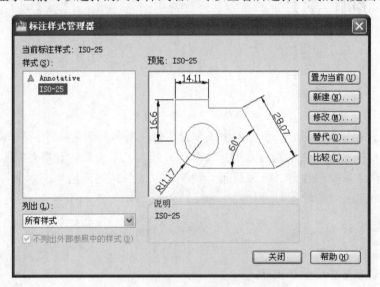

图 5-1 【标注样式管理器】对话框

下面对【标注样式管理器】对话框的各项功能作具体介绍。

- 【置为当前】按钮：用于建立当前尺寸标注类型。
- 【新建】按钮：用于新建尺寸标注类型。单击该按钮，将打开【创建新标注样式】对话框，其具体应用在下节中作介绍。
- 【修改】按钮：用于修改尺寸标注类型。单击该按钮，将打开如图 5-2 所示的【修改标注样式】对话框，此图显示的是对话框中【线】选项卡的内容。
- 【替代】按钮：替代当前尺寸标注类型。单击该按钮，将打开【替代当前样式】对话框，其中的选项与【修改标注样式】对话框中的内容一致。

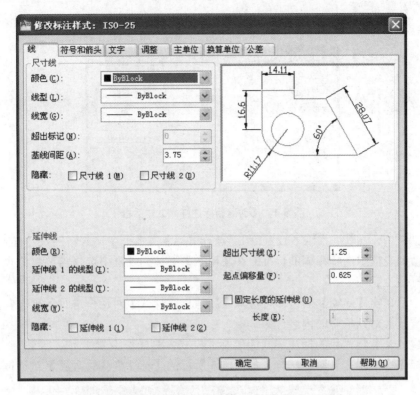

图 5-2 【修改标注样式】对话框中的【线】选项卡

- 【比较】按钮：比较尺寸标注样式。单击该按钮，将打开如图 5-3 所示的【比较标注样式】对话框。比较功能可以帮助用户快速地比较几个标注样式在参数上不同。

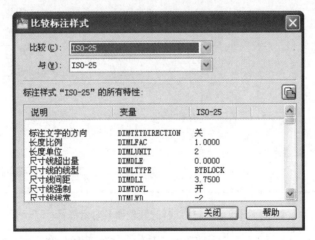

图 5-3 【比较标注样式】对话框

5.1.2 创建新标注样式

在进行尺寸标注前，我们应先根据建筑制图尺寸标注的有关规定，对标注样式进行设置，创建符合建筑规范要求的建筑制图尺寸标注样式。

单击【标注样式管理器】对话框中的【新建】按钮，出现如图 5-4 所示的【创建新标注样式】对话框。

图 5-4 【创建新标注样式】对话框

在该对话框中,可以进行以下设置:在【新样式名】文本框中输入新的尺寸样式名;在【基础样式】下拉列表框中选择相应的标准;在【用于】下拉列表框中选择需要将此尺寸样式应用到相应尺寸标注上。

设置完毕后单击【继续】按钮即可进入【新建标注样式】对话框进行各项设置,其内容与【修改标注样式】对话框中的内容一致。

如要创建一个名为"我的标注样式"的标注样式,其操作步骤如下。

(1) 选择【标注样式】命令,打开如图 5-5 所示的【标注样式管理器】对话框。

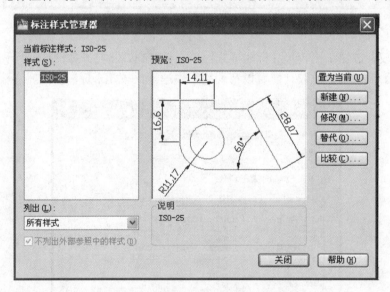

图 5-5 【标注样式管理器】对话框

(2) 单击【新建】按钮,打开【创建新标注样式】对话框,在【新样式名】文本框中输入"我的标注样式",如图 5-6 所示。

(3) 单击【继续】按钮,打开【新建标注样式:我的标注样式】对话框。单击【线】标签,切换到【线】选项卡,在【尺寸线】选项组中的【颜色】下拉列表框中选择"蓝色",然后在【基线间距】微调框中输入"100"。在【延伸线】选项组中的【颜色】下拉列表框中选择【红色】选项,如图 5-7 所示。

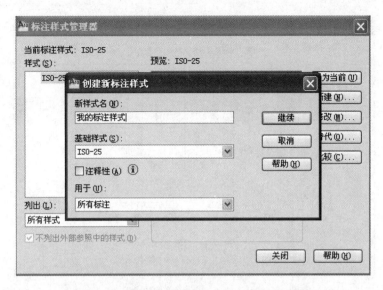

图 5-6 创建名为"我的标注样式"的新标注样式

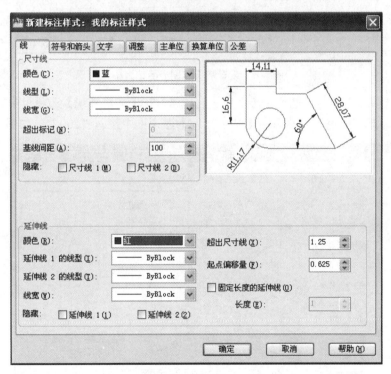

图 5-7 设置【线】选项卡中【尺寸线】和【延伸线】选项组

> **提示**
> 在【线】选项卡中的【起点偏移量】微调框中指定尺寸界线的起点距离标注对象之间的距离,在建筑制图中根据实际情况常设定该值为 2~15。

(4) 单击【符号和箭头】标签,切换到【符号和箭头】选项卡,在【箭头大小】微调框中输入"100",然后在【圆心标记】选项组中的大小微调框中输入"100",如图 5-8 所示。

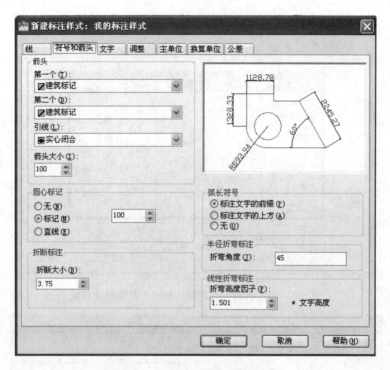

图 5-8 设置箭头和圆心标记大小

(5) 单击【文字】标签,切换到【文字】选项卡,在【文字外观】选项组中的【文字颜色】下拉列表框中选择"红色",然后在【文字高度】微调框中输入"200",如图 5-9 所示。

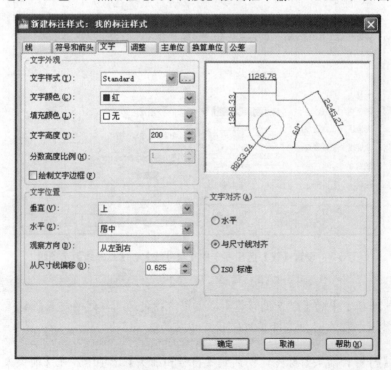

图 5-9 设置文字颜色和高度

(6) 单击【确定】按钮，返回【标注样式管理器】对话框，生成"我的标注样式"预览，如图 5-10 所示。单击【关闭】按钮完成设置。

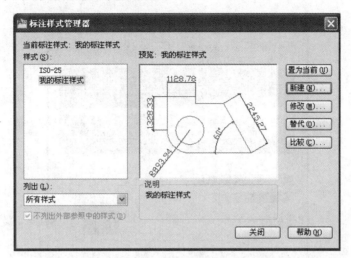

图 5-10　生成"我的标注样式"预览

【新建标注样式】对话框、【修改标注样式】对话框与【替代当前样式】对话框中的内容是一致的，包括 7 个选项卡，下面各节会对其设置作详细的讲解。

AutoCAD 中存在标注样式的导入、导出功能，可以用标注样式的导入、导出功能实现在新建图形中引用当前图形中的标注样式或者导入样式应用标注，后缀名为 dim。

5.1.3　直线和箭头

1.【线】选项卡

【线】选项卡用来设置尺寸线和延伸线的格式和特性。

单击【标注样式】对话框中的【线】标签，切换到【线】选项卡。在此选项卡中，用户可以设置尺寸的几何变量。

【线】选项卡中各选项内容如下。

(1)【尺寸线】。设置尺寸线的特性。在此选项中，AutoCAD 为用户提供了以下 6 项内容供用户设置。

- 【颜色】：显示并设置尺寸线的颜色。用户可以选择【颜色】下拉列表框中的某种颜色作为尺寸线的颜色，或在列表框中直接输入颜色名来获得尺寸线的颜色。如果单击【颜色】下拉列表框中的【选择颜色】选项，则会打开【选择颜色】对话框，用户可以从 288 种 AutoCAD 颜色索引(ACI)颜色、真彩色和配色系统颜色中选择颜色，如图 5-11 所示。
- 【线型】：设置尺寸线的线型。用户可以选择【线型】下拉列表框中的某种线型作为尺寸线的线型。
- 【线宽】：设置尺寸线的线宽。用户可以选择【线宽】下拉列表框中的某种属性来设置线宽，如 ByLayer(随层)、ByBlock(随块)及默认或一些固定的线宽等。
- 【超出标记】：显示的是当用短斜线代替尺寸箭头使用倾斜、建筑标记、积分和无标记时尺寸线超过延伸线的距离，用户可以在此输入自己的预定值。默认情况下为 0。
如图 5-12 所示为预定值设定为 3 时尺寸线超出延伸线的距离。

图 5-11 【选择颜色】对话框

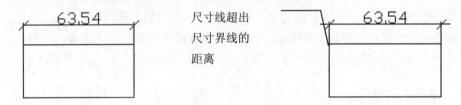

图 5-12 输入【超出标记】预定值的前后对比

- 【基线间距】：显示的是两尺寸线之间的距离，用户可以在此输入自己的预定值。该值将在进行连续和基线尺寸标注时用到。
- 【隐藏】：不显示尺寸线。当标注文字在尺寸线中间时，如果选中【尺寸线 1】复选框，将隐藏前半部分尺寸线，如果选中【尺寸线 2】复选框，则隐藏后半部分尺寸线。如果同时选中两个复选框，则尺寸线将被全部隐藏，如图 5-13 所示。

图 5-13 隐藏部分尺寸线的尺寸标注

(2) 【延伸线】。控制延伸线的外观。在此选项组中，AutoCAD 为用户提供了以下 8 项内容供用户设置。

- 【颜色】：显示并设置延伸线的颜色。用户可以选择【颜色】下拉列表框中的某种颜色作为延伸线的颜色,或在列表框中直接输入颜色名来获得延伸线的颜色。如果单击【颜色】下拉列表框中的【选择颜色】选项,则会打开【选择颜色】对话框,用户可以从 288 种 AutoCAD 颜色索引(ACI)颜色、真彩色和配色系统颜色中选择颜色。

- 【延伸线 1 的线型】及【延伸线 2 的线型】:设置延伸线的线型。用户可以选择其下拉列表框中的某种线型作为延伸线的线型。
- 【线宽】:设置延伸线的线宽。用户可以选择【线宽】下拉列表框中的某种属性来设置线宽,如 ByLayer(随层)、ByBlock(随块)及默认或一些固定的线宽等。
- 【隐藏】:不显示延伸线。如果选中【延伸线 1】复选框,将隐藏第一条延伸线,如果选中【延伸线 2】复选框,则隐藏第二条延伸线。如果同时选中两个复选框,则延伸线将被全部隐藏,如图 5-14 所示。

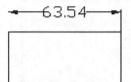
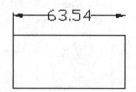

隐藏第一条延伸线的尺寸标注　　　　　　隐藏第二条延伸线的尺寸标注

图 5-14　隐藏部分延伸线的尺寸标注

- 【超出尺寸线】:显示的是延伸线超过尺寸线的距离。用户可以在此输入自己的预定值。如图 5-15 所示为预定值设定为 3 时延伸线超出尺寸线的距离。

图 5-15　输入【超出尺寸线】预定值的前后对比

- 【起点偏移量】:用于设置自图形中定义标注的点到延伸线的偏移距离。一般来说,延伸线与所标注的图形之间有间隙,该间隙即为起点偏移量,即在【起点偏移量】微调框中所显示的数值,用户也可以把它设为另外一个值。
- 【固定长度的延伸线】:用于设置延伸线从尺寸线开始到标注原点的总长度。如图 5-16 所示为设定固定长度的延伸线前后的对比。无论是否设置了固定长度的延伸线,延伸线偏移都将设置从延伸线原点开始的最小偏移距离。

2. 【符号和箭头】选项卡

此选项卡用来设置箭头、圆心标记、折断标注、弧长符号、半径折弯标注和线性折弯标注的格式和位置。

单击【修改标注样式】对话框中的【符号和箭头】标签，切换到【符号和箭头】选项卡。如图 5-17 所示。

图 5-16　设定固定长度的延伸线前后

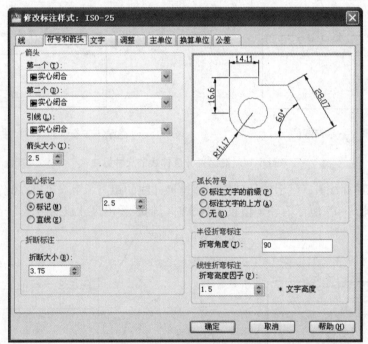

图 5-17　【符号和箭头】选项卡

【符号和箭头】选项卡中各选项内容如下。

(1) 【箭头】。控制标注箭头的外观。在此选项组中，AutoCAD 为用户提供了以下 4 项内容供用户设置。

- 【第一个】：用于设置第一条尺寸线的箭头。当改变第一个箭头的类型时，第二个箭头将自动改变以便同第一个箭头相匹配。
- 【第二个】：用于设置第二条尺寸线的箭头。
- 【引线】：用于设置引线尺寸标注的指引箭头类型。
  若用户要指定自己定义的箭头块，可分别单击上述三项下拉列表框中的【用户箭头】选项，则显示【选择自定义箭头块】对话框。用户选择自己定义的箭头块的名称(该块必须在图形中)。
- 【箭头大小】：在此微调框中显示的是箭头的大小值，用户可以单击上下移动的箭头选择相应的大小值，或直接在微调框中输入数值以确定箭头的大小值。

另外，在 AutoCAD 2010 版本中新增了"翻转标注箭头"的功能，用户可以更改标注上每个箭头的方向。如图 5-18 所示，先选择要改变其方向的箭头，然后单击鼠标右键，在弹出的快捷菜单中选择【翻转箭头】命令。翻转后的箭头如图 5-19 所示。

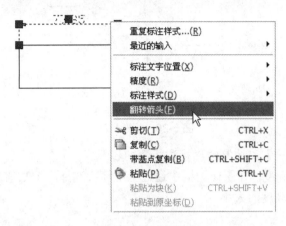

图 5-18 翻转箭头

翻转一个箭头　　　　　　　　　　　翻转两个箭头

图 5-19 翻转后的箭头

(2)【圆心标记】。控制直径标注和半径标注的圆心标记和中心线的外观。在此选项组中，AutoCAD 为用户提供了以下 4 项内容供用户设置。

- 【无】：不创建圆心标记或中心线，其存储值为 0。
- 【标记】：创建圆心标记，其大小存储为正值。
- 【直线】：创建中心线，其大小存储为负值。

(3)【折断标注】。在此微调框中显示和设置圆心标记或中心线的大小。

用户可以在【折断大小】微调框中通过上下箭头选择一个数值或直接在微调框中输入相应的数值来表示圆心标记的大小。

(4)【弧长符号】。控制弧长标注中圆弧符号的显示。在此选项组中，AutoCAD 为用户提供了以下 3 项内容供用户设置。

- 【标注文字的前缀】：将弧长符号放置在标注文字的前面。
- 【标注文字的上方】：将弧长符号放置在标注文字的上方。
- 【无】：不显示弧长符号。

(5)【半径折弯标注】。控制折弯(Z 字型)半径标注的显示。折弯半径标注通常在中心点位于页面外部时创建。

【折弯角度】用于确定连接半径标注的延伸线和尺寸线的横向直线的角度，如图 5-20 所示。

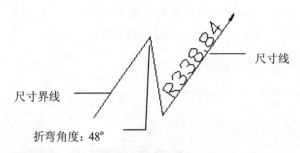

图 5-20　折弯角度

(6)【线性折弯标注】。控制线性标注折弯的显示。

用户可以在【折弯高度因子】微调框中通过上下箭头选择一个数值或直接在微调框中输入相应的数值来表示文字高度的大小。

5.1.4　文字

【文字】选项卡：此选项卡用来设置标注文字的外观、位置和对齐。

单击【修改标注样式】对话框中的【文字】标签，切换到【文字】选项卡，如图 5-21 所示。

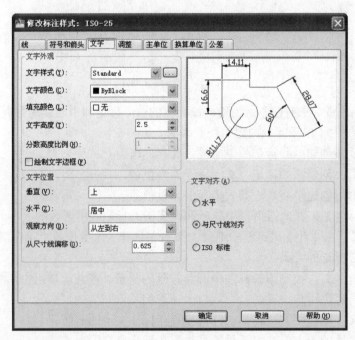

图 5-21　【文字】选项卡

【文字】选项卡中各选项内容如下。

(1)【文字外观】。设置标注文字的样式、颜色和大小等属性。在此选项组中，AutoCAD

为用户提供了以下 6 项内容供用户设置。

- 【文字样式】：用于显示和设置当前标注文字样式。用户可以从其下拉列表框中选择一种样式。若用户要创建和修改标注文字样式，可以单击下拉列表框旁边的【文字样式】按钮，打开【文字样式】对话框，如图 5-22 所示，从中进行标注文字样式的创建和修改。

图 5-22 【文字样式】对话框

- 【文字颜色】：用于设置标注文字的颜色。用户可以选择其下拉列表框中的某种颜色作为标注文字的颜色，或在列表框中直接输入颜色名来获得标注文字的颜色。如果选择其下拉列表框中的【选择颜色】选项，则会打开【选择颜色】对话框，用户可以从 288 种 AutoCAD 颜色索引(ACI)颜色、真彩色和配色系统颜色中选择颜色。
- 【填充颜色】：用于设置标注文字背景的颜色。用户可以选择其下拉列表框中的某种颜色作为标注文字背景的颜色，或在列表框中直接输入颜色名来获得标注文字背景的颜色。如果选择其下拉列表框中的【选择颜色】选项，则会打开【选择颜色】对话框，用户可以从 288 种 AutoCAD 颜色索引(ACI)颜色、真彩色和配色系统颜色中选择颜色。
- 【文字高度】：用于设置当前标注文字样式的高度。用户可以直接在文本框中输入需要的数值。如果用户在【文字样式】对话框中将文字高度设置为固定值(即文字样式高度大于 0)，则该高度将替代此处设置的文字高度。如果要使用在【文字】选项卡上设置的高度，必须确保【文字样式】对话框中的文字高度设置为 0。
- 【分数高度比例】：用于设置相对于标注文字的分数比例，用在公差标注中，当公差样式有效时可以设置公差的上下偏差文字与公差的尺寸高度的比例值。另外，只有在【主单位】选项卡中选择【分数】作为【单位格式】时，此微调框才可应用。在此微调框中输入的值乘以文字高度，可以确定标注分数相对于标注文字的高度。
- 【绘制文字边框】：某种特殊的尺寸需要使用文字边框。例如，基本公差，如果选中此复选框将在标注文字周围绘制一个边框。如图 5-23 所示为有文字边框和无文字边框的尺寸标注效果。

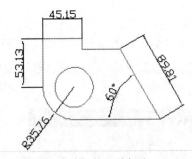 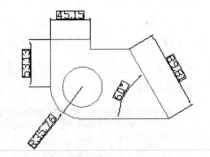

无文字边框的尺寸标注　　　　　　　有文字边框的尺寸标注

图 5-23　有无文字边框尺寸标注的比较

(2)【文字位置】。用于设置标注文字的位置。在此选项组中，AutoCAD 为用户提供了以下 4 项内容供用户设置。

- 【垂直】。用来调整标注文字与尺寸线在垂直方向的位置。用户可以在此下拉列表框中选择当前的垂直对齐位置，此下拉列表框中共有 4 个选项供用户选择，它们分别是：
    ◆ 【居中】：将文本置于尺寸线的中间。
    ◆ 【上】：将文本置于尺寸线的上方。从尺寸线到文本的最低基线的距离就是当前的文字间距。
    ◆ 【外部】：将文本置于尺寸线上远离第一个定义点的一边。
    ◆ JIS：按日本工业的标准设置。
- 【水平】。用来调整标注文字与尺寸线在平行方向的位置。用户可以在此下拉列表框中选择当前的水平对齐位置，此下拉列表框中共有 5 个选项供用户选择，它们分别是：
    ◆ 【居中】：将文本置于延伸线的中间。
    ◆ 【第一条延伸线】：将标注文字沿尺寸线与第一条延伸线左对正。延伸线与标注文字的距离是箭头大小加上文字间距之和的两倍。
    ◆ 【第二条延伸线】：将标注文字沿尺寸线与第二条延伸线右对正。延伸线与标注文字的距离是箭头大小加上文字间距之和的两倍。
    ◆ 【第一条延伸线上方】：沿第一条延伸线放置标注文字或将标注文字放置在第一条延伸线之上。
    ◆ 【第二条延伸线上方】：沿第二条延伸线放置标注文字或将标注文字放置在第二条延伸线之上。
- 【观察方向】。用于控制标注文字的观察方向。【观察方向】包括以下选项。
    ◆ 【从左到右】：按从左到右阅读的方式放置文字。
    ◆ 【从右到左】：按从右到左阅读的方式放置文字。
- 【从尺寸线偏移】。用于调整标注文字与尺寸线之间的距离，即文字间距。此值也可用作尺寸线段所需的最小长度。

另外，只有当生成的线段至少与文字间隔同样长时，才会将文字放置在延伸线内侧。当箭头、标注文字以及页边距有足够的空间容纳文字间距时，才会将尺寸线上方或下方的文字置于内侧。

(3)【文字对齐】。用于控制标注文字放在延伸线外边或里边时的方向是保持水平还是与延伸线平行。在此选项组中，AutoCAD 为用户提供了以下 3 项内容供用户设置。

- 【水平】：选中此单选按钮表示无论尺寸标注为何种角度，它的标注文字总是水平的。
- 【与尺寸线对齐】：选中此单选按钮表示尺寸标注为何种角度时，它的标注文字即为何种角度，文字方向总是与尺寸线平行。
- 【ISO 标准】：选中此单选按钮表示标注文字方向遵循 ISO 标准。当文字在延伸线内时，文字与尺寸线对齐；当文字在延伸线外时，文字水平排列。

国家制图标准专门对文字标注做出了规定，其主要内容如下。

字体的号数有 20、14、10、7、8、3.8、2.8 共 7 种，其号数即为字的高度(单位为 mm)。字的宽度约等于字体高度的 2/3。对于汉字，因笔划较多，不宜采用 2.8 号字。

文字中的汉字应采用长仿宋体；拉丁字母分大、小写两种，而这两种字母又可分别写成直体(正体)和斜体形式。斜体字的字头向右侧倾斜，与水平线约成 78°；阿拉伯数字也有直体和斜体两种形式。斜体数字与水平线也成 78°。实际标注中，有时需要将汉字、字母和数字组合起来使用。例如，标注"4-M8 深 18"时，就用到了汉字、字母和数字。

以上简要介绍了国家制图标准对文字标注要求的主要内容。其详细要求请参考相应的国家制图标准。下面介绍如何为 AutoCAD 创建符合国标要求的文字样式。

要创建符合国家要求的文字样式，关键是要有相应的字库。AutoCAD 支持 TrueType 字体，如果用户的计算机中已安装 TrueType 形式的长仿宋体，按前面创建 STHZ 文字样式的方法创建相应文字样式，即可标注出长仿宋体字。此外，用户也可以采用宋体或仿宋体字体作为近似字体，但此时要设置合适的宽度比例。

5.1.5 调整

【调整】选项卡：此选项卡用来设置标注文字、箭头、引线和尺寸线的放置位置。

单击【修改标注样式】对话框中的【调整】标签，切换到【调整】选项卡，如图 5-24 所示。

【调整】选项卡中各选项内容如下。

(1)【调整选项】。用于在特殊情况下调整尺寸的某个要素的最佳表现方式。在此选项组中，AutoCAD 为用户提供了以下 6 项内容供用户设置。

- 【文字或箭头(最佳效果)】：选中此单选按钮表示 AutoCAD 会自动选取最佳效果，当没有足够的空间放置文字和箭头时，AutoCAD 会自动把文字或箭头移出延伸线。
- 【箭头】：选中此单选按钮表示在延伸线之间，如果没有足够的空间放置文字和箭头时，AutoCAD 将首先把箭头移出延伸线。
- 【文字】：选中此单选按钮表示在延伸线之间，如果没有足够的空间放置文字和箭头时，AutoCAD 将首先把文字移出延伸线。
- 【文字和箭头】：选中此单选按钮表示在延伸线之间如果没有足够的空间放置文字和箭头时，将会把文字和箭头同时移出延伸线。
- 【文字始终保持在延伸线之间】：选中此单选按钮表示在延伸线之间如果没有足够的空间放置文字和箭头时，文字将始终留在延伸线内。

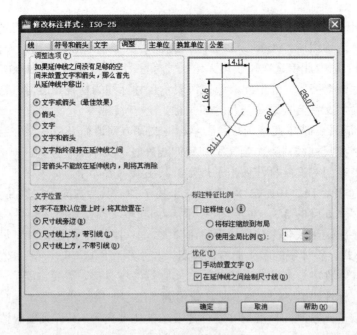

图 5-24　【调整】选项卡

- 【若箭头不能放在延伸线内，则将其消除】：选中此复选框，表示当文字和箭头在延伸线放置不下时，则消除箭头，即不画箭头。如图 5-25 所示的 R11.17 的半径标注为选中此复选框的前后对比。

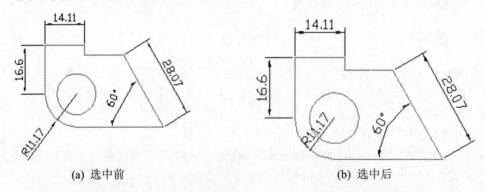

(a) 选中前　　　　　　　　　　　　　　(b) 选中后

图 5-25　选中【若箭头不能放在延伸线内，则将其消除】复选框的前后对比

(2) 【文字位置】。用于设置标注文字从默认位置(由标注样式定义的位置)移动时标注文字的位置。在此选项组中，AutoCAD 为用户提供了以下 3 项内容供用户设置。

- 【尺寸线旁边】：当标注文字不在默认位置时，将文字标注在尺寸线旁。这是默认的选项。
- 【尺寸线上方，带引线】：当标注文字不在默认位置时，将文字标注在尺寸线的上方，并加一条引线。
- 【尺寸线上方，不带引线】：当标注文字不在默认位置时，将文字标注在尺寸线的上方，不加引线。

(3) 【标注特征比例】。用于设置全局标注比例值或图纸空间比例。在此选项中，AutoCAD

为用户提供了以下3项内容供用户设置。
- 【注释性】：指定标注为注释性。单击信息图标以了解有关注释性对象的详细信息。
- 【使用全局比例】：表示整个图形的尺寸比例，比例值越大表示尺寸标注的字体越大。选中此单选按钮后，用户可以在其微调框中选择某一个比例或直接在微调框中输入一个数值表示全局的比例。
- 【将标注缩放到布局】：表示以相对于图纸的布局比例来缩放尺寸标注。

(4) 【优化】。提供用于放置标注文字的其他选项。在此选项组中，AutoCAD 为用户提供了以下两项内容供用户设置。
- 【手动放置文字】：选中此复选框表示每次标注时总是需要用户设置放置文字的位置，反之则在标注文字时使用默认设置。
- 【在延伸线之间绘制尺寸线】：选中该复选框表示当延伸线距离比较近时，在界线之间也要绘制尺寸线，反之则不绘制。

5.1.6 主单位

【主单位】选项卡：此选项卡用来设置主标注单位的格式和精度，并设置标注文字的前缀和后缀。

单击【修改标注样式】对话框中的【主单位】标签，切换到【主单位】选项卡，如图 5-26 所示。

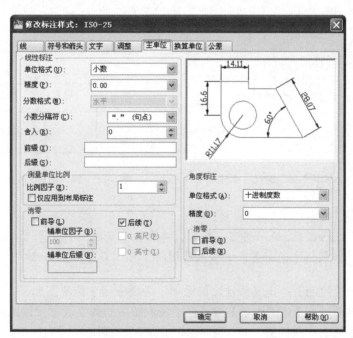

图 5-26 【主单位】选项卡

【主单位】选项卡中各选项内容如下。

(1) 【线性标注】。用于设置线性标注的格式和精度。在此选项组中，AutoCAD 为用户提供了以下9项内容供用户设置。

- 【单位格式】：设置除角度之外的所有尺寸标注类型的当前单位格式。其中的选项共有 6 项，它们是：【科学】、【小数】、【工程】、【建筑】、【分数】和【Windows 桌面】。
- 【精度】：设置尺寸标注的精度。用户可以通过在其下拉列表框中选择某一项作为标注精度。
- 【分数格式】：设置分数的表现格式。此选项只有当【单位格式】选中的是【分数】时才有效，它包括【水平】、【对角】、【非堆叠】3 项。
- 【小数分隔符】：设置用于十进制格式的分隔符。此选项只有当【单位格式】选中的是【小数】时才有效，它包括"."(句点)、","(逗点)、" "(空格)3 项。
- 【舍入】：设置四舍五入的位数及具体数值。用户可以在其微调框中直接输入相应的数值来设置。如果输入 0.28，则所有标注距离都以 0.28 为单位进行舍入；如果输入 1.0，则所有标注距离都将舍入为最接近的整数。小数点后显示的位数取决于【精度】设置。
- 【前缀】：在此文本框中用户可以为标注文字输入一定的前缀，可以输入文字或使用控制代码显示特殊符号。如图 5-27 所示，在【前缀】文本框中输入%%C 后，标注文字前加表示直径的前缀"Ø"号。
- 【后缀】：在此文本框中用户可以为标注文字输入一定的后缀，可以输入文字或使用控制代码显示特殊符号。如图 5-28 所示，在【后缀】文本框中输入 cm 后，标注文字后加后缀 cm。

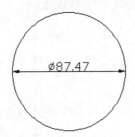

图 5-27　加入前缀%%C 的尺寸标注

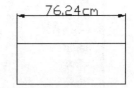

图 5-28　加入后缀 cm 的尺寸标注

> **提 示**
>
> 当输入前缀或后缀时，输入的前缀或后缀将覆盖在直径和半径等标注中使用的任何默认前缀或后缀。如果指定了公差，前缀或后缀将添加到公差和主标注中。

- 【测量单位比例】：定义线性比例选项，主要应用于传统图形。
  用户可以通过在【比例因子】微调框中输入相应的数字表示设置比例因子。但是建议不要更改此值的默认值 1.00。例如，如果输入 2，则 1 英寸直线的尺寸将显示为 2 英寸。该值不应用到角度标注，也不应用到舍入值或者正负公差值。
  用户也可以选中【仅应用到布局标注】复选框或取消选中使设置应用到整个图形文件中。
- 【消零】：用来控制不输出前导零、后续零以及零英尺、零英寸部分，即在标注文字中不显示前导零、后续零以及零英尺、零英寸部分。

(2)【角度标注】。用于显示和设置角度标注的当前角度格式。在此选项组中,AutoCAD 为用户提供了以下 3 项内容供用户设置。

- 【单位格式】:设置角度单位格式。其中的选项共有 4 项,它们是:【十进制度数】、【度/分/秒】、【百分度】和【弧度】。
- 【精度】:设置角度标注的精度。用户可以通过在其下拉列表框中选择某一项作为标注精度。
- 【消零】:用来控制不输出前导零、后续零,即在标注文字中不显示前导零、后续零。

5.1.7 换算单位

【换算单位】选项卡:此选项卡用来设置标注测量值中换算单位的显示并设置其格式和精度。

单击【修改标注样式】对话框中的【换算单位】标签,切换到【换算单位】选项卡,如图 5-29 所示。

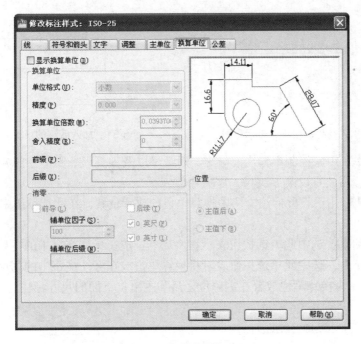

图 5-29 【换算单位】选项卡

【换算单位】选项卡中各选项内容如下。

(1)【显示换算单位】。用于向标注文字添加换算测量单位。只有当用户选中此复选框时,【换算单位】选项卡的所有选项才有效;否则即为无效,即在尺寸标注中换算单位无效。

(2)【换算单位】。用于显示和设置角度标注的当前角度格式。在此选项组中,AutoCAD 为用户提供了以下 6 项内容供用户设置。

- 【单位格式】:设置换算单位格式。此项与【主单位】选项卡中的【单位格式】设置相同。
- 【精度】:设置换算单位的尺寸精度。此项与【主单位】选项卡中的【精度】设置相同。

- 【换算单位倍数】：设置换算单位之间的比例，用户可以指定一个乘数，作为主单位和换算单位之间的换算因子使用。例如，要将英寸转换为毫米，则输入 28.4。此值对角度标注没有影响，而且不会应用于舍入值或者正、负公差值。
- 【舍入精度】：设置四舍五入的位数及具体数值。如果输入 0.28，则所有标注测量值都以 0.28 为单位进行舍入；如果输入 1.0，则所有标注测量值都将舍入为最接近的整数。小数点后显示的位数取决于【精度】设置。
- 【前缀】：在此文本框中用户可以为尺寸换算单位输入一定的前缀，可以输入文字或使用控制代码显示特殊符号。如图 5-30 所示，在【前缀】文本框中输入%%C 后，换算单位前加表示直径的前缀"Ø"号。
- 【后缀】：在此文本框中用户可以为尺寸换算单位输入一定的后缀，可以输入文字或使用控制代码显示特殊符号。如图 5-31 所示，在【后缀】文本框中输入 cm 后，换算单位后加后缀 cm。

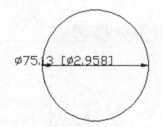
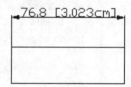

图 5-30　加入前缀的换算单位示意图　　　图 5-31　加入后缀的换算单位示意图

(3) 【消零】：用来控制不输出前导零、后续零以及零英尺、零英寸部分，即在换算单位中不显示前导零、后续零以及零英尺、零英寸部分。

(4) 【位置】：用于设置标注文字中换算单位的放置位置。在此选项组中，有以下两个单选按钮。

- 【主值后】：选中此单选按钮表示将换算单位放在标注文字中的主单位之后。
- 【主值下】：选中此单选按钮表示将换算单位放在标注文字中的主单位下面。

如图 5-32 所示为换算单位放置在主单位之后和主单位下面的尺寸标注对比。

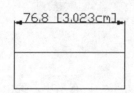
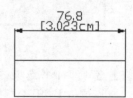

(a) 将换算单位放置主单位之后的尺寸标注　　(b) 将换算单位放置主单位下面的尺寸标注

图 5-32　换算单位放置在主单位之后和主单位下面的尺寸标注

5.1.8　公差

【公差】选项卡：此选项卡用来设置公差格式及换算公差等。

单击【修改标注样式】对话框中的【公差】标签，切换到【公差】选项卡，如图 5-33 所示。

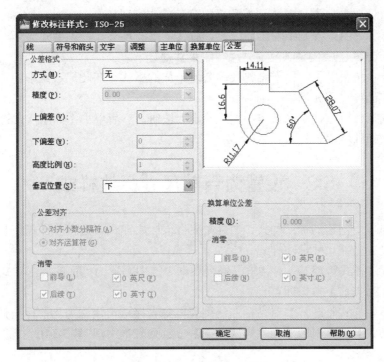

图 5-33 【公差】选项卡

【公差】选项卡中各选项内容如下。

(1) 【公差格式】。用于设置标注文字中公差的格式及显示。在此选项组中，AutoCAD 为用户提供了以下 7 项内容供用户设置。

- 【方式】：设置公差格式。用户可以在其下拉列表框中选择其一作为公差的标注格式。其中的选项共有 5 项，它们是：【无】、【对称】、【极限偏差】、【极限尺寸】和【基本尺寸】等。
  - 【无】：不添加公差。
  - 【对称】：添加公差的正/负表达式，其中一个偏差量的值应用于标注测量值。标注后面将显示加号或减号。在【上偏差】中输入公差值。
  - 【极限偏差】：添加正/负公差表达式。不同的正公差和负公差值将应用于标注测量值。在【上偏差】中输入的公差值前面将显示正号(+)。在【下偏差】中输入的公差值前面将显示负号(-)。
  - 【极限尺寸】：创建极限标注。在此类标注中，将显示一个最大值和一个最小值，一个在上，另一个在下。最大值等于标注值加上在【上偏差】中输入的值。最小值等于标注值减去在【下偏差】中输入的值。
  - 【基本尺寸】：创建基本标注，这将在整个标注范围周围显示一个框。
- 【精度】：设置公差的小数位数。
- 【上偏差】：设置最大公差或上偏差。如果在【方式】中选择【对称】，则此项数值将用于公差。

- 【下偏差】：设置最小公差或下偏差。
- 【高度比例】：设置公差文字的当前高度。
- 【垂直位置】：设置对称公差和极限公差的文字对正。
- 【消零】：用来控制不输出前导零、后续零以及零英尺、零英寸部分，即在公差中不显示前导零、后续零以及零英尺、零英寸部分。

(2) 【换算单位公差】：用于设置换算公差单位的格式。在此选项组中的【精度】、【消零】的设置与前面的设置相同。

设置各选项后，单击任一选项卡中的【确定】按钮，然后单击【标注样式管理器】对话框中的【关闭】按钮即完成设置。

5.2 设置为当前尺寸标注样式

若用户需要使用创建的标注样式，则首先应将该标注样式置为当前样式。用户可以通过如下几种方法来设置当前尺寸标注样式。

- 在【标注样式管理器】对话框左侧列表框中选中需置为当前的标注样式名称，然后单击【置为当前】按钮即可。
- 在【标注样式管理器】对话框左侧列表框中直接双击需置为当前标注样式的名称。
- 在【样式】工具栏的【标注样式控制】下拉列表框中(见图 5-34)选择需置为当前的标注样式名称。

图 5-34　【样式】工具栏中的【标注样式控制】下拉列表框

5.3 创建尺寸标注

尺寸标注是图形设计中基本的设计步骤和过程，其随图形的多样性而有多种不同的标注，AutoCAD 提供了多种标注类型，包括线性尺寸标注、对齐尺寸标注等，通过了解这些尺寸标注，可以灵活地给图形添加尺寸标注。下面就来介绍 AutoCAD 2010 的尺寸标注方法和规则。

5.3.1 对齐尺寸标注

对齐尺寸标注是指标注两点间的距离，标注的尺寸线平行于两点间的连线，创建对齐尺寸标注有以下 4 种方法。

- 在菜单栏中选择【标注】|【对齐】命令。
- 在命令行中输入 dimaligned 命令后按下 Enter 键。
- 单击【注释】面板中的【对齐】按钮。
- 单击【标注】工具栏中的【对齐】按钮。

执行上述任一操作后，命令行将提示用户指定第一条延伸线原点或 <选择对象>等，如将

图 5-35 中的中式顶棚中的斜边 AB 进行标注，标注效果如图 5-36 所示。

选择标注命令后，命令行窗口提示如下：

命令:_dimaligned   //执行对齐命令
指定第一条延伸线原点或 <选择对象>:   //捕捉 A 点
指定第二条延伸线原点: //捕捉 B 点
指定尺寸线位置或 [多行文字(M)/文字(T)/角度(A)]:   //拖动鼠标，把尺寸放在适当的位置
标注文字 =39   //系统提示

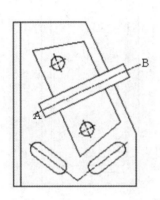
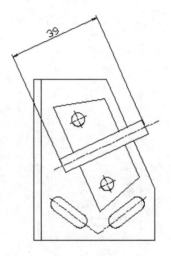

图 5-35　未标注尺寸的零件图　　　　　图 5-36　对齐标注顶零件图的边 AB

> **提示**
> 要标注具有倾斜角度对象的尺寸可以通过执行对齐标注命令来完成。

5.3.2　线性尺寸标注

当需要对一条直线上两点之间的距离进行标注时，最常用的是线性标注。线性标注可用于绘制水平、垂直或旋转的尺寸标注，它需要指定两点来确定尺寸界线，也可以直接选取需标注的尺寸对象，一旦所选对象确定，系统会自动标注。创建线性尺寸标注有以下 4 种方法。

- 在菜单栏中选择【标注】|【线性】命令。
- 在命令行中输入 dimlinear 命令后按下 Enter 键。
- 单击【注释】面板中的【线性】按钮 。
- 单击【标注】工具栏中的【线性】按钮 。

如要标注图 5-37 中浴缸的 AB 和 BC 边，标注效果如图 5-38 所示。

选择线性尺寸标注命令后，命令行窗口提示如下：

命令: Dimlinear   //执行线性尺寸标注命令
指定第一条延伸线原点或 <选择对象>:   //捕捉 A 点
指定第二条延伸线原点: //捕捉 B 点
指定尺寸线位置或 [多行文字(M)/文字(T)/角度(A)/水平(H)/垂直(V)/旋转(R)]:
　　　　　　　　　　　　　　　　　　　　　　　　//拖动鼠标，把尺寸放在适当的位置

```
标注文字 = 750                                    //系统提示
命令：                                            //按下 Enter 键
dimaligned                                        //系统提示
指定第一条延伸线原点或 <选择对象>:                 //捕捉 B 点
指定第二条延伸线原点:                              //捕捉 C 点
指定尺寸线位置或 [多行文字(M)/文字(T)/角度(A)/水平(H)/垂直(V)/旋转(R)]:
                                                  //拖动鼠标，把尺寸放在适当的位置
标注文字 = 1500                                   //系统提示
```

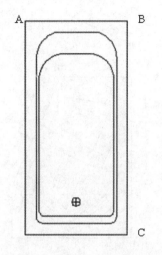

图 5-37 未标注尺寸的浴缸

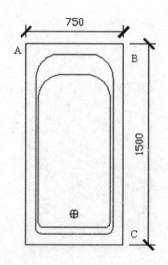

图 5-38 线性标注浴缸的 AB 和 BC 边

以上命令行窗口提示选项解释如下。

- 【多行文字】：用户可以在标注的同时输入多行文字。
- 【文字】：用户只能输入一行文字。
- 【角度】：输入标注文字的旋转角度。
- 【水平】：标注水平方向距离尺寸。
- 【垂直】：标注垂直方向距离尺寸。
- 【旋转】：输入尺寸线的旋转角度。

在 AutoCAD 标注文字时，有很多特殊的字符和标注，这些特殊字符和标注由控制字符来实现，AutoCAD 的特殊字符及其对应的控制字符如表 5-1 所示。

表 5-1 特殊字符及其对应的控制字符表

特殊符号或标注	控制字符	示　例
圆直径标注符号(Ø)	%%c	Ø48
百分号	%%%	%30
正/负公差符号(±)	%%p	20±o.8
度符号(°)	%%d	48°
字符数 nnn	%%nnn	Abc
加上划线	%%o	123
加下划线	%%u	123

在 AutoCAD 实际操作中也会遇到要求对数据标注上下标，下面介绍数据标注上下标的方法。

- 上标。编辑文字时，输入 2^，然后选中 2^，点 a/b 按键即可。
- 下标。编辑文字时，输入^2，然后选中^2，点 a/b 按键即可。
- 上下标。编辑文字时，输入 2^2，然后选中 2^2，点 a/b 按键即可。

5.3.3 标注半径/直径

半径和直径标注命令用来标注圆或圆弧的半径(直径)尺寸。

创建半径尺寸标注有以下 4 种方法。

- 在菜单栏中选择【标注】|【半径】命令。
- 在命令行中输入 dimradius 命令后按下 Enter 键。
- 单击【注释】面板中的【半径】按钮 。
- 单击【标注】工具栏中的【半径】按钮 。

如标注图 5-39 中螺母的螺纹半径，标注效果如图 5-40 所示，执行上述任一操作后，命令行窗口提示如下：

```
命令: _dimradius                              //执行半径命令
选择圆弧或圆：                                //在圆上单击
标注文字 = 230                                //系统提示
指定尺寸线位置或 [多行文字(M)/文字(T)/角度(A)]:  //单击适当的位置
```

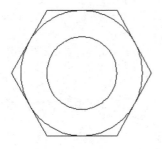
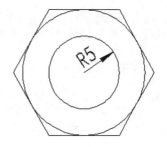

图 5-39　未标注尺寸的螺母　　　　　　　　图 5-40　标注螺纹半径

创建直径尺寸标注有以下 4 种方法。

- 在菜单栏中选择【标注】|【直径】命令。
- 在命令行中输入 dimdiameter 命令后按下 Enter 键。
- 单击【注释】面板中的【直径】按钮 。
- 单击【标注】工具栏中的【直径】按钮 。

如标注图 5-39 中螺纹的直径，标注效果如图 5-41 所示。执行上述任一操作后，命令行窗口提示如下：

```
命令: dimdiameter                             //执行直径命令
选择圆弧或圆：                                //单击圆
标注文字 = 460                                //系统提示
指定尺寸线位置或 [多行文字(M)/文字(T)/角度(A)]:  //单击适当的位置
```

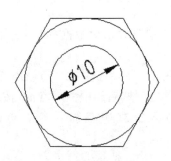

图 5-41 标注洗衣机圆筒直径

5.3.4 标注弧长

弧长标注用于对一段圆弧的弧长进行标注，其中标注的尺寸是指线段的曲线长度而不是直线长度。

创建弧长标注有以下 4 种方法。

- 在菜单栏中选择【标注】|【弧长】命令。
- 在命令行中输入 dimarc 命令后按下 Enter 键。
- 单击【注释】面板中的【弧长】按钮。
- 单击【标注】工具栏中的【弧长】按钮。

如标注图 5-42 中马桶的 AB 弧线，标注后效果如图 5-43 所示。

执行上述任一操作后，命令行窗口提示如下：

命令: _dimarc   //执行弧长标注命令
选择弧线段或多段线圆弧段: //选择 AB 弧线
指定弧长标注位置或 [多行文字(M)/文字(T)/角度(A)/部分(P)/]:
                                                //拖动鼠标，在适当位置释放
标注文字 = 494   //系统提示

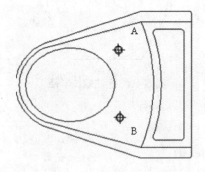
图 5-42 未标注尺寸的马桶

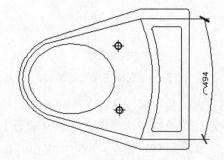
图 5-43 标注马桶上 AB 的弧长

> **提示**
>
> 在标注弧长时，只需选择要标注的圆弧，然后在适当的位置释放鼠标即可。

5.3.5 标注角度尺寸

角度标注命令用于精确测量并标注被测对象之间的夹角。

如图 5-44 所示不同图形的角度尺寸标注。

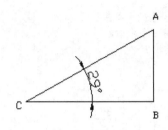
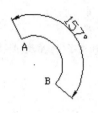
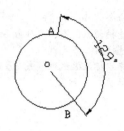

(a) 选择两条直线的角度尺寸标注　　(b) 选择圆弧的角度尺寸标注　　(c) 选择圆的角度尺寸标注

图 5-44　角度尺寸标注

创建角度尺寸标注有以下 4 种方法。
- 在菜单栏中选择【标注】|【角度】命令。
- 在命令行中输入 dimangular 命令后按下 Enter 键。
- 单击【注释】面板中的【角度】按钮△。
- 单击【标注】工具栏中的【角度】按钮△。

如果选择直线，执行上述任一操作后，命令行窗口提示如下：

命令：_dimangular
选择圆弧、圆、直线或 <指定顶点>:　　　　　　　　//选择直线 AC 后单击
选择第二条直线:　　　　　　　　　　　　　　　　//选择直线 BC 后单击
指定标注弧线位置或 [多行文字(M)/文字(T)/角度(A)/象限点(Q)]://选定标注位置后单击
标注文字 = 29

如果选择圆弧，执行上述任一操作后，命令行窗口提示如下：

命令：_dimangular
选择圆弧、圆、直线或 <指定顶点>:　　　　　　　　//选择直线 AB 后单击
指定标注弧线位置或 [多行文字(M)/文字(T)/角度(A)/象限点(Q)]://选定标注位置后单击
标注文字 = 157

如果选择圆，执行上述任一操作后，命令行窗口提示如下：

命令：_dimangular
选择圆弧、圆、直线或 <指定顶点>:　　　　　　　　//选择圆 O 并指定 A 点后单击
指定角的第二个端点:　　　　　　　　　　　　　　//选择点 B 后单击
指定标注弧线位置或 [多行文字(M)/文字(T)/角度(A)/象限点(Q)]://选定标注位置后单击
标注文字 = 129

如果对图 5-45 中马桶弧线 AB 进行角度标注，选择角度标注命令后，命令行窗口提示如下：

命令：_dimangular　　　　　　　　　　　　　　　//执行角度标注命令
选择圆弧、圆、直线或 <指定顶点>:　　　　　　　　//选择弧线 AB
指定标注弧线位置或 [多行文字(M)/文字(T)/角度(A)/象限点(Q)]:
　　　　　　　　　　　　　　　　　　　　　　　//拖动鼠标，在适当位置释放
标注文字 = 47　　　　　　　　　　　　　　　　　//系统提示

又如，标注图 5-46 中零件两螺钉中心线间的角度，选择角度标注命令后，命令行窗口提

示如下：

命令: _dimangular
选择圆弧、圆、直线或 <指定顶点>:   //选择竖直的中心线
选择第二条直线: //选择另一条中心线
指定标注弧线位置或 [多行文字(M)/文字(T)/角度(A)/象限点(Q)]:
标注文字 = 36

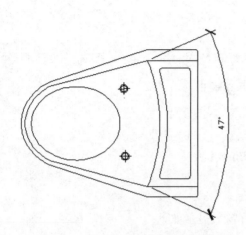
图 5-45 标注马桶弧线 AB 的角度

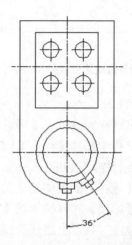
图 5-46 标注两中心线间的角度

5.3.6 基线尺寸标注

当需要创建的标注与已有标注的一条尺寸界线相同时可以使用基线标注命令，该命令以图形中某一尺寸界线为基线创建其他图形对象的标注尺寸。如图 5-47 所示，系统默认以最后一次标注的尺寸边界线为标注基线。

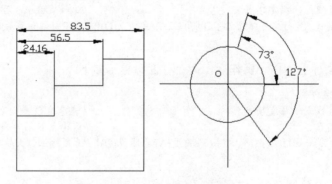
图 5-47 基线尺寸标注

创建基线尺寸标注有以下 3 种方法。
- 在菜单栏中选择【标注】|【基线】命令。
- 在命令行中输入 dimbaseline 命令后按下 Enter 键。
- 单击【标注】工具栏中的【基线】按钮 。

如果当前任务中未创建任何标注，执行上述任一操作后，系统将提示用户选择线性标注、坐标标注或角度标注，以用作基线标注的基准。命令行窗口提示如下：

选择基准标注：   //选择线性标注、坐标标注或角度标注

否则，系统将跳过该提示，并使用上次在当前任务中创建的标注对象。如果基准标注是线性标注或角度标注，将显示下列提示：

命令：_dimbaseline
指定第二条延伸线原点或 [放弃(U)/选择(S)] <选择>：   //选定第二条延伸线原点后单击或按下 Enter 键
标注文字 = 56.5 或 127
指定第二条延伸线原点或 [放弃(U)/选择(S)] <选择>：   //选定第三条延伸线原点后按下 Enter 键
标注文字 = 83.5

如对栏杆的 A、B 两点进行线性标注，标注后效果如图 5-48 所示，选择线性标注命令后，命令行窗口提示如下：

命令：_dimlinear   //执行线性尺寸标注命令
指定第一条延伸线原点或 <选择对象>：   //捕捉 A 点
指定第二条延伸线原点：   //捕捉 B 点
指定尺寸线位置或 [多行文字(M)/文字(T)/角度(A)/水平(H)/垂直(V)/旋转(R)]：
                                //拖动鼠标，把尺寸放在适当的位置
标注文字 = 300   //系统提示

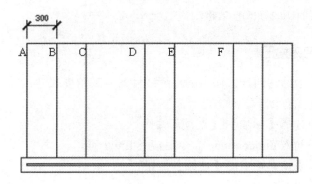

图 5-48 线性标注栏杆的 A、B 两点

接着对 C 点到 F 点进行基线标注，标注后效果如图 5-49 所示，选择基线尺寸标注命令后，命令行窗口提示如下：

命令：_dimbaseline   //执行基线尺寸标注命令
指定第二条延伸线原点或 [放弃(U)/选择(S)] <选择>：   //捕捉 C 点
标注文字 = 600   //系统提示
指定第二条延伸线原点或 [放弃(U)/选择(S)] <选择>：   //捕捉 D 点
标注文字 = 1200   //系统提示
指定第二条延伸线原点或 [放弃(U)/选择(S)] <选择>：   //捕捉 E 点
标注文字 = 1500   //系统提示
指定第二条延伸线原点或 [放弃(U)/选择(S)] <选择>：   //捕捉 F 点
标注文字 = 2100   //系统提示
指定第二条延伸线原点或 [放弃(U)/选择(S)] <选择>：   //按下 Enter 键结束

> **提示**
>
> 执行基线标注命令过程中，命令行中提示指定第二条尺寸界线原点；拾取需要标注的对象终端坐标点作为第二条尺寸界线原点。

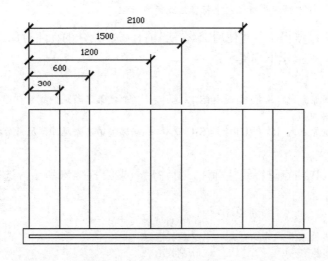

图 5-49 对栏杆进行基线标注

如果基准标注是坐标标注，将显示下列提示：

指定点坐标或 [放弃(U)/选择(S)] <选择>:

5.3.7 连续尺寸标注

连续尺寸标注用于标注同一方向上的连续线性尺寸或角度尺寸。

创建连续尺寸标注有以下 3 种方法。

- 在菜单栏中选择【标注】|【连续】命令。
- 在命令行中输入 dimcontinue 命令后按下 Enter 键。
- 单击【标注】工具栏中的【连续】按钮。

连续尺寸标注如图 5-50 所示。

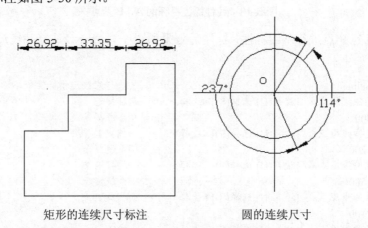

矩形的连续尺寸标注　　　圆的连续尺寸

图 5-50 连续尺寸标注

如果对螺钉进行连续标注，其操作步骤如下。

(1) 对 A、B 两点进行线性标注，标注后效果如图 5-51 所示。选择命令后，命令行窗口提示如下。

命令：_dimlinear   //执行线性尺寸标注命令
指定第一条延伸线原点或 <选择对象>：   //捕捉 A 点
指定第二条延伸线原点：   //捕捉 B 点
指定尺寸线位置或 [多行文字(M)/文字(T)/角度(A)/水平(H)/垂直(V)/旋转(R)]：
                                                          //拖动鼠标，把尺寸放在适当的位置
标注文字 =9   //系统提示

(2) 对 B 点到 D 点进行连续标注，标注后效果如图 5-52 所示。选择命令后，命令行窗口提示如下。

命令：_dimcontinue   //执行连续尺寸标注命令
指定第二条延伸线原点或 [放弃(U)/选择(S)] <选择>：   //捕捉 C 点
标注文字 = 19   //系统提示
指定第二条延伸线原点或 [放弃(U)/选择(S)] <选择>：   //捕捉 D 点
标注文字 =33   //系统提示
指定第二条延伸线原点或 [放弃(U)/选择(S)] <选择>：   //按下 Enter 键结束

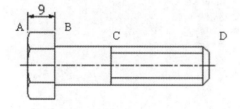

图 5-51　线性标注螺钉 A、B 两点

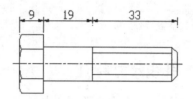

图 5-52　对螺钉进行连续标注

5.3.8　标记圆心

圆心标记用来绘制圆或者圆弧的圆心十字型标记或是中心线。

如果用户既需要绘制十字型标记又需要绘制中心线，则首先必须在【标注样式】对话框中的【符号和箭头】选项卡中选择【圆心标记】为【直线】选项，并在【大小】微调框中输入相应的数值来设定圆心标记的大小(若只需要绘制十字型标记则选择【圆心标记】为【标记】)，如图 5-53 所示。

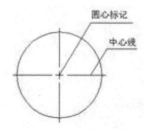

图 5-53　圆心标记

然后进行圆心标记的创建，方法有以下 3 种。

- 在菜单栏中选择【标注】|【圆心标记】命令。
- 在命令行中输入 dimcenter 命令后按下 Enter 键。

- 在【标注】工具栏中单击【圆心标记】按钮⊕。

如标注图 5-54 中两个炉盘的圆心，标注后效果如图 5-55 所示。

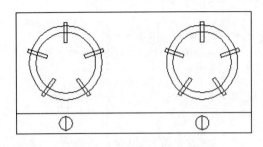

图 5-54　未标注尺寸的炉盘　　　　　　　图 5-55　标记两个炉盘的圆心

执行上述任一操作后，命令行窗口提示如下：

命令: _dimcenter　　　　　　　　　　　//执行圆心标注命令
选择圆弧或圆:　　　　　　　　　　　　//选择左侧的圆
命令:　　　　　　　　　　　　　　　　//按下 Enter 键
dimcenter　　　　　　　　　　　　　　//系统提示
选择圆弧或圆:　　　　　　　　　　　　//选择右侧的圆

5.3.9　引线尺寸标注

引线尺寸标注是从图形上的指定点引出连续的引线，用户可以在引线上输入标注文字，如图 5-56 所示。

创建引线尺寸标注的方法如下。

在命令行中输入 qleader 命令后按下 Enter 键。

如要说明图 5-57 中轴的径向尺寸标准，标注后效果如图 5-58 所示。

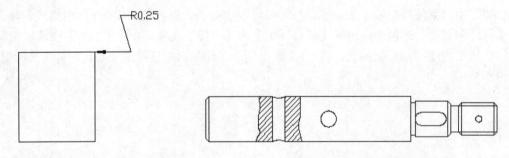

图 5-56　引线尺寸标注　　　　　　　　　图 5-57　未做说明的轴

执行上述操作后，命令行窗口提示如下：

命令: _qleader　　　　　　　　　　　　　　　　　　//执行引线标注命令
指定第一个引线点或 [设置(S)] <设置>:　　　　　　　//在门上指定一点
指定下一点:　　　　　　　　　　　　　　　　　　　//在门外指定一点
指定下一点:　　　　　　　　　　　　　　　　　　　//按下 Enter 键结束
指定文字宽度 <0>: 5　　　　　　　　　　　　　　　//输入文字宽度
输入注释文字的第一行 <多行文字(M)>:胡桃木饰面　　//输入文字
输入注释文字的下一行:　　　　　　　　　　　　　　//按下 Enter 键结束

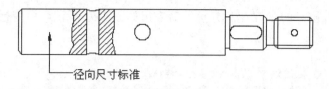

图 5-58 利用引线标注说明径向尺寸参照标准

若用户执行【设置】操作，即在命令行中输入 S：

命令：_qleader
指定第一个引线点或 [设置(S)] <设置>: S　　　　//输入 S 后按下 Enter 键

此时打开【引线设置】对话框，如图 5-59 所示，在其中的【注释】选项卡中可以设置引线注释类型、指定多行文字选项，并指明是否需要重复使用注释；在【引线和箭头】选项卡中可以设置引线和箭头格式；在【附着】选项卡中可以设置引线和多行文字注释的附着位置(只有在【注释】选项卡上选中【多行文字】单选按钮时，此选项卡才可用)。

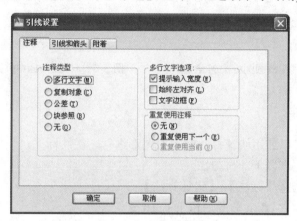

图 5-59 【引线设置】对话框

5.3.10 坐标尺寸标注

坐标尺寸标注用来标注指定点到用户坐标系(UCS)原点的坐标方向距离。

创建坐标尺寸标注有以下 4 种方法。

- 在菜单栏中选择【标注】|【坐标】命令。
- 在命令行中输入 dimordinate 命令后按下 Enter 键。
- 单击【注释】面板中的【坐标】按钮 。
- 在【标注】工具栏中单击【坐标】按钮 。

如要标注马桶中椭圆圆心的 X 坐标，标注后效果如图 5-60 所示。执行上述任一操作后，命令行窗口提示如下：

命令：_dimordinate　　　　　　　　　　　　　　　　　　//执行坐标标注命令
指定点坐标：　　　　　　　　　　　　　　　　　　　　//捕捉椭圆圆心
指定引线端点或 [X 基准(X)/Y 基准(Y)/多行文字(M)/文字(T)/角度(A)]: x　　//选择 X 选项
指定引线端点或 [X 基准(X)/Y 基准(Y)/多行文字(M)/文字(T)/角度(A)]:　　//指定端点位置
标注文字 = 1620　　　　　　　　　　　　　　　　　　//系统提示

标注马桶中椭圆圆心的 Y 轴坐标，标注后效果如图 5-61 所示，命令行操作如下：

命令: _dimordinate   //执行坐标标注命令
指定点坐标: //捕捉椭圆圆心
指定引线端点或 [X 基准(X)/Y 基准(Y)/多行文字(M)/文字(T)/角度(A)]: y   //选择 Y 选项
指定引线端点或 [X 基准(X)/Y 基准(Y)/多行文字(M)/文字(T)/角度(A)]:   //指定端点位置
标注文字 = 5755   //系统提示

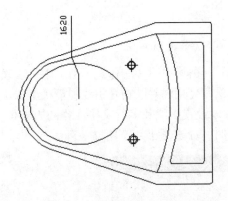
图 5-60 标注马桶中椭圆圆心的 X 坐标

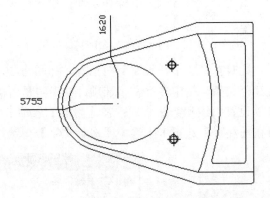
图 5-61 标注马桶中椭圆圆心的 X,Y 坐标

5.3.11 快速标注

在标注图形时，可以使用快速标注命令对图形进行一次性标注。
创建快速尺寸标注有以下 3 种方法。

- 在菜单栏中选择【标注】|【快速标注】命令。
- 在命令行中输入 qdim 命令后按下 Enter 键。
- 在【标注】工具栏中单击【快速标注】按钮。

如对图 5-62 所示的浴缸进行快速标注，标注后效果如图 5-63 所示。

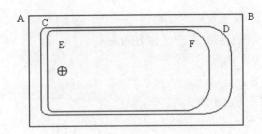
图 5-62 未标注尺寸的浴缸

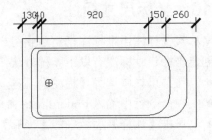
图 5-63 快速标注浴缸的尺寸

命令行窗口提示如下：

命令: _qdim   //执行快速标注命令
关联标注优先级 = 端点   //系统提示
选择要标注的几何图形: 找到 1 个   //选择线段 AB
选择要标注的几何图形: 找到 1 个, 总计 2 个   //选择线段 CD
选择要标注的几何图形: 找到 1 个, 总计 3 个   //选择线段 EF
选择要标注的几何图形: //按下 Enter 键结束

指定尺寸线位置或 [连续(C)/并列(S)/基线(B)/坐标(O)/半径(R)/直径(D)/基准点(P)/编辑(E)/设(T)] <连续>:
//指定尺寸线的位置

5.4 编辑尺寸标注

由于用户在标注时所设置的尺寸格式，不可能让图形中所有的标注都符合国家标准的要求，对少数不符合要求的尺寸，可以用编辑命令进行修改，以符合国家标准的规定。

5.4.1 编辑标注尺寸

编辑标注是用来编辑标注文字的位置和标注样式，以及创建新标注。
编辑标注的操作方法有以下两种。
- 在命令行中输入 dimedit 命令后按下 Enter 键。
- 在菜单栏中选择【标注】|【倾斜】命令。

在命令行中输入 dimedit 命令后，命令行窗口提示如下：

命令: dimedit
输入标注编辑类型 [默认(H)/新建(N)/旋转(R)/倾斜(O)] <默认>:
选择对象:

命令行中选项的含义如下。
- 【默认】：用于将指定对象中的标注文字移回到默认位置。
- 【新建】：选择该项将调用多行文字编辑器，用于修改指定对象的标注文字。
- 【旋转】：用于旋转指定对象中的标注文字，选择该项后系统将提示用户指定旋转角度，如果输入 0 则把标注文字按默认方向放置。
- 【倾斜】：调整线性标注延伸线的倾斜角度，选择该项后系统将提示用户选择对象并指定倾斜角度，如图 5-64 所示。

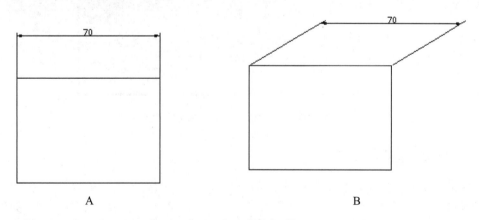

图 5-64 倾斜尺寸标注示意图

5.4.2 替代尺寸标注样式

使用标注样式替代，无需更改当前标注样式便可临时更改标注系统变量。

标注样式替代是对当前标注样式中的指定设置所做的修改，它在不修改当前标注样式的情况下修改尺寸标注系统变量。可以为单独的标注或当前的标注样式定义标注样式替代。

某些标注特性对于图形或尺寸标注的样式来说是通用的，因此适合作为永久标注样式设置。其他标注特性一般基于单个基准应用，因此可以作为替代以便更有效地应用。例如，图形通常使用单一箭头类型，因此将箭头类型定义为标注样式的一部分是有意义的。但是，隐藏延伸线通常只应用于个别情况，更适于标注样式替代。

有几种设置标注样式替代的方式：可以通过修改对话框中的选项或修改命令输入行的系统变量设置。可以通过将修改的设置返回其初始值来撤销替代。替代将应用到正在创建的标注以及所有使用该标注样式后创建的标注，直到撤销替代或将其他标注样式置为当前为止。

替代的操作方法有以下两种。

- 在命令行中输入 dimoverride 命令后按下 Enter 键。
- 在菜单栏中选择【标注】|【替代】命令。

可以通过在命令行中输入标注系统变量的名称创建标注的同时，替代当前标注样式。

5.4.3 删除尺寸标注样式

若要删除多余的尺寸标注样式，在【标注样式管理器】对话框左侧列表框中选中需要删除的标注样式名称，在其中单击鼠标右键，在弹出的快捷菜单中选择【删除】命令即可，如图 5-65 所示。

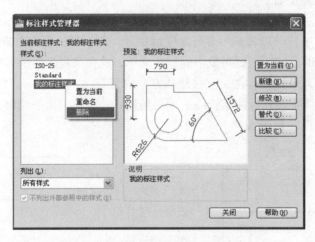

图 5-65　在快捷菜单中选择【删除】命令

5.4.4 编辑标注文字

编辑标注文字用来编辑标注文字的位置和方向。

编辑标注文字的操作方法有以下两种。

- 在菜单栏中选择【标注】|【对齐文字】|【默认】、【角度】、【左对齐】、【居中】、【右对齐】命令。
- 在命令行中输入 dimtedit 命令后按下 Enter 键。

执行上述任一操作后，命令行窗口提示如下。

命令: _dimtedit
选择标注:
为标注文字指定新位置或 [左对齐(L)/右对齐(R)/居中(C)/默认(H)/角度(A)]:

命令行中选项的含义如下。

- 【左对齐】：沿尺寸线左移标注文字。本选项只适用于线性、直径和半径标注。
- 【右对齐】：沿尺寸线右移标注文字。本选项只适用于线性、直径和半径标注。
- 【居中】：标注文字位于两尺寸边界线中间。
- 【默认】：将标注文字移回默认位置。
- 【角度】：指定标注文字的角度。当输入零度角将使标注文字以默认方向放置，如图 5-66 所示。

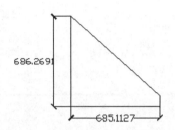

图 5-66　对齐文字标注示意图

5.5　尺寸标注范例

下面讲解一个尺寸标注的设计范例，这个范例是在如图 5-67 所示的第 3 章范例的平面图的基础上，对其进行尺寸标注、文字标注等。下面来具体讲解范例的绘制过程。

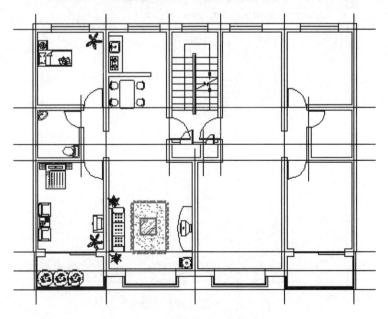

图 5-67　要标注的平面图

5.5.1 设置尺寸标注样式

(1) 在菜单栏中选择【标注】|【标注样式】命令，弹出【标注样式管理器】对话框，在【样式】列表框中选择"ISO-25"，单击【新建】按钮。

(2) 在弹出的【创建新标注样式】对话框中的【新样式名】文本框中输入"轴线标注"，如图5-68所示，单击【继续】按钮。

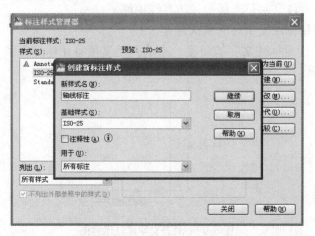

图5-68 输入新样式名"轴线标注"

(3) 弹出【新建标注样式：轴线标注】对话框，单击【线】标签，切换到【线】选项卡，在【延伸线】选项组中的【超出尺寸线】微调框中输入"200"，在【起点偏移量】微调框中输入"300"，如图5-69所示。

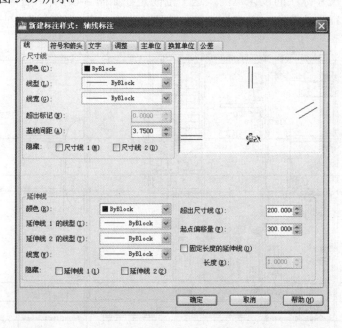

图5-69 设置【线】选项卡

(4) 在【符号和箭头】选项卡中设置【箭头大小】为"150"，设置【第一个】和【第二个】箭头均为【建筑标记】，引线为【无】，如图 5-70 所示。

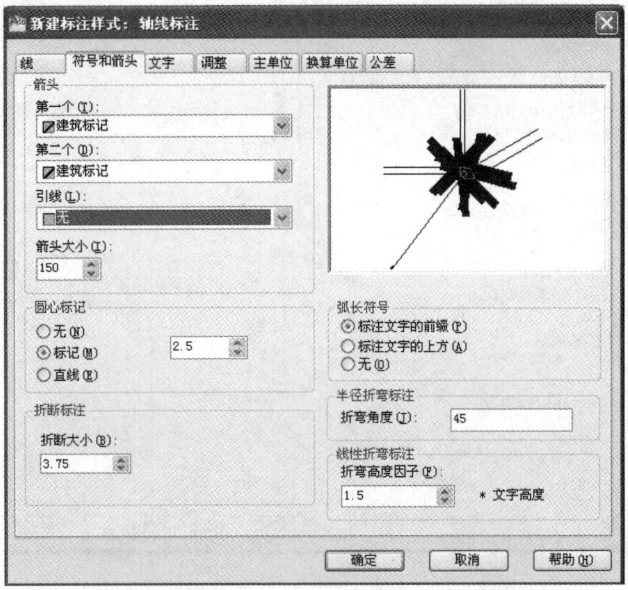

图 5-70 设置【符号和箭头】选项卡

(5) 在【文字】选项卡的【文字外观】选项组中的【文字样式】下拉列表框中选择【轴线】，设置【文字高度】为"300"，在【文字位置】选项组的【从尺寸线偏移】微调框中输入"150"，在【文字对齐】选项组中选中【与尺寸线对齐】单选按钮，其他设置如图 5-71 所示。(文字样式的创建参见第 6 章)

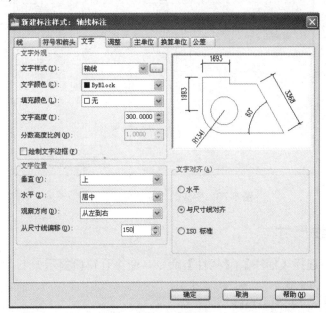

图 5-71 设置【文字】选项卡

(6) 在【主单位】选项卡中设置【线性标注】选项组的【精度】为 0，如图 5-72 所示。

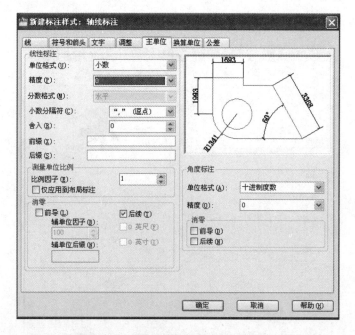

图 5-72 设置【线性标注】的【精度】

(7) 单击【确定】按钮,返回【标注样式管理器】对话框,生成"轴线标注"预览,如图 5-73 所示。单击【置为当前】按钮,然后单击【关闭】按钮完成设置。

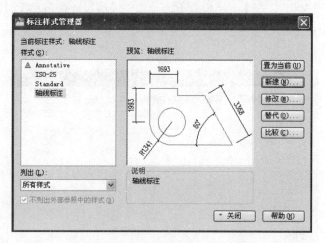

图 5-73 生成的"轴线标注"预览

5.5.2 标注轴线尺寸

(1) 在菜单栏中选择【标注】|【线性】命令,命令行窗口提示如下。

命令:_dimlinear
指定第一条延伸线原点或 <选择对象>:
指定第二条延伸线原点:
指定尺寸线位置或
[多行文字(M)/文字(T)/角度(A)/水平(H)/垂直(V)/旋转(R)]: <对象捕捉 关>
标注文字 = 3300

(2) 按照同样的方法标注其他轴线尺寸，另外，可以利用夹点移动尺寸标注的位置。标注后效果如图 5-74 所示。

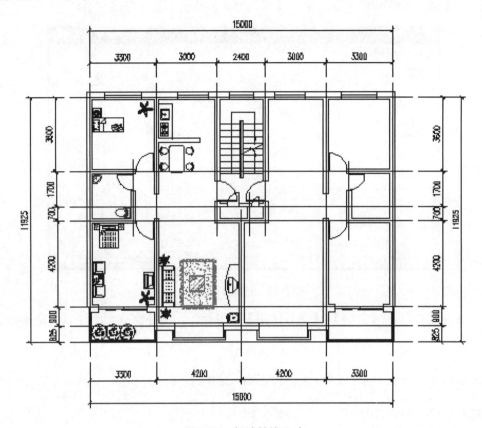

图 5-74　标注轴线尺寸

5.5.3　标注轴号

步骤 1：绘制轴圈。

以左下角的轴号为例，其操作步骤如下。

(1) 绘制轴线。执行【直线】命令后，命令行窗口提示如下。

命令: _line   //执行 Line 命令
指定第一点: //在绘图区中单击
指定下一点或 [放弃(U)]: @-2800,0   //输入坐标
指定下一点或 [放弃(U)]:   //按下 Enter 键

(2) 绘制轴圈。选择【圆】命令后，命令行窗口提示如下。

命令: _circle
指定圆的圆心或 [三点(3P)/两点(2P)/切点、切点、半径(T)]: 2p   //执行 Circle 命令
                                                              //选择【两点】选项
指定圆直径的第一个端点: //捕捉所绘直线的端点
指定圆直径的第二个端点: @700,0   //指定另一个端点

按照相同的方法，绘制出其他轴圈。

步骤 2：标注轴号。

(1) 选择【格式】|【文字样式】菜单命令，打开【文字样式】对话框，在【样式】列表框中选择 Standard，如图 5-75 所示，单击【置为当前】按钮，然后关闭对话框。

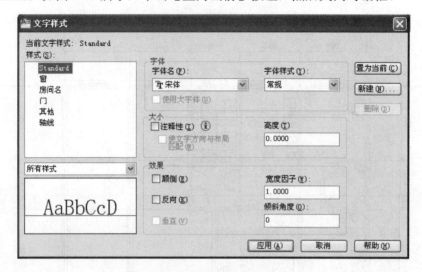

图 5-75　选择文字样式

(2) 选择【绘制】|【文字】|【单行文字】菜单命令，标注完成一个轴号。命令行窗口提示如下。

```
命令:_dtext
当前文字样式："Standard"  文字高度：300.0000  注释性：否
指定文字的起点或 [对正(J)/样式(S)]:
指定高度 <300.0000>: 500        //输入文字高度
指定文字的旋转角度 <0>:          //在轴圈中单击
指定文字的旋转角度 <0>:
```

在输入框中输入文字: A(轴号名称)，如图 5-76 所示。

图 5-76　轴号标注范例

(3) 按照相同的方法标注轴号，建筑制图规定沿水平方向的轴线用阿拉伯数字进行编号，沿竖直方向的轴线用英文字母进行编号。

> **提 示**
>
> 轴号可同时标注出来，即在输入前一个轴号后，在别处单击鼠标左键，接着输入下一个轴号。然后再将轴号移动到适当的位置。

标注后效果如图 5-77 所示。

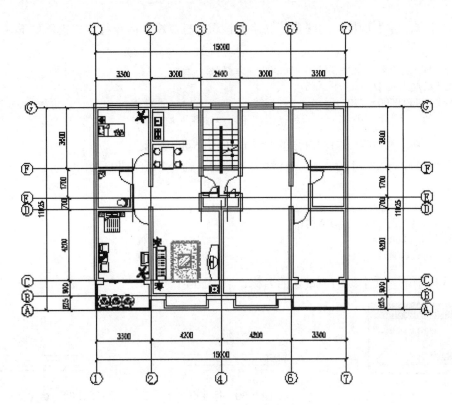

图 5-77 标注出全部轴号

5.5.4 标注窗

(1) 选择【格式】|【文字样式】菜单命令，打开【文字样式】对话框，在【样式】列表框中选择【窗】，在【宽度因子】文本框中输入"0.8"，如图 5-78 所示，单击【置为当前】按钮，弹出 AutoCAD 提示窗口，如图 5-79 所示，询问是否保存修改的样式，单击【是】按钮，关闭【文字样式】对话框。

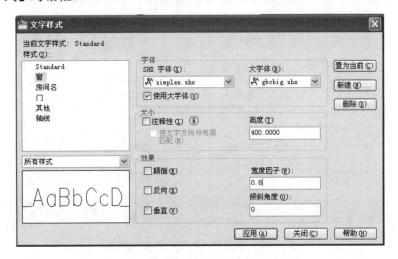

图 5-78 设置用于标注窗文字样式

(2) 单击【文字】面板中的【单行文字】按钮，标注窗，命令行窗口提示如下。

命令:_dtext
当前文字样式："窗" 文字高度：400.0000 注释性：否
指定文字的起点或 [对正(J)/样式(S)]:
指定高度 <400.0000>: 270   //输入高度数值
指定文字的旋转角度 <0>:   //按下 Enter 键

在输入框中输入文字：C1816(窗的名称)，如图 5-80 所示。

(3) 执行【单行文字】命令后，标注另一扇窗，命令行窗口提示如下。

命令:_dtext
当前文字样式："窗" 文字高度：270.0000 注释性：否
指定文字的起点或 [对正(J)/样式(S)]:
指定高度 <270.0000>:   //按下 Enter 键
指定文字的旋转角度 <0>:   //按下 Enter 键

在输入框中输入文字：C1516(窗的名称)，如图 5-81 所示。

 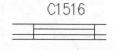

图 5-79 AutoCAD 对话框　　　　图 5-80 标注窗　　　　图 5-81 标注另一扇窗

(4) 按照此种方法，标注其他窗户的号码。

5.5.5 标注门

(1) 在【文字样式】对话框的【样式】列表框中选择【门】，设置【宽度因子】为"0.7"，如图 5-82 所示，单击【置为当前】按钮，然后关闭对话框。

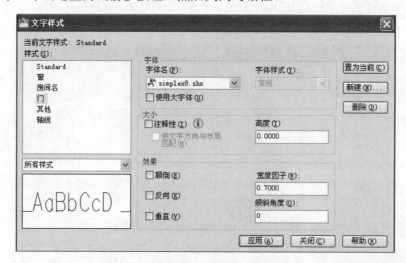

图 5-82 设置用于标注门的文字样式

(2) 单击【文字】面板中的【单行文字】按钮，命令行窗口提示如下。

```
命令: _dtext
当前文字样式:"门"  文字高度: 400.0000  注释性: 否
指定文字的起点或 [对正(J)/样式(S)]:
指定高度 <400.0000>: 200                    //输入高度
指定文字的旋转角度 <0>:
```

在输入框中输入文字: M0921(门的名称), 如图 5-83 所示。

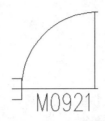

图 5-83 标注门

(3) 执行【单行文字】命令后, 标注另一扇门, 命令行窗口提示如下。

```
当前文字样式:"门"  文字高度: 200.0000  注释性: 否
指定文字的起点或 [对正(J)/样式(S)]:
指定高度 <200.0000>:
指定文字的旋转角度 <0>: 90
```

在输入框中输入文字: M0821(门的名称), 如图 5-84 所示。

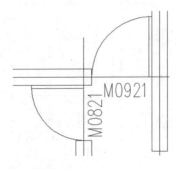

图 5-84 标注另一扇门

(4) 按照此种方法, 标注其他门的号码。

5.5.6 标注楼梯上、下方向

(1) 在【文字样式】对话框的【样式】列表框中选择"其他", 设置【高度】为"200", 【宽度因子】为"1", 如图 5-85 所示, 单击【置为当前】按钮, 在 AutoCAD 提示窗口中单击【是】按钮, 然后关闭【文字样式】对话框。

(2) 单击【文字】面板中的【单行文字】按钮, 命令行窗口提示如下。

```
命令: _dtext
当前文字样式:"其他"  文字高度: 200.0000  注释性: 否
指定文字的起点或 [对正(J)/样式(S)]:
指定文字的旋转角度 <0>:
```

输入文字:"上",在另一处单击鼠标,在输入框中输入"下",楼梯的上下方向就标注好了,如图5-86所示。

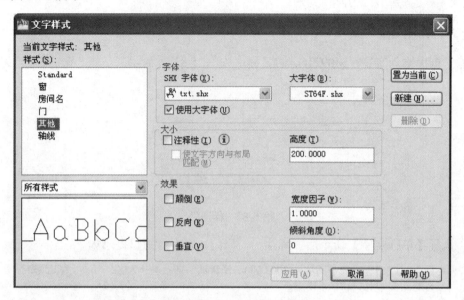

图 5-85 设置用于楼梯上、下方向标注的文字样式

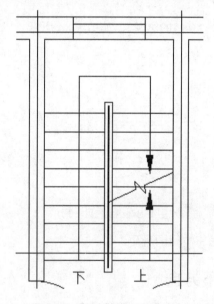

图 5-86 标注楼梯上、下方向

5.5.7 标注房间名

(1) 选择【格式】|【文字样式】菜单命令,打开【文字样式】对话框,在【样式】列表框中选择【房间名】,在【高度】文本框中输入"400",在【宽度因子】文本框中输入"1",如图5-87所示,单击【置为当前】按钮,在AutoCAD提示窗口中单击【是】按钮,然后关闭【文字样式】对话框。

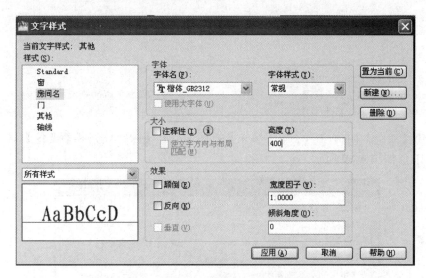

图 5-87 设置用于房间名标注的文字样式

(2) 单击【文字】面板中的【单行文字】按钮,命令行窗口提示如下。

命令:_dtext
当前文字样式: "房间名" 文字高度: 400.0000 注释性: 否
指定文字的起点或 [对正(J)/样式(S)]:
指定文字的旋转角度 <0>:

在输入框中输入文字: "卧室",如图 5-88 所示。

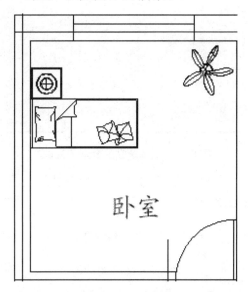

图 5-88 标注房间名

(3) 其他房间的标注与卧室的标注方法相同,在此不再赘述。

5.5.8 绘制推拉门的方向箭头

(1) 执行【直线】命令,命令行窗口提示如下。

命令: _line
指定第一点:
指定下一点或 [放弃(U)]: @480,0
指定下一点或 [放弃(U)]: @-200<10
指定下一点或 [闭合(C)/放弃(U)]:   //捕捉水平线的垂足
指定下一点或 [闭合(C)/放弃(U)]:

(2) 单击【绘图】面板中的【图案填充】按钮，打开【图案填充和渐变色】对话框，选择图案为 SOLID，如图 5-89 所示。

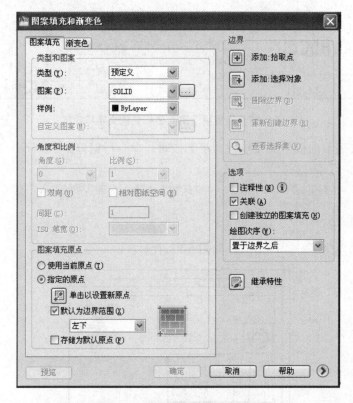

图 5-89 选择填充图案为 SOLID

(3) 单击【拾取一个内部点】按钮，返回绘图区，选取相应图形，按下 Enter 键，单击【确定】按钮，绘制的箭头如图 5-90 所示。

图 5-90 绘制的箭头

(4) 将箭头图案利用【复制】、【旋转】、【移动】命令使箭头图形分布在推拉门的两侧，至此，这个范例的平面图标注就完成了，范例的最终效果如图 5-91 所示。

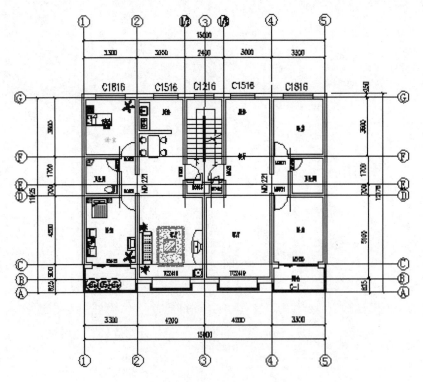

图 5-91　完成标注后的效果图

5.6　本章小结

　　本章主要讲解了图形标注的设置，包括对标注的直线、箭头、文字等的设置和图形的对齐、线性、半径、直径及圆心标记等标注方法，然后讲解了对标注尺寸、标注文字的编辑。最后通过具体的标注范例以使读者对本章的内容有更深入的了解。

第 6 章

文字和表格操作

在利用 AutoCAD 绘图时,同样离不开文字对象,建立和编辑文字的方法与绘制一般的图形对象不同,因此有必要讲述其方法,本章将讲述建立文字,设置文字样式,修改和编辑文字的方法和技巧。通过本章学习,读者应能够根据需要,在图形文件中建立并修改相应的文字。

本章主要内容

- 文字标注
- 创建和插入表格
- 文字和表格范例——编写零件表和技术要求

6.1 文字标注

文字标注在 AutoCAD 中不可缺少，在不同的领域发挥着不同的作用。本节将主要介绍文字标注的方法和相关设置。

6.1.1 文字样式

在 AutoCAD 图形中，所有的文字都有与之相关的文字样式。当输入文字时，AutoCAD 会使用当前的文字样式作为其默认的样式，该样式可以包括字体、样式、高度、宽度比例和其他文字特性。

打开【文字样式】对话框有以下几种方法。

- 在命令行中输入 style 命令后按下 Enter 键。
- 在【常用】选项卡的【注释】面板中单击【文字样式】按钮 。
- 在菜单栏中选择【格式】|【文字样式】命令。

【文字样式】对话框如图 6-1 所示。

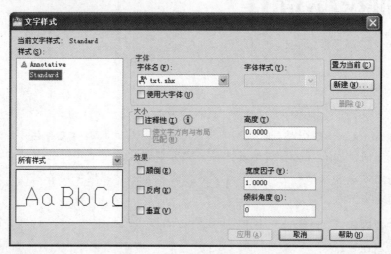

图 6-1 【文字样式】对话框

其中：

- 在【样式】列表框中可以新建、重命名和删除文字样式。用户可以从左边的下拉列表框中选择相应的文字样式名称，也可以单击【新建】按钮来新建一种文字样式的名称，或者用鼠标右键单击选择的样式，在其快捷菜单中选择【重命名】命令为某一文字样式重新命名，或者单击【删除】按钮删除某一文字样式的名称。
- 在【字体】选项组中可以设置字体的名称和高度等。用户可以在如图 6-2 所示的【字体名】列表框中选择要使用的字体，或者在【高度】文本框中输入相应的数值表示字体的高度。
- 在【效果】选项组中可以设置字体的排列方法和距离等。用户可以启用【颠倒】、【反向】和【垂直】复选框来分别设置文字的排列样式，也可以在【宽度因子】和【倾斜角度】文本框中输入相应的数值来设置文字的辅助排列样式。

1．样式名

当用户所需的文字样式不够使用时，就需要创建一个新的文字样式，具体操作步骤如下。

(1) 在命令行中输入 style 命令后按下 Enter 键。

(2) 在打开的【文字样式】对话框中，单击【新建】按钮，打开如图 6-3 所示的【新建文字样式】对话框。

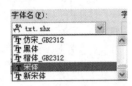

图 6-2　【字体名】下拉列表

图 6-3　【新建文字样式】对话框

(3) 在【样式名】文本框中输入新创建的文字样式的名称并单击【确定】按钮。如未输入文字样式的名称，则 AutoCAD 会自动将该样式命名为样式 1(AutoCAD 会自动地为每一个新命名的样式加 1)。

2．字体

AutoCAD 为用户提供了许多不同的字体，用户可以在【字体名】列表框中选择自己所需要的字体。

3．文字效果

在【效果】选项组中用户可以选择自己所需要的文字效果，当选中【颠倒】复选框时，显示如图 6-4 所示。当选中【反向】复选框时，显示如图 6-5 所示；当选中【垂直】复选框时，显示如图 6-6 所示。

图 6-4　选中【颠倒】复选框

图 6-5　选中【反向】复选框

4．预览效果

(1) 当选中【颠倒】复选框时，显示的颠倒文字效果如图 6-7 所示。

图 6-6　选中【垂直】复选框

图 6-7　显示的颠倒文字效果

(2) 当选中【反向】复选框时，显示的反向文字效果如图 6-8 所示。
(3) 当选中【垂直】复选框时，显示的垂直文字效果如图 6-9 所示。

图 6-8　显示的反向文字效果　　　　　图 6-9　显示的垂直文字效果

6.1.2　指定当前文字样式

当完成新建样式的参数设置后，若要使用该样式，首先得将其置为当前文字样式。其方法有以下两种。

- 在【文字样式】对话框的【样式名】选项组中选择当前需要使用的文字样式，然后单击【关闭】按钮即可。
- 在【样式】工具栏的【文字样式控制】下拉列表框中选择需置为当前的文字样式名称即可。

6.1.3　文本标注

在 AutoCAD 2010 中，用户可以创建两种性质的文字，分别是单行文字和多行文字。其中，单行文字常用于不需要使用多种字体的简短内容中；多行文字主要用于一些复杂的说明性文字中，用户可为其中的不同文字设置不同的字体和大小，也可以方便地在文本中添加特殊符号等。

1. 创建单行文字

单行文字一般用于对图形对象的规格说明、标题栏信息和标签等，也可以作为图形的一个有机组成部分。对于这种不需要使用多种字体的简短内容，可以使用【单行文字】命令建立单行文字。

创建单行文字的方法有以下几种。

- 在命令行中输入 dtext 命令后按下 Enter 键。
- 在【常用】选项卡的【注释】面板或【注释】选项卡的【注释】面板中单击【单行文字】按钮 A。

- 在菜单栏中选择【绘图】|【文字】|【单行文字】命令。

每行文字都是独立的对象，可以重新定位、调整格式或进行其他修改。

创建单行文字时，要指定文字样式并设置对正方式。文字样式设置文字对象的默认特征。对正决定字符的哪一部分与插入点对正。

执行此命令后，命令行窗口提示如下：

命令: _dtext
当前文字样式："Standard" 文字高度: 2.5000 注释性: 否
指定文字的起点或 [对正(J)/样式(S)]:

此命令行各选项的含义如下。
- 默认情况下提示用户输入单行文字的起点。
- 【对正】：用来设置文字对齐的方式，AutoCAD 默认的对齐方式为左对齐。由于此项的内容较多，在后面会有详细的说明。
- 【样式】：用来选择文字样式。

在命令行中输入 S 命令并按下 Enter 键，执行此命令，AutoCAD 会出现如下信息：

输入样式名或 [?] <Standard>:

此信息提示用户在输入样式名或 [?] <Standard>后输入一种文字样式的名称(默认值是当前样式名)。

输入样式名称后，AutoCAD 又会出现指定文字的起点或 [对正(J)/样式(S)]的提示，提示用户输入起点位置。输入完起点坐标后按下 Enter 键，AutoCAD 会出现如下提示：

指定高度 <2.5000>:

提示用户指定文字的高度。指定高度后按下 Enter 键，命令行窗口提示如下：

指定文字的旋转角度 <0>:

指定角度后按下 Enter 键，这时用户就可以输入文字内容。

在指定文字的起点或 [对正(J)/样式(S)]后输入 J 命令再按下 Enter 键，AutoCAD 会在命令行中出现如下信息：

输入选项
[对齐(A)/布满(F)/居中(C)/中间(M)/右对齐(R)/左上(TL)/中上(TC)/右上(TR)/左中(ML)/正中(MC)/右中(MR)/左下(BL)/中下(BC)/右下(BR)]:

用户可以有以上多种对齐方式选择，各种对齐方式及其说明如表 6-1 所示。

表 6-1 各种对齐方式及其说明

对齐方式	说 明
对齐(A)	提供文字基线的起点和终点，文字在次基线上均匀排列，这时可以调整字高比例以防止字符变形
布满(F)	给定文字基线的起点和终点。文字在此基线上均匀排列，而文字的高度保持不变，这时字型的间距要进行调整
居中(C)	给定一个点的位置，文字在该点为中心水平排列

续表

对齐方式	说　明
中间(M)	指定文字串的中间点
右(R)	指定文字串的右基线点
左上(TL)	指定文字串的顶部左端点与大写字母顶部对齐
中上(TC)	指定文字串的顶部中心点与大写字母顶部为中心点
右上(TR)	指定文字串的顶部右端点与大写字母顶部对齐
左中(ML)	指定文字串的中部左端点与大写字母和文字基线之间的线对齐
正中(MC)	指定文字串的中部中心点与大写字母和文字基线之间的中心线对齐
右中(MR)	指定文字串的中部右端点与大写字母和文字基线之间的一点对齐
左下(BL)	指定文字左侧起始点，与水平线的夹角为字体的选择角，且过该点的直线就是文字中最低字符字底的基线
中下(BC)	指定文字沿排列方向的中心点，最低字符字底基线与 BL 相同
右下(BR)	指定文字串的右端底部是否对齐

> **提　示**
>
> 要结束单行输入，在一空白行处按下 Enter 键即可。

如图 6-10 所示的即为 4 种对齐方式的示意图，分别为对齐方式、中间方式、右上方式、左下方式。

2．创建多行文字

对于较长和较为复杂的内容，可以使用【多行文字】命令来创建多行文字。多行文字可以布满指定的宽度，在垂直方向上无限延伸。用户可以自行设置多行文字对象中的单个字符的格式。

多行文字由任意数目的文字行或段落组成，与单行文字不同的是在一个多行文字编辑任务中创建的所有文字行或段落都被当做同一个多行文字对象。多行文字可以被移动、旋转、删除、复制、镜像、拉伸或比例缩放。

可以将文字高度、对正、行距、旋转、样式和宽度应用到文字对象中或将字符格式应用到特定的字符中。对齐方式要考虑文字边界以决定文字要插入的位置。

与单行文字相比，多行文字具有更多的编辑选项。可以将下划线、字体、颜色和高度变化应用到段落中的单个字符、词语或词组。

单击【多行文字】按钮，在主窗口中会打开如图 6-11 所示的【文字编辑器】选项卡，以及如图 6-12 所示的【在位文字编辑器】以及【标尺】。

其中，在【文字编辑器】选项卡中包括【样式】、【格式】、【段落】、【插入】、【拼写检查】、【工具】、【选项】、【关闭】8 个面板，可以根据不同的需要对多行文字进行编辑和修改，下面进行具体的一些介绍。

(1) 【样式】面板。

在【样式】面板中可以选择文字样式，选择或输入文字高度，其中【文字高度】下拉列表如图 6-13 所示。

图 6-10　单行文字的 4 种对齐方式　　　　图 6-11　【文字编辑器】选项卡

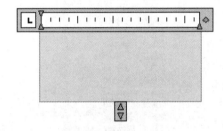 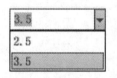

图 6-12　【在位文字编辑器】及其【标尺】　　图 6-13　【文字高度】下拉列表

(2)【格式】面板。

在【格式】面板中可以对字体进行设置，如可以修改为粗体、斜体等。用户还可以选择自己需要的字体及颜色，【字体】下拉列表如图 6-14 所示，【颜色】下拉列表如图 6-15 所示。

图 6-14　【字体】下拉列表　　　　图 6-15　【颜色】下拉列表

(3)【段落】面板。

在【段落】面板中可以对段落进行设置，包括【对正】、【编号】、【分布】、【对齐】等的设置，其中【对正】下拉列表如图 6-16 所示。

(4)【插入】面板。

在【插入】面板中可以插入符号、字段，进行分栏设置，其中【符号】下拉列表如图 6-17 所示。

(5)【拼写检查】面板。

在【拼写检查】面板中将文字输入图形中时可以检查所有文字的拼写。也可以指定已使用的特定语言的词典并自定义和管理多个自定义拼写词典。

图 6-16 【对正】下拉列表

图 6-17 【符号】下拉列表

- 可以检查图形中所有文字对象的拼写，包括单行文字和多行文字。
- 标注文字。
- 多重引线文字。
- 块属性中的文字。
- 外部参照中的文字。

使用拼写检查，将搜索用户指定的图形或图形的文字区域中拼写错误的词语。如果找到拼写错误的词语，则将亮显该词语并且绘图区域将缩放为便于读取该词语的比例。

(6) 【工具】面板。

在【工具】面板中可以搜索指定的文字字符串并用新文字进行替换。

(7) 【选项】面板。

在【选项】面板中可以显示其他文字选项列表，如图 6-18 所示。其中，选择【选项】|【更多】|【编辑器设置】|【显示工具栏】命令，如图 6-19 所示，打开如图 6-20 所示的【文字格式】工具栏，也可以用此工具栏中的命令来编辑多行文字，它和【多行文字】选项卡下的几个面板提供的命令是一样的。

(8) 【关闭】面板。

单击【关闭文字编辑器】按钮可以退回到原来的主窗口，完成多行文字的编辑操作。

可以通过以下几种方式创建多行文字。

- 在【常用】选项卡的【注释】面板或【注释】选项卡的【文字】面板中单击【多行文字】按钮 A。
- 在命令行中输入 mtext 命令后按下 Enter 键。

图 6-18 【选项】下拉列表

图 6-19 选择的菜单命令

图 6-20 【文字格式】工具栏

- 在菜单栏中选择【绘图】|【文字】|【多行文字】命令。

> **提示**
> 创建多行文字对象的高度取决于输入的文字总量。

选择【多行文字】命令后,命令行窗口提示如下:

命令:_mtext 当前文字样式: "Standard" 文字高度:2.5 注释性: 否
指定第一角点:
指定对角点或 [高度(H)/对正(J)/行距(L)/旋转(R)/样式(S)/宽度(W) /栏(C)]: h
指定高度 <2.5>: 60
指定对角点或 [高度(H)/对正(J)/行距(L)/旋转(R)/样式(S)/宽度(W) /栏(C)]: w
指定宽度:100

此时绘图区如图 6-21 所示。

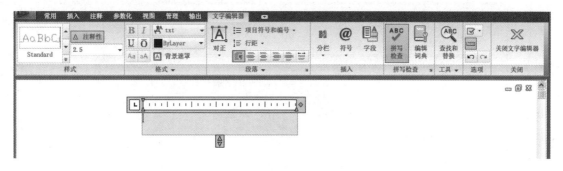

图 6-21 选择宽度(W)后绘图区所显示的图形

6.1.4 文本编辑

1. 编辑单行文字的方法

- 在命令行中输入 ddedit 命令后按下 Enter 键。
- 用鼠标双击文字,即可实现编辑单行文字操作。

2. 编辑单行文字

在命令行中输入 ddedit 命令后按下 Enter 键，出现捕捉标志□。移动鼠标使此捕捉标志到需要编辑的文字位置，然后单击选中文字实体。

在其中可以修改的只是单行文字的内容，修改完文字内容后按下两次 Enter 键即可。

3. 编辑多行文字的方法

- 在命令行中输入 mtedit 命令后按下 Enter 键。
- 在菜单栏中选择【修改】|【对象】|【文字】|【编辑】命令。

4. 编辑多行文字

在命令行中输入 mtedit 命令后，选择多行文字对象，会重新打开【文字编辑器】选项卡和【在位文字编辑器】，可以将原来的文字重新编辑为用户所需要的文字。

如用【多行文字】命令输入一段文字后设置每级标题的字体为黑体，字号为 1，其余内容的字体为宋体，字号为 0.8，其操作步骤如下。

(1) 选择多行文字命令，命令行窗口提示如下。

```
命令:_mtext                                    //执行【多行文字】命令
当前文字样式:"Standard"   当前文字高度:0.2000   注释性: 否        //系统提示
指定第一角点:                                  //在绘图区中拾取一点作为标注文字区域的左上角
指定对角点或 [高度(H)/对正(J)/行距(L)/旋转(R)/样式(S)/宽度(W)/栏(C)]:
                                              //在右下角拾取一点作为标注文字区域对角点
```

(2) 在绘图区会弹出多行文字输入框，输入所需的标注文字，如图 6-22 所示。

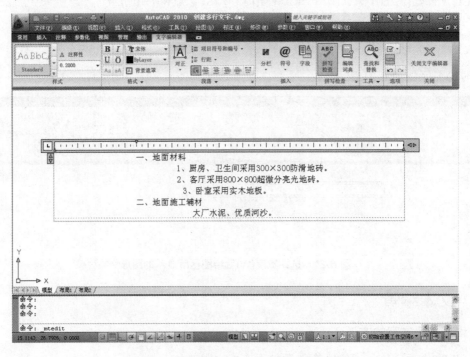

图 6-22　在多行文字输入框中输入标注文字

(3) 选中"一、地面材料"，在【文字格式】工具栏的【字体】下拉列表框中选择【黑体】

选项，然后在【字号】下拉列表框中输入"1"，如图 6-23 所示。按照类似的方法修改"二、地面施工辅材"的字体及字号。

图 6-23 设置选定文字的字体和字号

(4) 设置其余文字的字体为宋体，字号为"0.8"，设置完成后，在【文字格式】工具栏上单击【确定】按钮。文字效果如图 6-24 所示。在绘图区中即出现了标注文字，可单击选中标注文字，拖动其右侧的夹点，改变标注文字的段落宽度。

图 6-24 设置标注文字后的文字效果

6.1.5 在文字说明中插入特殊符号

在输入文字信息的过程中,需要插入如下划线(_)、度(°)等特殊符号,这些符号可通过 AutoCAD 提供的特定插入方法来完成。其方法有以下几种。

若需要在多行文字信息中输入特殊符号,可在【符号】快捷菜单中选择需插入的符号选项即可。

另一种方法是直接在需要插入特殊符号的位置,输入该符号的代码形式即可。如插入度(°)符号,则输入"%%d"。

若使用 explode 命令将多行文字进行分解,则分解后的多行文字的每一行文字将成为单行文字信息。

如表 6-2 所示为 AutoCAD 中常用特殊符号的代码表现形式。

表 6-2 特殊字符的代码表现形式

代码输入	字符	说 明	代码输入	字符	说 明
%%%	%	百分比符号	%%u	_	下划线
%%c	Ø	直径符号	%%d	°	度
%%o	⁻	上划线	%%P	±	绘制正/负公差符号

6.1.6 文字的修改

在绘制图形的过程中,经常会对文字进行修改,下面讲解修改文字的方法。

1. 查找和替换标注文字

使用查找命令可以查找由单行文字、多行文字命令创建的标注文字中包含的指定字符,并可对其进行替换操作。

查找和替换标注文字首先执行查找命令,其方法有以下两种。

- 在菜单栏中选择【编辑】|【查找】命令,执行查找命令。
- 在命令行中输入 Find 命令,执行查找命令。

其操作方法如下。

(1) 在菜单栏中选择【编辑】|【查找】命令,打开【查找和替换】对话框。

(2) 在【查找内容】下拉列表框中输入要查找的文字,如"地面材料",在【替换为】下拉列表框中输入替换的文字,如"地面主材"。

(3) 在【查找位置】下拉列表框中选择【整个图形】选项,也可以单击该下拉列表框右侧的【选择对象】按钮,选择一个图形区域作为搜索范围。

(4) 单击【更多选项】按钮,展开【搜索选项】选项组。

(5) 在该选项组中进行设置。然后单击【全部替换】按钮,将当前图形中所有符合查找条件的字符全部替换。用户也可单击【替换】按钮逐个进行查找替换。单击【完成】按钮,完成替换操作。

2. 修改文字比例

在 AutoCAD 中若需要调整大量文字信息的整体比例，则可通过专用的缩放文字比例命令来完成，而不用重新调整这些文字的高度值。

修改文字比例和对正，首先执行比例修改命令，其方法有以下几种。

- 在菜单栏中选择【修改】|【对象】|【文字】|【比例】命令。
- 单击【注释】选项卡的【文字】面板中的【缩放】按钮 。
- 在命令行中输入 scaletext 命令，执行比例修改命令。

执行修改文字比例命令，将"多行文字"内容进行放大。

选择【修改】|【对象】|【文字】|【比例】命令，对"多行文字"内容进行修改，命令行窗口提示如下：

```
命令: _scaletext                                           //执行【比例】命令
选择对象: 找到 1 个                                        //选择文字
选择对象:                                                  //按下 Enter 键结束选择对象
输入缩放的基点选项 [现有(E)/左对齐(L)/居中(C)/中间(M)/右对齐(R)/左上(TL)/中上(TC)/右上(TR)/左中
(ML)/正中(MC)/右中(MR)/左下(BL)/中下(BC)/右下(BR)] <现有>: mc    //选择【正中】选项
指定新模型高度或 [图纸高度(P)/匹配对象(M)/比例因子(S)]  <0.2000>: s    //选择【缩放比例】选项
指定缩放比例或 [参照(R)] <5.0000>: 8                      //输入比例值
1 个对象已更改                                             //系统提示
```

> **注 意**
> 指定文字的缩放比例，当比例值大于 1，文字放大，比例值小于 1 且大小 0，文字缩小，比例值不能为 0。

6.2 创建和插入表格

在使用 AutoCAD 绘制图形时，会遇到大量的表格，如果重复绘制，效率极低。通过本章的学习，读者应学会一些基本的表格样式的设置和表格的创建，可以减小图形文件的容量，节省存储空间，进而提高绘图速度。

6.2.1 创建表格

在 AutoCAD 中，可以使用【表格】命令创建表格，还可以从 Microsoft Excel 中直接复制表格，并将其作为 AutoCAD 表格对象粘贴到图形中，也可以从外部直接导入表格对象。此外，还可以输出来自 AutoCAD 的表格数据，以供 Microsoft Excel 或其他应用程序使用。

1. 新建表格样式

使用表格可以使信息表达得很有条理、便于阅读，同时表格也具备计算功能。表格在建筑类中经常用于门窗表、钢筋表、原料单和下料单等；在机械类中常用于装配图中零件明细栏、标题栏和技术说明栏等。

在 AutoCAD 2010 中，可以通过以下两种方法创建表格样式。

- 在命令行中输入 tablestyle 命令后按下 Enter 键。

- 在菜单栏中选择【格式】|【表格样式】命令。

使用以上任意一种方法，均会打开如图 6-25 所示的【表格样式】对话框。此对话框可以设置当前表格样式，以及创建、修改和删除表格样式。

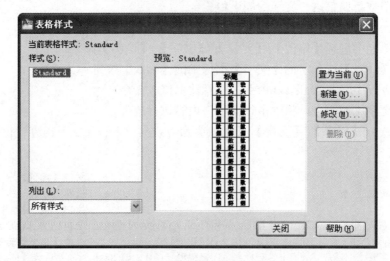

图 6-25　【表格样式】对话框

下面介绍【表格样式】对话框中各选项的主要功能。

- 【当前表格样式】：显示应用于所创建表格的表格样式的名称。默认表格样式为 Standard。
- 【样式】：显示表格样式列表，当前样式被亮显。
- 【列出】：控制【样式】列表的内容。
  ◆ 【所有样式】：显示所有表格样式。
  ◆ 【正在使用的样式】：仅显示被当前图形中的表格引用的表格样式。
- 【预览】：显示【样式】列表中选定样式的预览图像。
- 【置为当前】：将【样式】列表中选定的表格样式设置为当前样式。所有新表格都将使用此表格样式创建。
- 【新建】：单击该按钮可打开【创建新的表格样式】对话框，从中可以定义新的表格样式。
- 【修改】：单击该按钮可打开【修改表格样式】对话框，从中可以修改表格样式。
- 【删除】：删除【样式】列表中选定的表格样式。不能删除图形中正在使用的样式。

单击【新建】按钮，出现如图 6-26 所示的【创建新的表格样式】对话框，定义新的表格样式。

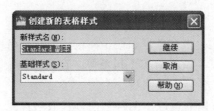

图 6-26　【创建新的表格样式】对话框

在【新样式名】文本框中输入要建立的表格名称，然后单击【继续】按钮，出现如图 6-27 所示的【新建表格样式】对话框，在对话框中通过对起始表格、常规、单元样式等格式设置，完成对表格样式的设置。

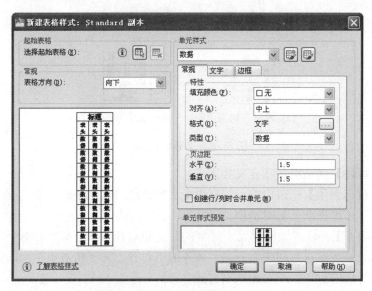

图 6-27 【新建表格样式】对话框

2. 设置表格样式

在【新建表格样式】对话框中各选项的主要功能如下。

- 【起始表格】选项组。起始表格是图形中用作设置新表格样式格式的样例的表格。一旦选定表格，用户即可指定要从此表格复制到表格样式的结构和内容。创建新的表格样式时，可以指定一个起始表格，也可以从表格样式中删除起始表格。
- 【常规】选项组。可以完成对表格方向的设置。

  【表格方向】：设置表格方向。【向下】将创建由上而下读取的表格；【向上】将创建由下而上读取的表格。

  - 【向下】：标题行和列标题行位于表格的顶部。单击【插入行】并单击【下】时，将在当前行的下面插入新行。
  - 【向上】：标题行和列标题行位于表格的底部。单击【插入行】并单击【上】时，将在当前行的上面插入新行。

  如图 6-28 所示是表格方式设置的方法和表格样式预览窗口的变化。

- 【单元样式】选项组。定义新的单元样式或修改现有单元样式。可以创建任意数量的单元样式。

  - 【单元样式】下拉列表框：显示表格中的单元样式。
  - 【创建新单元样式】按钮：单击启动【创建新单元样式】对话框。
  - 【管理单元样式】按钮：单击启动【管理单元样式】对话框。

  在【单元样式】选项组中，还可设置数据单元、单元文字和单元边界的外观，取决于处于活动状态的选项卡，如【常规】选项卡、【文字】选项卡或【边框】选项卡。

◆ 【常规】选项卡。包括【特性】、【页边距】选项组和【创建行/列时合并单元】复选框的设置，如图 6-29 所示。

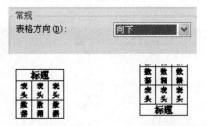

(a) 表格方向向下　　　(b) 表格方向向上

图 6-28　【基本】选项

【特性】选项组各项含义如下。
【填充颜色】：指定单元的背景色。默认值为【无】，可以选择【选择颜色】以显示【选择颜色】对话框。
【对齐】：设置表格单元中文字的对正和对齐方式。文字相对于单元的顶部边框和底部边框进行居中对齐、上对齐或下对齐。文字相对于单元的左边框和右边框进行居中对正、左对正或右对正。
【格式】：为表格中的"数据"、"列标题"或"标题"行设置数据类型和格式。单击该按钮将显示【表格单元格式】对话框，从中可以进一步定义格式选项。
【类型】：将单元样式指定为标签或数据。
【页边距】选项组用来控制单元边界和单元内容之间的间距。单元边距设置应用于表格中的所有单元。默认设置为 0.06(英制)和 1.5(公制)。
【水平】：设置单元中的文字或块与左右单元边界之间的距离。
【垂直】：设置单元中的文字或块与上下单元边界之间的距离。
【创建行/列时合并单元】复选框。将使用当前单元样式创建的所有新行或新列合并为一个单元。可以使用此选项在表格的顶部创建标题行。

◆ 【文字】选项卡。包括表格内文字的样式、高度、颜色和角度的设置，如图 6-30 所示。

图 6-29　【常规】选项卡

图 6-30　【文字】选项卡

【文字样式】。列出图形中的所有文字样式。

单击[...]按钮将打开【文字样式】对话框，从中可以创建新的文字样式。

【文字高度】：设置文字高度。数据和列标题单元的默认文字高度为 0.1800。表标题的默认文字高度为 0.25。

【文字颜色】：指定文字颜色。选择列表底部的【选择颜色】可显示【选择颜色】对话框。

【文字角度】：设置文字角度。默认的文字角度为 0 度。可以输入-359~+359°之间的任意角度。

- ◆ 【边框】选项卡。包括表格边框的线宽、线型和边框的颜色，还可以将表格内的线设置成双线形式，单击表格边框按钮可以将选定的特性应用到边框，如图 6-31 所示。

图 6-31 【边框】选项卡

【线宽】：通过单击边框按钮，设置将要应用于指定边界的线宽。如果使用粗线宽，可能必须增加单元边距。

【线型】：通过单击边框按钮，设置将要应用于指定边界的线型。将显示标准线型随块、随层和连续，或者可以选择"其他"加载自定义线型。

【颜色】：通过单击边框按钮，设置将要应用于指定边界的颜色。选择【选择颜色】可显示【选择颜色】对话框。

【双线】：将表格边框显示为双线。

【间距】：确定双线边框的间距。默认间距为 0.1800。

【边界】按钮：控制单元边界的外观。边框特性包括栅格线的线宽和颜色。

【所有边框】：将边框特性设置应用到指定单元样式的所有边框。

【外部边框】：将边框特性设置应用到指定单元样式的外部边框。

【内部边框】：将边框特性设置应用到指定单元样式的内部边框。

【底部边框】：将边框特性设置应用到指定单元样式的底部边框。

【左边框】：将边框特性设置应用到指定的单元样式的左边框。

【上边框】：将边框特性设置应用到指定单元样式的上边框。

【右边框】：将边框特性设置应用到指定单元样式的右边框。

【无边框】：隐藏指定单元样式的边框。

- ● 【单元样式预览】。显示当前表格样式设置效果的样例。

> **注意**
> 边框设置好后一定要单击表格边框按钮应用选定的特征，如不应用，表格中的边框线在打印和预览时都看不见。

6.2.2 插入表格

在 AutoCAD 2010 中，可以通过以下 3 种方法创建表格样式。
- 在命令行中输入 table 命令后按下 Enter 键。
- 在菜单栏中选择【格式】|【表格样式】命令。
- 单击【注释】面板中的【表格】按钮。

使用以上任意一种方法，均可打开如图 6-32 所示的【插入表格】对话框。

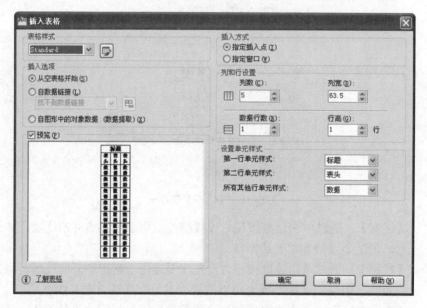

图 6-32 【插入表格】对话框

下面介绍【插入表格】对话框中各项的功能。
- 【表格样式】选项组：在要从中创建表格的当前图形中选择表格样式。通过单击下拉列表旁边的按钮，用户可以创建新的表格样式。
- 【插入选项】选项组：指定插入表格的方式。
  - 【从空表格开始】单选按钮：创建可以手动填充数据的空表格。
  - 【自数据链接】单选按钮：从外部电子表格中的数据创建表格。
  - 【自图形中的对象数据(数据提取)】：启动【数据提取】向导。
- 【预览】：显示当前表格样式的样例。
- 【插入方式】选项组：指定表格位置。
  - 【指定插入点】单选按钮：指定表格左上角的位置。可以使用定点设备，也可以在命令提示下输入坐标值。如果表格样式将表格的方向设置为由下而上读取，则插入点位于表格的左下角。

- ◆ 【指定窗口】单选按钮：指定表格的大小和位置。可以使用定点设备，也可以在命令提示下输入坐标值。选中此单选按钮时，行数、列数、列宽和行高取决于窗口的大小以及列和行的设置。
- 【列和行设置】选项组：设置列和行的数目和大小。
  - ◆ Ⅲ按钮：表示列。
  - ◆ ☰按钮：表示行。
  - ◆ 【列数】：指定列数。选中【指定窗口】单选按钮并指定列宽时，【自动】选项将被选定，且列数由表格的宽度控制。如果已指定包含起始表格的表格样式，则可以选择要添加到此起始表格的其他列的数量。
  - ◆ 【列宽】：指定列的宽度。选中【指定窗口】单选按钮并指定列数时，则选定了【自动】选项，且列宽由表格的宽度控制。最小列宽为一个字符。
  - ◆ 【数据行数】：指定行数。选中【指定窗口】单选按钮并指定行高时，则选定了【自动】选项，且行数由表格的高度控制。带有标题行和表格头行的表格样式最少应有三行。最小行高为一个文字行。如果已指定包含起始表格的表格样式，则可以选择要添加到此起始表格的其他数据行的数量。
  - ◆ 【行高】：按照行数指定行高。文字行高基于文字高度和单元边距，这两项均在表格样式中设置。选中【指定窗口】单选按钮并指定行数时，则选定了【自动】选项，且行高由表格的高度控制。

> **注意**
>
> 在【插入表格】对话框中，要注意列宽和行高的设置。

- 【设置单元样式】选项组：对于那些不包含起始表格的表格样式，请指定新表格中行的单元格式。
  - ◆ 【第一行单元样式】：指定表格中第一行的单元样式。默认情况下，使用标题单元样式。
  - ◆ 【第二行单元样式】：指定表格中第二行的单元样式。默认情况下，使用表头单元样式。
  - ◆ 【所有其他行单元样式】：指定表格中所有其他行的单元样式。默认情况下，使用数据单元样式。

6.2.3 编辑表格

在绘图中选择表格后，在表格的四周、标题行上将显示若干个夹点，用户可以根据这些夹点来编辑表格，如图 6-33 所示。

在 AutoCAD 2010 中，用户还可以使用快捷菜单来编辑表格。当选择整个表格时，单击鼠标右键，将弹出一个快捷菜单，如图 6-34 所示。在其中选择所需的命令，可以对整个表格进行相应的操作；选择表格单元格时，单击鼠标右键，将弹出一个快捷菜单，如图 6-35 所示，在其中选择相应的命令，可对某个表格单元格进行操作。

图 6-33 选择表格时出现的夹点

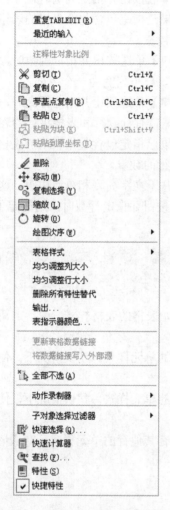

图 6-34 选择整个表格时的快捷菜单　　图 6-35 选择表格单元格时的快捷菜单

从选择整个表格时的快捷菜单中可以看出，用户可以对表格进行剪切、复制、删除、移动、缩放和旋转等简单的操作。

从选择表格单元格时的快捷菜单中可以看出，用户可以对表格单元格进行编辑，该快捷菜单中各主要命令的含义如下。

- 【对齐】：选择该命令，可以选择表格单元对齐方式。
- 【边框】：选择该命令，弹出【单元边框特性】对话框，在该对话框中可以设置单元格边框的线宽、颜色等特性，如图 6-36 所示。

- 【匹配单元】：用当前选择的表格单元格式匹配其他单元，此时鼠标指针变为格式刷形状，单击目标对象即可进行匹配。
- 【插入点】：选择【插入点】|【块】菜单命令，弹出【在表格单元中插入块】对话框，如图 6-37 所示。用户可以从中选择插入到表格中的图块，并设置图块在单元格中的对齐方法、比例及旋转角度等特性。

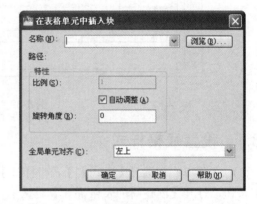

图 6-36　【单元边框特性】对话框　　　　图 6-37　【在表格单元中插入块】对话框

- 【合并】：当选中多个连续的单元后，选择该命令可以全部、按行或按列合并表格单元，如图 6-38 所示。

(a) 合并前　　　　　　　　　　　　　(b) 合并后

图 6-38　合并单元格

6.3　文字和表格范例——编写零件表和技术要求

本节来介绍一个绘制文字和表格的设计范例，这个范例是在如图 6-39 所示的电机支架的机械制图基础上，为其编写零件表和技术要求。下面具体讲解这个范例的绘制过程。

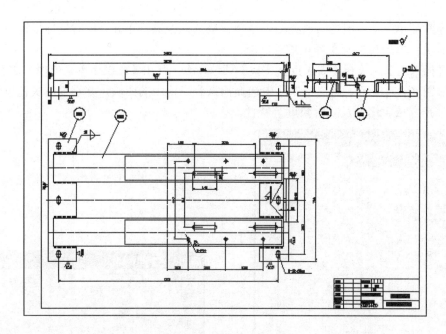

图 6-39　电机支架

6.3.1　设置表格样式

(1) 在菜单栏中选择【格式】|【表格样式】菜单命令。打开【表格样式】对话框，单击【新建】按钮，打开【创建新的表格样式】对话框，在【新样式名】文本框中输入"零件表"，如图 6-40 所示。

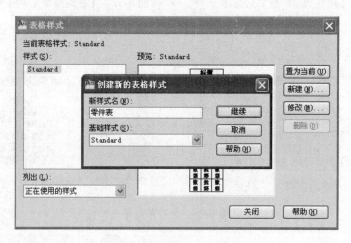

图 6-40　输入新样式名"零件表"

(2) 单击【继续】按钮，打开【新建表格样式：零件表】对话框，单击【常规】标签，切换到【常规】选项卡，在【特性】选项组中设置【对齐】方式为【正中】，在【页边距】选项组中设置【水平】方向为"10"，【垂直】方向为"2"，如图 6-41 所示。

(3) 在【文字】选项卡中的【特性】选项组的【文字样式】下拉列表框中选择【文字】选项，在【文字高度】文本框中输入"10"，如图 6-42 所示。

第6章 文字和表格操作

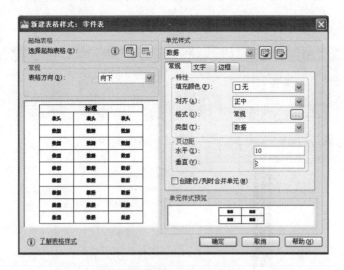

图 6-41　设置【常规】选项卡

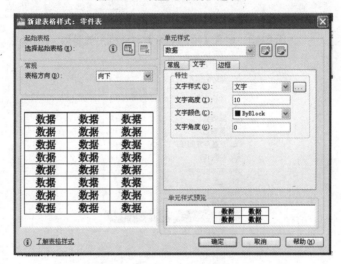

图 6-42　设置【文字】选项卡

(4) 在【边框】选项卡的【特性】选项组中单击【所有边框】按钮囲。

(5) 单击【确定】按钮，返回【表格样式】对话框，单击【置为当前】按钮，然后关闭对话框。即设置好表格样式。

6.3.2　插入表格

(1) 在命令行中输入 table 命令后按下 Enter 键，打开【插入表格】对话框。

(2) 在【插入方式】选项组中选中【指定插入点】单选按钮，在【列和行设置】选项组中设置【列数】为"5"，【列宽】为"100"，【数据行数】为"3"，【行高】为"1"。在【设置单元样式】选项组中设置【第一行单元样式】与【第二行单元样式】均为【数据】，如图 6-43 所示，然后单击【确定】按钮。

(3) 在绘图区中标题栏上方插入表格，此时表格处于编辑状态，单击【文字格式】工具栏中的【确定】按钮，选择整个表格后单击鼠标右键，在弹出的快捷菜单中选择【移动】命令，如图 6-44 所示，移动表格，使之与原有标题栏对齐，效果如图 6-45 所示。

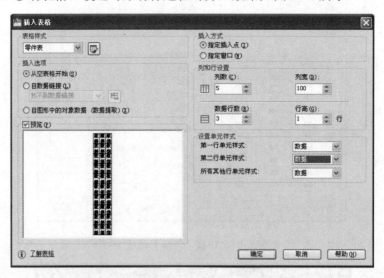

图 6-43　设置【插入表格】对话框中的参数

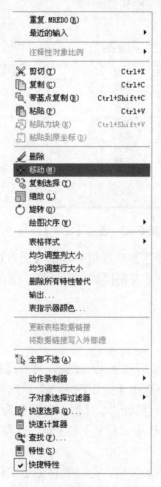

图 6-44　选择【移动】命令

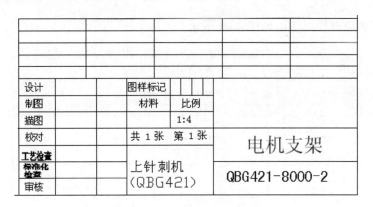

图 6-45 移动表格后的效果

6.3.3 调整表格间距大小并输入文字

(1) 选择整个表格后单击鼠标右键，在弹出的快捷菜单中选择【均匀调整行大小】命令，如图 6-46 所示。

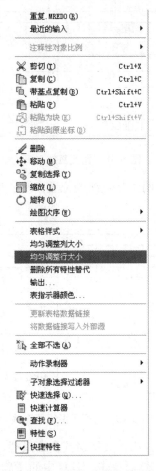

图 6-46 选择【均匀调整行大小】命令

(2) 单击夹点，然后拖动鼠标以调整表格中竖直线的位置，如图 6-47 所示，使表格中的竖直线与标题栏的竖直线对齐，如图 6-48 所示。

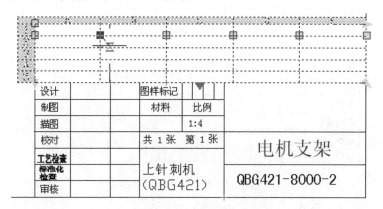

图 6-47　调整表格

图 6-48　两竖直线对齐

（3）用同样的方法调整表格另两条竖直线的位置，使之与标题栏的竖直线对齐，如图 6-49 所示。

图 6-49　对齐另两组竖直线

（4）双击要插入文字的表格，弹出【文字格式】工具栏，然后在【在位文字编辑器】中输入文字"代号"，如图 6-50 所示。然后单击工具栏中的【确定】按钮。

（5）用同样的方法在表格中输入其他文字及编号等，注意字数较多的单元格内文字的字号为"8"。输入完毕后的效果如图 6-51 所示。

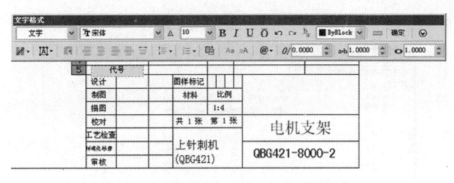

图 6-50 在【在位文字编辑器】中输入文字"代号"

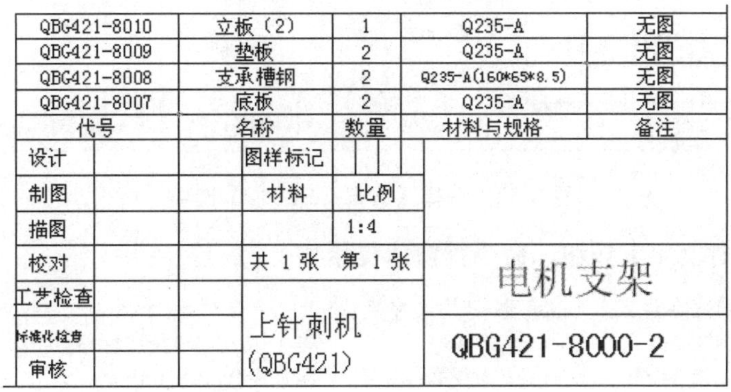

图 6-51 在表格中输入文字后的效果

6.3.4 编写技术说明

(1) 选择【格式】|【文字样式】菜单命令,打开【文字样式】对话框,在【样式】列表框中选择 Standard,单击【新建】按钮,在【新建文字样式】对话框的【样式名】文本框中输入"技术要求",如图 6-52 所示,单击【确定】按钮,返回【文字样式】对话框。

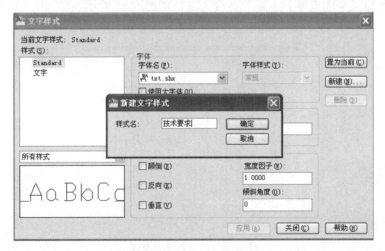

图 6-52 输入样式名"技术要求"

(2) 在【文字样式】对话框的【字体】选项组的【字体名】下拉列表框中选择【仿宋-GB2312】

选项，如图 6-53 所示，然后单击【应用】按钮，关闭对话框。

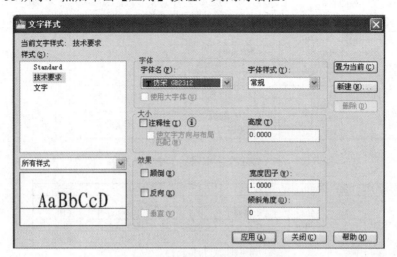

图 6-53 选择【仿宋-GB2312】选项

(3) 单击【多行文字】按钮，命令行窗口提示如下：

命令: _mtext 当前文字样式："技术要求" 文字高度：2.5 注释性：否
指定第一角点： //单击图形右侧的空白处
指定对角点或 [高度(H)/对正(J)/行距(L)/旋转(R)/样式(S)/宽度(W)/栏(C)]:

(4) 在【文字格式】工具栏的【文字高度】文本框中输入"20"，如图 6-54 所示。

图 6-54 设置文字高度为"20"

(5) 在【在位文字编辑器】中输入多行文字，如图 6-55 所示。

图 6-55 输入的多行文字

(6) 至此，这个范例就绘制完成了，其最终效果如图 6-56 所示。

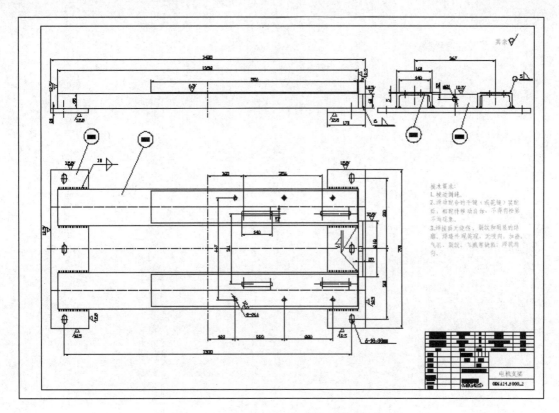

图 6-56 插入零件表及技术要求后的效果图

6.4 本章小结

　　本章主要讲解了文字样式的设置方法以及创建单行文字和多行文字的文本标注方法，同时还介绍了如何插入特殊符号，随后讲解了创建表格、插入表格以及表格的编辑，最后以电机支架的零件列表以及技术要求的编写范例来回顾上述内容，更好地将理论应用到实践。

第 7 章

图块操作和对象查询

通过建立图块，用户可以将多个对象作为一个整体来操作，块是一个或多个对象组成的对象集合，常用于绘制复杂、重复的图形。一旦一组对象组合成块，就可以根据作图需要将这组对象插入到图中任意指定位置，而且还可以按不同的比例和旋转角度插入。本章主要介绍块操作的各类操作方法，如创建块、保存块、块插入等对块进行的一些操作。另外，本章还将讲解查询对象的方法。

本章主要内容

- 图块
- 外部参照
- AutoCAD 设计中心
- 创建面域
- 图案填充
- 查询对象
- 设计小范例

7.1 图块与图案填充

绘制图形时，常常需要绘制多个相同的图形，并且需要对其进行填充，可以将这些图形定义为图块，在需要这些图形时，将图块插入到相应的位置，而且不同图块之间也可相互使用。

7.1.1 图块概述

在绘制图形时，如果图形中有大量相同或相似的内容，或者所绘制的图形与已有的图形文件相同，则可以把要重复绘制的图形创建成块(也称为图块)，并根据需要为块创建属性，指定块的名称、用途及设计者等信息，在需要时直接插入它们，当然，用户也可以把已有的图形文件以参照的形式插入到当前图形中(即外部参照)，或是通过 AutoCAD 设计中心浏览、查找、预览、使用和管理 AutoCAD 图形、块、外部参照等不同的资源文件。块的广泛应用是由于它本身的特点决定的。

一般来说，块具有如下特点。

- 提高绘图速度：用 AutoCAD 绘图时，常常要绘制一些重复出现的图形。如果把这些经常要绘制的图形定义成块保存起来，绘制它们时就可以用插入块的方法实现，即把绘图变成了拼图，避免了重复性工作，同时又提高了绘图速度。
- 节省存储空间：AutoCAD 要保存图中每一个对象的相关信息，如对象的类型、位置、图层、线型、颜色等，这些信息要占用存储空间。如果一幅图中绘有大量相同的图形，则会占据较大的磁盘空间。但如果把相同图形事先定义成一个块，绘制它们时就可以直接把块插入到图中的各个相应位置。这样既满足了绘图要求，又可以节省磁盘空间。因为虽然在块的定义中包含了图形的全部对象，但系统只需要一次这样的定义。对块的每次插入，AutoCAD 仅需要记住这个块对象的有关信息(如块名、插入点坐标、插入比例等)，从而节省了磁盘空间。对于复杂但需多次绘制的图形，这一特点表现得更为显著。
- 便于修改图形：一张工程图纸往往需要多次修改。如在机械设计中，旧国家标准用虚线表示螺栓的内径，新国标把内径用细实线表示。如果对旧图纸上的每一个螺栓按新国家标准修改，既费时又不方便。但如果原来各螺栓是通过插入块的方法绘制的，那么，只要简单地进行再定义块等操作，图中插入的所有该块均会自动进行修改。
- 加入属性：很多块还要求有文字信息以进一步解释、说明。AutoCAD 允许为块定义这些文字属性，而且还可以在插入的块中显示或不显示这些属性；从图中提取这些信息并将它们传送到数据库中。

7.1.2 创建图块

将多个图形对象整合为一个图块对象后，应用时图块将作为一个独立的、完整的对象。用户可以根据需要按一定缩放比例和旋转角度将图块插入到需要的位置。插入的图块只保存图块的整体参数，而不保存图块中每一个对象的相关信息。

1. 创建内部图块

创建内部图块是指在当前图形中创建图块，主要通过【块定义】命令实现。具体有以下几种方法。

- 单击【块】面板中的【创建块】按钮。
- 在命令行中输入 block 命令后按下 Enter 键。
- 在命令行中输入 bmake 命令后按下 Enter 键。
- 在菜单栏中选择【绘图】|【块】|【创建】命令。

执行上述任一操作后，AutoCAD 会打开如图 7-1 所示的【块定义】对话框。

图 7-1 【块定义】对话框

下面介绍【块定义】对话框中各项的主要功能。

- 【名称】下拉列表框：指定块的名称。如果将系统变量 EXTNAMES 设置为 1，块名最长可达 255 个字符，包括字母、数字、空格以及 Microsoft Windows 和 AutoCAD 没有用于其他用途的特殊字符。

  块名称及块定义保存在当前图形中。

> **注意**
> 不能用 DIRECT、LIGHT、AVE_RENDER、RM_SDB、SH_SPOT 和 OVERHEAD 作为有效的块名称。

- 【基点】选项组：

  指定块的插入基点。默认值是(0,0,0)。

  - 【拾取点】按钮：用户可以通过单击此按钮暂时关闭对话框以便能在当前图形中拾取插入基点，然后利用鼠标直接在绘图区选取。
  - X：指定 X 坐标值。
  - Y：指定 Y 坐标值。
  - Z：指定 Z 坐标值。

- 【对象】选项组：指定新块中要包含的对象，以及创建块之后是保留或删除选定的对象还是将它们转换成块引用。

  - 【选择对象】按钮：用户可以通过单击此按钮，暂时关闭【块定义】对话框，这时用户可以在绘图区选择图形实体作为将要定义的块实体。完成对象选择后，按 Enter 键重新显示【块定义】对话框。

- ◆ 【快速选择】按钮：显示【快速选择】对话框，如图 7-2 所示，该对话框定义选择集。

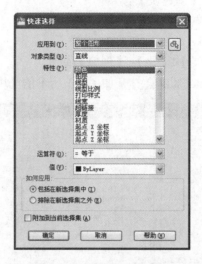

图 7-2 【快速选择】对话框

- ◆ 【保留】单选按钮：创建块以后，将选定对象保留在图形中作为区别对象。
- ◆ 【转换为块】单选按钮：创建块以后，将选定对象转换成图形中的块引用。
- ◆ 【删除】单选按钮：创建块以后，从图形中删除选定的对象。
- ◆ 【未选定对象】：创建块以后，显示选定对象的数目。
- 【设置】选项组：指定块的设置。
  - ◆ 【块单位】下拉列表框：指定块参照插入单位。
  - ◆ 【超链接】按钮：单击该按钮打开【插入超链接】对话框，如图 7-3 所示，可以使用该对话框将某个超链接与块定义相关联。

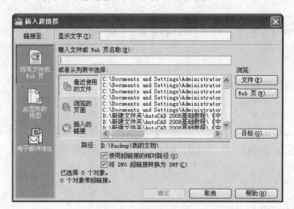

图 7-3 【插入超链接】对话框

- 【方式】选项组。
  - ◆ 【注释性】：指定块为 annotative。单击信息图标以了解有关注释性对象的更多信息。
- ◆ 【使块方向与布局匹配】：指定在图纸空间视口中的块参照的方向与布局的方向匹配。如果未启用【注释性】复选框，则该复选框不可用。
- ◆ 【按统一比例缩放】复选框：指定是否阻止块参照不按统一比例缩放。
- ◆ 【允许分解】复选框：指定块参照是否可以被分解。
- 【说明】文本框：指定块的文字说明。
- 【在块编辑器中打开】复选框：选中此复选框后单击【块定义】对话框中的【确定】按钮，则在块编辑器中打开当前的块定义。

当需要重新创建块时，用户可以在命令行中输入 block 命令后按下 Enter 键，命令行窗口提示如下：

```
命令:_block
输入块名或 [?]:                //输入块名
指定插入基点:                  //确定插入基点位置
选择对象:                      //选择将要被定义为块的图形实体
```

> **提 示**
>
> 如果用户输入的是以前存在的块名，AutoCAD 会提示用户此块已经存在，用户是否需要重新定义它，命令行窗口提示如下：
>
> 块 "w" 已存在。是否重定义？[是(Y)/否(N)] <N>:

当用户输入 n 后按下 Enter 键，AutoCAD 会自动退出此命令。当用户输入 y 后按下 Enter 键，AutoCAD 会提示用户继续插入基点位置。

如将图 7-4 中的窗创建内部图块，其操作步骤如下。

(1) 打开如图 7-4 所示的图形，在命令行中输入 bmake 命令后按下 Enter 键，打开【块定义】对话框，然后在【名称】下拉列表框中输入需要定义的块名称"窗户"，如图 7-5 所示。

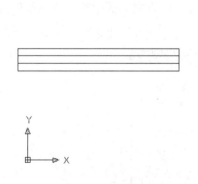
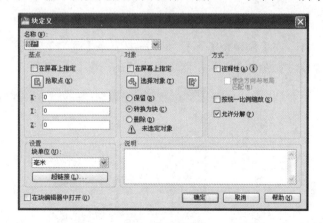

图 7-4 要创建内部图块的窗户图形　　　图 7-5 在【块定义】对话中输入块名称

(2) 单击【基点】选项组中的【拾取点】按钮，并在视图中捕捉【窗户】图形的左下角点。系统返回【块定义】对话框，并在【基点】选项组中显示出基点的 X、Y 和 Z 坐标，如图 7-6 所示。

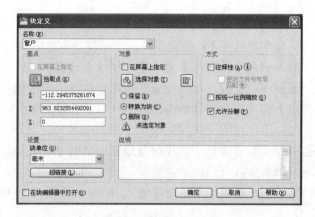

图 7-6　显示基点 X、Y、Z 坐标

(3) 单击【对象】选项组中的【选择对象】按钮，在视图中框选窗户图形，然后按下 Enter 键，系统返回【块定义】对话框。然后在【对象】选项组中选中【转换为块】单选按钮，如图 7-7 所示。

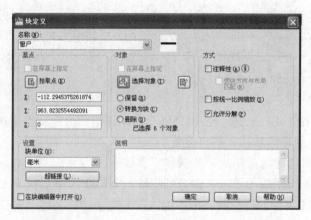

图 7-7　选择对象，选中【转换为块】单选按钮

(4) 在【块单位】下拉列表框中选择【毫米】选项，在【说明】文本框中输入该图块的属性说明，如图 7-8 所示，然后单击【确定】按钮即可。

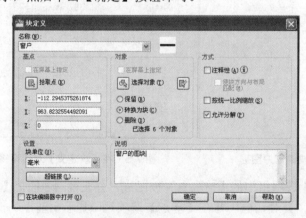

图 7-8　设置块单位并填写说明

2. 创建外部图块

将块保存为独立的文件，在插入块的时候指定图形文件的名称即可。外部图块是指不依赖于某一个图形文件，自身就是一个图形文件。在图形文件中创建完图块后，该图形文件中不包含这个图块，外部图块和创建它的图形文件没有任何关系。

用户如果要创建外部图块，可通过【写块】命令实现，执行【写块】的操作步骤如下。

(1) 在命令行中输入 wblock 命令后按下 Enter 键。

(2) 在打开的如图 7-9 所示的【写块】对话框中进行设置后单击【确定】按钮即可。

图 7-9 【写块】对话框

下面介绍【写块】对话框中的具体参数设置。

- 【源】选项组：有 3 个选项供用户选择。
    - ◆ 【块】：选择块后，用户就可以通过后面的下拉列表框选择将要保存的块名或是可以直接输入将要保存的块名。
    - ◆ 【整个图形】：选择此项 AutoCAD 会认为用户选择整个图形作为块来保存。
    - ◆ 【对象】：用户可以选择一个图形实体作为块来保存。选中此单选按钮后，用户才可以进行下面的设置选择基点、实体等，这部分内容与前面定义块的内容相同，在此就不再赘述了。
- 【目标】选项组：指定文件的新名称和新位置以及插入块时所用的测量单位。用户可以将此块保存至相应的文件夹中。可以在【文件名和路径】下拉列表框中选择路径或单击【显示标准的文件选择对话框】按钮 来给定路径。【插入单位】用来指定从设计中心拖动新文件并将其作为块插入到使用不同单位的图形中时自动缩放所使用的单位值。如果用户希望插入时不自动缩放图形，则选择【无单位】选项。

> **注意**
> 用户在执行 wblock 命令时，不必先定义一个块，只要直接将所选图形实体作为一个图块保存在磁盘上即可。当所输入的块不存在时，AutoCAD 会显示【AutoCAD 提示信息】对话框，提示块不存在，是否要重新选择。在多视窗中，wblock 命令只适用于当前窗口。存储后的块可以重复使用，而不需要从提供这个块的原始图形中选取。

如要将图 7-10 中的门创建为外部图块，其具体操作步骤如下。

图 7-10　要创建外部图块的门

(1) 在命令行中输入 wblock 命令后按下 Enter 键，打开【写块】对话框。

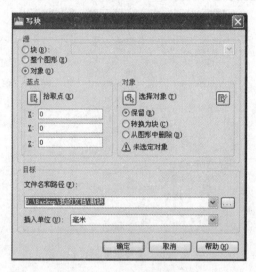

图 7-11　【写块】对话框

(2) 单击【基点】选项组中的【拾取点】按钮，在视图中拾取门右下角。系统返回到【写块】对话框，并在【基点】选项组中显示出基点的 X、Y 和 Z 坐标，如图 7-12 所示。

图 7-12　拾取点后，显示基点坐标

(3) 单击【对象】选项组中的【选择对象】按钮，再在视图中框选门图形，然后按下

Enter 键，系统自动返回到【块定义】对话框。并在【对象】选项组中选中【转换为块】单选按钮，如图 7-13 所示，然后单击【确定】按钮即可。

图 7-13　选中【转换为块】单选按钮

> **提示**
> 用 wblock 命令定义的外部块其实就是一个 dwg 图形文件。当 wblock 命令将图形文件中的整个图形定义成外部块写入一个新文件时，它自动删除文件中未用的层定义。

7.1.3　插入图块

定义块和保存块的目的是为了使用块，使用插入命令来将块插入到当前的图形中。

图块是 AutoCAD 操作中比较核心的工作，许多程序员与绘图工作者都建立了各种各样的图块。

当用户插入一个块到图形中，用户必须指定插入的块名，插入点的位置，插入的比例系数以及图块的旋转角度。插入可以分为两类：插入单个图块和插入多个图块。下面分别来讲述这两个插入命令。

1. 插入单个图块

创建好图块后，就可以使用图块的插入命令把单个图块插入到当前图形中。在插入单个图块的过程中可以指定图块的缩放和旋转角度等参数。插入单个图块有以下几种方法。

- 在命令行中输入 insert 或 ddinsert 命令后按下 Enter 键。
- 在菜单栏中选择【插入】|【块】命令。
- 单击【块】面板中的【插入块】按钮。

打开如图 7-14 所示的【插入】对话框。下面来讲解其中的参数设置。

在【插入】对话框的【名称】文本框中输入块名或是单击文本后的按钮来浏览文件，从中选择块。

在【插入点】选项组中，当用户选中【在屏幕上指定】复选框时，插入点可以用鼠标动态选取；当用户取消选中【在屏幕上指定】复选框时，可以在下面的 X、Y、Z 文本框中输入用户所需的坐标值。

图 7-14　【插入】对话框

在【比例】选项组中，如果用户选中【在屏幕上指定】复选框时，则比例会在插入时动态缩放；当用户取消选中【在屏幕上指定】复选框时，可以在下面的 X、Y、Z 文本框中输入用户所需的比例值。在此处如果用户选中【统一比例】复选框，则只能在 X 文本框中输入统一的比例因子表示缩放系数。

在【旋转】选项组中，如果用户选中【在屏幕上指定】复选框时，则旋转角度在插入时确定。当用户取消选中【在屏幕上指定】复选框时，可以在下面的【角度】文本框中输入图块的旋转角度。

在【块单位】选项组中，显示有关块单位的信息。【单位】指定插入块的单位值。【比例】显示单位比例因子，该比例因子是根据块的单位值和图形单位计算的。

在【分解】复选框中，用户可以通过选中它分解块并插入该块的单独部分。

设置完毕后，单击【确定】按钮，完成插入块的操作。

如要插入前面创建的外部图块，并对其进行缩放。其具体操作步骤如下。

(1) 新建一文件，在命令行中输入 insert 命令后按下 Enter 键，打开【插入】对话框，如图 7-15 所示。

图 7-15　【插入】对话框

(2) 单击【浏览】按钮，打开【选择图形文件】对话框，选择"门"图块文件，然后单击【打开】按钮，返回【插入】对话框，如图7-16所示。

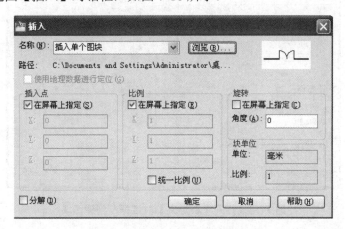

图7-16　选择"门"的图块文件

(3) 在【比例】选项组中，选中【在屏幕上指定】复选框，其他默认。

(4) 单击【确定】按钮，关闭【插入】对话框，命令行窗口提示如下。

命令: _insert　　　　　　　　　　　　　　　　　　//执行插入单个图块命令
指定插入点或 [基点(B)/比例(S)/X/Y/Z/旋转(R)]: s　　//选择【比例】选项
指定 XYZ 轴的比例因子 <1>: 0.8　　　　　　　　　　//输入比例值
指定插入点或 [基点(B)/比例(S)/X/Y/Z/旋转(R)]:　　　//在绘图区中任意处单击

2. 插入多个图块

有时同一个块在一幅图中要插入多次，并且这种插入是有一定的规律性。如阵列方式，这时可以直接采用插入多个命令。这种方法不但可以大大节省绘图时间，提高绘图速度，而且能够节约磁盘空间。

在命令行中输入 minsert 命令。

如将图7-17中的桌椅进行阵列插入到新图形中，其具体操作步骤如下。

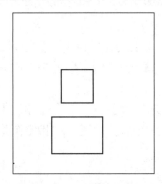

图7-17　桌椅图形

(1) 打开图形后，在命令行中输入 block 命令后按下 Enter 键，打开【块定义】对话框，根据前面创建块的方式，创建桌椅图块。

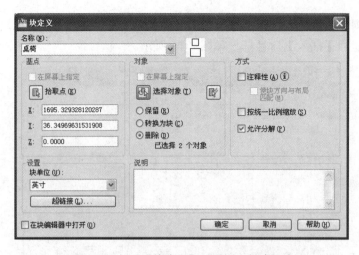

图 7-18 打开【块定义】对话框，创建图块

(2) 执行 minsert 命令，将桌椅阵列后插入到图形中，命令行窗口提示如下。

命令: minsert   //执行 minsert 命令
输入块名或 [?]:桌椅   //输入块名
单位: 英寸   转换: 1.0000   //系统提示
指定插入点或 [基点(B)/比例(S)/X/Y/Z/旋转(R)]: s   //选择【比例】选项
指定 XYZ 轴的比例因子 <1>: 0.6   //输入比例值
指定插入点或 [基点(B)/比例(S)/X/Y/Z/旋转(R)]:   //在绘图区单击
指定旋转角度 <0>:   //按下 Enter 键
输入行数 (---) <1>: 3   //输入行数
输入列数 (|||) <1>: 3   //输入列数
输入行间距或指定单位单元 (---): 600   //输入行间距
指定列间距 (|||): 800   //输入列间距

插入阵列块的效果如图 7-19 所示。

3. 通过工具选项板插入常用图块

在 AutoCAD 中还可以通过工具选项板来插入常用的图块。打开【工具选项板】的操作方法有以下 3 种。

- 单击【标准】工具栏中的【工具选项板窗口】按钮 。
- 在菜单栏中选择【工具】|【选项板】|【工具选项板】命令。
- 按下 Ctrl+3 组合键。

打开如图 7-20 所示的【工具选项板】后，单击【建筑】标签，切换到【建筑】选项卡，用鼠标单击要插入到图形中的图块，然后在绘图区中指定图块的插入位置即可将图块插入到图形中。

4. 设置基点

要设置当前图形的插入基点，可以选用下列 3 种方法。

- 单击【块】面板中的【基点】按钮 。
- 在菜单栏中选择【绘图】|【块】|【基点】命令。

- 在命令行中输入 base 命令后按下 Enter 键。

命令行窗口提示如下：

命令：_base
输入基点 <0.0000,0.0000,0.0000>：   //指定点，或按 Enter 键

基点是用当前 UCS 中的坐标来表示的。当向其他图形插入当前图形或将当前图形作为其他图形的外部参照时，此基点将被用作插入基点。

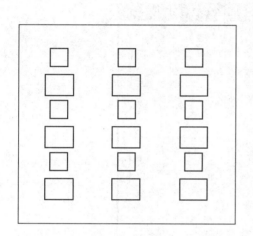

图 7-19　插入桌椅阵列块的效果

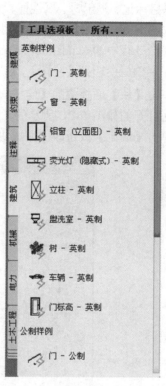

图 7-20　【工具选项板】

7.1.4 图块属性

在一个块中，附带有很多信息，这些信息就称为属性。它是块的一个组成部分，从属于块，可以随块一起保存并随块一起插入到图形中，它为用户提供了一种将文本附于块的交互式标记，每当用户插入一个带有属性的块时，AutoCAD 就会提示用户输入相应的数据。

属性在第一次建立块时可以被定义，或者是在块插入时增加属性，AutoCAD 还允许用户自定义一些属性。属性具有以下特点。

- 一个属性包括属性标志和属性值两个方面。
- 在定义块之前，每个属性要用命令进行定义。由它来具体规定属性默认值、属性标志、属性提示以及属性的显示格式等的具体信息。属性定义后，该属性在图中显示出来，并把有关信息保留在图形文件中。
- 在插入块之前，AutoCAD 将通过属性提示要求用户输入属性值。插入块后，属性以属性值表示。因此同一个定义块，在不同的插入点可以有不同的属性值。如果在定义

属性时，把属性值定义为常量，则 AutoCAD 将不询问属性值。

1. 创建块属性

块属性是附属于块的非图形信息，是块的组成部分，可包含在块定义中的文字对象。在定义一个块时，属性必须预先定义而后选定。通常属性用于在块的插入过程中进行自动注释。

要创建一个块的属性，用户可以使用 ddattdef 或 attdef 命令先建立一个属性定义来描述属性特征，包括标记、提示符、属性值、文本格式、位置以及可选模式等。创建属性的步骤如下。

(1) 选用下列其中一种打开【属性定义】对话框。
- 在命令行中输入 ddattdef 或 attdef 命令后按下 Enter 键。
- 在菜单栏中选择【绘图】|【块】|【定义属性】命令。
- 单击【块】面板中的【定义属性】按钮。

(2) 在打开的如图 7-21 所示的【属性定义】对话框中，设置块的一些插入点及属性标记等。然后单击【确定】按钮即可完成块属性的创建。

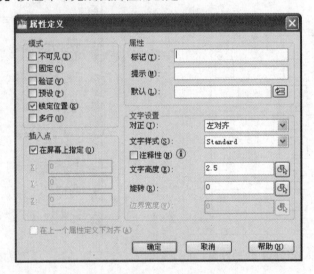

图 7-21 【属性定义】对话框

下面介绍【属性定义】对话框中的参数设置。

(1) 【模式】选项组。

在此选项组中，有以下几个复选框，用户可以任意组合这几种模式作为用户的设置。
- 【不可见】：当该复选框被选中时，属性为不可见。当用户只想把属性数据保存到图形中，而不想显示或输出时，应选中该复选框。反之则禁用。
- 【固定】：当该复选框被选中时，属性用固定的文本值设置。如果用户插入的是常数模式的块时，则在插入后，如果不重新定义块，则不能编辑块。
- 【验证】：在该模式下把属性值插入图形文件前可以检验可变属性的值。在插入块时，AutoCAD 显示可变属性的值，等待用户按 Enter 键确认。
- 【预设】：选中该复选框可以创建自动可接受默认值的属性。插入块时，不再提示输入属性值，但它与常数不同，块在插入后还可以进行编辑。
- 【锁定位置】：锁定块参照中属性的位置。解锁后，属性可以相对于使用夹点编辑的块的其他部分移动,并且可以调整多行属性的大小。
- 【多行】:指定属性值可以包含多行文字。选中此复选框后,可以指定属性的边界宽度。

> **注意**
> 在动态块中,由于属性的位置包括在动作的选择集中,因此必须将其锁定。

(2) 【属性】选项组。
在该选项组中,有以下 3 组设置。
- 【标记】:每个属性都有一个标记,作为属性的标识符。属性标签可以是除了空格和!号之外的任意字符。

> **注意**
> AutoCAD 会自动将标签中的小写字母换成大写字母。

- 【提示】:是用户设定的插入块时的提示。如果该属性值不为常数值,当用户插入该属性的块时,AutoCAD 将使用该字符串,提示用户输入属性值。如果设置了常数模式,则该提示将不会出现。
- 【默认】:可变属性一般将默认的属性设置为【未输入】。插入带属性的块时,AutoCAD 显示默认的属性值,如果用户按下 Enter 键,则将接受默认值。单击右侧的【插入字段】按钮,可以插入一个字段作为属性的全部或部分值,如图 7-22 所示。

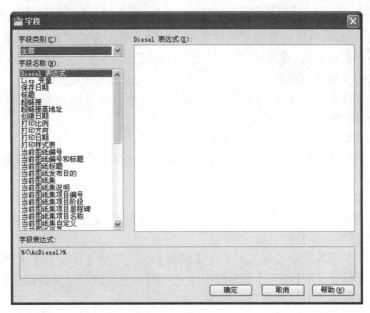

图 7-22 【字段】对话框

(3) 【插入点】选项组。
在此选项组中,用户可以通过选中【在屏幕上指定】复选框,利用鼠标在绘图区选择某一点,也可以直接在下面的 X、Y、Z 后的文本框中输入用户将设置的坐标值。

(4) 【文字设置】选项组。

在此选项组中，用户可以设置的有以下几项。

- 【对正】：可设置块属性的文字对齐情况。用户可以在如图 7-23 所示的下拉列表框中选择某项作为用户设置的对齐方式。
- 【文字样式】：可设置块属性的文字样式。用户可以通过在如图 7-24 所示的下拉列表框中选择某项作为用户设置的文字样式。
- 【注释性】复选框：使用此特性，用户可以自动完成缩放注释的过程，从而使注释能够以正确的大小在图纸上打印或显示。
- 【文字高度】：如果用户设置的文字样式中已经设置了文字高度，则此选项为"灰色"，表示用户不可设置；否则用户可以通过单击【文字高度】按钮 来利用鼠标在绘图区动态地选取或是直接在此后的文本框中输入文字高度。

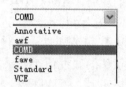

图 7-23 【对正】下拉列表框　　　图 7-24 【文字样式】下拉列表框

- 【旋转】：如果用户设置的文字样式中已经设置了文字旋转角度，则此选项为"灰色"，表示用户不可设置；否则用户可以通过单击【旋转】按钮 来利用鼠标在绘图区动态地选取角度或是直接在此后的文本框中输入文字旋转角度。
- 【边界宽度】：换行前，请指定多线属性中文字行的最大长度。值 0 表示对文字行的长度没有限制。此选项不适用于单线属性。

(5) 【在上一个属性定义下对齐】复选框。

用来将属性标记直接置于定义的上一个属性的下面。如果之前没有创建属性定义，则此复选框不可用。

如果为窗户图块创建属性，其操作步骤如下。

(1) 打开要创建图块属性的块，选择【绘图】|【块】|【定义属性】菜单命令，打开如图 7-25 所示的【属性定义】对话框。

(2) 在【模式】选项组中设置模式，在【属性】选项组的【标记】文本框中指定图块属性在绘图区中的显示标记；在【提示】文本框中指定当用户为图块指定属性值的提示信息；在【默认】文本框中指定图块的默认属性值，如图 7-26 所示。

(3) 在【插入点】选项组中选中【在屏幕上指定】复选框。在【文字设置】选项组中指定图块属性的文字样式特性，如对齐方式、使用的文字样式、文字高度及旋转角度等，如图 7-27 所示。

(4) 完成设置后单击【确定】按钮。返回绘图区，在窗户的下边中间位置单击即可。如果文字较小，可以使用【缩放】命令对文字进行缩放，其效果如图 7-28 所示。

第 7 章
图块操作和对象查询

图 7-25 【属性定义】对话框

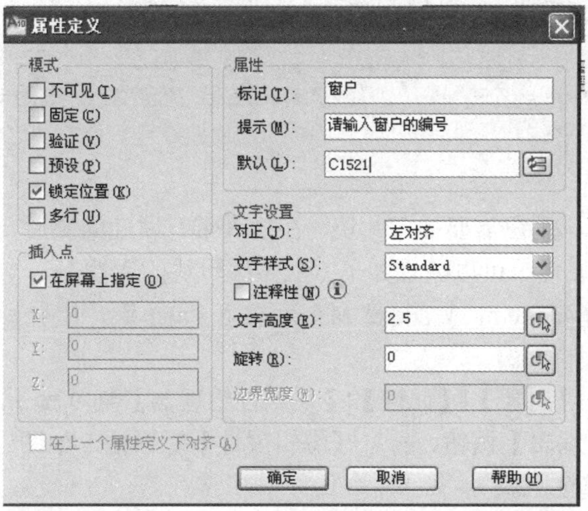

图 7-26 在【属性定义】对话框中设置【属性】选项组

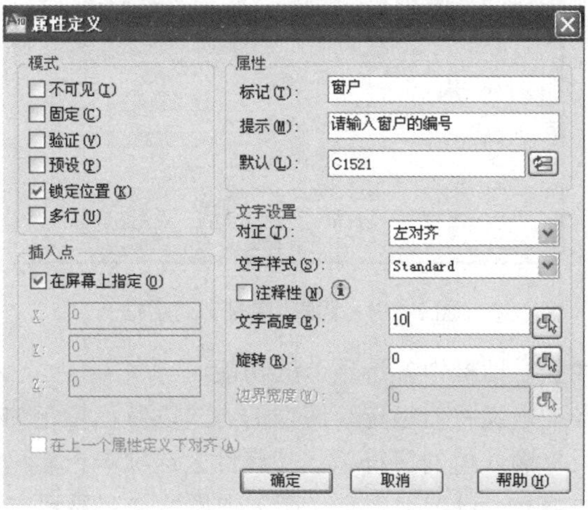

图 7-27 设置【插入点】、【文字设置】选项组

265

图 7-28 为窗户图块创建属性效果图

2. 编辑属性定义

创建完属性后，就可以定义带属性的块。定义带属性的块可以按照如下步骤来进行。

(1) 在命令行中输入 block 命令后按下 Enter 键，或是在菜单栏中选择【绘图】|【块】|【创建】命令，打开【块定义】对话框。

(2) 下面的操作和创建块基本相同，步骤可以参考创建块步骤，在此就不再赘述。

> **注意**
> 先创建"块"，再给这个"块"加上"定义属性"，最后再把两者创建成一个"块"。

3. 编辑块属性

定义带属性的块后，用户需要插入此块，在插入带有属性的块后，还能再次用 attedit 或是 ddatte 命令来编辑块的属性。可以通过如下方法来编辑块的属性。

(1) 在命令行中输入 attedit 或 ddatte 命令后按下 Enter 键，用鼠标选取某块，打开【编辑属性】对话框。

(2) 选择【修改】|【对象】|【属性】|【块属性管理器】菜单命令，打开【块属性管理器】对话框，单击其中的【编辑】按钮，打开【编辑属性】对话框，如图 7-29 所示，用户可以在此对话框中修改块的属性。

图 7-29 【编辑属性】对话框

下面介绍【编辑属性】对话框中各选项卡的功能。

- 【属性】选项卡：定义将值指定给属性的方式以及已指定的值在绘图区域是否可见，然后设置提示用户输入值的字符串。【属性】选项卡也显示标识该属性的标签名称。
- 【文字选项】选项卡：设置用于定义图形中属性文字显示方式的特性。在【特性】选项卡上修改属性文字的颜色。

- 【特性】选项卡：定义属性所在的图层，以及属性行的颜色、线宽和线型。如果图形使用打印样式，可以使用【特性】选项卡为属性指定打印样式。

4. 使用【块属性管理器】

在第3小节中，已经讲解了【块属性管理器】对话框中的编辑块属性，在本小节中将对其功能作具体的讲解。

选择【修改】|【对象】|【属性】|【块属性管理器】菜单命令，打开【块属性管理器】对话框，如图7-30所示。

图 7-30　【块属性管理器】对话框

【块属性管理器】用于管理当前图形中块的属性定义。用户可以通过它在块中编辑属性定义、从块中删除属性以及更改插入块时系统提示用户输入属性值的顺序。

选定块的属性显示在属性列表中，在默认的情况下，【标记】、【提示】、【默认】和【模式】属性特性显示在属性列表中。单击【设置】按钮，用户可以指定想要在列表中显示的属性特性。

对于每一个选定块，属性列表下的说明都会标识在当前图形和在当前布局中相应块的实例数目。

下面讲解【块属性管理器】对话框中各选项、按钮的功能。

- 【选择块】按钮：用户可以使用定点设备从图形区域选择块。当选择【选择块】时，在用户从图形中选择块或按 Esc 键取消之前，对话框将一直关闭。

  如果修改了块的属性，并且未保存所做的更改就选择一个新块，系统将提示在选择其他块之前先保存更改。

- 【块】下拉列表框：可以列出具有属性的当前图形中的所有块定义，用户从中选择要修改属性的块。

- 【在图形中找到】：当前图形中选定块的实例数。

- 【在模型空间中找到】：当前模型空间或布局中选定块的实例数。

- 【设置】按钮：用来打开【块属性设置】对话框，如图7-31所示。从中可以自定义【块属性管理器】中属性信息的列出方式，控制【块属性管理器】中属性列表的外观。

【在列表中显示】选项组指定要在属性列表中显示的特性。此列表中仅显示选定的特性。其中的【标记】特性总是选定的。【全部选择】按钮用来选择所有特性。【全部清除】按钮用来清除所有特性。【突出显示重复的标记】复选框用于打开和关闭复制标记强调。如果选中此复选框，在属性列表中，复制属性标记显示为"红色"。如果取消选中此复选框，则在属性列表中不突出显示重复的标记。【将修改应用到现有参照】复选框指定是否更新正在修改其属性的块的所有现有实例。如果选中该复选框，则通过新属性定义更新此块的所有实例。如果取消选中此复选框，则仅通过新属性定义更新此块的新实例。

- 【应用】按钮：应用用户所做的更改，但不关闭对话框。
- 【同步】按钮：用来更新具有当前定义的属性特性的选定块的全部实例，不会影响每个块中赋给属性的值。
- 【上移】按钮：在提示序列的早期阶段移动选定的属性标签。当选定固定属性时，【上移】按钮不可用。
- 【下移】按钮：在提示序列的后期阶段移动选定的属性标签。当选定常量属性时，【下移】按钮不可使用。

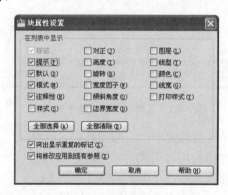

图 7-31 【块属性设置】对话框

- 【编辑】按钮：用来打开【编辑属性】对话框，此对话框的功能已在第 3 小节中做了介绍。
- 【删除】按钮：从块定义中删除选定的属性。如果在单击【删除】按钮之前已选中了【块属性设置】对话框中的【将修改应用到现有参照】复选框，将删除当前图形中全部块实例的属性。对于仅具有一个属性的块，【删除】按钮不可使用。

7.2 外部参照

在前面的内容中我们曾讲述如何以块的形式将一个图形插入到另外一个图形之中。如果把图形作为块插入时，块定义和所有相关联的几何图形都将存储在当前图形数据库中，并且修改原图形后，块不会随之更新。

7.2.1 概述

外部参照(External Reference，Xref)提供了另一种更为灵活的图形引用方法。使用外部参照可以将多个图形链接到当前图形中，并且作为外部参照的图形会随着源图形的修改而更新。此外，外部参照不会明显地增加当前图形的文件大小，从而可以节省磁盘空间，也利于保持系统的性能。

当一个图形文件被作为外部参照插入到当前图形中时，外部参照中每个图形的数据仍然分别保存在各自的源图形文件中，当前图形中所保存的只是外部参照的名称和路径。无论一个外部参照文件多么复杂，AutoCAD 都会把它作为一个单一对象来处理，而不允许进行分解。用户可对外部参照进行比例缩放、移动、复制、镜像或旋转等操作，还可以控制外部参照的显示状态，但这些操作都不会影响到源图形的文件。

AutoCAD 允许在绘制当前图形的同时，显示多达 32 000 个图形参照，并且可以对外部参照进行嵌套，嵌套的层次可以为任意多层。当打开或打印附着有外部参照的图形文件时，AutoCAD 自动对每一个外部参照图形文件进行重载，从而确保每个外部参照图形文件反映的都是它们的最新状态。

7.2.2 使用外部参照

以外部参照方式将图形插入到某一图形(称之为主图形)后，被插入图形文件的信息并不直接加入到主图形中，主图形只是记录参照的关系，例如，参照图形文件的路径等信息。如果外部参照中包含有任何可变块属性，它们将被忽略。另外，对主图形的操作不会改变外部参照图形文件的内容。当打开具有外部参照的图形时，系统会自动把各外部参照图形文件重新调入内存并在当前图形中显示出来。

选择【插入】|【外部参照】菜单命令，打开【外部参照】选项板，如图 7-32 所示。

在 AutoCAD 中，用户可以在【外部参照】选项板中对外部参照进行编辑和管理。用户单击选项板上方的【附着】按钮 旁边的 按钮，如图 7-33 所示，可以添加不同格式的外部参照文件；选择任意一个外部参照文件，打开【附着外部参照】对话框，如图 7-34 所示，在其中进行相应的设置后，单击【确定】按钮，在下方的【详细信息】列表中显示该外部参照的名称、加载状态、文件大小、参照类型、参照日期及参照文件的保存路径等内容，如图 7-35 所示。

图 7-32 【外部参照】选项板

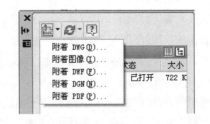

图 7-33 【附着】下拉菜单

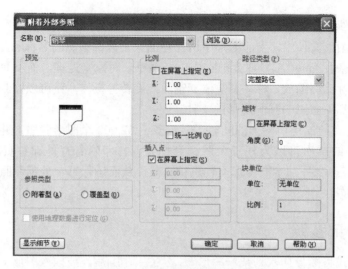

图 7-34 【附着外部参考】对话框

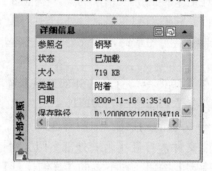

图 7-35 显示外部参照的详细信息

事物总在变化着，当插入的外部参照不能满足我们的需求时，则需要我们对外部参照进行修改。修改，最直接的方法莫过于对外部源文件的修改，如果这样那我们就必须首先查找源文件，然后打开。不过还好，AutoCAD 给我们提供了简便的方式。

选择【工具】|【外部参照和块在位编辑】菜单命令，我们既可以选择【打开参照】方式，也可以选择【在位编辑参照】的方法。

(1) 打开参照。

编辑外部参照最简单、最直接的方法是在单独的窗口中打开参照的图形文件，而无需使用【选择文件】对话框浏览该外部参照。如果图形参照中包含嵌套的外部参照，则将打开选定对象嵌套层次最深的图形参照。这样，用户可以访问该参照图形中的所有对象。

(2) 在位编辑参照。

通过在位编辑参照，可以在当前图形的可视上下文中修改参照。

一般说来，每个图形都包含一个或多个外部参照和多个块参照。在使用块参照时，可以选择块并进行修改，查看并编辑其特性，以及更新块定义。不能编辑使用 minsert 命令插入的块参照。

在使用外部参照时，可以选择要使用的参照，修改其对象，然后将修改保存到参照图形。进行较小修改时，不需要在图形之间来回切换。

> **注意**
>
> 如果打算对参照进行较大修改,则打开参照图形直接修改。如果使用在位参照编辑进行较大修改,会使在位参照编辑任务期间当前图形文件的大小明显增加。

7.2.3 参照管理器

AutoCAD 图形可以参照多种外部文件,包括图形、文字字体、图像和打印配置。这些参照文件的路径保存在每个 AutoCAD 图形中。有时可能需要将图形文件或它们参照的文件移动到其他文件夹或磁盘驱动器中,这时就需要更新保存的参照路径。打开每个图形文件,然后手动更新保存的每个参照路径是一个冗长乏味的过程。但是我们是幸运的,AutoCAD 给我们提供了有效工具。

Autodesk 参照管理器提供了多种工具,可以列出选定图形中的参照文件,可以修改保存的参照路径而不必打开 AutoCAD 中的图形文件。利用参照管理器,可以轻松地标识并修复包含未融入参照的图形。但它依然有其限制。参照管理器当前并非对图形所参照的所有文件都提供支持。不受支持的参照包括与文字样式无关联的文字字体、OLE 链接、超级链接、数据库文件链接、PMP 文件以及 Web 上的 URL 的外部参照。如果参照管理器遇到 URL 的外部参照,它会将参照报告为未找到。

参照管理器是单机应用程序,可以从桌面上选择【开始】|【程序】| Autodesk AutoCAD 2010-Simplified Chinese |【参照管理器】命令,打开【参照管理器】窗口,如图 7-36 所示。

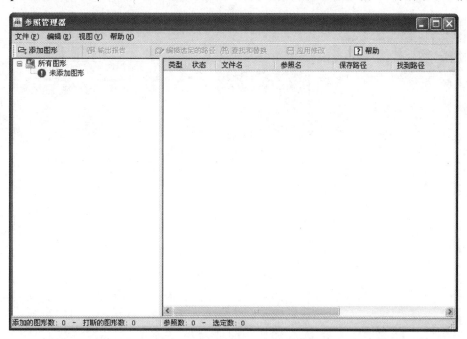

图 7-36 【参照管理器】窗口

当我们双击右侧信息条后,将会出现【编辑选定的路径】对话框,如图 7-37 所示。

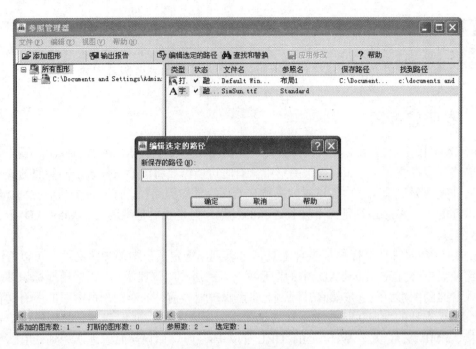

图 7-37 设置新路径

选择存储路径并单击【确定】按钮后,【参照管理器】的可应用项发生改变,如图 7-38 所示。

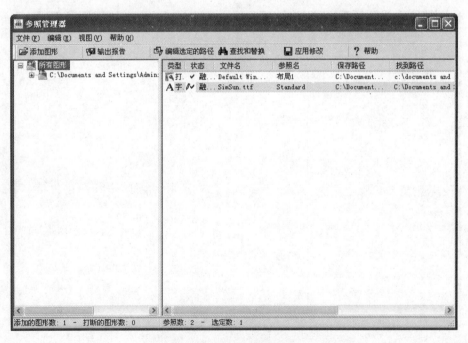

图 7-38 部分功能按钮启用

单击【应用修改】按钮后,打开新对话框,如图 7-39 所示。

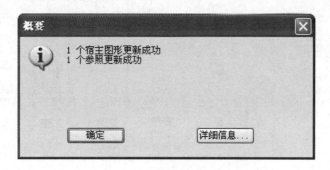

图 7-39 【概要】对话框

单击【详细信息】按钮,可以查看具体内容,如图 7-40 所示。

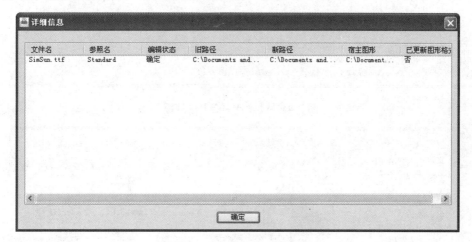

图 7-40 【详细信息】窗口

7.3 AutoCAD 设计中心

AutoCAD 设计中心为用户提供了一个直观且高效的管理工具,它与 Windows 资源管理器类似。

7.3.1 利用设计中心打开图形

利用设计中心打开图形的主要操作方法如下。
- 选择【工具】|【选项板】|【设计中心】菜单命令。
- 在【视图】选项卡中单击【选项板】面板中的【设计中心】按钮。
- 在命令行中输入 Adcenter 命令后并按下 Enter 键。

执行以上任一操作,都将出现如图 7-41 所示的【设计中心】选项板。

从【文件夹列表】中任意找到一个 AutoCAD 文件,用鼠标右键单击选择的文件,在弹出的快捷菜单中选择【在应用程序窗口中打开】命令,将图形打开,如图 7-42 所示。

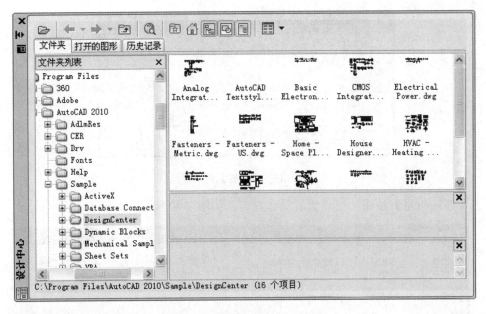

图 7-41 【设计中心】选项板

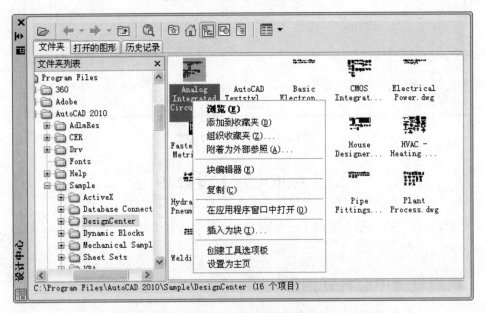

图 7-42 选择【在应用程序窗口中打开】命令

7.3.2 通过设计中心插入常用图块

通过设计中心在当前图形或其他图形中插入块后可以拖放块名以快速放置,双击块名以指定块的精确位置、旋转角度和缩放比例。

使用设计中心插入块时,其操作步骤如下。

(1) 打开一个 dwg 图形文件。

(2) 打开【设计中心】选项板,其方法有以下几种。

- 在菜单栏上选择【工具】|【选项板】|【设计中心】命令。

- 单击【标准】工具栏上的【设计中心】按钮。
- 按下 Ctrl+2 组合键。

(3) 在【文件夹列表】列表框中，双击要插入到当前图形中的图形文件，在右边栏中会显示出图形文件所包含的标注样式、文字样式、图层、块等内容，如图 7-43 所示。

图 7-43　【设计中心】选项板

(4) 双击【块】，显示出图形中包含的所有块，如图 7-44 所示。

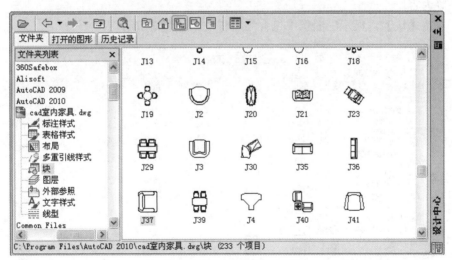

图 7-44　显示所有块的【设计中心】选项板

(5) 双击要插入的块，会出现【插入】对话框，如图 7-45 所示。

(6) 在【插入】对话框中可以指定插入点的位置、旋转角度和比例等，设置完成后单击【确定】按钮，返回当前图形，完成对块的插入。

图 7-45 【插入】对话框

7.3.3 设计中心的拖放功能

可以把其他文件中的块、文字样式、标注样式、表格、外部参照、图层和线型等复制到当前文件中，具体操作步骤如下。

(1) 新建一个文件，将其保存为名为"拖放.dwg"的文件，下面的操作是把块拖放到该文件中。

(2) 在【选项板】面板上单击【设计中心】按钮，打开【设计中心】选项板。

(3) 双击要插入到当前图形中的图形文件，内容区域是图形中包含的标注样式、文字样式、图层、块等内容。

(4) 双击【块】，显示出图像中包含的所有块，如图 7-46 所示。

图 7-46 显示图像包含的块

(5) 拖动"J19"到当前图形，可以把块复制到"拖放.dwg"文件中，如图 7-47 所示。

(6) 按住 Ctrl 键，选择要复制的所有图层设置，然后按住鼠标左键拖动到当前文件的绘图区，这样就可以把图层设置一并复制到"拖放.dwg"文件中。

第 7 章
图块操作和对象查询

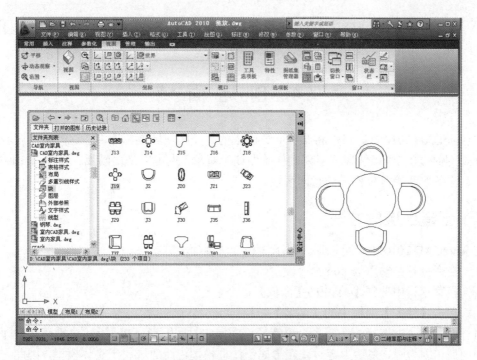

图 7-47　拖放块到当前图形

7.3.4　利用设计中心引用外部参照

外部参照即将一文件作为外部参照插入到另一文件中，具体的操作步骤如下。

(1) 新建并保存一个名为"外部参照.dwg"的图形文件。

(2) 在【选项板】面板上单击【设计中心】按钮，打开【设计中心】选项板。

(3) 在【文件夹列表】中找到"Kitchens.dwg"文件所在目录，在右边的文件显示栏中，右击该文件，在弹出的快捷菜单中选择【附着为外部参照】命令，打开【附着外部参照】对话框，如图 7-48 所示。

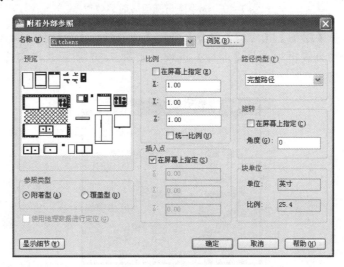

图 7-48　【附着外部参照】对话框

277

(4) 在【附着外部参照】对话框中进行外部参照设置，设置完成后，单击【确定】按钮，返回到绘图区，指定插入图形的位置，"Kitchens.dwg"就被插入到了当前图形中。

7.4 创建面域

在 AutoCAD 2010 中，可以将某些对象围成的封闭区域转换为面域，这些封闭区域可以是圆、椭圆、封闭的二维多线段或封闭的样条曲线等对象，也可以是由圆弧、直线、二维多段线、椭圆弧、样条曲线等对象构成的封闭区域。

7.4.1 创建面域的方法

在 AutoCAD 2010 中，可以通过以下 3 种方法创建面域。
- 在命令行中输入 region 命令。
- 在菜单栏中选择【绘图】|【面域】命令。
- 单击【绘图】面板中的【面域】按钮 ◎。

执行面域命令，选择一个或多个要转换为面域的封闭图形，按下 Enter 键确认，即可将其转换为面域。因为圆、多边形等封闭图形属于线框模型，而面域属于实体模型，因此它们在选中时表现的形式也有区别。如图 7-49 所示为选择圆和圆面域的效果。

(a) 圆   (b) 圆面域

图 7-49　选中圆与圆面域时的效果

在菜单栏中选择【绘图】|【边界】命令，弹出【边界创建】对话框，可以在其中定义面域，在【对象类型】下拉列表框中选择【面域】选项，如图 7-50 所示，单击【确定】按钮，创建的图形将为一个面域。

图 7-50　【边界创建】对话框

面域总是以线框形式显示，可以对其进行复制、移动和旋转等编辑操作，但在创建面域时，如果系统变量 DELOBJ 的值为 1，AutoCAD 在定义了面域后将删除原始对象；如果系统变量 DELOBJ 的值为 0，则不删除原始对象。用户还可以根据需要在菜单栏中选择【修改】|【分解】命令，将面域转换成相应的组成图形。

7.4.2 计算面域

在 AutoCAD 2010 中，用户可以对面域进行并集、差集和交集 3 种布尔运算。布尔运算是数学上的一种逻辑运算，在 AutoCAD 中绘制图形时使用布尔运算，可以提高绘图效率，尤其是在绘制比较复杂的图形时其作用更加明显。执行布尔运算后的图形效果如图 7-51 所示。

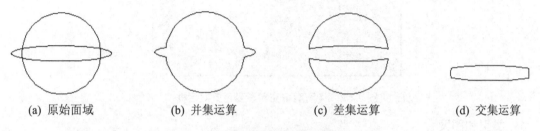

(a) 原始面域　　(b) 并集运算　　(c) 差集运算　　(d) 交集运算

图 7-51　面域的布尔运算

在 AutoCAD 2010 中，主要的布尔运算含义如下。
- 并集运算：面域的并集运算，将选择的面域相交的部分删除，并将其合并为一个整体。
- 差集运算：面域的差集运算，在选择的面域上减去与之相交或不相交的其他面域。
- 交集运算：面域的交集运算，保留选择的面域相交的部分，删除不相交的部分。

7.5　图 案 填 充

在机械绘图中，经常需要将某种特定的图案填充到某个区域，从而表达该区域的特征，这种填充操作称为图案填充。图案填充的应用非常广泛，例如，在机械工程图中，可以用图案填充表达一个剖面的区域，也可以使用不同的图案填充来表达不同的零部件或材料。

7.5.1　设置图案填充

在 AutoCAD 2010 中，可以通过以下 3 种方法设置图案填充。
- 在命令行中输入 bhatch 命令后并按下 Enter 键。
- 在菜单栏中选择【绘图】|【图案填充】命令。
- 单击【绘图】面板中的【图案填充】按钮。

使用以上任意一种方法，均能打开【图案填充和渐变色】对话框，在其中的【图案填充】选项卡中，可以设置图案填充时的类型和图案、角度和比例等特性，如图 7-52 所示。

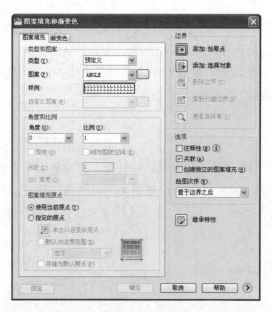

图 7-52 【图案填充和渐变色】对话框

1. 类型和图案

在【图案填充】选项卡的【类型和图案】选项组中，可以设置图案填充的类型和图案，其中各主要选项的含义如下。

- 【类型】下拉列表框：其中包括【预定义】、【用户定义】和【自定义】3 个选项。选择【预定义】选项，可以使用 AutoCAD 提供的图案；选择【用户定义】选项，则需要临时定义图案，该图案由一组平行线或者相互垂直的两组平行线组成；选择【自定义】选项，可以使用事先定义好的图案。
- 【图案】下拉列表框：设置填充的图案，当在【类型】下拉列表框中选择【预定义】选项时该项可用。在该下拉列表框中可以根据图案名选择图案，也可以单击右边的按钮，弹出【填充图案选项板】对话框，如图 7-53 所示，在其中，用户可根据需要进行相应的选择。

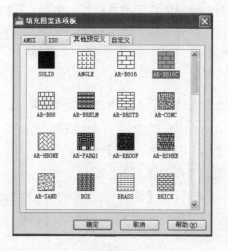

图 7-53 【填充图案选项板】对话框

- 【样例】预览框：显示当前选中的图案样例，单击该预览框，也可以弹出【填充图案选项板】对话框。
- 【自定义图案】下拉列表框：在【类型】下拉列表框中选择【自定义】选项时，该选项可用。

2．角度和比例

在【图案填充】选项卡的【角度和比例】选项组中，可以设置用户所定义类型的图案填充的角度和比例等参数等，其中各主要选项的含义如下。

- 【角度】下拉列表框：设置图案填充的旋转角度。
- 【比例】下拉列表框：设置图案填充时的比例值。
- 【相对图纸空间】复选框：设置填充平行线之间的距离。当在【类型】下拉列表框中选择【用户定义】选项时，该复选框才可用。
- 【ISO 笔宽】下拉列表框：设置笔的宽度。当填充图案采用 ISO 图案时，该项才可用。

3．图案填充原点

在【图案填充】选项卡的【图案填充原点】选项组中，可以设置图案填充原点的位置，因为许多图案填充需要对齐边界上的某一个点。该选项组中各主要选项的含义如下。

- 【使用当前原点】单选按钮：可以使用当前 UCS 的坐标原点(0,0)作为图案填充原点。
- 【指定的原点】单选按钮：可以指定一个点作为图案填充原点。

4．边界

在【图案填充】选项卡的【边界】选项组中包括【拾取一个内部点】、【选择对象】等按钮，各主要按钮的含义如下。

- 【拾取一个内部点】按钮：以拾取点的形式来指定填充区域的边界。
- 【选择对象】按钮：单击该按钮，将切换到绘图区域，可以通过选择对象的方式来定义填充区域。
- 【删除边界】按钮：单击该按钮，可以取消系统自动计算或用户指定的边界。
如图 7-54 所示为包含边界与删除边界的效果对比图。

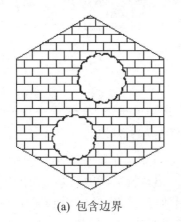
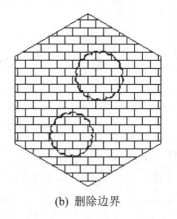

(a) 包含边界　　　　　　　　　　　(b) 删除边界

图 7-54　图案填充效果对比图

- 【重新创建边界】按钮：重新创建图案填充的边界。
- 【查看选择集】按钮：查看已定义的填充边界。单击该按钮，将切换到绘图区域，已定义的填充边界将显亮。

5．选项及其他功能

【图案填充】选项卡的【选项】选项组中各主要选项的含义如下。

- 【注释性】复选框：该复选框用于将图案定义为可注释对象。
- 【关联】复选框：该复选框用于创建边界时随之更新的图案和填充。
- 【创建独立的图案填充】复选框：该复选框用于创建独立的图案填充。
- 【绘图次序】下拉列表框：该下拉列表框用于指定图案填充的绘图顺序，图案填充可以放在图案填充边界及所有其他对象之后或之前。

7.5.2 设置孤岛

在进行图案填充时，通常将位于一个已定义好的填充区域内的封闭区域称为孤岛。单击【图案填充和渐变色】对话框右下角的【更多选项】按钮，将显示更多选项，可以设置孤岛和边界，如图 7-55 所示。

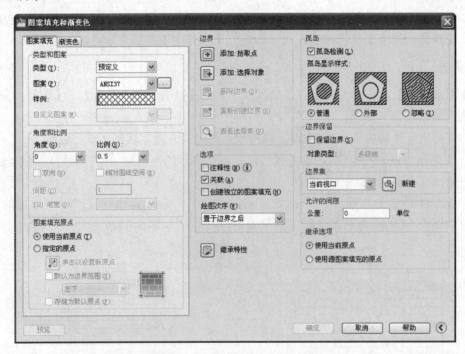

图 7-55 展开的【图案填充和渐变色】对话框

在【孤岛】选项组中，选中【孤岛检测】复选框，可以指定在最外层边界内填充对象的方法，包括【普通】、【外部】和【忽略】3 种填充方法，各填充方法的效果图如图 7-56 所示。

- 【普通】方式：从最外边界向里填充图形，遇到与之相交的内部边界时断开填充线，遇到下一个内部边界时再继续绘制填充线，系统变量 HPNAME 设置为 N。
- 【外部】方式：从最外边界向里填充图形，遇到与之相交的内部边界时断开填充线，不再继续往里填充图形，系统变量 HPNAME 设置为 0。
- 【忽略】方式：忽略边界内的对象，所有内部结构都被填充线覆盖，系统变量 HPNAME 设置为 1。

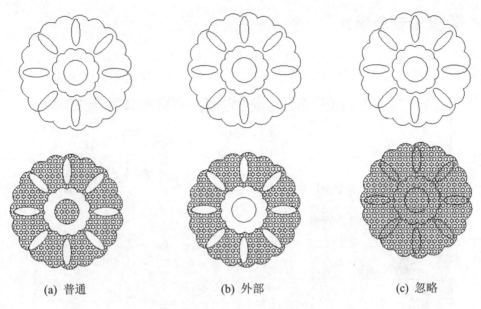

(a) 普通　　　　　　　　(b) 外部　　　　　　　　(c) 忽略

图 7-56　孤岛的 3 种填充效果

> **注　意**
>
> 以【普通】方式填充图形时，如果填充边界内有诸如文字、属性这样的特殊对象，且在选择填充边界时也选择了它们，填充时图案填充在这些对象处会自动断开，如图 7-57 所示。

图 7-57　包含文字对象的图案填充

展开【图案填充和渐变色】对话框后，其他各主要选项的含义如下。
- 【边界保留】选项组：可以定义填充的对象集，AutoCAD 将根据这些对象来确定填充边界。默认情况下，系统根据【当前视口】中的所有可见对象确定填充边界。也可以单击【选择新边界集】按钮，切换到绘图区域，然后通过指定对象类型定义边界集，此时【边界集】下拉列表框中将显示【现有集合】选项。
- 【允许的间隙】选项组：通过【公差】文本框设置填充时填充区域所允许的间隙大小。在该参数范围内，可以将一个几乎封闭的区域看作是一个封闭的填充边界，默认值为

0，这时填充对象必须是完全封闭的区域。
- 【继承选项】选项组：用于确定在使用继承属性创建图案填充时图案填充原点的位置，可以是当前原点或原图案填充的原点。

7.5.3 设置渐变色填充

切换到【图案填充和渐变色】对话框中的【渐变色】选项卡，如图 7-58 所示，在其中可以创建单色或双色渐变色，并对图形进行填充。其中各主要选项的含义如下。

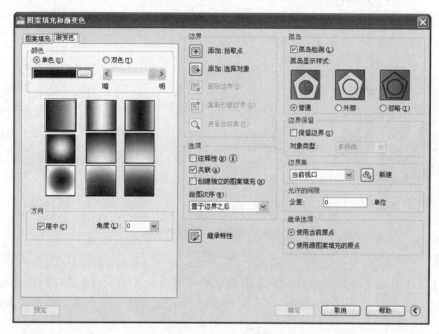

图 7-58 【渐变色】选项卡

- 【单色】单选按钮：选中该单选按钮，可以使用颜色从较深着色到较浅着色调平滑过渡的单色填充。
- 【双色】单选按钮：选中该单选按钮，可以指定在两种颜色之间平滑过渡的双色渐变填充，如图 7-59 所示。

(a) 单色渐变填充　　　　　　　　　(b) 双色渐变填充

图 7-59 渐变色填充图形

- 【角度】下拉列表框：在该下拉列表框中选择相应的选项，可以相对当前 UCS 指定渐变色的角度。
- 在【颜色】和【方向】选项组的中间是【渐变图案】预览框：在该预览框中显示当前设置的渐变色效果。

7.5.4 编辑图案填充

创建图案填充后，如果需要修改填充区域的边界，可以选择【修改】|【对象】|【图案填充】菜单命令，然后在绘图区域中单击需要编辑的图案填充对象，这时将弹出【图案填充编辑】对话框，如图 7-60 所示，可以看出【图案填充编辑】对话框与【图案填充和渐变色】对话框的内容基本相同，只是某些选项被禁止使用，在其中只能修改图案、比例、旋转角度和关联性等。

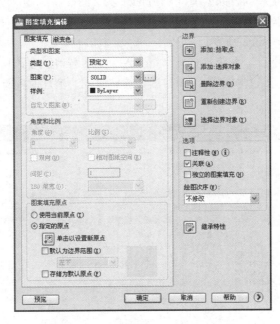

图 7-60 【图案填充编辑】对话框

注意：在编辑图案填充时，系统变量 PICKSTYLE 起着重要的作用，其值有 4 个，各值的主要作用如下。

- "0"：禁止编组或关联图案选择，即当用户选择图案时仅选择了图案自身，而不会选择与之关联的对象。
- "1"：允许编组对象，即图案可以被加入到对象编组中，是 PICKSTYLE 的默认设置。
- "2"：允许关联的图案选择。
- "3"：允许编组和关联的图案选择。

7.5.5 分解填充的图案

图案是一种特殊的块，称为匿名块，无论形状多么复杂，它都是一个单独的对象。可以选择【修改】|【分解】菜单命令，来分解一个已存在的关联图案。图案被分解后，它将不再是一

个单一的对象,而是一组组成图案的线条,同时,分解后图案也失去了与图形的关联性,因此,将无法再使用【修改】|【对象】|【图案填充】菜单命令来编辑。

7.6 查询对象

查询对象是通过查询命令查询对象的时间、状态、列表、距离、面积及周长、质量特征等信息,以便编辑和修改图形对象。

7.6.1 查询时间

通过时间查询命令能查询到显示图形的日期和时间统计信息、图形的编辑时间、最后一次修改时间等信息。执行【查询时间】命令的方法有以下两种。

- 在菜单栏中选择【工具】|【查询】|【时间】命令。
- 在命令行中输入 time 命令。

当执行查询时间命令后,系统将打开 AutoCAD 文本窗口。在该窗口中显示了当前时间、图形编辑次数、创建时间、上次更新时间、累计编辑时间、消耗时间计时器和下次自动保存时间等信息,如图 7-61 所示。

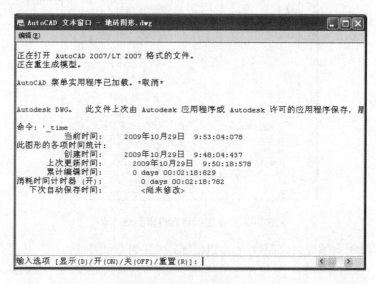

图 7-61　显示查询时间结果的 AutoCAD 文本窗口

7.6.2 查询状态

通过状态查询命令将查询到当前图形中对象的数目、磁盘空间等信息。

查询显示图形的状态首先需要执行查询状态命令,其方法有以下两种。

- 在菜单栏中选择【工具】|【查询】|【状态】命令。
- 在命令行中输入 status 命令。

当执行查询状态命令后,系统将打开 AutoCAD 文本窗口。在该窗口中显示当前图形中对象的数目、磁盘空间等信息,如图 7-62 所示。

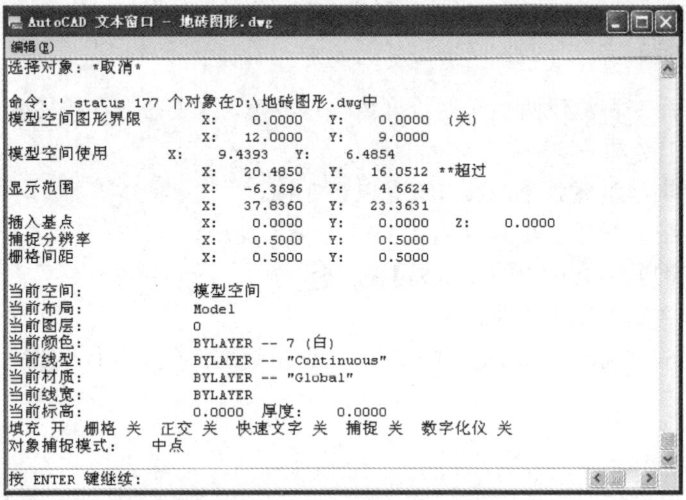

图 7-62 显示查询状态结果的 AutoCAD 文本窗口

7.6.3 查询列表

通过查询列表将查询到 AutoCAD 图形对象的信息，包括图形各个点的坐标值、长度、面积、周长、所在图层等。

查询列表的信息先要执行列表显示命令，其方法有以下 3 种。

- 在菜单栏中选择【工具】|【查询】|【列表显示】命令。
- 单击【查询】工具栏中的【列表】按钮 。
- 在命令行中输入 list 命令。

执行列表显示命令后，命令行将提示："选择对象："，用户在选择需要查询的对象后，按下 Enter 键，系统将打开 AutoCAD 文本窗口，显示当前选择对象的所有信息，如图 7-63 所示。

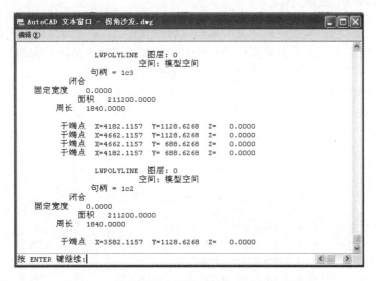

图 7-63 显示查询列表结果的 AutoCAD 文本窗口

7.6.4 查询距离

通过查询距离命令将测量两点间的长度值与角度值。这个命令在绘图和图纸查看过程中经常用到。

查询距离先要执行距离命令，其方法有以下 3 种。

- 在菜单栏中选择【工具】|【查询】|【距离】命令。
- 单击【查询】工具栏中的【距离】按钮。
- 在命令行中输入 dist 命令。

如要查询图 7-64 所示的样条曲线中 A、B 两点间距离，在命令行中输入 dist 命令后，命令行窗口提示如下：

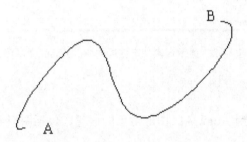

图 7-64　样条曲线

```
命令: dist
指定第一点:                                                      //捕捉 A 点
指定第二个点或 [多个点(M)]:                                       //捕捉 B 点
距离 = 2365.1995，XY 平面中的倾角 = 28，  与 XY 平面的夹角 = 0    //查询结果
X 增量 = 2097.9098，  Y 增量 = 1092.2193，  Z 增量 = 0.0000       //查询结果
```

7.6.5 查询面积及周长

通过查询面积及周长命令即可测量对象的面积和周长值。这个命令在绘图和图纸查看过程中也经常用到，特别是在进行预算报价的过程中需要使用该命令测量准确的面积和周长。

查询对象面积及周长先要执行面积命令，其方法有以下两种。

- 在菜单栏中选择【工具】|【查询】|【面积】命令。
- 在命令行中输入 area 命令。

如要查询图 7-65 所示的中式顶棚的周长和面积，在命令行输入 area 命令后，命令行窗口提示如下：

```
命令: area
指定第一个角点或 [对象(O)/增加面积(A)/减少面积(S)] <对象(O)>:         //捕捉 A 点
指定下一个点或 [圆弧(A)/长度(L)/放弃(U)]:b                            //捕捉 B 点
指定下一个点或 [圆弧(A)/长度(L)/放弃(U)]:c                            //捕捉 C 点
指定下一个点或 [圆弧(A)/长度(L)/放弃(U)/总计(T)] <总计>:d             //捕捉 D 点
指定下一个点或 [圆弧(A)/长度(L)/放弃(U)/总计(T)] <总计>:e             //捕捉 E 点
指定下一个点或 [圆弧(A)/长度(L)/放弃(U)/总计(T)] <总计>:f             //捕捉 F 点
指定下一个点或 [圆弧(A)/长度(L)/放弃(U)/总计(T)] <总计>:g             //捕捉 G 点
```

```
指定下一个点或 [圆弧(A)/长度(L)/放弃(U)/总计(T)] <总计>:h     //捕捉 H 点
指定下一个点或 [圆弧(A)/长度(L)/放弃(U)/总计(T)] <总计>:a     //捕捉 A 点
指定下一个点或 [圆弧(A)/长度(L)/放弃(U)/总计(T)] <总计>:E     //按下 Enter 键
面积 = 1018233.7649，周长 = 3673.7610                        //查询结果
```

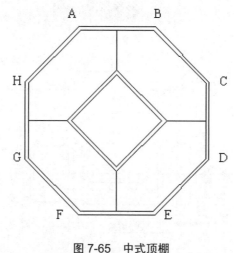

图 7-65 中式顶棚

> **注 意**
> 封闭图形可以查询面积。注意在测量周长值的过程中不能对线段进行重复选择，否则会计算出错。

7.6.6 查询质量特性

通过质量特性查询命令可以查询所选对象(实体或面域)的质量特性，包括质量、体积、边界框、惯性矩、惯性积和旋转半径等信息，并询问是否将分析结果写入文件。但是该命令只适用于三维对象或面域。

查询对象质量特性首先需要执行质量特性命令，其方法有以下两种。

- 在菜单栏中选择【工具】|【查询】|【面域/质量特性】命令。
- 在命令行中输入 massprop 命令。

执行质量特性命令后，命令行将提示："选择对象："，用户选择对象后，系统将打开 AutoCAD 文本窗口，显示当前选择对象的质量特性信息。

7.7 设计小范例

本小节将以一个小的设计范例来介绍零件图的图块操作与查询对象的具体操作。这个范例是在图 7-66 所示的轴零件图的基础上，为其插入 A4 边框，并将轴零件图设置为块，下面讲解其具体的操作步骤。

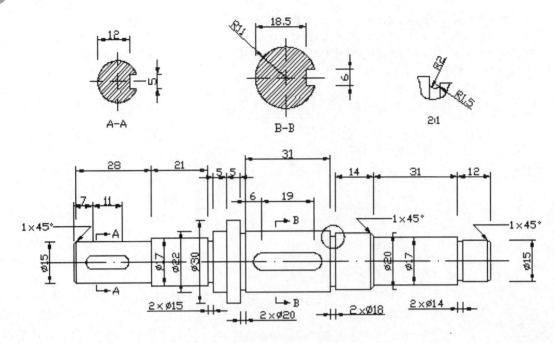

图 7-66 轴零件图

7.7.1 插入 A4 图框

(1) 在菜单栏中选择【插入】|【块】命令。打开如图 7-67 所示的【插入】对话框。

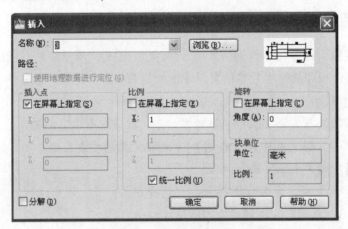

图 7-67 【插入】对话框

(2) 单击【浏览】按钮，打开【选择图形文件】对话框，选择【A4 图框】图块文件，然后单击【打开】按钮，返回【插入】对话框，如图 7-68 所示。

(3) 在【比例】选项组中，选中【在屏幕上指定】复选框，其他默认。

(4) 单击【确定】按钮，关闭【插入】对话框，命令行窗口提示如下。

```
命令: _insert
指定插入点或 [基点(B)/比例(S)/X/Y/Z/旋转(R)]:        //在绘图区中合适的位置单击
```

插入图框后的效果如图 7-69 所示。

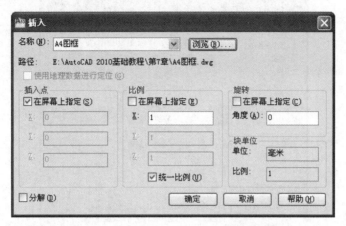

图 7-68 选择【A4 图框】图块后的对话框

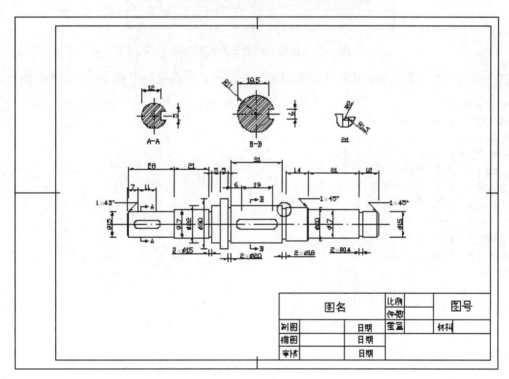

图 7-69 插入 A4 图框后效果

7.7.2 将图形创建为外部图块

(1) 在命令行中输入 wblock 命令后按下 Enter 键，打开【写块】对话框。

(2) 单击【基点】选项组中的【拾取点】按钮，在视图中拾取轴的左下角。系统返回到【写块】对话框，并在【基点】选项组中显示出基点的 X、Y 和 Z 坐标，如图 7-70 所示。

图 7-70 拾取点后显示的基点坐标

(3) 单击【对象】选项组中的【选择对象】按钮，再在视图中依次单击轴的每条线。

命令: wblock
选择对象: 找到 1 个
选择对象: 找到 1 个，总计 2 个
选择对象: 找到 1 个，总计 3 个
选择对象: 找到 1 个，总计 4 个
选择对象: 找到 1 个，总计 5 个
选择对象: 找到 1 个，总计 6 个
选择对象: 找到 1 个，总计 7 个
选择对象: 找到 1 个，总计 8 个
选择对象: 找到 1 个，总计 9 个
选择对象: 找到 1 个，总计 10 个
选择对象: 找到 1 个，总计 11 个
选择对象: 找到 1 个，总计 12 个
...
选择对象: 找到 1 个，总计 53 个
选择对象: 找到 1 个，总计 54 个
选择对象: //按下 Enter 键

(4) 系统返回到【写块】对话框。并在【对象】选项组中选中【转换为块】单选按钮，如图 7-71 所示，然后单击【确定】按钮即可。

(5) 单击【目标】选项组中【文件名和路径】下拉列表框后的【选择标准的文件选择对话框】按钮。选择想要保存的位置并输入图块名称。

在其他图形文件中，可通过在菜单栏中选择【插入】|【块】命令，插入刚刚创建好的名为【轴】的图块。

图 7-71 选择对象后，选中【转换为块】单选按钮

7.7.3 查询对象操作

(1) 查询轴的总长度，在命令行中输入 dist 命令后，命令行窗口提示如下：

命令: dist
指定第一点：   //捕捉轴的最左端直线中点
指定第二个点或 [多个点(M)]：   //捕捉轴的最右端直线中点
距离 =154.0000，XY 平面中的倾角 =0， 与 XY 平面的夹角 =0
X 增量 =154.0000， Y 增量 =0.0000， Z 增量 =0.0000   //系统查询结果

(2) 查询如图 7-72 所示的 A—A 截面面积及周长。

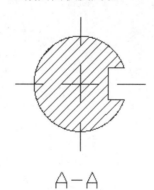

图 7-72 A—A 截面

在命令行中输入 area 命令后，命令行窗口提示如下：

命令: area
指定第一个角点或 [对象(O)/增加面积(A)/减少面积(S)] <对象(O)>: o   //选择【对象】选项
选择对象：   //单击 A—A 剖面的内部
面积 =162.4211，周长 =52.1685   //查询结果

7.8 本章小结

本章主要讲解了内部与外部图块的创建,插入图块的方法以及图块属性的相关知识;对外部参照做了简要的介绍;另外还对 AutoCAD 设计中心的作用、面域的创建及图案填充知识的讲解,然后讲解了查询对象,包括查询时间、状态、列表、距离等,在最后的范例中将上述内容进行了实际的应用,有助于读者的学习。

第 8 章

图纸打印输出

打印是将绘制好的图形用打印机或绘图仪绘制出来,本章主要讲解图纸的打印和输出的方法。通过本章的学习,读者应该掌握如何添加与配置绘图设备、如何设置打印样式、如何设置页面以及如何打印绘图文件。

本章主要内容

- 打印图纸
- 图形输出
- 打印输出范例

8.1 打印工程图

在 AutoCAD 2010 中打印图纸既可以在模型空间中打印，也可以在布局空间中打印。模型空间是用户创建和编辑图形的空间。在默认情况下，用户从模型空间打印输出图形。布局是一种图纸空间环境，它模拟图纸页面，提供直观的打印设置。在布局中可以创建并放置视口对象，还可以添加标题栏或其他几何图形。布局显示的图形与图纸页面上打印出来的图形完全一样。

8.1.1 模型空间和图纸空间

AutoCAD 最有用的功能之一就是可以在两个环境中完成绘图和设计工作，即"模型空间"和"图纸空间"。模型空间又可分为平铺式的模型空间和浮动式的模型空间。大部分设计和绘图工作都是在平铺式模型空间中完成的，而图纸空间是模拟手工绘图的空间，它是为绘制平面图而准备的一张虚拟图纸，是一个二维空间的工作环境，在其中可规划视图的大小和位置，也就是将模型空间中不同视角下产生的视图或具有不同比例因子的视图在一张图纸上表现出来。从某种意义上来说，图纸空间就是为布局图面、打印出图而设计的，还可在其中添加诸如边框、注释、标题和尺寸标注等内容。

在状态栏中，单击【快速查看布局】按钮 ，出现【模型】选项卡以及一个或多个【布局】选项卡，如图 8-1 所示。

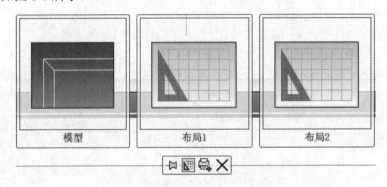

图 8-1 【模型】选项卡和【布局】选项卡

在模型空间和图纸空间都可以进行输出设置，而且它们之间的转换也非常简单，单击【模型】选项卡或【布局】选项卡就可以在它们之间进行切换，如图 8-2 所示。

可以根据坐标标志来区分模型空间和图纸空间，当处于模型空间时，屏幕显示 UCS 标志，当处于图纸空间时，屏幕显示图纸空间标志，即一个直角三角形，所以旧的版本将图纸空间又称作"三角视图"。

> **注意**
> 模型空间和图纸空间是两种不同的制图空间，在同一个图形中是无法同时在这两个环境中工作的。

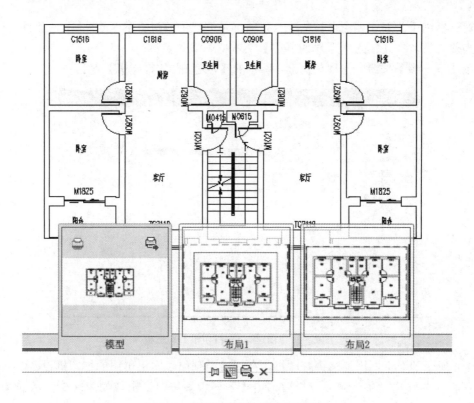

图 8-2 模型空间和图纸空间的切换

8.1.2 在图纸空间中创建布局

在 AutoCAD 中，可以用【布局向导】命令来创建新布局，也可以用 LAYOUT 命令以模板的方式来创建新布局，这里将主要介绍以向导方式创建布局的过程。具体有以下两种方法：
- 选择【插入】|【布局】|【创建布局向导】菜单命令。
- 在命令行中输入 layoutwizard 命令后按下 Enter 键。

执行上述任一操作后，AutoCAD 会打开如图 8-3 所示的【创建布局-开始】对话框。

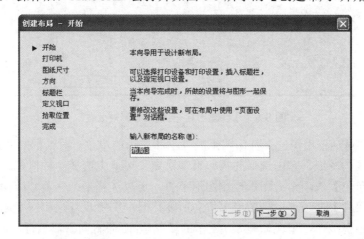

图 8-3 【创建布局-开始】对话框

该对话框用于为新布局命名。左边一列项目是创建中要进行的 8 个步骤，前面标有三角符号的是当前步骤。在【输入新布局的名称】文本框中输入名称。

单击【下一步】按钮，出现如图 8-4 所示的【创建布局-打印机】对话框。

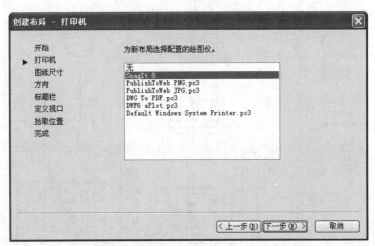

图 8-4 【创建布局-打印机】对话框

图 8-4 所示的对话框用于选择打印机，在列表中列出了本机可用的打印机设备，从中选择一种打印机作为输出设备。完成选择后单击【下一步】按钮，出现如图 8-5 所示的【创建布局-图纸尺寸】对话框。

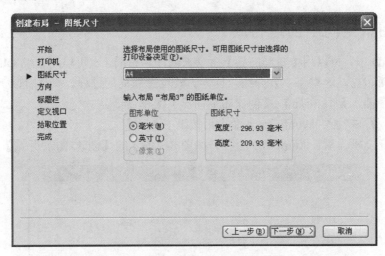

图 8-5 【创建布局-图纸尺寸】对话框

图 8-5 所示的对话框用于选择打印图纸的大小和所用的单位。对话框的下拉列表框中列出了可用的各种格式的图纸，它由选择的打印设备决定，可从中选择一种格式。

- 【图形单位】选项组：用于控制图形单位，可以选择毫米、英寸或像素。
- 【图纸尺寸】选项组：当图形单位有所变化时，图形尺寸也相应变化。

单击【下一步】按钮，出现如图 8-6 所示的【创建布局-方向】对话框。

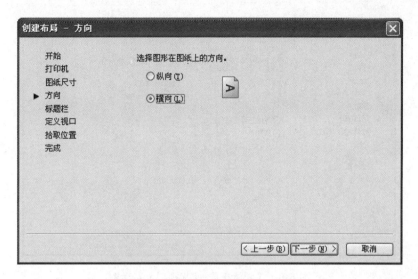

图 8-6 【创建布局-方向】对话框

此对话框用于设置打印的方向，两个单选按钮分别表示不同的打印方向。
- 【横向】单选按钮：表示按横向打印。
- 【纵向】单选按钮：表示按纵向打印。

完成打印方向设置后，单击【下一步】按钮，出现如图 8-7 所示的【创建布局-标题栏】对话框。

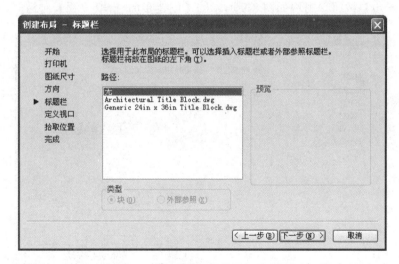

图 8-7 【创建布局-标题栏】对话框

此对话框用于选择图纸的边框和标题栏的样式。
- 【路径】列表框：列出了当前可用的样式，可从中选择一种。
- 【预览】选项组：显示所选样式的预览图像。
- 【类型】选项组：可指定所选择的标题栏图形文件是作为块还是作为外部参照插入到当前图形中。

单击【下一步】按钮，出现如图 8-8 所示的【创建布局-定义视口】对话框。

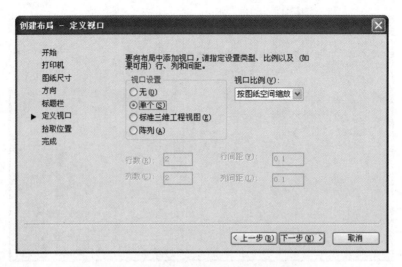

图 8-8　【创建布局-定义视口】对话框

此对话框可指定新创建的布局默认视口设置和比例等。分以下两组设置。
- 【视口设置】：用于设置当前布局定义视口数。
- 【视口比例】：用于设置视口的比例。

选中【阵列】单选按钮，则下面的文本框变为可用，分别输入视口的行数和列数，以及视口的行间距和列间距。

单击【下一步】按钮，出现如图 8-9 所示的【创建布局-拾取位置】对话框。

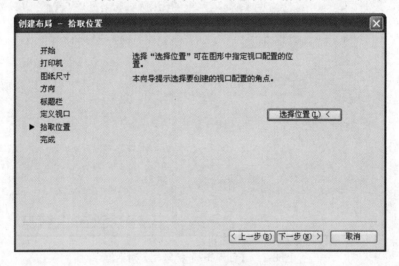

图 8-9　【创建布局-拾取位置】对话框

此对话框用于制定视口的大小和位置。单击【选择位置】按钮，系统将暂时关闭该对话框，返回到图形窗口，从中制定视口的大小和位置。选择恰当的适口大小和位置以后，出现如图 8-10 所示的【创建布局-完成】对话框。

如果对当前的设置都很满意，单击【完成】按钮完成新布局的创建，系统自动返回到布局空间，显示新创建的布局。

除了可以使用上面的导向创建新的布局外，还可以使用 LAYOUT 命令在命令行创建布局。

用该命令能以多种方式创建新布局,如从已有的模板开始创建、从已有的布局开始创建或从头开始创建。另外,还可以用该命令管理已创建的布局,如删除、改名、保存以及设置等。

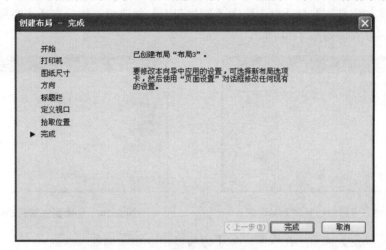

图 8-10 【创建布局-完成】对话框

8.1.3 编辑和管理布局

创建好布局之后,用户可根据需要对布局进行复制、删除、重命名、移动等操作。

1. 复制布局

复制布局的具体操作步骤如下。

(1) 打开如图 8-11 所示的图形文件,绘图区域下方的【布局】选项卡如图 8-12 所示。

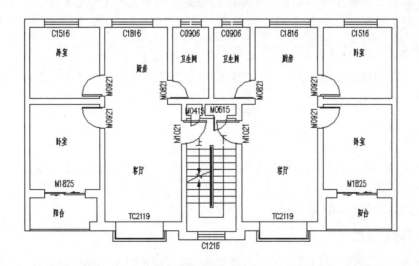

图 8-11 图形文件

图 8-12 【布局】选项卡

(2) 用鼠标右键单击【户型图】布局选项卡,在弹出的快捷菜单中选择【移动或复制】命令,打开如图 8-13 所示的【移动或复制】对话框。

(3) 在【移动或复制】对话框中选中【创建副本】复选框,然后在【在布局前】列表框中选择要复制到的位置,如图 8-14 所示。

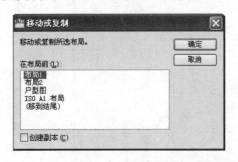 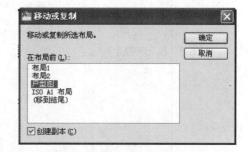

图 8-13 【移动或复制】对话框　　　图 8-14 选择要复制到的位置

(4) 单击【确定】按钮,在绘图区域下方将多出一个布局选项卡。

图 8-15 复制操作后的布局选项卡

2. 移动当前布局

其操作与复制布局的操作相似,不同的是要移动的布局选项卡必须是当前布局,在【移动或复制】对话框中需要取消选中【创建副本】复选框。

3. 删除布局

用鼠标右键单击要删除的布局,在弹出的快捷菜单中选择【删除】命令,在打开的对话框中单击【确定】按钮。

4. 重命名

用鼠标右键单击要重命名的布局,在弹出的快捷菜单中选择【重命名】命令,即可输入新的布局名称。

8.1.4 视口

与模型空间一样,用户也可以在布局空间建立多个视口,以便显示模型的不同视图。在布局空间建立视口时,可以确定视口的大小,并且可以将其定位于布局空间的任意位置,因此,布局空间视口通常被称为浮动视口。

1. 创建浮动视口

在创建布局时,浮动视口是一个非常重要的工具,用于显示模型空间和布局空间中的图形。

在创建布局后,系统会自动创建一个浮动视口。如果该视口不符合要求,用户可以将其删除,然后重新建立新的浮动视口。在浮动视口内双击鼠标左键,即可进入浮动模型空间,其边界将以粗线显示,如图 8-16 所示。

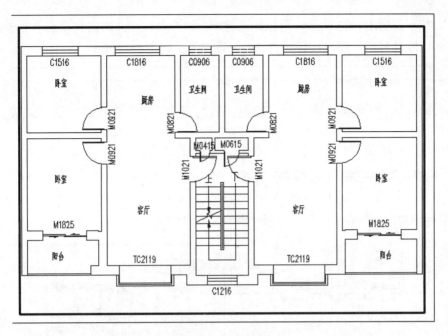

图 8-16　浮动视口

在 AutoCAD 2010 中，可以通过以下两种方法创建浮动视口。

(1) 选择【视图】|【视口】|【新建视口】菜单命令，弹出【视口】对话框，在【标准视口】列表框中选择【两个：垂直】选项时，创建的浮动视口如图 8-17 所示。

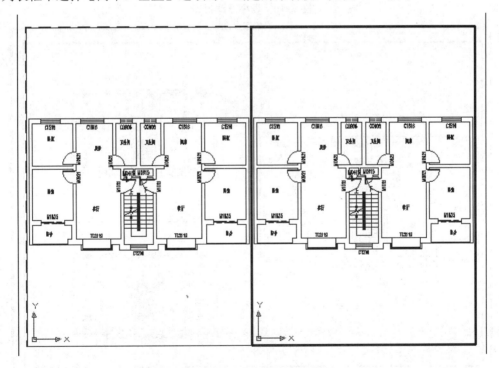

图 8-17　创建的浮动视口

(2) 使用夹点编辑创建浮动视口：单击视口边界，然后在左上角的夹点上拖曳鼠标，先将该浮动视口缩小，如图 8-18 所示，用鼠标右键单击该视口，在弹出的快捷菜单中选择【复制】命令，复制该浮动视口，并将其移动至合适位置，效果如图 8-19 所示。

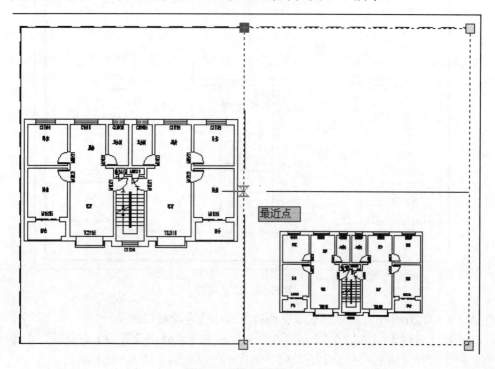

图 8-18　缩小浮动视口

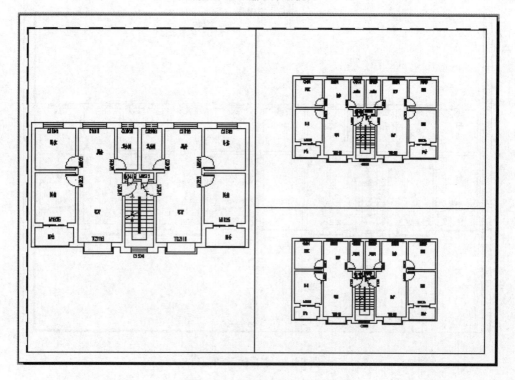

图 8-19　复制并调整浮动视口

2. 编辑浮动视口

浮动视口实际上是一个对象，可以像编辑其他对象一样编辑浮动视口，如进行删除、移动、拉伸和缩放等操作。

要对浮动视口内的图形对象进行编辑修改，只能在模型空间中进行，而不能在布局空间中进行。用户可以切换到模型空间，对其中的对象进行编辑。

8.1.5 打印设置

打印是将绘制好的图形用打印机或绘图仪绘制出来。

在用户设置好所有的配置后，单击【输出】选项卡中【打印】面板上的【打印】按钮 或在命令行中输入 plot 命令后按下 Enter 键或按下 Ctrl+P 组合键，或选择【文件】|【打印】菜单命令，打开如图 8-20 所示的【打印-模型】对话框。在该对话框中，显示了用户最近设置的一些选项，用户还可以更改这些选项，如果用户认为设置符合用户的要求，则单击【确定】按钮，AutoCAD 即会自动开始打印。

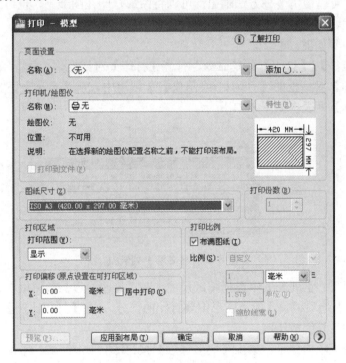

图 8-20 【打印-模型】对话框

8.1.6 打印预览

在将图形发送到打印机或绘图仪之前，最好先生成打印图形的预览。生成预览可以节约时间和材料。

用户可以从对话框预览图形。预览显示图形在打印时的确切外观，包括线宽、填充图案和其他打印样式选项。

预览图形时，将隐藏活动工具栏和工具选项板，并显示临时的【预览】工具栏，其中提供打印、平移和缩放图形的按钮。

在【打印】和【页面设置】对话框中,缩微预览还在页面上显示可打印区域和图形的位置。

预览打印的步骤如下。

(1) 选择【文件】|【打印】菜单命令,打开【打印】对话框。

(2) 在【打印】对话框中,单击【预览】按钮。

(3) 打开【预览】窗口,光标将改变为实时缩放光标。

(4) 单击鼠标右键可显示包含以下选项的快捷菜单:【打印】、【平移】、【缩放】、【缩放窗口】或【缩放为原窗口】(缩放至原来的预览比例)。

(5) 按下 Esc 键退出预览并返回到【打印】对话框。

(6) 如果需要,继续调整其他打印设置,然后再次预览打印图形。

(7) 设置正确之后,单击【确定】按钮以打印图形。

8.1.7 打印图形

绘制图形后,可以使用多种方法输出。可以将图形打印在图纸上,也可以创建成文件以供其他应用程序使用。以上两种情况都需要进行打印设置。

打印图形的步骤如下。

(1) 选择【文件】|【打印】菜单命令,打开【打印】对话框。

(2) 在【打印】对话框的【打印机/绘图仪】选项组中,从【名称】下来列表框中选择一种绘图仪。【名称】列表框如图 8-21 所示。

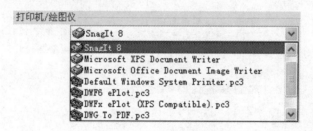

图 8-21 【名称】列表框

(3) 在【图纸尺寸】列表框中选择图纸尺寸。在【打印份数】微调框中,输入要打印的份数。在【打印区域】选项组中,指定图形中要打印的部分。在【打印比例】选项组中,从【比例】下拉列表框中选择缩放比例。

(4) 有关其他选项的信息,单击【更多选项】按钮,如图 8-22 所示。如不需要则可单击【更少选项】按钮。

(5) 在【打印样式表(笔指定)】下拉列表框中选择打印样式表。在【着色视口选项】和【打印选项】选项组中,选择适当的设置。在【图形方向】选项组中,选择一种方向。

> **注意**
>
> 打印戳记只在打印时出现,不与图形一起保存。

(6) 单击【确定】按钮即可进行最终的打印。

图 8-22　单击【更多选项】按钮后显示其他选项信息

8.2　图　形　输　出

AutoCAD 可以将绘制好的图形输出为通用的图像文件，方法很简单，选择【文件】菜单中的【输出】命令，或直接在命令区输入 export 命令，系统将弹出【输出】对话框，在【保存类型】列表中选择*.bmp 格式，单击【保存】按钮，用鼠标依次选中或框选出要输出的图形后按 Enter 键，则被选图形便被输出为 bmp 格式的图像文件。

8.2.1　设置绘图设备

AutoCAD 支持多种打印机和绘图仪，还可将图形输出到各种格式的文件。

AutoCAD 将有关介质和打印设备的相关信息保存在打印机配置文件中，该文件以 PC3 为文件扩展名。打印配置是便携式的，并且可以在办公室或项目组中共享(只要它们用于相同的驱动器、型号和驱动程序版本)。Windows 系统打印机共享的打印配置也需要相同的 Windows 版本。如果校准一台绘图仪，校准信息存储在打印模型参数(PMP)文件中，此文件可附加到任何为校准绘图仪而创建的 PC3 文件中。

用户可以为多个设备配置 AutoCAD，并为一个设备存储多个配置。每个绘图仪配置中都包含以下信息：设备驱动程序和型号、设备所连接的输出端口以及设备特有的各种设置等。可以为相同绘图仪创建多个具有不同输出选项的 PC3 文件。创建 PC3 文件后，该 PC3 文件将显示在【打印】对话框的绘图仪配置名称列表中。

用户可以通过以下方式创建 PC3 文件。

(1)　在命令行中输入 plottermanager 命令后按下 Enter 键，或选择【文件】|【绘图仪管理器】菜单命令，或在【控制面板】的窗口中双击如图 8-23 所示的【Autodesk 绘图仪管理器】

图标。打开如图 8-24 所示的 Plotters 窗口。

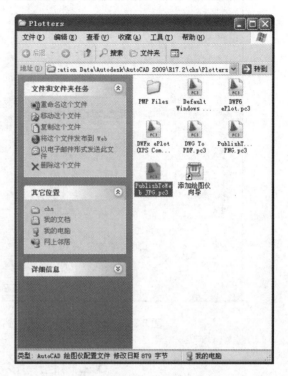

图 8-23 【Autodesk 绘图仪管理器】图标　　　　　图 8-24　Plotters 窗口

(2) 在打开的窗口中双击【添加绘图仪向导】图标，打开如图 8-25 所示的【添加绘图仪-简介】对话框。

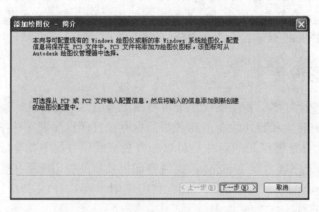

图 8-25　【添加绘图仪-简介】对话框

(3) 阅读完其中的信息后单击【下一步】按钮，进入【添加绘图仪-开始】对话框，如图 8-26 所示。

(4) 在其中选中【系统打印机】单选按钮，单击【下一步】按钮，打开如图 8-27 所示的【添加绘图仪-系统打印机】对话框。

(5) 在其右边列表中选择要配置的系统打印机，单击【下一步】按钮，打开如图 8-28 所示的【添加绘图仪-输入 PCP 或 PC2】对话框(注：右边列表中列出了当前操作系统能够识别的所有打印机,如果列表中没有要配置的打印机,则用户必须首先使用【控制面板】中的 Windows【添加打印机向导】来添加打印机)。

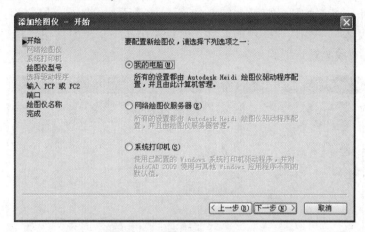

图 8-26 【添加绘图仪-开始】对话框

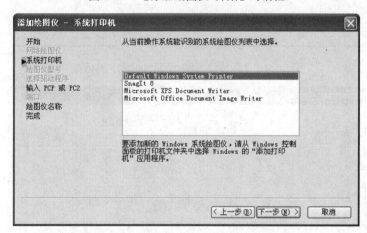

图 8-27 【添加绘图仪-系统打印机】对话框

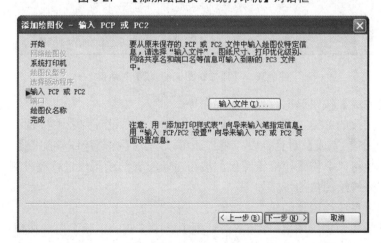

图 8-28 【添加绘图仪-输入 PCP 或 PC2】对话框

(6) 在其中允许用户输入早期版本的 AutoCAD 创建的 PCP 或 PC2 文件的配置信息。用户可以通过单击【输入文件】按钮输入早期版本的打印机配置信息。

(7) 单击【下一步】按钮,打开如图 8-29 所示的【添加绘图仪-绘图仪名称】对话框,在【绘图仪名称】文本框中输入绘图仪的名称,然后单击【下一步】按钮,打开如图 8-30 所示的【添加绘图仪-完成】对话框。

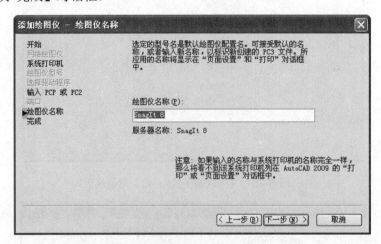

图 8-29 【添加绘图仪-绘图仪名称】对话框

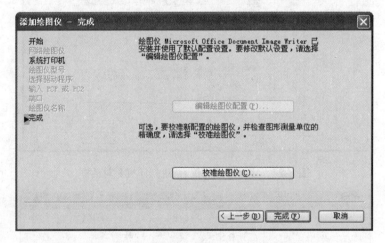

图 8-30 【添加绘图仪-完成】对话框

(8) 单击【完成】按钮退出添加绘图仪向导。

新配置的绘图仪的 PC3 文件显示在 Plotters 窗口中,在设备列表中将显示可用的绘图仪。

在【添加绘图仪-完成】对话框中,用户还可以单击【编辑绘图仪配置】按钮来修改绘图仪的默认配置。也可以单击【校准绘图仪】按钮对新配置的绘图仪进行校准测试。

配置本地非系统绘图仪的步骤如下。

(1) 重复配置系统绘图仪的第 1~3 步。

(2) 在打开的【添加绘图仪-开始】对话框中选中【我的电脑】单选按钮后,单击【下一步】按钮,打开如图 8-31 所示的【添加绘图仪-绘图仪型号】对话框。

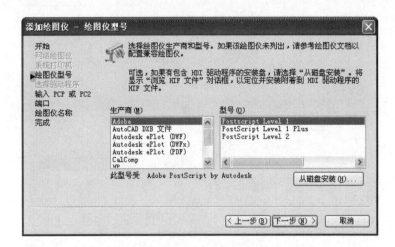

图 8-31 【添加绘图仪-绘图仪型号】对话框

(3) 其中用户在【生产商】和【型号】列表框中选择相应的厂商和型号后单击【下一步】按钮,打开【添加绘图仪-输入 PCP 或 PC2】对话框。

(4) 其中允许用户输入早期版本的 AutoCAD 创建的 PCP 或 PC2 文件的配置信息。用户可以通过单击【输入文件】按钮来输入早期版本的绘图仪配置信息,配置完后单击【下一步】按钮,打开如图 8-32 所示的【添加绘图仪-端口】对话框。

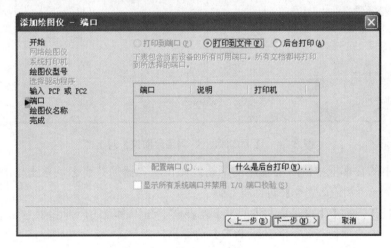

图 8-32 【添加绘图仪-端口】对话框

(5) 在其中选择绘图仪使用的端口。然后单击【下一步】按钮,打开如图 8-33 所示的【添加绘图仪-绘图仪名称】对话框。

(6) 在其中输入绘图仪的名称后单击【下一步】按钮,打开【添加绘图仪-完成】对话框。

(7) 在其中单击【完成】按钮,退出添加绘图仪向导。

配置网络非系统绘图仪的步骤如下。

(1) 重复配置系统绘图仪的第 1~3 步。

(2) 在打开【添加绘图仪-开始】对话框中选中【网络绘图仪服务器】单选按钮后,单击【下一步】按钮,打开如图 8-34 所示的【添加绘图仪-网络绘图仪】对话框。

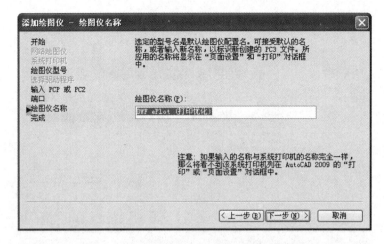

图 8-33 【添加绘图仪-绘图仪名称】对话框

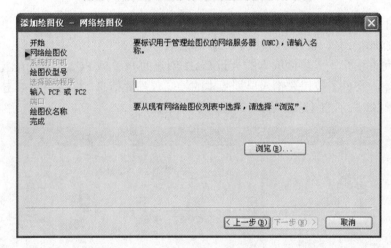

图 8-34 【添加绘图仪-网络绘图仪】对话框

(3) 在其中的文本框中输入要使用的网络绘图仪服务器的共享名后单击【下一步】按钮，打开【添加绘图仪-绘图仪型号】对话框。

(4) 用户在其中的【生产商】和【型号】列表框中选择相应的厂商和型号后单击【下一步】按钮，打开【添加绘图仪-输入 PCP 或 PC2】对话框。

(5) 在其中，允许用户输入早期版本的 AutoCAD 创建的 PCP 或 PC2 文件的配置信息。用户可以通过单击【输入文件】按钮来输入早期版本的绘图仪配置信息，配置完后单击【下一步】按钮，打开【添加绘图仪-绘图仪名称】对话框。

(6) 在其中输入绘图仪的名称后单击【下一步】按钮，打开【添加绘图仪-完成】对话框。

(7) 单击【完成】按钮退出添加绘图仪向导。

至此，绘图仪的配置完毕。

如果用户有早期使用的绘图仪配置文件，在配置当前的绘图仪配置文件时可以输入早期的 PCP 或 PC2 文件。

从 PCP 或 PC2 文件中输入信息的步骤如下：

(1) 按照以上配置绘图仪的步骤一步步运行，直到打开【添加绘图仪-输入 PCP 或 PC2】

对话框，在此单击【输入文件】按钮，则打开如图 8-35 所示的【输入】对话框。

图 8-35 【输入】对话框

(2) 在该对话框中，用户选择输入文件后单击【输入】按钮，返回到上一级的对话框。
(3) 查看【输入数据信息】对话框显示的最终结果。

8.2.2 页面设置

通过指定页面设置准备要打印或发布的图形。这些设置连同布局都保存在图形文件中。建立布局后，可以修改页面设置中的设置或应用其他页面设置。用户可以通过以下步骤设置页面。

(1) 选择【文件】|【页面设置管理器】菜单命令或在命令行中输入 pagesetup 命令后按下 Enter 键。AutoCAD 会自动打开如图 8-36 所示的【页面设置管理器】对话框。

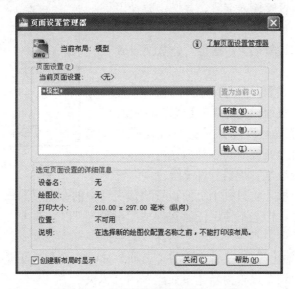

图 8-36 【页面设置管理器】对话框

(2) 页面设置管理器可以为当前布局或图纸指定页面设置。也可以创建命名页面设置、修改现有页面设置，或从其他图纸中输入页面设置。

- 【当前布局】：列出要应用页面设置的当前布局。如果从图纸集管理器打开页面设置管理器，则显示当前图纸集的名称。如果从某个布局打开页面设置管理器，则显示当前布局的名称。
- 【页面设置】选项组。
  - ◆ 【当前页面设置】：显示应用于当前布局的页面设置。由于在创建整个图纸集后，不能再对其应用页面设置，因此，如果从【图纸集管理器】中打开【页面设置管理器】，将显示"不适用"。
  - ◆ 【页面设置列表】：列出可应用于当前布局的页面设置，或列出发布图纸集时可用的页面设置。

    如果从某个布局打开【页面设置管理器】，则默认选择当前页面设置。列表包括可在图纸中应用的命名页面设置和布局。已应用命名页面设置的布局括在星号内，所应用的命名页面设置括在括号内；例如，*Layout 1 (System Scale-to-fit)*。可以双击此列表中的某个页面设置，将其设置为当前布局的当前页面设置。

    如果从图纸集管理器打开【页面设置管理器】，将只列出其【打印区域】被设置为【布局】或【范围】的页面设置替代文件(图形样板[.dwt]文件)中的命名页面设置。默认情况下，选择列表中的第一个页面设置。Publish 操作可以临时应用这些页面设置中的任一种设置。

    快捷菜单也提供了删除和重命名页面设置的选项。
- 【置为当前】：将所选页面设置为当前布局的当前页面设置。不能将当前布局设置为当前页面设置。【置为当前】对图纸集不可用。
- 【新建】：单击【新建】按钮，显示【新建页面设置】对话框，如图 8-37 所示，从中可以为新建页面设置输入名称，并指定要使用的基础页面设置。
  - ◆ 【新页面设置名】：指定新建页面设置的名称。
  - ◆ 【基础样式】：指定新建页面设置要使用的基础页面设置。单击【确定】按钮，将显示【页面设置】对话框以及所选页面设置，必要时可以修改这些设置。

    如果从图纸集管理器打开【新建页面设置】对话框，将只列出页面设置替代文件中的命名页面设置。
  - ◆ 【<无>】：指定不使用任何基础页面设置。可以修改【页面设置】对话框中显示的默认设置。
  - ◆ 【<默认输出设备>】：指定将【选项】对话框的【打印和发布】选项卡中指定的默认输出设备设置为新建页面设置的打印机。
  - ◆ 【<上一次打印>】：指定新建页面设置使用上一个打印作业中指定的设置。

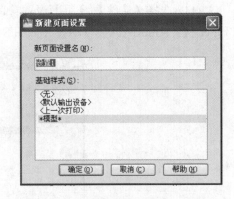

图 8-37　【新建页面设置】对话框

- 【修改】：单击【修改】按钮，显示【页面设置-模型】对话框，如图 8-38 所示，从中可以设置所选页面。

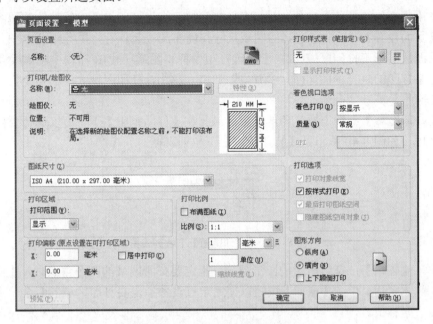

图 8-38 【页面设置-模型】对话框

在【页面设置-模型】对话框中将为用户介绍部分选项的含义。

- 【图纸尺寸】：显示所选打印设备可用的标准图纸尺寸。例如：A4、A3、A2、A1、B5、B4、…，如图 8-39 所示的【图纸尺寸】下拉列表框。如果未选择绘图仪，将显示全部标准图纸尺寸的列表以供选择。

图 8-39 【图纸尺寸】下拉列表框

如果所选绘图仪不支持布局中选定的图纸尺寸，将显示警告，用户可以选择绘图仪的默认图纸尺寸或自定义图纸尺寸。

使用【添加绘图仪】向导创建 PC3 文件时，将为打印设备设置默认的图纸尺寸。在【页面设置】对话框中选择的图纸尺寸将随布局一起保存，并将替代 PC3 文件设置。页面的实际可打印区域(取决于所选打印设备和图纸尺寸)在布局中由虚线表示。

如果打印的是光栅图像(如 BMP 或 TIFF 文件)，打印区域大小的指定将以像素为单位而不是英寸或毫米。

- 【打印区域】：指定要打印的图形区域。在【打印范围】下，可以选择要打印的图形区域。如图 8-40 所示是【打印范围】下拉列表框。

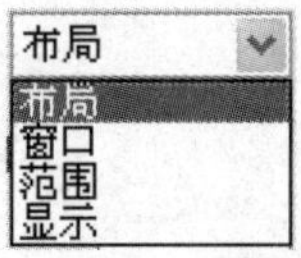

图 8-40 【打印范围】下拉列表框

 ◆ 【窗口】：打印指定的图形部分。指定要打印区域的两个角点时，【窗口】按钮才可用。单击【窗口】按钮以使用定点设备指定要打印区域的两个角点，或输入坐标值。

 ◆ 【范围】：打印包含对象的图形的部分当前空间。当前空间内的所有几何图形都将被打印。打印之前，可能会重新生成图形以重新计算范围。

 ◆ 【布局】：打印布局时，将打印指定图纸尺寸的可打印区域内的所有内容，其原点从布局中的 0,0 点计算得出。

从【模型】选项卡打印时，将打印栅格界限定义的整个图形区域。如果当前视口不显示平面视图，该选项与【范围】选项效果相同。

 ◆ 显示：打印【模型】选项卡当前视口中的视图或布局选项卡上当前图纸空间视图中的视图。

- 【打印偏移】：根据【指定打印偏移时相对于】选项(【选项】对话框，【打印和发布】选项卡)中的设置，指定打印区域相对于可打印区域左下角或图纸边界的偏移。【页面设置】对话框的【打印偏移】区域在括号中显示指定的打印偏移选项。

图纸的可打印区域由所选输出设备决定，在布局中以虚线表示。修改为其他输出设备时，可能会修改可打印区域。

通过在 X 偏移和 Y 偏移文本框中输入正值或负值，可以偏移图纸上的几何图形。图纸中的绘图仪单位为英寸或毫米。

【居中打印】：自动计算 X 偏移和 Y 偏移值，在图纸上居中打印。当【打印区域】设置为【布局】时，此选项不可用。

X：相对于【打印偏移定义】选项中的设置指定 X 方向上的打印原点。

Y：相对于【打印偏移定义】选项中的设置指定 Y 方向上的打印原点。

- 【打印比例】：控制图形单位与打印单位之间的相对尺寸。打印布局时，默认缩放比例设置为 1∶1。从【模型】选项卡打印时，默认设置为【布满图纸】。如图 8-41 所示为【比例】下拉列表框。

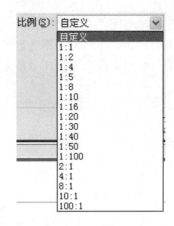

图 8-41 【比例】下拉列表框

> **注 意**
> 如果在【打印区域】中指定了【布局】选项,则无论在【比例】中指定了何种设置,都将以 1∶1 的比例打印布局。

- ◆ 【布满图纸】:缩放打印图形以布满所选图纸尺寸,并在【比例】、【英寸=】和【单位】文本框中显示自定义的缩放比例因子。
- ◆ 【比例】:定义打印的精确比例。"自定义"可定义用户定义的比例。可以通过输入与图形单位数等价的英寸(或毫米)数来创建自定义比例。

> **注 意**
> 可以使用 SCALELISTEDIT 修改比例列表。

- ◆ 【英寸/毫米】:指定与指定的单位数等价的英寸数或毫米数。
- ◆ 【单位】:指定与指定的英寸数、毫米数或像素数等价的单位数。
- ◆ 【缩放线宽】:与打印比例成正比缩放线宽。线宽通常指定打印对象的线的宽度并按线宽尺寸打印,而不考虑打印比例。
- 【着色视口选项】:指定着色和渲染视口的打印方式,并确定它们的分辨率大小和每英寸点数(DPI)。
    - ◆ 【着色打印】:指定视图的打印方式。要为布局选项卡上的视口指定此设置,请选择该视口,然后在【工具】菜单中选择【特性】命令。
      在【着色打印】下拉列表框中,如图 8-42 所示,可以选择以下选项。
      【按显示】:按对象在屏幕上的显示方式打印。
      【线框】:在线框中打印对象,不考虑其在屏幕上的显示方式。
      【消隐】:打印对象时消除隐藏线,不考虑其在屏幕上的显示方式。
      【三维隐藏】:打印对象时应用"三维隐藏"视觉样式,不考虑其在屏幕上的显示方式。
      【三维线框】:打印对象时应用"三维线框"视觉样式,不考虑其在屏幕上的显示方式。
      【概念】:打印对象时应用"概念"视觉样式,不考虑其在屏幕上的显示方式。

【真实】：打印对象时应用"真实"视觉样式，不考虑其在屏幕上的显示方式。

【渲染】：按渲染的方式打印对象，不考虑其在屏幕上的显示方式。

- 【质量】：指定着色和渲染视口的打印分辨率。如图 8-43 所示为【质量】下拉列表框。

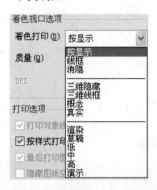

图 8-42　【着色打印】下拉列表框

图 8-43　【质量】下拉列表框

在【质量】下拉列表框中可以选择以下选项。

【草稿】：将渲染和着色模型空间视图设置为线框打印。

【预览】：将渲染模型和着色模型空间视图的打印分辨率设置为当前设备分辨率的 1/4，最大值为 150 DPI。

【常规】：将渲染模型和着色模型空间视图的打印分辨率设置为当前设备分辨率的 1/2，最大值为 300 DPI。

【演示】：将渲染模型和着色模型空间视图的打印分辨率设置为当前设备的分辨率，最大值为 600 DPI。

【最高】：将渲染模型和着色模型空间视图的打印分辨率设置为当前设备的分辨率，无最大值。

【自定义】：将渲染模型和着色模型空间视图的打印分辨率设置为 DPI 框中指定的分辨率设置，最大可为当前设备的分辨率。

- DPI：指定渲染和着色视图的每英寸点数，最大可为当前打印设备的最大分辨率。只有在【质量】下拉列表框中选择了【自定义】后，此选项才可用。

● 【打印选项】：指定线宽、打印样式、着色打印和对象的打印次序等选项。

- 【打印对象线宽】：指定是否打印为对象或图层指定的线宽。
- 【按样式打印】：指定是否打印应用于对象和图层的打印样式。如果选择该选项，也将自动选择【打印对象线宽】。
- 【最后打印图纸空间】：首先打印模型空间几何图形。通常先打印图纸空间几何图形，然后再打印模型空间几何图形。
- 【隐藏图纸空间对象】：指定 HIDE 操作是否应用于图纸空间视口中的对象。此选项仅在布局选项卡中可用。此设置的效果反映在打印预览中，而不反映在布局中。

● 【图形方向】：为支持纵向或横向的绘图仪指定图形在图纸上的打印方向。

- 【纵向】：放置并打印图形，使图纸的短边位于图形页面的顶部，如图 8-44

所示。
- 【横向】：放置并打印图形，使图纸的长边位于图形页面的顶部，如图 8-45 所示。
- 【上下颠倒打印】：上下颠倒地放置并打印图形，如图 8-46 所示。

图 8-44　图形方向为纵向时的效果　　图 8-45　图形方向为横向时的效果　　图 8-46　图形方向为反向打印时的效果

【页面设置管理器】对话框中的【输入】：显示从【文件】选择【页面设置】对话框(标准文件选择对话框)，从中可以选择图形格式 (DWG)、DWT 或图形交换格式 (DXF)™ 文件，从这些文件中输入一个或多个页面设置。如果选择 DWT 文件类型，从【文件】选择【页面设置】对话框中将自动打开 Template 文件夹。单击【打开】按钮，将显示【输入页面设置】对话框。

(3) 【选定页面设置的详细信息】选项组：显示所选页面设置的信息。
- 【设备名】：显示当前所选页面设置中指定的打印设备的名称。
- 【绘图仪】：显示当前所选页面设置中指定的打印设备的类型。
- 【打印大小】：显示当前所选页面设置中指定的打印大小和方向。
- 【位置】：显示当前所选页面设置中指定的输出设备的物理位置。
- 【说明】：显示当前所选页面设置中指定的输出设备的说明文字。

(4) 【创建新布局时显示】：指定当选中新的布局选项卡或创建新的布局时，显示【页面设置】对话框。

要重置此功能，则在【选项】对话框的【显示】选项卡上选中新建布局时显示【页面设置】对话框选项。

8.2.3　图形输出

AutoCAD 可以将图形输出到各种格式的文件，以方便用户将 AutoCAD 中绘制好的图形文件在其他软件中继续进行编辑或修改。

输出的文件类型有：3D DWF(*.dwf)、图元文件(*.wmf)、ACIS(*.sat)、平板印刷(*.stl)、封装 PS(*.eps)、DXX 提取(*.dxx)、位图(*.bmp)、块(*.dwg)、V8 DGN(*.DGN)。如图 8-47 所示。

下面将介绍部分文件格式的概念。

1．3D DWF(*.dwf)

可以生成三维模型的 DWF 文件，它的视觉逼真度几乎与原始 DWF 文件相同。可以创建一个单页或多页 DWF 文件，该文件可以包含二维和三维模型空间对象。

2．图元文件(*.wmf)

许多 Windows 应用程序都使用 WMF 格式。WMF(Windows 图元文件格式)文件包含矢量图形或光栅图形格式。只在矢量图形中创建 WMF 文件。矢量格式与其他格式相比，能实现更快的平移和缩放。

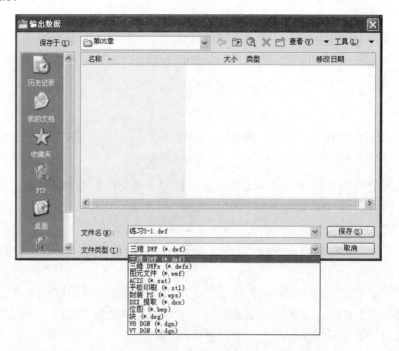

图 8-47 【输出数据】对话框

3. ACIS(*.sat)

可以将某些对象类型输出到 ASCII(SAT)格式的 ACIS 文件中。

可以将代表修剪过的 NURBS 曲面、面域和实体的 ShapeManager 对象输出到 ASCII(SAT)格式的 ACIS 文件中。其他一些对象，例如，线和圆弧将被忽略。

4．平板印刷(*.stl)

可以使用与平板印刷设备(SAT)兼容的文件格式写入实体对象。实体数据以三角形网格面的形式转换为 SLA。SLA 工作站使用该数据来定义代表部件的一系列图层。

5．封装 PS(*.eps)

可以将图形文件转换为 PostScript 文件。

许多桌面发布应用程序使用 PostScript 文件格式类型。其高分辨率的打印能力使其更适用于光栅格式，例如，GIF、PCX 和 TIFF。将图形转换为 PostScript 格式后，也可以使用 PostScript 字体。

8.3 打印输出范例

8.3.1 范例介绍

本节通过一个打印输出零件图的具体案例，介绍打印图纸的方法，这个范例要打印的轴图形文件如图 8-48 所示，下面来具体讲解范例的操作步骤。

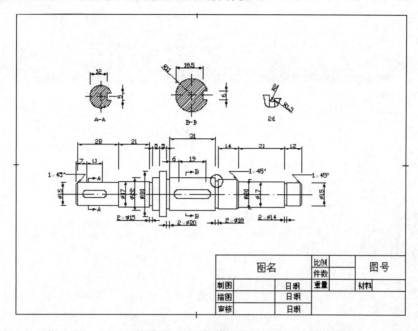

图 8-48　要打印的轴图形文件

8.3.2　范例操作

（1）选择【文件】|【打开】菜单命令，打开【选择文件】对话框，选择需要打印的文件，如图 8-49 所示，单击【打开】按钮。

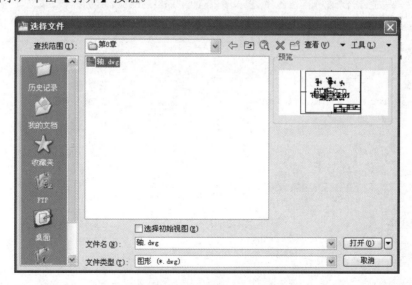

图 8-49　【选择文件】对话框

（2）选择【文件】|【打印】菜单命令，打开【打印-模型】对话框，在【名称】下拉列表框中选择绘图仪名称"DWF6 ePlot.pc3"，如图 8-50 所示。

图 8-50 选择绘图仪名称"DWF6 ePlot.pc3"

(3) 在【图纸尺寸】下拉列表框中选择图纸的尺寸 ISO A4(210.00×297.00 毫米)，如图 8-51 所示。

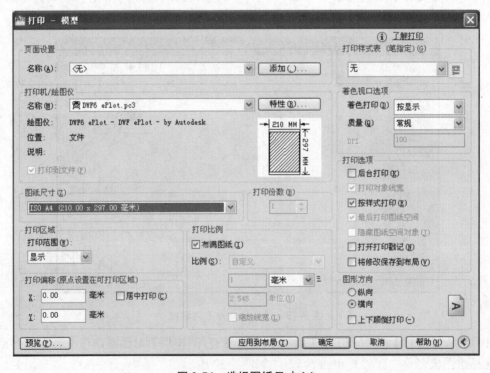

图 8-51 选择图纸尺寸 A4

(4) 设置打印范围为窗口，在绘图区框选要打印的图形，如图 8-52 所示。

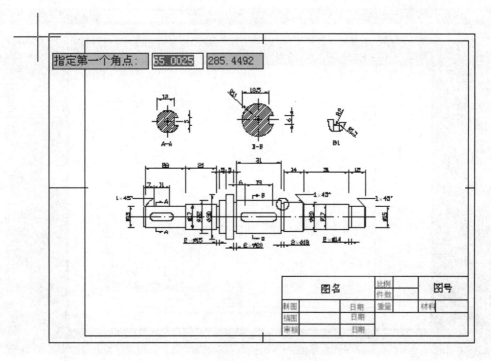

图 8-52 框选要打印的图形

(5) 下面设定打印比例，选中【布满图纸】复选框，设置【图形方向】为【横向】，如图 8-53 所示。

图 8-53 设置【打印比例】及【图形方向】

(6) 单击【预览】按钮，预览打印效果，如图 8-54 所示。

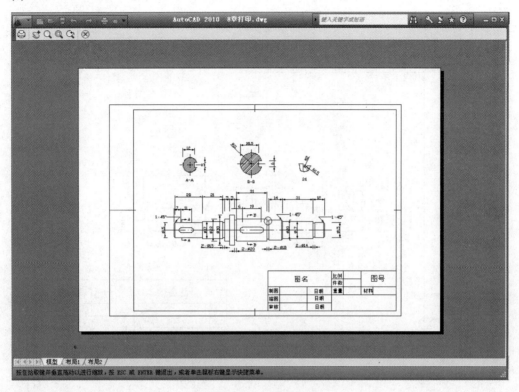

图 8-54 预览打印效果

(7) 预览打印效果后没有任何问题便可以单击【关闭预览窗口】按钮 ⊗，返回【打印-模型】对话框，单击【确定】按钮便可进行打印。

8.4 本章小结

本章介绍了模型空间和图纸空间的概念及两者相互转换的方法，主要讲解了以向导方式创建布局的过程、对浮动视口的创建和编辑，以及输出图形时对绘图设备和页面的设置方法，并详细讲解了输出范例。通过对本章的学习，读者可以选择合理的布局输出图形。

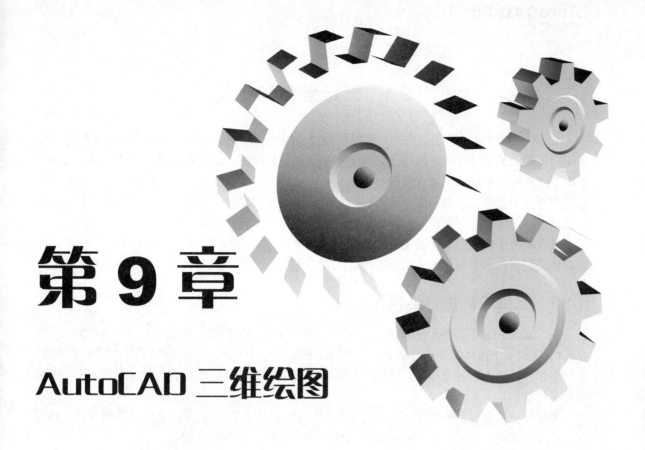

第 9 章

AutoCAD 三维绘图

在 AutoCAD 中，系统提供了比较丰富的三维图形绘制命令。虽然创建三维模型比创建二维对象的三维视图困难、费时，但利用三维模型用户可以从任何位置查看模型的结构；可以通过三维模型自动生成辅助二维视图；可以通过三维模型创建二维剖面图；可以消除三维模型的隐藏线并进行渲染处理，从而得到更真实的效果；用户还可以利用模型，与其他应用程序相配合从而创建动画。

本章主要向用户介绍三维绘图的基础知识，包括三维坐标系统和视点的使用，同时讲解基本的三维图形界面和绘制方法，介绍绘制三维实体的方法和命令，并讲解三维实体的编辑方法，以及观察和渲染三维图形，使用户对三维实体绘图有所认识。

本章主要内容

- 三维坐标和视点
- 绘制三维曲面和三维体
- 显示和检查三维模型
- 编辑三维体
- 三维实体的编辑
- 三维模型的后期处理
- 三维绘图范例

9.1 三维坐标和视点

AutoCAD 2010 提供了强大的三维绘图功能，用户可以从头开始或从现有的对象创建三维曲面和使用，然后可以结合这些曲面和实体来创建实体模型，这就是常说的三维建模。利用三维模型用户可以从任何位置查看模型的结构；可以通过三维模型自动生成辅助二维视图；可以通过三维模型创建二维剖面图；可以消除三维模型的隐藏线并进行渲染处理，从而得到更真实的效果；用户还可以利用模型，与其他应用程序相配合从而创建动画。

视点是指用户在三维空间中观察三维模型的位置。视点的 X、Y、Z 坐标确定了一个由原点发出的矢量，这个矢量就是观察方向。由视点沿矢量方向原点看去所见到的图形称为视图。

9.1.1 三维中的用户坐标系

在 AutoCAD 中有两个坐标系，一个是世界坐标系(WCS)，一个是用户坐标系(UCS)。在 AutoCAD 的每个图形文件中，都包含一个唯一的、固定不变的、不可删除的基本三维坐标系，这个坐标系被称为世界坐标系；而用户坐标系是可以由用户自行定义的一种坐标系，这种坐标系是可移动的。

要进行三维建模，必须控制用户坐标系。在三维空间中工作时，用户坐标系对于输入坐标、在二维工作平面上创建三维对象以及在三维空间中旋转对象都很有用。

在 AutoCAD 中，三维坐标系由三个通过同一点且彼此成 90°角的坐标轴组成，分别将这三个坐标轴称为 X 轴、Y 轴和 Z 轴。其中，三条坐标轴的交点就是坐标系的原点，即各个坐标轴的坐标零点。其中 X 轴以水平向右为正方向，Y 轴以垂直向上为正方向，Z 轴以垂直屏幕向外为正方向。当对象处于三维空间中时，构成对象的任意一点的位置都可以使用三维坐标(x,y,z)来表示。

9.1.2 AutoCAD 中的坐标系命令

打开【视图】选项卡，常用的关于坐标系的命令就放在如图 9-1 所示的【坐标】面板中，用户只要单击其中的按钮即可启动对应的坐标系命令。也可以使用菜单栏中的【工具】菜单中的各项命令，如图 9-2 所示。

图 9-1 【坐标】面板

AutoCAD 的大多数几何编辑命令取决于 UCS 的位置和方向，图形将绘制在当前 UCS 的 XY 平面上。UCS 命令设置用户坐标系在三维空间中的方向。它定义二维对象的方向和 THICKNESS 系统变量的拉伸方向。它也提供 ROTATE(旋转)命令的旋转轴，并为指定点提供默认的投影平面。当使用定点设备定义点时，定义的点通常置于 XY 平面上。如果 UCS 旋转使 Z 轴位于与观察平面平行的平面上(XY 平面对于观察者来说显示为一条边)，那么可能很难查看该点的位置。这种情况下，将把该点定位在与观察平面平行的包含 UCS 原点的平面上。例如，如果观察方向沿着 X 轴，那么用定点设备指定的坐标将定义在包含 UCS 原点的 YZ 平面上。不同的对象新建的 UCS 也有所不同，如表 9-1 所示。

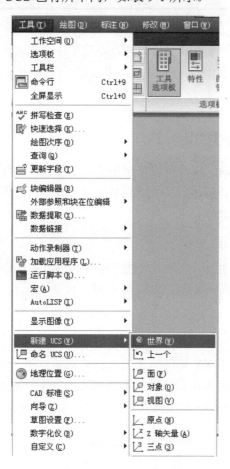

图 9-2 UCS 的命令菜单

表 9-1 不同对象新建 UCS 的情况

对　　象	确定 UCS 的情况
圆弧	圆弧的圆心成为新 UCS 的原点，X 轴通过距离选择点最近的圆弧端点
圆	圆的圆心成为新 UCS 的原点，X 轴通过选择点
直线	距离选择点最近的端点成为新 UCS 的原点，选择新 X 轴，直线位于新 UCS 的 XZ 平面上。直线第二个端点在新系统中的 Y 坐标为 0
二维多段线	多段线的起点为新 UCS 的原点，X 轴沿从起点到下一个顶点的线段延伸
实体	二维实体的第一点确定新 UCS 的原点。新 X 轴沿前两点之间的连线方向
宽线	宽线的"起点"成为 UCS 的原点，X 轴沿宽线的中心线方向
三维面	取第一点作为新 UCS 的原点，X 轴沿前两点的连线方向，Y 的正方向取自第一点和第四点。Z 轴由右手定则确定

续表

对象	确定 UCS 的情况
形、文字、块参照、属性定义	该对象的插入点成为新 UCS 的原点，新 X 轴由对象绕其拉伸方向旋转定义。用于建立新 UCS 的对象在新 UCS 中的旋转角度为零

> **提示**
> 在三维坐标系中，三个坐标的正方向可以根据右手定则确定，具体方法是：将右手手背靠近电脑屏幕，大拇指指向 X 轴正方向，食指指向 Y 轴正方向，中指与大拇指和食指垂直，并指向 Z 轴正方向。

9.1.3 三维坐标的形式

在三维空间中创建对象时，用户可以使用笛卡儿坐标、柱坐标或球坐标来定位点。这三种坐标都是对三维坐标系的一种描述，其区别只是度量形式不同。即是说在三维空间中，任意一点都可以使用这三种坐标来表示。

1. 笛卡儿坐标系

笛卡儿坐标又称为直角坐标，它通过使用三个坐标值(x,y,z)来指定点的位置。其中 x、y 和 z 分别表示该点在三维坐标系中 X 轴、Y 轴和 Z 轴上的坐标值。

2. 柱坐标系

柱坐标主要用在模型贴图中，定位贴纸在模型中的位置。柱坐标是通过指定沿 UCS 的 X 轴夹角方向的距离以及垂直于 XY 平面的 Z 轴方向值确定点的。

柱坐标使用 XY 平面的夹角和沿 Z 轴的距离来表示。其坐标点的表示格式为：点在 XY 平面投影距离<点在 XY 平面投影与 X 轴的夹角, Z 轴方向上的距离。

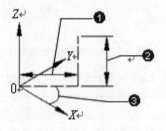

❶XY 平面距离　　❷Z 轴距离　　❸点在 XY 平面投影与 X 轴的夹角

3. 球坐标系

球坐标与柱坐标的功能和用途一样，都是用于对模型进行定位贴图。球坐标点的定位方式是通过指定三维点距当前 UCS 原点的距离、在 XY 平面中与 X 轴所成的角度及其与 XY 平面所成的角度来指定该位置。

球坐标的输入格式为：三维点距原点的距离<在 XY 坐标面上的投影点与原点连线和 X 轴的夹角>该点与原点连线和 XY 平面的夹角。

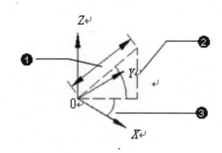

❶点距原点的距离　❷Z 点与原点连线和 XY 平面的夹角
❸点在 XY 坐标面上的投影点与原点连线和 X 轴的夹角

> **提示**
> 笛卡儿坐标、柱坐标或球坐标都是对三维坐标系的一种描述，其区别是度量的形式不同。在 AutoCAD 三维空间中的任意一点，可以分别使用笛卡儿坐标、柱坐标或球坐标来表示。

9.1.4　新建 UCS

可以执行下面两种操作之一启动 UCS。
- 单击【视图】选项卡中 UCS 面板上的【原点】按钮 。
- 在命令行中输入 UCS 命令。

在命令行窗口提示如下：

命令: ucs
当前 UCS 名称: *世界*
指定 UCS 的原点或 [面(F)/命名(NA)/对象(OB)/上一个(P)/视图(V)/世界(W)/X/Y/Z/Z 轴(ZA)] <世界>:

在其中选择相应的命令以进一步让用户创建坐标系。

> **提示**
> 该命令不能选择下列对象：三维实体、三维多段线、三维网络、视窗、多线、面、样条曲线、椭圆、射线、构造线、引线、多行文字。

新建用户坐标系(UCS)，在命令行中输入 N(新建)时，命令行窗口有如下提示：

指定 UCS 的原点或 [面(F)/命名(NA)/对象(OB)/上一个(P)/视图(V)/世界(W)/X/Y/Z/Z 轴(ZA)] <世界>:N
指定新 UCS 的原点或 [Z 轴(ZA)/三点(3) /对象(OB)/面(F)/视图(V)/X/Y/Z] <0,0,0>:

运用下列几种方法可以建立新坐标。

(1) 原点。

通过指定当前用户坐标系 UCS 的新原点，保持其 X、Y 和 Z 轴方向不变，从而定义新的 UCS，如图 9-3 所示。命令行窗口提示如下：

指定新 UCS 的原点或 [Z 轴(ZA)/三点(3) /对象(OB)/面(F)/视图(V)/X/Y/Z] <0,0,0>:

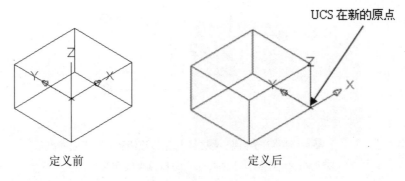

图 9-3 自定原点定义坐标系

(2) Z 轴(ZA)。

用特定的 Z 轴正半轴定义 UCS。命令行窗口提示如下：

指定新 UCS 的原点或 [Z 轴(ZA)/三点(3)/对象(OB)/面(F)/视图(V)/X/Y/Z] <0,0,0>: ZA
指定新原点 <0,0,0>:   //指定点
在正 Z 轴的半轴指定点: //指定点

指定新原点和位于新建 Z 轴正半轴上的点。Z 轴选项使 XY 平面倾斜，如图 9-4 所示。

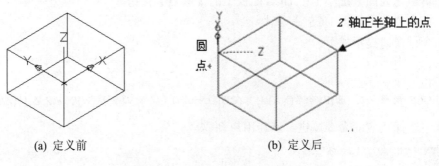

(a) 定义前   (b) 定义后

图 9-4 自定 Z 轴定义坐标系

(3) 三点(3)。

指定新 UCS 原点及其 X 和 Y 轴的正方向。Z 轴由右手螺旋定则确定。可以使用此选项指定任意可能的坐标系。也可以在 UCS 面板中单击【三点】按钮，命令行窗口提示如下：

指定新 UCS 的原点或 [Z 轴(ZA)/三点(3)/对象(OB)/面(F)/视图(V)/X/Y/Z] <0,0,0>:3
指定新原点 <0,0,0>: _ner 于(捕捉如图 9-5(a)所示的最近点)
在正 X 轴范围上指定点 <1.0000,-106.9343,0.0000>: @0,10,0(按相对坐标确定 X 轴通过的点)
在 UCS XY 平面的正 Y 轴范围上指定点 <-1.0000,-106.9343,0.0000>: @-10,0,0(按相对坐标确定 Y 轴通过的点)

效果如图 9-5(b)所示。

第一点指定新 UCS 的原点。第二点定义了 X 轴的正方向。第三点定义了 Y 轴的正方向。第三点可以位于新 UCS XY 平面 Y 轴正半轴上的任何位置。

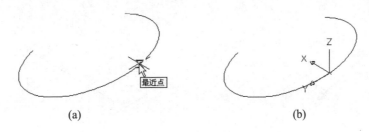

图 9-5　三点确定 UCS

(4) 对象(OB)。

根据选定三维对象定义新的坐标系。新坐标系 UCS 的 Z 轴正方向为选定对象的拉伸方向，如图 9-6 所示。命令行窗口提示如下：

指定 UCS 的原点或[面(F)/命名(NA)/对象(OB)/上一个(P)/视图(V)/世界(W)/X/Y/Z/Z 轴(ZA)]<世界>: OB
选择对齐 UCS 的对象：　　　　　　　　//选择对象

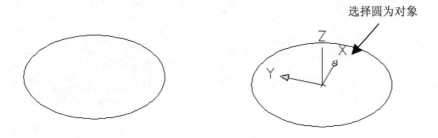

图 9-6　选择对象定义坐标系

此选项不能用于下列对象：三维实体、三维多段线、三维网格、面域、样条曲线、椭圆、射线、参照线、引线、多行文字等不能拉伸的图形对象。

对于非三维面的对象，新 UCS 的 XY 平面与当绘制该对象时生效的 XY 平面平行。但 X 和 Y 轴可作不同的旋转。

(5) 面(F)。

将 UCS 与实体对象的选定面对齐。要选择一个面，请在此面的边界内或面的边上单击，被选中的面将亮显，UCS 的 X 轴将与找到的第一个面上的最近的边对齐。命令行窗口提示如下：

指定新 UCS 的原点或 [Z 轴(ZA)/三点(3)/对象(OB)/面(F)/视图(V)/X/Y/Z] <0,0,0>:F
选择实体对象的面：
输入选项 [下一个(N)/X 轴反向(X)/Y 轴反向(Y)] <接受>：

【下一个】：将 UCS 定位于邻接的面或选定边的后向面。
【X 轴反向】：将 UCS 绕 X 轴旋转 180°。
【Y 轴反向】：将 UCS 绕 Y 轴旋转 180°。
【接受】：如果按下 Enter 键，则接受该位置。否则将重复出现提示，直到接受位置为止。如图 9-7 所示。

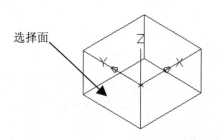
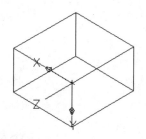

图 9-7 选择面定义坐标系

(6) 视图(V)。

以垂直于观察方向(平行于屏幕)的平面为 XY 平面,建立新的坐标系。UCS 原点保持不变,如图 9-8 所示。

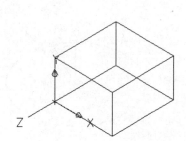

图 9-8 用视图方法定义坐标系

(7) X/Y/Z。

绕指定轴旋转当前 UCS。命令行窗口提示如下:

指定新 UCS 的原点或 [Z 轴(ZA)/三点(3)/对象(OB)/面(F)/视图(V)/X/Y/Z] <0,0,0>:X
　　　　　　　　　　　　　　　　　　　　　　　　　　　　　　　　　　//或者输入 Y 或者 Z
指定绕 X 轴、Y 轴或 Z 轴的旋转角度 <0>:　　　　　　　　//指定角度

输入正或负的角度以旋转 UCS。AutoCAD 用右手定则来确定绕该轴旋转的正方向。通过指定原点和一个或多个绕 X、Y 或 Z 轴的旋转,可以定义任意的 UCS,如图 9-9 所示。也可以通过 UCS 面板上的 X 按钮, Y 按钮, Z 按钮来实现。

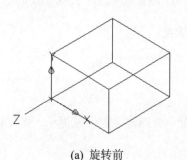

(a) 旋转前　　　　　　　　　　(b) 绕 X 轴旋转 45º

图 9-9 坐标系绕坐标轴旋转

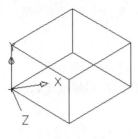
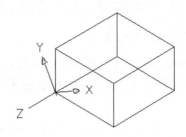

(c) 绕 Y 轴旋转-60°　　　　　　(d) 绕 Z 轴旋转 30°

图 9-9　(续)

(8) 世界坐标系。

将当前用户坐标系设置为世界坐标系 (WCS)。

注 意

WCS 是所有用户坐标系的基准，不能被重新定义。

(9) 上一个。

恢复上一个坐标系，重复选择该命令将逐步返回 UCS。

(10) 应用当前 UCS 到指定窗口。

单击【UCS】工具栏上的【应用】按钮，命令行提示"拾取要应用当前 UCS 的视口或 [所有(A)] <当前>:"，此时在应用的视口中单击，然后按下 Enter 键即可将当前 UCS 应用到该视口，当选择【所有】选项时，则可以将当前 UCS 应用到所有活动视口。

9.1.5　命名 UCS

新建了 UCS 后，还可以对 UCS 进行命名。

用户可以使用下面的两种方法启动 UCS 命名工具。

- 在命令行中输入 dducs 命令。
- 在菜单栏中选择【工具】|【命名 UCS】命令。

这时会打开 UCS 对话框，如图 9-10 所示。

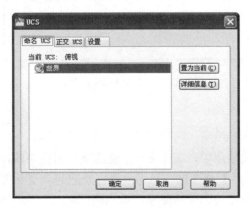

图 9-10　UCS 对话框

UCS 对话框的参数用来设置和管理 UCS 坐标，下面来分别对这些参数设置进行讲解。

1. 【命名 UCS】选项卡

【命名 UCS】选项卡如图 9-10 所示，在其中列出了已有的 UCS。

在列表中选取一个 UCS，然后单击【置为当前】按钮，则将该 UCS 坐标设置为当前坐标系。

在列表中选取一个 UCS，单击【详细信息】按钮，则打开【UCS 详细信息】对话框，如图 9-11 所示，在这个对话框中详细列出了该 UCS 坐标系的原点坐标，X、Y、Z 轴的方向。

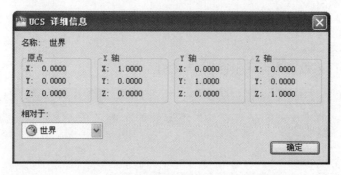

图 9-11 【UCS 详细信息】对话框

2. 【正交 UCS】选项卡

【正交 UCS】选项卡如图 9-12 所示，在【名称】列表中有【俯视】、【仰视】、【前视】、【后视】、【左视】和【右视】6 种在当前图形中的正投影类型。

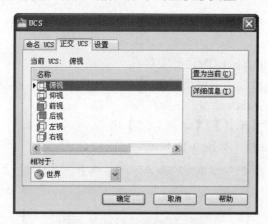

图 9-12 【正交 UCS】选项卡

3. 【设置】选项卡

【设置】选项卡如图 9-13 所示。下面介绍各项参数的设置。

在【UCS 图标设置】选项组中，选中【开】复选框，则在当前视图中显示用户坐标系的图标；选中【显示于 UCS 原点】复选框，在用户坐标系的起点显示图标；选中【应用到所有活动视口】复选框，在当前图形的所有活动窗口显示图标。

在【UCS 设置】选项组中，选中【UCS 与视口一起保存】复选框，就与当前视口一起保存坐标系,该选项由系统变量 UCSVP 控制;选中【修改 UCS 时更新平面视图】复选框,则当窗口的坐标系改变时,保存平面视图,该选项由系统变量 UCSFOLLOW 控制。

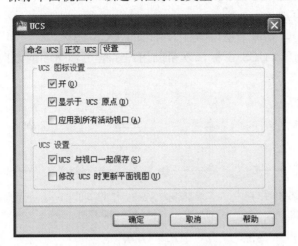

图 9-13　【设置】选项卡

9.1.6　正交 UCS

指定 AutoCAD 提供的 6 个正交 UCS 之一。这些 UCS 设置通常用于查看和编辑三维模型。命令行窗口提示如下:

指定 UCS 的原点或 [面(F)/命名(NA)/对象(OB)/上一个(P)/视图(V)/世界(W)/X/Y/Z/Z 轴(ZA)] <世界>: G
输入选项 [俯视(T)/仰视(B)/前视(F)/后视(BA)/左视(L)/右视(R)] <俯视>:

默认情况下,正交 UCS 设置将相对于世界坐标系(WCS)的原点和方向确定当前 UCS 的方向。UCSBASE 系统变量控制 UCS,这个 UCS 是正交设置的基础。使用 UCS 命令的移动选项可修改正交 UCS 设置中的原点或 Z 向深度。

9.1.7　设置 UCS

要了解当前用户坐标系的方向,可以显示用户坐标系图标。有几种版本的图标可供使用,可以改变其大小、位置和颜色。

为了指示 UCS 的位置和方向,将在 UCS 原点或当前视口的左下角显示 UCS 图标。可以选择三种图标中的一种来表示 UCS。

二维 UCS 图标　　　三维 UCS 图标　　　着色 UCS 图标

使用 Ucsicon 命令在显示二维或三维 UCS 图标之间选择。将显示着色三维视图的着色 UCS 图标。要指示 UCS 的原点和方向,可以使用 Ucsicon 命令在 UCS 原点显示 UCS

图标。

如果图标显示在当前 UCS 的原点处，则图标中有一个加号 (+)。如果图标显示在视口的左下角，则图标中没有加号。

如果存在多个视口，则每个视口都显示自己的 UCS 图标。

将使用多种方法显示 UCS 图标，以帮助用户了解工作平面的方向。下面是一些图标的样例。

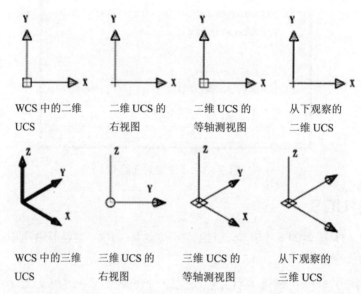

可以使用 Ucsicon 命令在二维 UCS 图标和三维 UCS 图标之间切换。也可以使用此命令改变三维 UCS 图标的大小、颜色、箭头类型和图标线宽度。

如果沿着一个与 UCS XY 平面平行的平面观察，二维 UCS 图标将变成 UCS 断笔图标。断笔图标指示 XY 平面的边几乎与观察方向垂直。此图标警告用户不要使用定点设备指定坐标。

使用定点设备定位点时，断笔图标通常位于 XY 平面上。如果旋转 UCS 使 Z 轴位于与观察平面平行的平面上(即，如果 XY 平面垂直于观察平面)，则很难确定该点的位置。这种情况下，将把该点定位在与观察平面平行的包含 UCS 原点的平面上。例如，如果观察方向是沿 X 轴方向，则使用定点设备指定的坐标将位于包含 UCS 原点的 YZ 平面上。

使用三维 UCS 图标有助于了解坐标投影在哪个平面上，三维 UCS 图标不使用断笔图标。

9.1.8 移动 UCS

通过平移当前 UCS 的原点或修改其 Z 轴深度来重新定义 UCS，但保留其 XY 平面的方向不变。修改 Z 轴深度将使 UCS 相对于当前原点沿自身 Z 轴的正方向或负方向移动。命令行窗口提示如下：

指定 UCS 的原点或 [面(F)/命名(NA)/对象(OB)/上一个(P)/视图(V)/世界(W)/X/Y/Z/Z 轴(ZA)] <世界>: M
指定新原点或 [Z 向深度(Z)] <0,0,0>:   //指定或输入 z

(1) 新原点：修改 UCS 的原点位置。
(2) Z 向深度(Z)：指定 UCS 原点在 Z 轴上移动的距离。命令提示行如下：

指定 Z 向深度 <0>:   //输入距离

如果有多个活动视窗，且改变视窗来指定新原点或 Z 向深度时，那么所做修改将被应用到命令开始执行时的当前视窗中的 UCS 上，且命令结束后此视图被置为当前视图。

9.1.9 设置三维视点

绘制三维图形时常需要改变视点，以满足从不同角度观察图形各部分的需要。设置三维视点主要有两种方法：视点设置命令(vpoint)和用【视点预设】对话框选择视点两种方法。下面分别来介绍三种命令的使用方法。

1. 使用【视点】命令

视点设置命令用来设置观察模型的方向。
在命令行中输入 vpoint，按下 Enter 键。命令行窗口提示如下：

命令: vpoint
当前视图方向： VIEWDIR=-1.0000,-1.0000,1.0000
指定视点或 [旋转(R)] <显示指南针和三轴架>:

有以下几种方法可以设置视点：
(1) 使用输入的 X、Y 和 Z 坐标定义视点，创建定义观察视图方向的矢量。定义的视图如同是观察者在该点向原点(0,0,0)方向观察。命令行窗口提示如下：

命令: vpoint
当前视图方向： VIEWDIR=0.0000,0.0000,1.0000
指定视点或 [旋转(R)] <显示指南针和三轴架>:0,1,0
正在重生成模型。

(2) 使用旋转(R)。使用两个角度指定新的观察方向。命令行窗口提示如下：

指定视点或 [旋转(R)] <显示指南针和三轴架>: R
输入 XY 平面中与 X 轴的夹角<45>:
//指定一个角度，第一个角度指定为在 XY 平面中与 X 轴的夹角
输入与 XY 平面的夹角<0>:
//指定一个角度，第二个角度指定为与 XY 平面的夹角，位于 XY 平面的上方或下方

(3) 使用指南针和三轴架。在命令行中直接按下 Enter 键，则按默认选项显示指南针和三轴架，用来定义视窗中的观察方向，如图 9-14 所示。
这里，右上角坐标球为一个球体的俯视图，坐标球是一个展开的球体，中心点是北极(0,0,n)，内环是赤道(n,n,0)，整个外环是南极(0,0,-n)。十字光标代表视点的位置：
- 当十字光标定位在坐标球的中心，则视点和 XY 平面垂直，这个便是平面视图。
- 当十字光标定位在内圆中，则视点和 XY 平面的夹角在 0°～90°范围。
- 当十字光标定位在内圆上，则视点与 XY 平面成 0°角，这便是正视图。
- 当十字光标定位在内圆与外圆之间，则视点就和 XY 平面的角度在 0°～-90°范围。
- 当十字光标记在外圆上或外圆外，则视点与 XY 平面的角度为-90°。

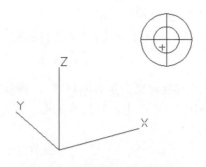

图 9-14 使用坐标球和三轴架

拖动鼠标，使十字光标在坐标球范围内移动，光标位于小圆环内表示视点在 Z 轴正方向，光标位于两个圆环之间表示视点在 Z 轴负方向，移动光标，就可以设置视点。图 9-15 所示为不同坐标球和三轴架设置时不同的视点位置。

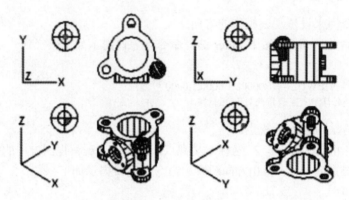

图 9-15 不同的视点设置

提示

在设置视点时，坐标球的水平线和垂直线分别代表 XY 平面的 X 轴和 Y 轴。

2. 使用【视点预设】对话框

用【视点预设】对话框选择视点。操作步骤如下。

选择【视图】|【三维视图】|【视点预设】菜单命令或者在命令行中输入 Ddvpoint 命令，按下 Enter 键，打开【视点预设】对话框，如图 9-16 所示，其中各参数设置方法如下。

- 绝对于 WCS：所设置的坐标系基于世界坐标系。
- 相对于 UCS：所设置的坐标系相对于当前用户坐标系。
- 左半部分方形分度盘表示观察点在 XY 平面投影与 X 轴夹角。有 8 个位置可选。
- 右半部分半圆分度盘表示观察点与原点连线与 XY 平面夹角。有 9 个位置可选。
- 【X 轴】文本框：可输入 360°以内任意值设置观察方向与 X 轴的夹角。
- 【XY 平面】文本框：可输入以±90°内任意值设置观察方向与 XY 平面的夹角。
- 【设置为平面视图】按钮：单击该按钮，则取标准值，与 X 轴夹角 270°，与 XY 平面夹角 90°。

3. 其他特殊视点

在视点摄制过程中，还可以选取预定义标准观察点，可以从 AutoCAD 2010 中预定义的 10 个标准视图中直接选取。

在菜单栏中选择【视图】|【三维视图】的 10 个标准命令，如图 9-17 所示，即可定义观察点。这些标准视图包括：俯视图、仰视图、左视图、右视图、前视图、后视图、西南等轴侧视图、东南等轴侧视图、东北等轴侧视图和西北等轴侧视图。

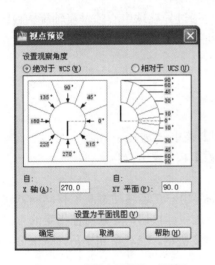

图 9-16 【视点预设】对话框

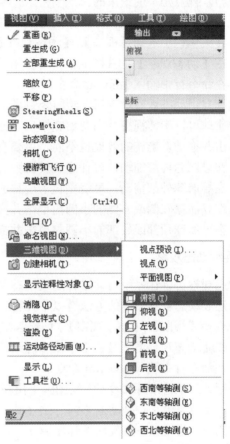

图 9-17 【三维视图】菜单

9.1.10 三维动态观察器

通过使用三维动态观察工具，用户可以从不同的角度、高度和距离查看图形中的对象。可以实时地控制和改变当前视口中创建的三维视图。

1. 受约束的动态观察

该动态观察是指沿 XY 平面或 Z 轴约束的三维动态观察。

执行受约束的动态观察命令的方法有以下几种。

- 选择【视图】|【动态观察】|【受约束的动态观察】菜单命令。
- 在【动态观察】工具栏上单击【受约束的动态观察】按钮。

- 在命令行中输入 3dorbit 命令。

当执行受约束的动态观察命令后，绘图区中出现 图标，这时用户拖动鼠标，就可以动态地观察对象，当观察完毕后，按下 Esc 键或 Enter 键即可退出。

2. 自由动态观察

该动态观察是指不参照平面，在任意方向上进行动态观察。当用户沿 XY 平面和 Z 轴进行动态观察时，视点是不受约束的。

使用自由动态观察首先执行自由动态观察命令，其方法有以下几种。
- 在菜单栏中选择【视图】|【动态观察】|【自由动态观察】命令。
- 在【动态观察】工具栏上单击【自由动态观察】按钮 。
- 在命令行中输入 3dforbit 命令。

当执行自由动态观察命令后，绘图区中显示一个导航球，它被小圆分成 4 个区域，用户拖动这个导航球可以旋转视图。当观察完毕后，按下 Esc 键或 Enter 键即可退出。另外，在不同的位置单击并拖动，旋转的效果也不同，主要有以下几种情况。
- 在导航球内部拖动，可任意旋转视图。
- 在导航球外部拖动，可绕垂直于屏幕的轴转动视图。
- 在导航球左侧或右侧的小圆内单击并拖动，可通过导航球中心的垂直轴旋转视图。
- 在导航球顶部或底部的小圆内单击并拖动，可通过导航球中心的水平轴旋转视图。

3. 连续动态观察

该动态观察可以让系统自动进行连续动态观察。

执行连续动态观察命令的方法有以下几种。
- 选择【视图】|【动态观察】|【连续动态观察】菜单命令。
- 在【动态观察】工具栏上单击【连续动态观察】按钮 。
- 在命令行中输入 3dcorbit 命令。

当执行连续动态观察命令后，绘图区中出现 图标，用户在连续动态观察移动的方向上单击并拖动，使对象沿正在拖动的方向开始移动，然后释放鼠标按钮，对象将在指定的方向上继续进行它们的轨迹运动。其旋转的速度由光标移动的速度决定。当观察完毕后，按下 Esc 键或 Enter 键即可退出。

9.2 绘制三维曲面和三维体

用户可以通过拉伸对象、沿一条路径扫掠对象、绕一条曲线进行放样、剖切实体或将具有厚度的平面对象转换为实体等现有对象创建三维模型。

9.2.1 AutoCAD 中的三维模型

在 AutoCAD 中，三维模型分为线框模型、实体模型和网格模型 3 种，每种模型的作用和特点都不相同。

1. 线框模型

该模型是使用直线和曲线的真实三维对象边缘或骨架表示的 AutoCAD 对象，它仅由描述对象的边界点、直线和曲线组成，由于构成线框模型的每个对象都必须单独绘制和定位，因此，该模型方式比较费时。使用线框对象构建的三维模型，能很好地表现出三维对象的内部结构和外部形状，但不支持隐藏、着色和渲染等操作。

2. 实体模型

在 AutoCAD 中，实体模型包括一般实体模型、实体图元模型和曲面模型。该模型不仅包括模型的边界和表面，还包括对象的体积，因此具有质量、体积和质心等质量特性。

在 AutoCAD 中，为用户提供了多种默认的三维实体模型，如长方体、圆柱体、圆锥体、圆环和球体等，将这些默认的实体模型进行合并，找出它们的差集或交集部分，结合起来可生成为复杂的实体。

3. 网格模型

该模型不仅包括对象的边界，还包括对象的表面。因为该模型具有面的特性，所以用户可对网格模型进行隐藏、着色和渲染等处理。网格对象是使用多边形网格来定义的，它只能近似于曲面。

9.2.2 绘制三维曲面

AutoCAD 2010 可绘制的三维图形有线框模型、表面模型和实体模型等图形，并且可以对三维图形进行编辑。

1. 绘制三维面

三维面命令用来创建任意方向的三边或四边三维面，四点可以不共面。绘制三维面模型命令调用方法有以下两种。

- 在菜单栏中选择【绘图】|【建模】|【网格】|【三维面】命令。
- 在命令行中输入 3dface 命令。

命令行窗口提示如下：

命令: 3dface
指定第一点或 [不可见(I)]:
指定第二点或 [不可见(I)]:
指定第三点或 [不可见(I)] <退出>:   //直接按下 Enter 键，生成三边面，指定点继续
指定第四点或 [不可见(I)] <创建三侧面>:

在提示行中若指定第四点，则命令提示行继续提示指定第三点或退出，直接按下 Enter 键，则生成四边平面或曲面。若继续确定点，则上一个第三点和第四点连线成为后续平面第一边，三维面递进生长。命令行窗口提示如下：

指定第三点或 [不可见(I)] <退出>:
指定第四点或 [不可见(I)] <创建三侧面>:

绘制成的三边平面、四边面和多个面如图 9-18 所示。

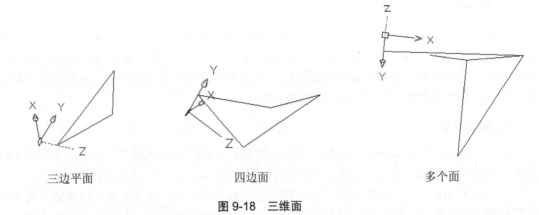

图 9-18 三维面

命令行选项说明如下。

(1) 第一点：定义三维面的起点。在输入第一点后，可按顺时针或逆时针方向输入其余的点，以创建普通三维面。如果四个顶点在同一个平面上，那么 AutoCAD 将创建一个类似于面域对象的平面。当着色或渲染对象时，该平面将被填充。

(2) 控制三维面各边的可见性，以便建立有孔对象的正确模型。在边的第一点之前输入 i 或 invisible 可以使该边不可见。不可见属性必须在使用任何对象捕捉模式、XYZ 过滤器或输入边的坐标之前定义。可以创建所有边都不可见的三维面。这样的面是虚幻面，它不显示在线框图中，但在线框图形中会遮挡形体。

2. 绘制基本三维曲面

三维线框模型(Wire model)是三维形体的框架，是一种较直观和简单的三维表达方式。

在创建三维线框模型时，只需在三维空间中放置二维对象，与绘制二维平面图形相似，只是在输入坐标时需指定 Z 轴的值，这些模型只能绘制在 XY 平面或与 XY 平面平行的平面内，所以其操作方法跟二维空间中差不多，用户只需调整坐标系的位置和方向就可以将这些模型生成在三维空间的不同位置了。

AutoCAD 2010 中的三维线框模型只是空间点之间相连直线、曲线信息的集合，没有面和体的定义，因此，它不能消隐、着色或渲染。但是它有简洁、易编辑的优点。

1) 三维线条。

二维绘图中使用的直线(Line)和样条曲线(Spline)等命令可直接用于绘制三维图形，操作方式与二维绘制相同，在此就不重复了，只是绘制三维线条时，输入点的坐标值时，要输入 X、Y、Z 的坐标值。

如要执行矩形命令，绘制一个矩形，其操作步骤如下。

(1) 执行矩形命令，当命令行提示"指定第一个角点或 [倒角(C)/标高(E)/圆角(F)/厚度(T)/宽度(W)]:"时，在绘图区中单击指定第一角点。

(2) 指定第一角点后，命令行窗口提示"指定另一个角点或 [面积(A)/尺寸(D)/旋转(R)]:"，在绘图区中指定另一角点。绘制的图形如图 9-19 所示。

2) 三维多段线。

三维多段线由多条空间线段首尾相连的多段线组成，其可以作为单一对象编辑，但其与二维多段线有区别，它只能为线段首位相连，不能设计线段的宽度。图 9-20 所示为三维多段线。

图 9-19　绘制的矩形　　　　　　图 9-20　三维多段线

绘制三维多段线有以下几种方法。
- 单击【绘图】面板中的【三维多段线】按钮 。
- 在菜单栏中选择【绘图】|【三维多段线】命令。
- 在命令行中输入 3dpoly 命令。

命令行窗口提示如下。

指定多段线的起点:
指定直线的端点或 [放弃(U)]:
指定直线的端点或 [放弃(U)]:
指定直线的端点或 [闭合(C)/放弃(U)]:

从前一点到新指定的点绘制一条直线。命令提示不断重复，直到按下 Enter 键结束命令为止。如果在命令行输入命令:U，则结束绘制三维多段线，如果输入指定三点后，输入命令:C，则多段线闭合。指定点可以用鼠标选择或者输入点的坐标。

三维多段线和二维多段线的比较如表 9-2 所示。

表 9-2　三维多段线和二维多段线比较表

	三维多段线	二维多段线
相同点	多段线是一个对象 可以分解 可以用 pedit 命令进行编辑	
不同点	Z 坐标值可以不同 不含弧线段，只有直线段 不能有宽度 不能有厚度 只有实线一种线形	Z 坐标值均为 0 包括弧线段等多种线段 可以有宽度 可以有厚度 有多种线型

3. 绘制三维网格

使用三维网格命令可以生成矩形三维多边形网格，主要用于图解二维函数。绘制三维网格命令的调用方法如下。

在命令行中输入 3dmesh 命令，命令行窗口提示如下：

命令: 3dmesh
输入 M 方向上的网格数量: 3　　　　　　　　//输入数量
输入 N 方向上的网格数量: 2　　　　　　　　//输入数量
为顶点 (0, 0) 指定位置:　　　　　　　　　　//在图中单击
为顶点 (0, 1) 指定位置:　　　　　　　　　　//在图中单击
为顶点 (1, 0) 指定位置:　　　　　　　　　　//在图中单击
为顶点 (1, 1) 指定位置:　　　　　　　　　　//在图中单击
为顶点 (2, 0) 指定位置:　　　　　　　　　　//在图中单击
为顶点 (2, 1) 指定位置:　　　　　　　　　　//在图中单击

绘制成的三维网格如图 9-21 所示。

> **注 意**
>
> M 和 N 的数值在 2～256 之间。

4. 绘制旋转网格

旋转网格的命令是将对象绕指定轴旋转，生成旋转网格曲面。绘制旋转网格命令的调用方法有以下几种。

- 选择【绘图】|【建模】|【网格】|【旋转网格】命令。
- 单击【图元】面板中的【建模，网格，旋转曲面】按钮 。
- 在命令行中输入 revsurf 命令。

先用多段线和直线命令绘制好如图 9-22 所示的图形。

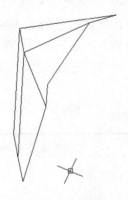

图 9-21　三维网格　　　　　图 9-22　执行【旋转网格】命令前绘制的图形

然后执行【旋转网格】命令，命令行窗口提示如下：

命令: revsurf
当前线框密度: SURFTAB1=6　SURFTAB2=6
选择要旋转的对象:　　　　　　　　　　//选择多段线
选择定义旋转轴的对象:　　　　　　　　//选择直线

指定起点角度 <0>: E   //按下 Enter 键确定
指定包含角 (+=逆时针, -=顺时针) <360>:   //按下 Enter 键确定

绘制成的旋转网格如图 9-23 所示。

> **注意**
> 在执行此命令前，应绘制好轮廓曲线和旋转轴。

> **提示**
> 在命令行中输入 surftab1 或 surftab2 后，按下 Enter 键，可调整线框的密度值。

5. 绘制平移网格

【平移网格】命令可以绘制一个由路径曲线和方向矢量所决定的多边形网格。绘制平移网格命令的调用方法有以下几种。

- 选择【绘图】|【建模】|【网格】|【平移网格】菜单命令。
- 单击【图元】面板中的【建模，网格，平移曲面】按钮 。
- 在命令行中输入 tabsurf 命令。

先用样条曲线和直线命令绘制好如图 9-24 所示的图形。

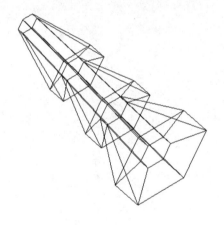
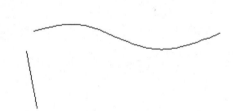

图 9-23 旋转网格   图 9-24 执行【平移网格】命令前绘制的图形

然后执行【平移网格】命令，命令行窗口提示如下：

命令: _tabsurf
当前线框密度: SURFTAB1=6
选择用作轮廓曲线的对象：   //选择样条曲线
选择用作方向矢量的对象：   //选择直线段

绘制成的平移网格如图 9-25 所示。

> **注意**
> 在执行此命令前，应绘制好轮廓曲线和方向矢量。轮廓曲线可以是直线、圆弧、曲线等。

6. 绘制直纹网格

【直纹网格】命令用于在两个对象之间建立一个 2*N 的直纹网格曲面。绘制直纹网格命令的调用方法有以下几种。

- 选择【绘图】|【建模】|【网格】|【直纹网格】菜单命令。
- 单击【图元】面板中的【建模,网格,直纹曲线】按钮。
- 在命令行中输入 rulesurf 命令。

命令行窗口提示如下:

命令: rulesurf
当前线框密度: SURFTAB1=6
选择第一条定义曲线:
选择第二条定义曲线:

绘制成的直纹网格如图 9-26 所示。

> **注意**
>
> 要生成直纹网格,两对象只能封闭曲线对封闭曲线,开放曲线对开放曲线。而点对象则可以与开放或闭合对象成对使用。

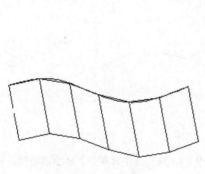

图 9-25　平移网格

图 9-26　直纹网格

7. 绘制边界网格

【边界网格】命令是把四个称为边界的对象创建为孔斯曲面片网格。边界可以是圆弧、直线、多段线、样条曲线和椭圆弧,并且必须形成闭合环和公共端点。孔斯曲面片是插在四个边界间的双三次曲面(一条 M 方向上的曲线和一条 N 方向上的曲线)。绘制边界网格命令的调用方法有以下几种。

- 选择【绘图】|【建模】|【网格】|【边界网格】菜单命令。
- 单击【图元】面板中的【建模,网格,边界曲面】按钮。
- 在【命令行】中输入 edgesurf 命令。

命令行窗口提示如下:

命令: edgesurf
当前线框密度: SURFTAB1=6 SURFTAB2=6
选择用作曲面边界的对象 1:
选择用作曲面边界的对象 2:
选择用作曲面边界的对象 3:
选择用作曲面边界的对象 4:

绘制成的边界网格如图 9-27 所示。

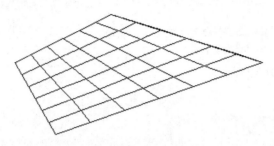

图 9-27 边界网格

提 示
由于网格模型由网格近似表示，所以网格的密度决定了网格模型的光滑程度。当密度越大时，面就越光滑，数据也就越大。

9.2.3 三维实体

在 AutoCAD 2010 中，提供了多种基本的实体模型，可直接建立实体模型，如长方体、球体、圆柱体、圆锥体、楔体、圆环等多种模型。

1. 绘制长方体

下面首先介绍绘制长方体命令的调用方法，有以下几种。

- 选择【绘图】|【建模】|【长方体】菜单命令。
- 单击【建模】面板中的【长方体】按钮。
- 在命令行中输入 box 命令。

命令行窗口提示如下：

命令: _box
指定第一个角点或 [中心(C)]:   //指定长方体的第一个角点
指定其他角点或 [立方体(C)/长度(L)]:   //输入 C 则创建立方体
指定高度或 [两点(2P)] <5.4154>:高度!

提 示
长度(L)是指按照指定长、宽、高创建长方体。长度与 X 轴对应，宽度与 Y 轴对应，高度与 Z 轴对应。

绘制完成的长方体如图 9-28 所示。

2. 绘制球体

sphere 命令用来创建球体。绘制球体命令的调用方法有以下几种。

- 选择【绘图】|【建模】|【球体】菜单命令。
- 在命令行中输入 sphere 命令。
- 单击【建模】面板中的【球体】按钮 。

命令行窗口提示如下：

命令: _sphere
指定中心点或 [三点(3P)/两点(2P)/切点、切点、半径(T)]:
指定半径或 [直径(D)] <6.6763>:大小!

绘制完成的球体如图 9-29 所示。

图 9-28　长方体

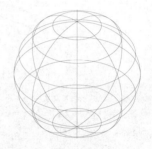
图 9-29　球体

3. 绘制圆柱体

圆柱底面既可以是圆，也可以是椭圆。绘制圆柱体命令的调用方法有以下几种。

- 选择【绘图】|【建模】|【圆柱体】菜单命令。
- 在命令行中输入 cylinder 命令。
- 单击【建模】面板中的【圆柱体】按钮 。

首先来绘制圆柱体，命令行窗口提示如下：

命令: cylinder
指定底面的中心点或 [三点(3P)/两点(2P)/切点、切点、半径(T)/椭圆(E)]:   //输入坐标或者指定点
指定底面半径或 [直径(D)]:
指定高度或 [两点(2P)/轴端点(A)]:

绘制完成的圆柱体如图 9-30 所示。

下面来绘制椭圆柱体，命令行窗口提示如下：

命令: cylinder
指定底面的中心点或 [三点(3P)/两点(2P)/切点、切点、半径(T)/椭圆(E)]:   E
                                                          //执行绘制椭圆柱体选项
指定第一个轴的端点或 [中心(C)]: c   //执行中心点选项
指定中心点:
指定到第一个轴的距离:
指定第二个轴的端点:
指定高度或 [两点(2P)/轴端点(A)]:

绘制完成的椭圆柱体如图 9-31 所示。

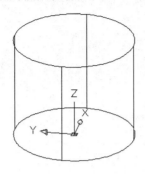

图 9-30　圆柱体

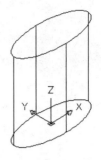

图 9-31　椭圆柱体

4. 绘制圆锥体

cone 命令用来创建圆锥体或椭圆锥体。绘制圆锥体命令的调用方法有以下几种。

- 选择【绘图】|【建模】|【圆锥体】菜单命令。
- 在命令行中输入 cone 命令。
- 单击【建模】面板中的【圆锥体】按钮 。

命令行窗口提示如下：

命令: _cone
指定底面的中心点或 [三点(3P)/两点(2P)/切点、切点、半径(T)/椭圆(E)]:　　//输入 E 可以绘制椭圆锥体
指定底面半径或 [直径(D)]:
指定高度或 [两点(2P)/轴端点(A)/顶面半径(T)]:

绘制完成的圆锥体如图 9-32 所示。

5. 绘制楔体

wedge 命令用来绘制楔体。绘制楔形体命令的调用方法有以下几种。

- 选择【绘图】|【建模】|【楔体】菜单命令。
- 在命令行中输入 wedge 命令。
- 单击【建模】面板中的【楔体】按钮 。

命令行窗口提示如下：

命令: wedge
指定第一个角点或 [中心(C)]::
指定其他角点或 [立方体(C)/长度(L)]:
指定高度或 [两点(2P)]:

绘制完成的楔体如图 9-33 所示。

6. 绘制圆环体

torus 命令用来绘制圆环体。绘制圆环体命令的调用方法有以下几种。

- 选择【绘图】|【建模】|【圆环体】菜单命令。
- 在命令行中输入 torus 命令。
- 单击【建模】工具栏中的【圆环体】按钮 。

命令行窗口提示如下：

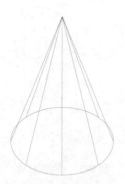

图 9-32　圆锥体

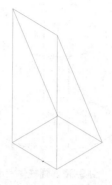

图 9-33　楔体

```
命令: torus
指定中心点或 [三点(3P)/两点(2P)/切点、切点、半径(T)]:
指定半径或 [直径(D)]:                    //指定圆环体中心到圆环圆管中心的距离
指定圆管半径或 [两点(2P)/直径(D)]:        //指定圆环体圆管的半径
```

绘制完成的圆环体如图 9-34 所示。

7. 绘制拉伸实体

【拉伸】命令用来拉伸二维对象生成三维实体，二维对象可以是多边形、圆、椭圆、样条封闭曲线等。绘制拉伸体命令的调用方法有以下几种。

- 选择【绘图】|【建模】|【拉伸】菜单命令。
- 在命令行中输入 extrude 命令。
- 单击【建模】工具栏中的【拉伸】按钮。

利用圆弧及直线命令在两个垂直的平面绘制如图 9-35 所示的图形。

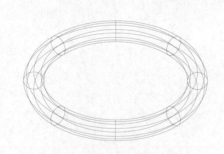

图 9-34　圆环体

图 9-35　执行【拉伸】命令前绘制的图形

选择命令后，命令行窗口提示如下：

```
命令: _extrude
当前线框密度： ISOLINES=8
选择要拉伸的对象: 找到 1 个                              //选择圆弧
选择要拉伸的对象:                                        //按下 Enter 键结束选取
指定拉伸的高度或 [方向(D)/路径(P)/倾斜角(T)] <64.1871>: p //选择沿路径进行拉伸
选择拉伸路径或 [倾斜角(T)]:                              //选择直线
```

绘制完成的拉伸实体如图 9-36 所示。

> **提示**
> 可以选取直线、圆、圆弧、椭圆、多段线等作为拉伸路径的对象。

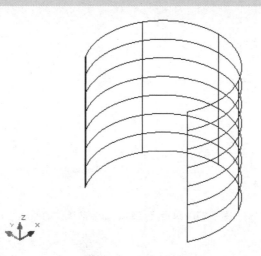

图 9-36　拉伸实体

> **提示**
> 在使用拉伸进行绘制时，当选定的多段线具有宽度时，将忽略宽度并从多段线路径的中心拉伸多段线。如果选定对象具有厚度，将忽略厚度。

8. 绘制旋转实体

旋转是将闭合曲线绕一条旋转轴旋转生成回转三维实体。绘制旋转体命令调用方法有以下几种。

- 选择【绘图】|【建模】|【旋转】菜单命令。
- 在命令行中输入 revolve 命令。
- 单击【建模】工具栏中的【旋转】按钮。

如要旋转如图 9-37 所示的曲线，选择【旋转】命令后，命令行窗口提示如下：

```
命令: revolve
当前线框密度：  ISOLINES=10
选择要旋转的对象: 找到 1 个                           //选择多段线
选择要旋转的对象:                                     //按下 Enter 键结束选取
定轴起点或根据以下选项之一定义轴 [对象(O)/X/Y/Z] <对象>:   //选择 A 点
指定轴端点:                                           //选择 B 点
指定旋转角度或 [起点角度(ST)] <360>:270                //输入角度值
```

绘制完成的旋转实体如图 9-38 所示。

> **提示**
> 可以通过旋转创建实体或曲面模型的有：直线、圆弧、椭圆弧、二维多段线、二维样条曲线、圆、椭圆、三维平面、二维实体、宽线、面域、实体或曲面上的平面。

> **注意**
> 执行此命令,要事先准备好选择对象。

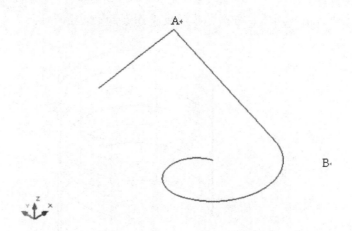

图 9-37 执行【旋转】命令前绘制的图形

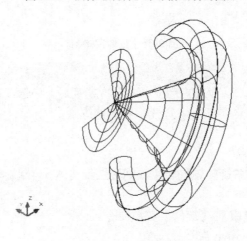

图 9-38 旋转实体

> **注意**
> 用户不能旋转包含块的对象和具有相交或自交线段的多段线,并且会忽略多段线的宽度,并从多段线路径的中心处开始旋转。

9. 绘制扫掠实体

在 AutoCAD 中,使用【扫掠】命令沿开放或闭合的二维或三维路径扫掠开放或闭合的平面曲线(轮廓),达到创建实体和曲面的目的。

绘制扫掠体命令的调用方法有以下几种。

- 选择【绘图】|【建模】|【扫掠】菜单命令。
- 在【命令行】中输入 sweep 命令。
- 单击【建模】工具栏中的【扫掠】按钮。

在西南等轴测视图中沿已知路径(多段线)扫掠已知对象(圆)绘制实体。

执行【扫掠】命令，将图形中的圆弧按直线的方向进行扫掠，命令行操作如下：

命令:_sweep   //执行扫掠命令
当前线框密度：ISOLINES=4   //系统提示
选择要扫掠的对象: 找到 1 个   //单击圆
选择要扫掠的对象: //按下 Enter 键结束
选择扫掠路径或 [对齐(A)/基点(B)/比例(S)/扭曲(T)]:   //单击多段线

绘制完成的扫掠实体如图 9-40 所示。

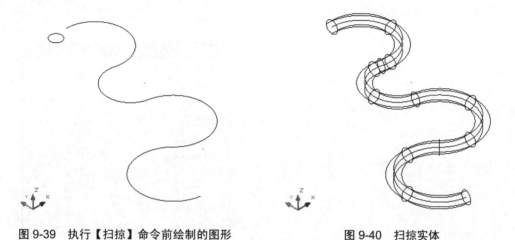

图 9-39　执行【扫掠】命令前绘制的图形　　　　图 9-40　扫掠实体

> **注意**
> 在扫掠时，可以扫掠多个对象，但是这些对象必须位于同一平面中。

> **提示**
> 如果沿一条路径扫掠闭合的曲线，则生成实体。如果沿一条路径扫掠开放的曲线，则生成曲面。

10. 绘制放样实体

在 AutoCAD 中，使用【放样】命令对包含两条或两条以上横截面曲线的一组曲线进行放样，达到创建实体或曲面的目的。其中横截面可以是开放的，也可以是闭合的，通常为典线或直线。

在放样过程中，可作为横截面使用的对象包括直线、圆弧、椭圆弧、二维多段线、二维样条曲线、圆、椭圆、仅第一个和最后一个横截面的点；可作为放样路径使用的对象有直线、圆弧、椭圆弧、样条曲线、螺旋、圆、椭圆、二维多段线、三维多段线；可作为引导使用的对象包含直线、圆弧、椭圆弧、二维样条曲线、二维多段线、三维多段线。

绘制放样实体的调用方法有以下几种。

- 选择【绘图】|【建模】|【放样】菜单命令。
- 在【建模】工具栏上单击【放样】按钮。
- 在【建模】面板上单击【放样】按钮。
- 在命令行中输入 loft 命令。

如要在西南等轴测视图中通过图 9-41 所示的一组横截面进行放样。

执行【放样】命令,当命令行提示"按放样次序选择横截面:"时,分别单击两条样条曲线。按 Enter 键,命令行提示"输入选项 [导向(G)/路径(P)/仅横截面(C)] <仅横截面>:"时,按 Enter 键,打开如图 9-42 所示的【放样设置】对话框,在该对话框中进行设置。

> **提 示**
> 选择【路径】选项,可以选择单一路径曲线定义实体或曲面形状,选择【导向】选项,可以选择多条曲线定义实体或曲面形状。

图 9-41 执行放样命令前绘制的图形

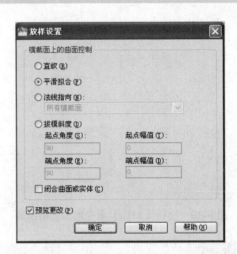

图 9-42 【放样设置】对话框

绘制完成的放样实体如图 9-43 所示。

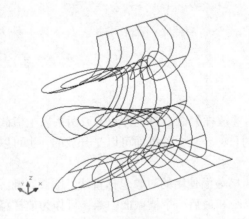

图 9-43 放样实体

9.3 显示和检查三维模型

AutoCAD 为用户提供了多种视觉样式,用户可以以不同的视觉样式来显示模型,以方便在视口中查看三维模型的效果。

9.3.1 三维对象精度显示的设置

默认情况下,"三维建模"工作空间对于三维模型的显示精度不高。为了提高对象的显示精度,可以通过【显示精度】选项进行设置。其方法如下。

(1) 选择【工具】|【选项】菜单命令,打开【选项】对话框,如图9-44所示。

(2) 单击【显示】标签,切换到【显示】选项卡,然后在【显示精度】选项组中设置具体的参数。

(3) 设置完成后,单击【确定】按钮即可。

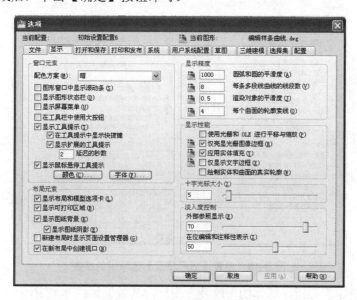

图 9-44 【选项】对话框

如果修改在默认显示精度下,在西南等轴测视图中绘制的球体(见图9-45)的显示精度,观察前后发生的变化,操作步骤如下。

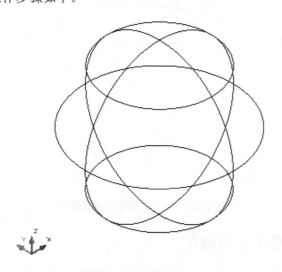

图 9-45 未修改显示精度的球体

(1) 选择球体命令，命令行窗口提示如下。

命令: _sphere   //执行绘制球体命令
指定中心点或 [三点(3P)/两点(2P)/切点、切点、半径(T)]: //指定球体的中心点
指定半径或 [直径(D)] <39.3026>:50   //输入半径值

(2) 选择【工具】|【选项】菜单命令，打开【选项】对话框，单击【显示】标签，切换到【显示】选项卡，然后在【显示精度】选项组中进行设置，如图 9-46 所示。

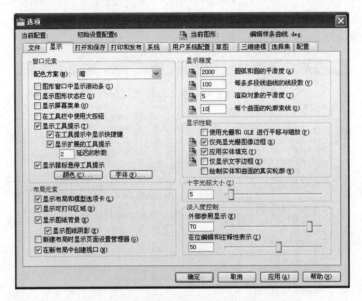

图 9-46　设置【显示精度】选项组的参数

(3) 单击【确定】按钮，球体的精度发生变化，其效果如图 9-47 所示。

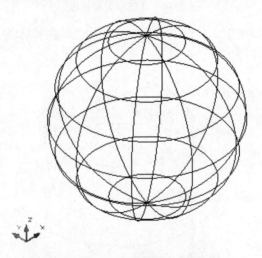

图 9-47　修改显示精度后的效果

9.3.2　使用视觉样式显示模型

视觉样式是一组用来控制视口中边和着色的显示设置，它只是更改三维对象视觉样式的特

性,不需使用系统命令和设置变量来改变对象的属性。用户只需在【视觉样式管理器】选项板中选择需要的样式,即可在视口中查看效果。

打开【视觉样式管理器】选项板,其方法有以下几种。

- 选择【工具】|【选项板】|【视觉样式】菜单命令。
- 单击【三维选项板】面板中的【视觉样式】按钮。
- 在命令行中输入 visualstyles 命令。

当打开【视觉样式管理器】选项板后,上方显示了可用的视觉样式样例图像,下方显示了所选视觉样式的设置,其中选定的视觉样式为黄色边框表示,如图 9-48 所示。

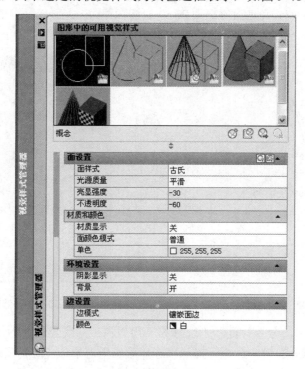

图 9-48 【视觉样式管理器】选项板

AutoCAD 为用户提供了二维线框、三维隐藏、三维线框、概念和真实 5 种视觉样式。其中各视觉样式说明如下。

- 二维线框:该样式显示用直线和曲线表示边界的对象。
- 三维隐藏:该样式显示用三维线框表示的对象,并且会隐藏表示后向面的直线。
- 三维线框:该样式显示用直线和曲线表示边界的对象。
- 概念:该样式以着色效果显示多边形平面间的对象,并使对象的边平滑化。它可以方便地查看模型的细节。
- 真实:该样式将着色多边形平面间的对象,并使对象的边平滑化。它将显示已附着到对象的材质,显示的效果比较具有真实感。

9.3.3 实体模型中干涉的检查

实体模型中干涉的检查是指通过对比两组对象,或一对一地检查所有实体的相交或重叠区域，检查的结果将在实体相交处创建和突出显示临时实体。

执行【干涉检查】命令的方法有以下几种。

- 选择【修改】|【三维操作】|【干涉检查】菜单命令。
- 在命令行中输入 interfere 命令。

AutoCAD 为用户设置了默认的干涉对象显示属性，当默认设置不合适时，用户还可以在干涉检查前进行更改干涉对象显示属性。

对图 9-49 中的两个对象进行检查，在检查前要更改干涉对象的显示。

打开要进行干涉检查的对象。执行【干涉检查】命令，对已知的两个对象进行干涉检查，命令行提示"选择第一组对象或 [嵌套选择(N)/设置(S)]: s"，输入 s，并按下 Enter 键，打开【干涉设置】对话框，如图 9-50 所示，并在其中进行设置。

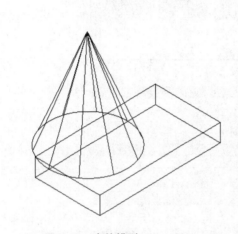

图 9-49 实体模型

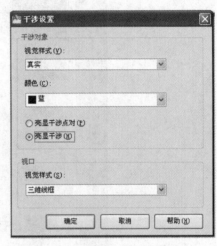

图 9-50 【干涉设置】对话框

单击【确定】按钮，命令行提示"选择第一组对象或 [嵌套选择(N)/设置(S)]:"时，单击图中的圆锥体。按下 Enter 键，命令行提示"选择第二组对象或 [嵌套选择(N)/检查第一组(K)] <检查>:"时，单击长方体。按下 Enter 键，打开如图 9-51 所示的【干涉检查】对话框。在绘图区亮显干涉区域，如图 9-52 所示。

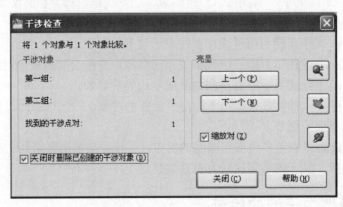

图 9-51 【干涉检查】对话框

第 9 章
AutoCAD 三维绘图

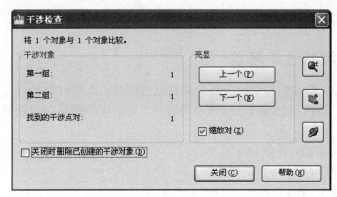

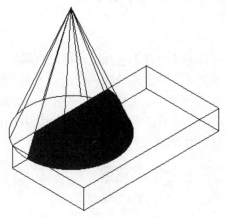

图 9-52 突出显示干涉区域

单击【关闭】按钮，在绘图区中显示实体干涉检查的结果，如图 9-53 所示。

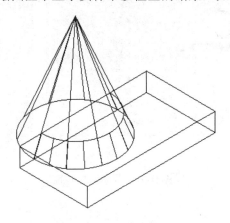

图 9-53 显示实体干涉检查的结果

9.4 编辑三维图形

与二维图形对象一样，用户也可以编辑三维图形对象，且二维图形对象编辑中的大多数命令都适用于三维图形。下面将介绍编辑三维图形对象的命令，包括三维阵列、三维镜像、三维旋转、截面、剖切实体、并集运算等。

9.4.1 三维模型特性的修改

在 AutoCAD 中，创建的每个对象都具有自己的特性。有些对象至少有基本特性，有些对象具有专用的特性。用户可以通过修改模型的特性，即可组织图形中的模型，并控制它们的显示和打印方式。

执行【特性】命令的方法有以下几种。

- 选择【修改】|【特性】菜单命令。
- 选择【工具】|【选项板】|【特性】命令。
- 按下 Ctrl+1 组合键。
- 在命令行中输入 properties 命令。

执行【特性】命令，即可打开【特性】选项板，用户只需针对需要修改的项目进行设置即可。如果当前没有选择到对象，【特性】选项板只会显示当前图层和布局的基本特性、附着在图层上的打印样式表名称、视图特性以及 UCS 的相关信息，如图 9-54(a)所示；如果当前选择一个对象，【特性】选项板只会显示当前对象的特性，如图 9-54(b)所示；如果当前选择多个对象，【特性】选项板则显示选择集中所有对象的公共特性，如图 9-54(c)所示。

  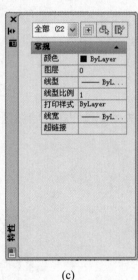

(a)　　　　　　　　　(b)　　　　　　　　　(c)

图 9-54　显示对象特性

9.4.2 三维旋转

【三维旋转】命令用来在三维空间内旋转三维对象。【三维旋转】命令的调用方法有以下几种。

- 选择【修改】|【三维操作】|【三维旋转】菜单命令。
- 在命令行中输入 3drotate 命令。
- 在【建模】工具栏中单击【三维旋转】按钮 ⊕。

如要旋转图 9-55 所示的圆锥。选择命令后，命令行窗口提示如下：

命令: _3drotate
当前正向角度： ANGDIR=逆时针 ANGBASE=0
选择对象: 找到 1 个　　　　//单击圆锥体
选择对象:　　　　　　　　//按下 Enter 键结束选取
指定基点:　　　　　　　　//在视口中单击，指定基点(放置球体轴)
拾取旋转轴:　　　　　　　//在需要的球体的轴上单击(球体是由三个颜色的圆球组成，其圆球上的
　　　　　　　　　　　　//三个颜色分别对应坐标的三个颜色)
指定角的起点或键入角度:　//在视口中单击
指定角的端点:　　　　　　//开始旋转模型，当旋转到合适的位置后，单击鼠标左键

图 9-55　未进行三维旋转操作的圆锥

三维实体和旋转后的效果如图 9-56 所示。

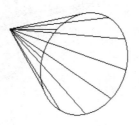

图 9-56　三维实体旋转后的效果

9.4.3　三维对齐

在 AutoCAD 中，提供了将三维实体对齐的功能，在三维空间中将两个对象按指定的方式对齐。【对齐】命令的调用方法有以下几种。

- 选择【修改】|【三维操作】|【三维对齐】菜单命令。
- 在命令行中输入 3dalign 命令。
- 在【建模】工具栏上单击【三维对齐】按钮 。

如要将图 9-57 所示的圆锥体与圆柱体对齐,执行【三维对齐】命令,将图 9-57 中的圆锥体与圆柱体对齐,命令行操作如下:

```
命令: _3dalign                              //执行【三维对齐】命令
选择对象: 找到 1 个                          //选择圆锥体
选择对象:                                    //按下 Enter 键结束
指定源平面和方向 ...                          //系统提示
指定基点或 [复制(C)]:                         //捕捉圆锥体底面的圆心
指定第二个点或 [继续(C)] <C>:                 //捕捉圆锥体的顶点
指定第三个点或 [继续(C)] <C>:                 //在视口中其他地方单击
指定目标平面和方向 ...                        //系统提示
指定第一个目标点:                             //捕捉圆柱体底面圆心
指定第二个目标点或 [退出(X)] <X>:             //捕捉圆柱体的另一圆心
指定第三个目标点或 [退出(X)] <X>:             //按下 Enter 键结束
```

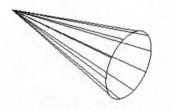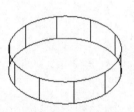

图 9-57　未进行三维对齐操作的圆锥体与圆柱体

三维实体对齐后的效果如图 9-58 所示。

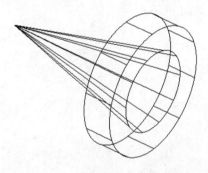

图 9-58　三维实体对齐后的效果

9.4.4　剖切实体

AutoCAD 2010 提供了对三维实体进行剖切的功能,用户可以利用这个功能很方便地绘制实体的剖切面。【剖切】命令的调用方法有以下几种。

- 选择【修改】|【三维操作】|【剖切】菜单命令。
- 在命令行中输入 slice 命令。

如要剖切图 9-59 所示的长方体,选择【剖切】命令后,命令行窗口提示如下:

```
命令: slice
选择要剖切的对象: 找到 1 个            //选择剖切对象
选择要剖切的对象:
```

指定切面的起点或 [平面对象(O)/曲面(S)/Z 轴(Z)/视图(V)/XY(XY)/YZ(YZ)/ZX(ZX)/三点(3)] <三点>:
                //选择点 1
指定平面上的第二个点: //选择点 2
在所需的侧面上指定点或 [保留两个侧面(B)] <保留两个侧面 //选择点 3。输入 B 则两侧都保留

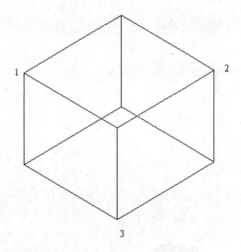

图 9-59 要剖切的长方体

剖切后的实体如图 9-60 所示。

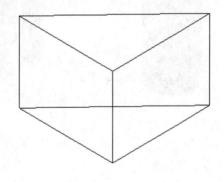

图 9-60 剖切后的实体

9.4.5 三维阵列

【三维阵列】命令用于在三维空间创建对象的矩形和环形阵列,【三维阵列】命令的调用方法有以下几种。

- 选择【修改】|【三维操作】|【三维阵列】菜单命令。
- 在命令行中输入 3darray 命令。

单击【建模】工具栏中的【三维阵列】按钮,命令行窗口提示如下:

命令: _3darray
正在初始化... 已加载 3darray。
选择对象: //选择要阵列的对象
选择对象:
输入阵列类型 [矩形(R)/环形(P)] <矩形>:

这里有两种阵列方式：矩形和环形。下面来分别介绍。

1. 矩形阵列

在行(X 轴)、列(Y 轴)和层(Z 轴)矩阵中复制对象。一个阵列必须具有至少两个行、列或层。如要阵列图 9-61 所示的圆柱体。

选择命令后，命令行窗口提示如下：

输入阵列类型 [矩形(R)/环形(P)] <矩形>:R
输入行数 (---) <1>: 4
输入列数 (|||) <1>: 4
输入层数 (...) <1>: 2
指定行间距 (---): 40
指定列间距 (|||): 30
指定层间距 (...): 10

输入正值将沿 X、Y、Z 轴的正向生成阵列。输入负值将沿 X、Y、Z 轴的负向生成阵列。矩形阵列得到的图形如图 9-62 所示。

图 9-61　要阵列的圆柱体　　　　　图 9-62　矩形阵列后的效果

2. 环形阵列

环形阵列是指绕旋转轴复制对象，如环形阵列图 9-63 所示的圆锥。

图 9-63　环形阵列的圆锥

选择命令后,命令行窗口提示如下:

```
命令: _3darray
正在初始化... 已加载 3darray。
选择对象:                                    //选择圆锥
选择对象:                                    //按下 Enter 键结束选取
输入阵列类型 [矩形(R)/环形(P)] <矩形>:P       //选择环形阵列
输入阵列中的项目数目:   5                    //输入要阵列的数目
指定要填充的角度 (+=逆时针, -=顺时针) <360>:180   //输入填充角度
旋转阵列对象? [是(Y)/否(N)] <是>:
指定阵列的中心点:                            //选择顶点
指定旋转轴上的第二点:                        //在图中单击
```

环形阵列得到的图形如图 9-64 所示。

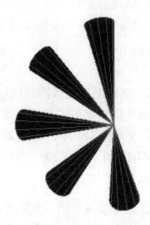

图 9-64 环形阵列后的效果

9.4.6 三维镜像

【三维镜像】命令用来沿指定的镜像平面创建三维镜像。【三维镜像】命令的调用方法有以下两种。

- 选择【修改】|【三维操作】|【三维镜像】菜单命令。
- 在命令行中输入 mirror3d 命令。

命令行窗口提示如下:

```
命令: _mirror3d
选择对象:                        //选择要镜像的图形
选择对象:
指定镜像平面 (三点) 的第一个点或
[对象(O)/最近的(L)/Z 轴(Z)/视图(V)/XY 平面(XY)/YZ 平面(YZ)/ZX 平面(ZX)/三点(3)  ] <三点>:
```

命令提示行中各选项的说明如下。

- 对象(O):使用选定平面对象的平面作为镜像平面。

```
选择圆、圆弧或二维多段线线段:
是否删除源对象? [是(Y)/否(N)] <否>:
```

如果输入 Y，AutoCAD 将把被镜像的对象放到图形中并删除原始对象。如果输入 N 或按 Enter 键，AutoCAD 将把被镜像的对象放到图形中并保留原始对象。

- 最近的(L)：相对于最后定义的镜像平面对选定的对象进行镜像处理。

  是否删除源对象？[是(Y)/否(N)] <否>:

- Z 轴(Z)：根据平面上的一个点和平面法线上的一个点定义镜像平面。

  在镜像平面上指定点：
  在镜像平面的 Z 轴 (法向) 上指定点：
  是否删除源对象？[是(Y)/否(N)] <否>:

  如果输入 Y，AutoCAD 将把被镜像的对象放到图形中并删除原始对象。如果输入 N 或按 Enter 键，AutoCAD 将把被镜像的对象放到图形中并保留原始对象。

- 视图(V)：将镜像平面与当前视窗中通过指定点的视图平面对齐。

  在视图平面上指定点 <0,0,0>:　　　　　　　　//指定点或按下 Enter 键
  是否删除源对象？[是(Y)/否(N)] <否>:　　　　//输入 Y 或 N 或按 Enter 键

  如果输入 Y，AutoCAD 将把被镜像的对象放到图形中并删除原始对象。如果输入 N 或按 Enter 键，AutoCAD 将把被镜像的对象放到图形中并保留原始对象。

- XY 平面(XY)、YZ 平面(YZ)、ZX 平面(ZX)：将镜像平面与一个通过指定点的标准平面(XY、YZ 或 ZX)对齐。

  指定 (XY,YZ,ZX) 平面上的点 <0,0,0>:

- 三点(3)：通过三个点定义镜像平面。如果通过指定一点指定此选项，则 AutoCAD 将不再显示"在镜像平面上指定第一点"提示。

如要镜像图 9-65 所示的网格，命令行窗口提示如下：

在镜像平面上指定第一点：　　　　　　　　　　//选择点 1
在镜像平面上指定第二点：　　　　　　　　　　//选择点 2
在镜像平面上指定第三点：　　　　　　　　　　//选择点 3
是否删除源对象？[是(Y)/否(N)] <N>:　　　　　//按下 Enter 键

三维镜像得到的图形如图 9-66 所示。

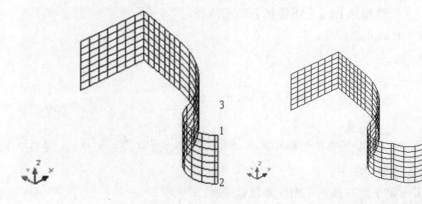

图 9-65　要镜像的网格　　　　　　　　　　图 9-66　三维镜像后的网格

9.4.7 三维倒角

在对实体进行编辑的过程中，需要对实体进行倒角处理。它是指将两条成角的边连接两个对象。三维倒角命令与二维倒角命令相同。

调用【倒角】命令的方法有以下几种。

- 选择【修改】|【倒角】菜单命令。
- 在命令行中输入 chamfer 命令。
- 单击【修改】面板中的【倒角】按钮 。

如对图 9-67 所示的长方体倒角。选择【倒角】命令后，命令行窗口提示如下：

```
命令：_chamfer
("修剪"模式) 当前倒角距离 1 = 0.0000，距离 2 = 0.0000
选择第一条直线或 [放弃(U)/多段线(P)/距离(D)/角度(A)/修剪(T)/方式(E)/多个(M)]:
基面选择...                                             //单击边 1，以侧面为基准面
输入曲面选择选项 [下一个(N)/当前(OK)] <当前(OK)>: N       //以上表面为基准面
输入曲面选择选项 [下一个(N)/当前(OK)] <当前(OK)>:         //确认选择当前基准面
指定基面的倒角距离: 5                                    //输入距离
指定其他曲面的倒角距离 <5.0000>:                         //按下 Enter 键确定
选择边或 [环(L)]:                                       //选择边 1
选择边或 [环(L)]:                                       //选择边 2
选择边或 [环(L)]:E 结束                                 //按下 Enter 键结束
```

倒角后的图形如图 9-68 所示。

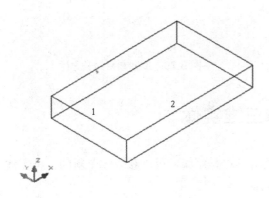 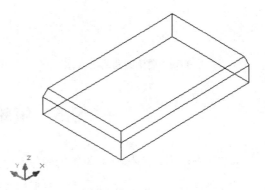

图 9-67　要倒角的长方体　　　　　　　　图 9-68　倒角后的长方体

> **注　意**
>
> 选择的边必须位于基准面内。

9.4.8 三维圆角

三维圆角是指使用与对象相切并且具有指定半径的圆弧连接两个对角。

调用【圆角】命令的方法有以下几种。

- 选择【修改】|【圆角】菜单命令。

- 在命令行中输入 fillet 命令。
- 单击【修改】面板中的【圆角】按钮。

如对图 9-69 所示的长方体倒圆角。选择【圆角】命令后，命令行窗口提示如下：

命令: _fillet	//执行【圆角】命令
当前设置: 模式 = 修剪，半径 = 0.0000	//系统提示
选择第一个对象或 [放弃(U)/多段线(P)/半径(R)/修剪(T)/多个(M)]:	//选择边 1
输入圆角半径: 10	//输入半径值
选择边或 [链(C)/半径(R)]:	//选择边 2
选择边或 [链(C)/半径(R)]:	//按下 Enter 键
已选定 2 个边用于圆角。	//系统提示

倒圆角后的效果如图 9-70 所示。

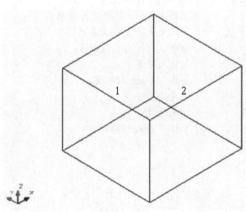

图 9-69　要倒圆角的长方体

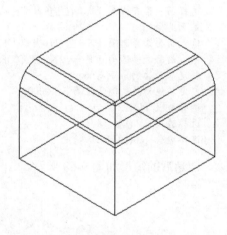

图 9-70　倒圆角后的长方体

9.5　编辑三维实体

本节将介绍三维实体对象的编辑操作，通过对其进行编辑，可以获取一个新的三维实体对象，再经过渲染，然后将三维实体对象输出为图像文件。

9.5.1　并集运算

并集运算是将两个以上三维实体合为一体。【并集】命令的调用方法有以下几种。

- 单击【实体编辑】面板中的【并集】按钮。
- 选择【修改】|【实体编辑】|【并集】菜单命令。
- 在命令行中输入 union 命令。
- 单击【建模】工具栏中的【并集】按钮。

如将图 9-71 中的长方体和圆柱体进行合并。

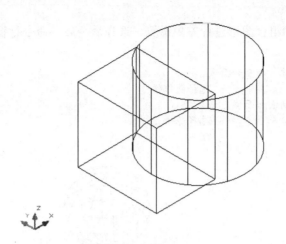

图 9-71 并集前的实体

选择命令后,命令行窗口提示如下:

命令: union
选择对象: 找到 1 个   //选择长方体
选择对象: 找到 1 个,总计 2 个   //选择圆柱体
选择对象: //按下 Enter 键结束选取

实体并集运算后的结果如图 9-72 所示。

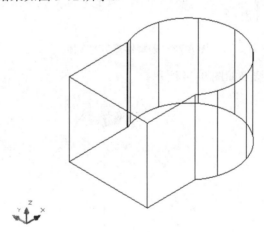

图 9-72 并集后的实体

9.5.2 差集运算

差集运算是从一个三维实体中去除与其他实体的公共部分。【差集】命令的调用方法有以下几种。

- 单击【实体编辑】面板中的【差集】按钮⊙。
- 选择【修改】|【实体编辑】|【差集】菜单命令。
- 在命令行中输入 subtract 命令。
- 单击【建模】工具栏中的【差集】按钮⊙。

如对图 9-73 所示的组合图形进行差集运算。选择命令后,命令行窗口提示如下:

命令: _subtract
选择要从中减去的实体、曲面和面域...
选择对象: 找到 1 个　　　　　　//选择圆锥体
选择要减去的实体、曲面和面域...
选择对象: 找到 1 个　　　　　　//选择球体
选择对象:　　　　　　　　　　　//按下 Enter 键结束选取

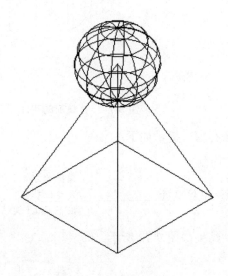

图 9-73　差集运算前的实体

实体进行差集运算的结果如图 9-74 所示。

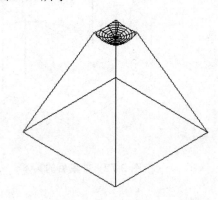

图 9-74　差集运算后的实体

9.5.3　交集运算

交集运算是将几个实体相交的公共部分保留。【交集】命令的调用方法有以下几种。
- 单击【实体编辑】面板中的【交集】按钮 。
- 选择【修改】|【实体编辑】|【交集】菜单命令。
- 在【命令行】中输入 intersect 命令。

- 单击【建模】工具栏中的【交集】按钮◎。

如对图 9-75 所示的图形进行交集运算。

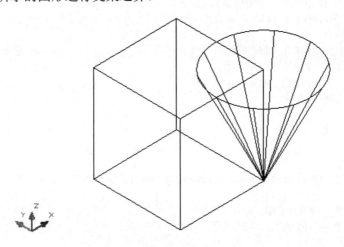

图 9-75 交集运算前的实体

选择命令后,命令行窗口提示如下:

命令:_intersect
选择对象:找到 1 个   //选择长方体
选择对象:找到 1 个,总计 2 个   //选择圆锥体
选择对象: //按下 Enter 键结束

实体进行交集运算的结果如图 9-76 所示。

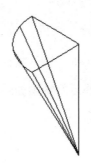

图 9-76 交集运算后的实体

9.5.4 拉伸面

拉伸面主要用于对实体的某个面进行拉伸处理,从而形成新的实体。选择【修改】|【实体编辑】|【拉伸面】菜单命令,或者单击【实体编辑】面板中的【拉伸面】按钮,即可进行拉伸面操作。

如拉伸图 9-77 所示的长方体。选择命令后,命令行窗口提示如下:

```
命令: _solidedit
实体编辑自动检查:  SOLIDCHECK=1
输入实体编辑选项 [面(F)/边(E)/体(B)/放弃(U)/退出(X)] <退出>: _face
输入面编辑选项 [拉伸(E)/移动(M)/旋转(R)/偏移(O)/倾斜(T)/删除(D)/复制(C)/颜色(L)/材质(A)/放弃(U)/
退出(X)] <退出>: _extrude
    选择面或 [放弃(U)/删除(R)]: 找到一个面。                    //单击 A 面
    选择面或 [放弃(U)/删除(R)/全部(ALL)]:                      //单击 B 面
    选择面或 [放弃(U)/删除(R)/全部(ALL)]:                      //按下 Enter 键
    指定拉伸高度或 [路径(P)]:                                  //捕捉 B 面下边中点
    指定第二点:                                              //单击 C 点
    指定拉伸的倾斜角度 <0>:                                   //按下 Enter 键
    已开始实体校验。
    已完成实体校验。
    输入面编辑选项 [拉伸(E)/移动(M)/旋转(R)/偏移(O)/倾斜(T)/删除(D)/复制(C)/颜色(L)/材质(A)/放弃(U)/
退出(X)] <退出>:                                             //按下 Enter 键
    实体编辑自动检查:  SOLIDCHECK=1
    输入实体编辑选项 [面(F)/边(E)/体(B)/放弃(U)/退出(X)] <退出>:  //按下 Enter 键
```

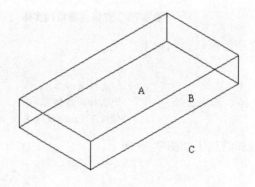

图 9-77　拉伸面前的长方体

实体经过拉伸面操作后的结果如图 9-78 所示。

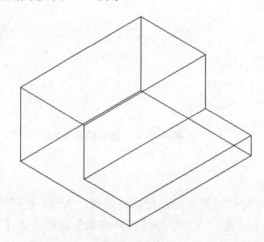

图 9-78　拉伸面操作后的实体

提示

在执行拉伸面的过程中,当选择【路径】选项后,将以指定的直线或曲线来设置拉伸路径。所有选定面的轮廓将沿此路径拉伸。

9.5.5 移动面

移动面主要用于对实体的某个面进行移动处理,从而形成新的实体。选择【修改】|【实体编辑】|【移动面】菜单命令,或者单击【实体编辑】面板中的【移动面】按钮,即可进行移动面操作,如移动图 9-79 中圆锥体的 A 面。

选择命令后,命令行窗口提示如下:

命令: _solidedit
实体编辑自动检查: SOLIDCHECK=1
输入实体编辑选项 [面(F)/边(E)/体(B)/放弃(U)/退出(X)] <退出>: _face
输入面编辑选项
[拉伸(E)/移动(M)/旋转(R)/偏移(O)/倾斜(T)/删除(D)/复制(C)/颜色(L)/材质(A)/放弃(U)/退出(X)] <退出>: _move
选择面或 [放弃(U)/删除(R)]: 找到一个面。   //选择 A 面
选择面或 [放弃(U)/删除(R)/全部(ALL)]:   //按下 Enter 键结束选取
指定基点或位移: //单击 A 面下边的中点
指定位移的第二点: //单击 B 点
已开始实体校验。
已完成实体校验。
输入面编辑选项
[拉伸(E)/移动(M)/旋转(R)/偏移(O)/倾斜(T)/删除(D)/复制(C)/颜色(L)/材质(A)/放弃(U)/退出(X)] <退出>:
                                                   //按下 Enter 键
实体编辑自动检查: SOLIDCHECK=1
输入实体编辑选项 [面(F)/边(E)/体(B)/放弃(U)/退出(X)] <退出>:   //按下 Enter 键

实体经过移动面操作后的结果如图 9-80 所示。

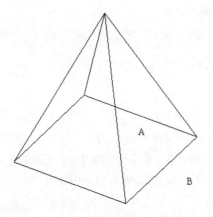
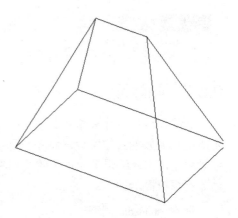

图 9-79 移动面前的棱锥体　　　　　　　　图 9-80 移动面操作后的实体

9.5.6 偏移面

【偏移面】命令按指定的距离或通过指定的点，将面均匀地偏移。正值会增大实体的大小或体积。负值会减小实体的大小或体积，选择【修改】|【实体编辑】|【偏移面】菜单命令，或者单击【实体编辑】面板中的【偏移面】按钮，即可进行偏移面操作，命令行窗口提示如下：

```
命令: _solidedit
实体编辑自动检查: SOLIDCHECK=1
输入实体编辑选项 [面(F)/边(E)/体(B)/放弃(U)/退出(X)] <退出>: _face
输入面编辑选项
[拉伸(E)/移动(M)/旋转(R)/偏移(O)/倾斜(T)/删除(D)/复制(C)/颜色(L)/材质(A)/放弃(U)/退出(X)] <退出>:
_offset
选择面或 [放弃(U)/删除(R)]: 找到一个面。         //选择实体上的面
指定偏移距离: 100                               //指定偏移距离
已开始实体校验。
已完成实体校验。
输入面编辑选项
[[拉伸(E)/移动(M)/旋转(R)/偏移(O)/倾斜(T)/删除(D)/复制(C)/颜色(L)/材质(A)/放弃(U)/退出(X)] <退出>:o
//输入编辑选项
```

实体经过偏移面操作后的结果如图 9-81 所示。

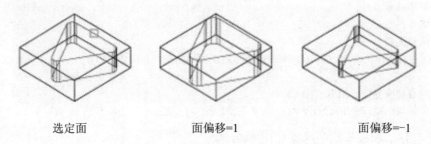

选定面　　　　　　　　面偏移=1　　　　　　　　面偏移=-1

图 9-81　偏移的面

> **注意**
> 指定偏移距离，设置正值增加实体大小，或设置负值减小实体大小。

9.5.7 删除面

删除面包括删除圆角和倒角，使用此选项可删除圆角和倒角边，并在稍后进行修改。如果更改生成无效的三维实体，将不删除面，选择【修改】|【实体编辑】|【删除面】菜单命令，或者单击【实体编辑】面板中的【删除面】按钮。如删除图 9-82 中的圆弧面，选择命令后，命令行窗口提示如下：

```
命令: _solidedit
实体编辑自动检查: SOLIDCHECK=1
输入实体编辑选项 [面(F)/边(E)/体(B)/放弃(U)/退出(X)] <退出>: _face
输入面编辑选项
```

[拉伸(E)/移动(M)/旋转(R)/偏移(O)/倾斜(T)/删除(D)/复制(C)/颜色(L)/材质(A)/放弃(U)/退出(X)] <退出>:
_delete
选择面或 [放弃(U)/删除(R)]: 找到一个面。　　　　　　　//选择圆弧面
选择面或 [放弃(U)/删除(R)/全部(ALL)]:　　　　　　　//按下 Enter 键结束选取
已开始实体校验。
已完成实体校验。
输入面编辑选项
[拉伸(E)/移动(M)/旋转(R)/偏移(O)/倾斜(T)/删除(D)/复制(C)/颜色(L)/材质(A)/放弃(U)/退出(X)] <退出>:
　　　　　　　　　　　　　　　　　　　　　　　　　　//按下 Enter 键
实体编辑自动检查: SOLIDCHECK=1
输入实体编辑选项 [面(F)/边(E)/体(B)/放弃(U)/退出(X)] <退出>:　//按下 Enter 键

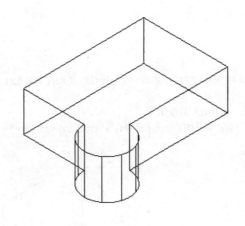

图 9-82　要删除圆弧面的实体

实体经过删除面操作后的结果如图 9-83 所示。

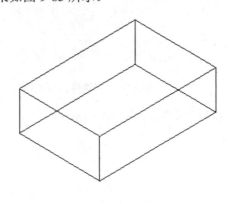

图 9-83　删除圆弧面后的实体

9.5.8　旋转面

旋转面主要用于对实体的某个面进行旋转处理，从而形成新的实体。选择【修改】|【实体编辑】|【旋转面】菜单命令，或者单击【实体编辑】面板中的【旋转面】按钮，即可进行旋转面操作。

如要旋转图 9-84 中楔体的 A 面。选择命令行窗口提示如下：

命令: _solidedit
实体编辑自动检查： SOLIDCHECK=1
输入实体编辑选项 [面(F)/边(E)/体(B)/放弃(U)/退出(X)] <退出>: _face
输入面编辑选项
[拉伸(E)/移动(M)/旋转(R)/偏移(O)/倾斜(T)/删除(D)/复制(C)/着色(L)/放弃(U)/退出(X)
] <退出>: _rotate
选择面或 [放弃(U)/删除(R)]:找到一个面。   //选择 A 面
选择面或 [放弃(U)/删除(R)/全部(ALL)]:   //按下 Enter 键
指定轴点或 [经过对象的轴(A)/视图(V)/X 轴(X)/Y 轴(Y)/Z 轴(Z)] <两点>: //选择点 1
在旋转轴上指定第二个点：   //选择点 2
指定旋转角度或 [参照(R)]: 30   //输入角度值
已开始实体校验。
已完成实体校验。
输入面编辑选项
[拉伸(E)/移动(M)/旋转(R)/偏移(O)/倾斜(T)/删除(D)/复制(C)/颜色(L)/材质(A)/放弃(U)/退出(X)] <退出>:
                                                         //按下 Enter 键

实体编辑自动检查： SOLIDCHECK=1
输入实体编辑选项 [面(F)/边(E)/体(B)/放弃(U)/退出(X)] <退出>:   //按下 Enter 键

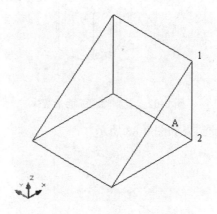

图 9-84 要旋转 A 面的楔体

实体经过旋转面操作后的结果如图 9-85 所示。

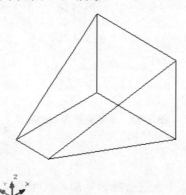

图 9-85 旋转 A 面后的实体

9.5.9 倾斜面

倾斜面主要用于对实体的某个面进行倾斜处理，从而形成新的实体。选择【修改】|【实体编辑】|【倾斜面】菜单命令，或者单击【实体编辑】面板中的【倾斜面】按钮，即可进行倾斜面操作。

如要倾斜图 9-86 中圆柱体的 A 面。选择【倾斜面】命令后，命令行窗口提示如下：

命令: _solidedit
实体编辑自动检查： SOLIDCHECK=1
输入实体编辑选项 [面(F)/边(E)/体(B)/放弃(U)/退出(X)] <退出>: _face
输入面编辑选项
[拉伸(E)/移动(M)/旋转(R)/偏移(O)/倾斜(T)/删除(D)/复制(C)/着色(L)/放弃(U)/退出(X)
] <退出>: _taper
选择面或 [放弃(U)/删除(R)]：   //选择 A 面
选择面或 [放弃(U)/删除(R)/全部(ALL)]：   //按下 Enter 键
指定基点：   //捕捉 A 面圆心
指定沿倾斜轴的另一个点：   //捕捉 A 面右边的象限点
指定倾斜角度: 45   //输入角度值
已开始实体校验。
已完成实体校验。
输入面编辑选项
[拉伸(E)/移动(M)/旋转(R)/偏移(O)/倾斜(T)/删除(D)/复制(C)/颜色(L)/材质(A)/放弃(U)/退出(X)] <退出>:
                                                //按下 Enter 键
实体编辑自动检查： SOLIDCHECK=1
输入实体编辑选项 [面(F)/边(E)/体(B)/放弃(U)/退出(X)] <退出>:   //按下 Enter 键

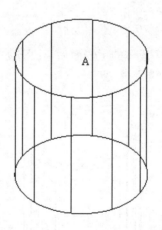

图 9-86　要倾斜 A 面的圆柱体

实体经过倾斜面操作后的结果如图 9-87 所示。

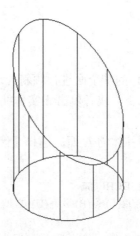

图 9-87 倾斜 A 面后的实体

9.5.10 着色面

着色面可用于亮显复杂三维实体模型内的细节。选择【修改】|【实体编辑】|【着色面】菜单命令，或者单击【实体编辑】面板中的【着色面】按钮，即可进行着色面操作。命令行窗口提示如下：

命令：_solidedit
实体编辑自动检查：SOLIDCHECK=1
输入实体编辑选项 [面(F)/边(E)/体(B)/放弃(U)/退出(X)] <退出>: _face
输入面编辑选项
[拉伸(E)/移动(M)/旋转(R)/偏移(O)/倾斜(T)/删除(D)/复制(C)/颜色(L)/材质(A)/放弃(U)/退出(X)] <退出>: _color
选择面或 [放弃(U)/删除(R)]：找到一个面。　　　　　　　　//选择多段体的上表面
选择面或 [放弃(U)/删除(R)/全部(ALL)]：　　　　　　　　　//按下 Enter 键

选择图 9-88 所示多段体的上表面后，打开如图 9-89 所示的【选择颜色】对话框，选择要着色的颜色，单击【确定】按钮。

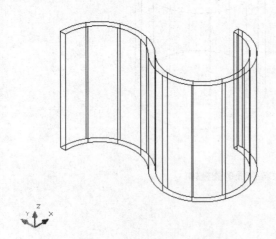

图 9-88 要着色的多段体

图 9-89 【选择颜色】对话框

输入面编辑选项
[拉伸(E)/移动(M)/旋转(R)/偏移(O)/倾斜(T)/删除(D)/复制(C)/颜色(L)/材质(A)/放弃(U)/退出(X)] <退出>:
//按下 Enter 键

实体编辑自动检查: SOLIDCHECK=1
输入实体编辑选项 [面(F)/边(E)/体(B)/放弃(U)/退出(X)] <退出>:

着色后的效果如图 9-90 所示。

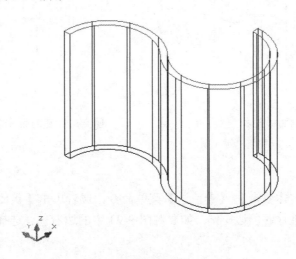

图 9-90　着色后的多段体

9.5.11　复制面

将面复制为面域或体。选择【修改】|【实体编辑】|【复制面】菜单命令，或者单击【实体编辑】面板中的【复制面】按钮 ，即可进行复制面操作，如要复制图 9-91 中的倾斜面，命令行窗口提示如下：

命令: _solidedit
实体编辑自动检查: SOLIDCHECK=1
输入实体编辑选项 [面(F)/边(E)/体(B)/放弃(U)/退出(X)] <退出>: _face
输入面编辑选项
[拉伸(E)/移动(M)/旋转(R)/偏移(O)/倾斜(T)/删除(D)/复制(C)/颜色(L)/材质(A)/放弃(U)/退出(X)] <退出>: _copy
选择面或 [放弃(U)/删除(R)]: 找到一个面。　　　　　　//选择倾斜面
选择面或 [放弃(U)/删除(R)/全部(ALL)]:
指定基点或位移:　　　　　　　　　　　　　　　　//捕捉倾斜面圆心
指定位移的第二点:　　　　　　　　　　　　　　　//在其他位置单击
输入面编辑选项
[拉伸(E)/移动(M)/旋转(R)/偏移(O)/倾斜(T)/删除(D)/复制(C)/颜色(L)/材质(A)/放弃(U)/退出(X)] <退出>:
//按下 Enter 键
实体编辑自动检查: SOLIDCHECK=1
输入实体编辑选项 [面(F)/边(E)/体(B)/放弃(U)/退出(X)] <退出>: //按下 Enter 键结束

复制面后的效果如图 9-92 所示。

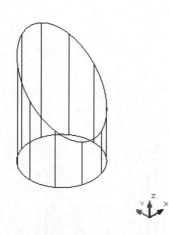

图 9-91　要复制面的实体

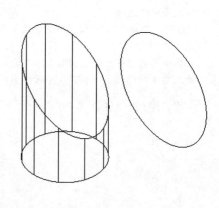

图 9-92　复制面后的效果图

9.5.12　着色边

选择【修改】|【实体编辑】|【着色边】菜单命令，或者单击【实体编辑】面板中的【着色边】按钮，即可进行着色边操作。如要对图 9-93 中的边着色。选择【着色边】命令后，命令行窗口提示如下：

命令: _solidedit
实体编辑自动检查： SOLIDCHECK=1
输入实体编辑选项 [面(F)/边(E)/体(B)/放弃(U)/退出(X)] <退出>: _edge
输入边编辑选项 [复制(C)/着色(L)/放弃(U)/退出(X)] <退出>: _color
选择边或 [放弃(U)/删除(R)]:   //选择圆柱体上的边
选择边或 [放弃(U)/删除(R)]:   //按下 Enter 键
输入边编辑选项 [复制(C)/着色(L)/放弃(U)/退出(X)] <退出>: //按下 Enter 键
实体编辑自动检查： SOLIDCHECK=1
输入实体编辑选项 [面(F)/边(E)/体(B)/放弃(U)/退出(X)] <退出>: //按下 Enter 键结束

对边进行着色后的效果如图 9-94 所示。

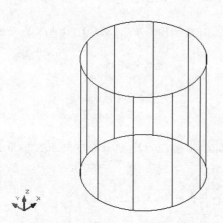

图 9-93　要进行着色边操作的圆柱体

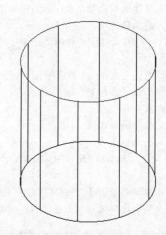

图 9-94　着色边后的效果

9.5.13 复制边

选择【修改】|【实体编辑】|【复制边】菜单命令，或者单击【实体编辑】面板中的【复制边】按钮，即可进行复制边操作。如要复制图 9-95 中实体某侧面各边。选择【复制边】命令后命令行窗口提示如下：

```
命令: _solidedit
实体编辑自动检查: SOLIDCHECK=1
输入实体编辑选项 [面(F)/边(E)/体(B)/放弃(U)/退出(X)] <退出>: _edge
输入边编辑选项 [复制(C)/着色(L)/放弃(U)/退出(X)] <退出>: _copy
选择边或 [放弃(U)/删除(R)]:                        //分别选择 A 面各边
选择边或 [放弃(U)/删除(R)]:
选择边或 [放弃(U)/删除(R)]:
选择边或 [放弃(U)/删除(R)]:
选择边或 [放弃(U)/删除(R)]:                        //按下 Enter 键
指定基点或位移:                                     //捕捉 A 面边的终点
指定位移的第二点:                                   //在图中单击
输入边编辑选项 [复制(C)/着色(L)/放弃(U)/退出(X)] <退出>:  //按下 Enter 键
实体编辑自动检查: SOLIDCHECK=1
输入实体编辑选项 [面(F)/边(E)/体(B)/放弃(U)/退出(X)] <退出>: //按下 Enter 键
```

复制边后的效果如图 9-96 所示。

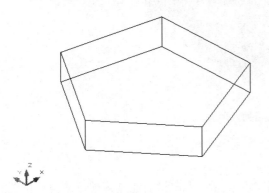
图 9-95 要进行复制边操作的实体

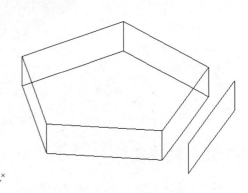
图 9-96 复制边后的效果

9.5.14 压印边

选择【修改】|【实体编辑】|【压印边】菜单命令，或者单击【实体编辑】面板中的【压印边】按钮，即可进行压印边操作。如要对图 9-97 进行该操作。选择【压印边】命令后，命令行窗口提示如下：

```
命令: _imprint
选择三维实体或曲面:                      //选择长方体
选择要压印的对象:                         //选择圆锥体
是否删除源对象 [是(Y)/否(N)] <N>: y
选择要压印的对象:
```

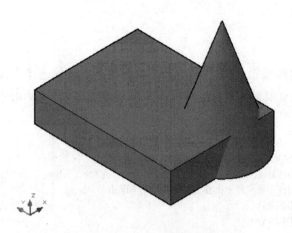

图 9-97　要进行压印边操作的实体

压印边后的效果图如图 9-98 所示。

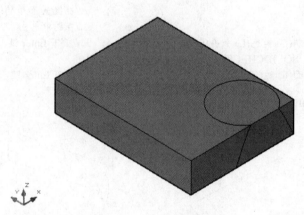

图 9-98　压印边后的效果

9.5.15　抽壳实体

抽壳实体是指在三维实体对象中创建具有指定厚度的壁。用户只需通过将现有面向原位置的内部或外部偏移来创建新的面即可。

【抽壳】命令的调用方法有以下几种。

- 选择【修改】|【实体编辑】|【抽壳】菜单命令。
- 在命令行中输入 shell 命令。

如图 9-99 所示的圆柱体抽壳。选择命令后，命令行窗口提示如下：

```
命令: _solidedit                                              //执行【抽壳】命令
实体编辑自动检查: SOLIDCHECK=1                                //系统提示
输入实体编辑选项 [面(F)/边(E)/体(B)/放弃(U)/退出(X)] <退出>: _body   //系统提示
输入实体编辑选项 [压印(I)/分割实体(P)/抽壳(S)/清除(L)/检查(C)/放弃(U)/退出(X)] <退出>: _shell
                                                              //系统提示
选择三维实体:                                                 //选择圆柱体
删除面或 [放弃(U)/添加(A)/全部(ALL)]: 找到一个面，已删除 1 个。  //单击顶面
```

删除面或 [放弃(U)/添加(A)/全部(ALL)]:　　　　　　　　　　　//按下 Enter 键
输入抽壳偏移距离: 3　　　　　　　　　　　　　　　　　　//输入距离值
已开始实体校验。　　　　　　　　　　　　　　　　　　　//系统提示
已完成实体校验。　　　　　　　　　　　　　　　　　　　//系统提示
输入实体编辑选项[压印(I)/分割实体(P)/抽壳(S)/清除(L)/检查(C)/放弃(U)/退出(X)] <退出>:
　　　　　　　　　　　　　　　　　　　　　　　　　　//按下 Enter 键
实体编辑自动检查:　SOLIDCHECK=1　　　　　　　　　　　//系统提示
输入实体编辑选项 [面(F)/边(E)/体(B)/放弃(U)/退出(X)] <退出>:　//按下 Enter 键

抽壳后的效果如图 9-100 所示。

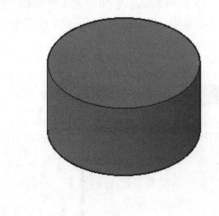
图 9-99　要抽壳的圆柱体

图 9-100　抽壳后的效果

9.6　三维模型的后期处理

后期处理主要是对图形进行着色、设置光源和材质等操作。当一个图形添加着色等处理后，再配合 AutoCAD 的三维视图功能，可从多方面观察图形的绘制效果，使图形更具有真实感。

9.6.1　图形的消隐与着色

通过对图形进行消隐与着色，可以更形象地显示三维实体模型，图像将会变得更加逼真和符合人们的视觉效果。

1．图形的消隐

在绘制三维实体模型时，通常都是使用线框表示法来显示对象。如果要让图形显示效果更加简洁、清晰，则可以通过消隐功能来实现。

调用【消隐】命令的方法有以下几种。

- 选择【视图】|【消隐】菜单命令。
- 单击【渲染】工具栏中的【隐藏】按钮。
- 在命令行中输入 hide 命令。

执行【消隐】命令后，被前面物体遮掩的对象将会被删除，使实体看起来更真实，当需要

重新显示消隐线时，执行 dview 命令即可。

2. 图形的着色

着色是用指定的颜色对三维模型的可见表面着色。着色有二维线框、三维线框、消隐、平面着色、体着色、带边框平面着色等。

调用【着色】命令的方法有以下两种。

- 选择【视图】|【工具栏】菜单命令，打开【自定义用户界面】对话框，如图 9-101 所示。

  从中可以选择【着色模式，二维线框】、【着色模式，平面着色】等命令，将其从【命令】列表窗格中拖动到【快速访问】工具栏中，如图 9-102 所示。在该工具栏中单击相应的着色命令按钮。

- 在命令行中输入 shademode 命令。

图 9-101 【自定义用户界面】对话框

图 9-102　添加各项着色命令到【快速访问】工具栏

执行上述任意一种方法后，命令行将提示："[二维线框(2D)/三维线框(3D)/消隐(H)/平面着色(F)/体着色(G)/带边框平面着色(L)/带边框体着色(O)]:"。其中各选项的含义如下。

- 二维线框(2D)：显示用直线和曲线表示边界。
- 三维线框(3D)：显示对象时使用直线和曲线表示边界。
- 消隐(H)：显示用三维线框表示的对象并隐藏表示后向面的直线。
- 平面着色(F)：在平面多边形之间对对象着色。
- 体着色(G)：着色多边形平面间的对象，并使对象的边平滑化。着色的对象外观较平滑和真实。当对象进行体着色时，将显示应用到对象的材质。
- 带边框平面着色(L)：结合了"平面着色"和"线框"选项的功能。被平面着色的对象将始终带边框显示。
- 带边框体着色(O)：结合了"体着色"和"线框"选项的功能。被体着色的对象将始终带线框显示。

9.6.2　使用光源

为了真实反映出实体的模样，用户可以利用指定的光源与材质对模型进行渲染，以产生真实的效果。光源的基本作用是照亮模型，使模型能够在渲染视图中显示出来，并充分体现出模型的立体感。

1. 光源的类型

在 AutoCAD 中，有点光源、聚光灯和平行光 3 种类型的光源。另外，AutoCAD 除了提供 3 种类型的光源外，还有一种默认光源，该光源是一种没有方向、不会发生衰减的光源。当用户没有指定使用的光源时，默认光源会起作用；反之，当用户指定了 3 种类型中的任意一种时，默认光源会自动关闭。当使用默认光源渲染实体时，实体各个表面的亮度都是相同的。

用户通过选择【视图】|【渲染】|【光源】命令，然后在其子菜单中选择需要添加的光源。

- 点光源：该光源是从一点发出，向各个方向发射的光源，根据点光线的位置，实体将产生明显的阴影效果，其性质与灯泡发出的光源类似。
- 聚光灯：与点光源一样，该光源也是从一点发出。不同的是点光源的光线是没有方向的，而聚光灯的光线则是沿指定的方向和范围发射出圆锥形的光束。其中顶角称为聚光角，整个光锥的顶角称为照射角，在照射角和聚光角之间的光锥部分，光的强度将会产生衰减。
- 平行光：该光线是沿着指定的方向发射的平行光线。添加平行光时，需要指定光源的起始位置和发射方向。

2. 光源的设置

当给实体添加光源后，可以通过光源【特性】选项板设置所使用光源的强度、衰减程度、光源颜色等。其操作方法如下。

(1) 单击【三维选项板】面板中的【光源列表】按钮，打开如图 9-103 所示的【模型中的光源】选项板。

(2) 在【模型中的光源】选项板中双击光源图标，打开【特性】选项板，如图9-104所示，便可对光源进行设置。

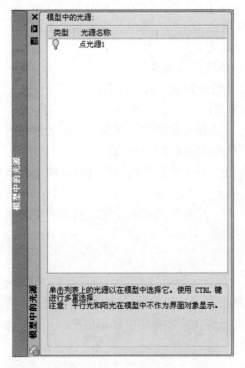

图9-103 【模型中的光源】选项板

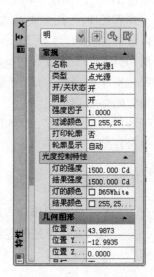

图9-104 【特性】选项板

9.6.3 使用材质

材质在渲染时可以体现物体表面的颜色、材料、纹理、透明度等显示效果，使用物体的显示效果更逼真。在AutoCAD中，选择【视图】|【渲染】|【材质】菜单命令，打开【材质】选项板，通过该选项板即可自定义材质的属性。下面认识一些关于材质属性的概念。

- 材质颜色：是指漫射区所显示出来的颜色，又称主颜色，它体现了物体本身的颜色特性。
- 反光度：是控制光线在物体表面上的不同反射颜色效果。
- 半透明度：是控制光线穿过物体表面的程度。
- 折射率：在材质的透明度不为0时，光线会穿过物体内部产生折射。
- 自发光：可以模拟出对象本身发出光线的效果。

1. 将材质应用到实体

AutoCAD为用户提供了多种材质，主要包括家具、门窗、木材、混凝土等，让用户可以方便地将这些材质应用到实体中。其方法如下。

(1) 选择【视图】|【渲染】|【材质】菜单命令，打开如图9-105所示的【材质】选项板。

(2) 选择【视图】|【视觉样式】|【真实】菜单命令，将视觉样式转化为真实。

(3) 在【样板】下拉列表框中选择要使用的材质，材质库中提供的每一种材质都有其默认特性，用户可以在【材质编辑器-全局】选项组中调节材质的颜色、透明、反光度等特性。

(4) 设置好材质特性后，单击【将材质应用到对象】按钮，在图中选择要应用到的对象，即将材质应用到相应实体。

2. 创建新材质

AutoCAD 允许用户自定义新材质，并把新建材质应用到材质工具选项板中，以便以后使用。其方法如下。

(1) 打开【材质】选项板，然后在图形中可用的材质列表框中单击鼠标右键，在弹出的快捷菜单中选择【创建新材质】命令，如图 9-106 所示。

 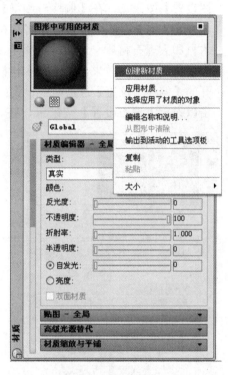

图 9-105　【材质】选项板　　　　图 9-106　在快捷菜单中选择【创建新材质】命令

(2) 在打开的【创建新材质】对话框中输入新材质的名称与说明，然后单击【确定】按钮，即可创建新的材质，如图 9-107 所示。

图 9-107　在【创建新材质】对话框中输入名称

(3) 从【材质编辑器-材质 1】选项组中选择合适的样板，然后对其设置漫射颜色、反光度、半透明度等材质的特性。编辑好材质特性后，即可将新建材质应用到实体。

3. 使用贴图

贴图就是将一张图片贴到三维实体的表面，从而在渲染时产生照片式的效果。贴图的方式有漫射贴图、不透明贴图和凹凸贴图等。

(1) 漫射贴图。

在【材质】选项板上选中【漫射贴图】复选框后，便可从列表中选择纹理、木材和大理石材质等贴图方式。

- 纹理贴图：该贴图的效果好像是把图绘制在对象上一样，当选择该贴图方式后，单击其下的【选择图像】按钮，在打开的【选择图像文件】对话框中选择图像，当选择好图像文件后，【选择图像】按钮变成所选图像的文件名，单击【单击以设定纹理贴图设置】按钮，在【偏移与预览】选项组中设置，可对所选择的图片进行调整，如图 9-108 所示；单击按钮，将从材质中删除贴图信息。
- 木材和大理石材质：这两种材质是 AutoCAD 提供的程序材质，用户通过调节其特性即可得到理想的效果。当选择木材材质后，单击【单击以设定木材设置】按钮，在打开的【偏移与预览】选项组中设置；当选择大理石材质后，单击编辑贴图右侧的【单击以设定大理石设置】按钮，在【偏移与预览】选项组中设置，如图 9-109 所示。

图 9-108 设置【偏移与预览】选项组(1)

图 9-109 设置【偏移与预览】选项组(2)

使用木材和大理石材质后，在真实视觉样式下很难看到所起的变化，但经过渲染后就比较明显。

(2) 不透明贴图(以纹理贴图为例)。

该贴图可根据二维图像的颜色来控制对象表面的透明区域。该贴图可使用 JPG、BMP、TIF 和 PNG 等格式的图片作为贴图材质，其中图像中白色的部分对应的区域是不透明的，而黑色部分对应的区域是完全透明的，其他颜色将根据灰度的程度决定相应区域的透明程度。单击【不透明度】选项组中的【选择图像】按钮，在打开的【选择图像文件】对话框中选择图像，当选择好图像文件后，【选择图像】按钮变成所选图像的文件名，单击【单击以设定纹理贴图设置】按钮 ![]，可对所选择的图片进行调整，单击 ![] 按钮，将从材质中删除贴图信息。

(3) 凹凸贴图(以纹理贴图为例)。

贴图最明显的特点是可根据贴图材质的颜色来控制对象表面的凹凸程度，从而产生浮雕效果。使用该贴图后，图像中白色的部分对应的区域将凸起，黑色对应的区域将凹陷，其他颜色根据灰度的程度决定相应的区域的凹凸程度。单击【凹凸贴图】选项组中的【选择图像】按钮，在打开的【选择图像文件】对话框中选择图像，当选择好图像文件后，【选择图像】按钮变成所选图像的文件名，单击【单击以设定纹理贴图设置】按钮 ![]，可对所选择的图片进行调整，单击 ![] 按钮，将从材质中删除贴图信息。

9.6.4 实体模型的渲染

渲染是运用几何图形、光源和材质将模型渲染为最具有真实感的图像。AutoCAD 2010 提供了强大的渲染功能对三维图形进行渲染，使图形显得更加真实、清楚。

实体模型的渲染。首先执行渲染命令，其方法有以下几种。

- 选择【视图】|【渲染】|【渲染】菜单命令。
- 单击【渲染】工具栏中的【渲染】按钮 ![]。
- 在命令行中输入 render 命令。

执行【渲染】命令后，即可对实体模型进行渲染。

1. 渲染的等级

在 AutoCAD 中，用户可以根据自己的需要来渲染模型，并对渲染过程进行详细的配置。渲染的等级决定了渲染的质量，在 AutoCAD 中，有 5 种渲染等级供用户选择。

- 草稿：该等级的渲染质量最差，但渲染的速度也是最快的，它适用于用户快速浏览渲染的效果。
- 低：使用该等级渲染模型时，将不显示材质、阴影和用户创建的光源，渲染程度会自动使用一个虚拟的平行光源。该渲染的速度较快，通常用于显示简单图像的三维效果，其效果比草稿等级好。
- 中：该等级的效果比前面两个等级好，会使用材质与纹理过滤功能渲染模型，但阴影贴图将被关闭。
- 高级：该等级将在渲染中根据光线跟踪产生反射、折射和更精确的阴影。该等级渲染的图像较精细，但花费时间比较长。
- 演示：该等级是 AutoCAD 等级中最高的渲染，它的效果最好，也是花费时间最长的，通常用于最终的渲染效果图。

AutoCAD 允许用户自定义渲染的等级，其方法如下。

(1) 选择【视图】|【渲染】|【高级渲染】菜单命令，在打开的【高级渲染设置】选项板中，单击等级右侧的 ![]，在打开的下拉列表框中选择【渲染预设管理器】选项，打开【渲染预设管理器】对话框，如图 9-110 所示。

(2) 在打开的【渲染预设管理器】对话框中，不但可以自定义系统预设的 5 种渲染等级相关参数，而且还可以创建新的渲染预设等级。

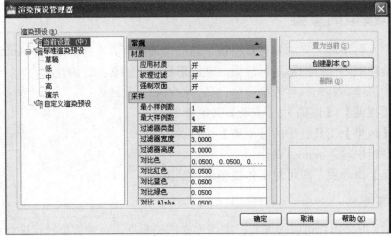

图 9-110 【渲染预设管理器】对话框

2. 渲染背景的设置

为了更好地体现渲染效果，还可以对所渲染的模型进行背景设置。其方法如下。

(1) 在命令行中输入 view 命令，并按下 Enter 键，打开【视图管理器】对话框，如图 9-111 所示。

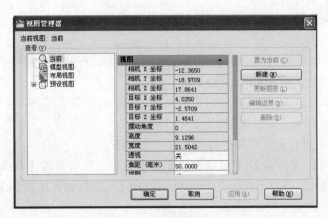

图 9-111 【视图管理器】对话框

(2) 单击【新建】按钮,打开【新建视图/快照特性】对话框,如图 9-112 所示,并对其进行设置。

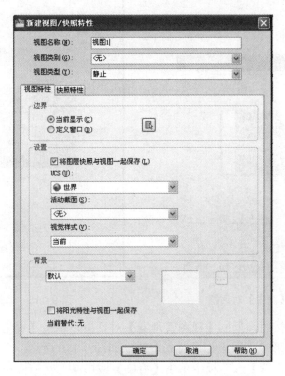

图 9-112 【新建视图/快照特性】对话框

(3) 单击【确定】按钮,返回【视图管理器】对话框,单击【背景替代】右侧的空白区,在弹出的下拉列表框中选择【图像】选项,如图 9-113 所示。

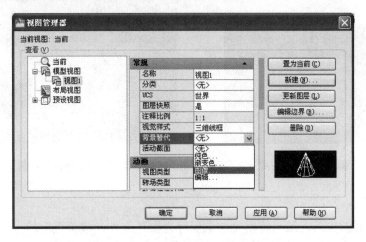

图 9-113 选择【图像】作为背景替代

(4) 打开【背景】对话框,如图 9-114 所示,单击【浏览】按钮,从打开的【选择文件】对话框中选择作为渲染背景的图片并打开。完成后单击【调整图像】按钮,调整背景在图形中的位置,如图 9-115 所示。

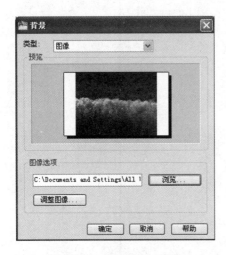

图 9-114 【背景】对话框

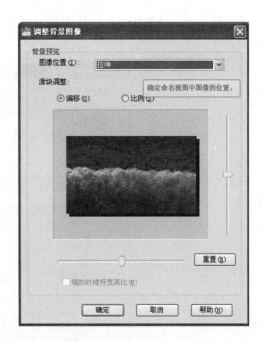

图 9-115 调整图像位置

(5) 单击【确定】按钮，返回【视图管理器】对话框，单击【置为当前】按钮，单击【确定】按钮，可以看到图形中已经添加了背景图片，如图 9-116 所示。

(6) 在【高级渲染设置】选项板中单击【渲染】按钮，在渲染窗口中也会显示已经设置的背景，如图 9-117 所示。

图 9-116 添加了背景的图片

图 9-117 在渲染窗口中显示设置的背景

3. 渲染模型

当对模型进行渲染后，还可将渲染结果保存为图片文件。渲染模型的方法如下。

(1) 配置好渲染的相关设置，如材质、光源以及渲染背景等。

(2) 单击【高级渲染设置】选项板中的【确定是否写入文件】按钮，以使【输入文件名称】后面文本框呈现"白色"，单击该文本框，出现 按钮，单击该按钮，打开【渲染输出文件】对话框，如图 9-118 所示，指定图像输出位置和文件名。

图 9-118 【渲染输出文件】对话框

(3) 单击【输出尺寸】文本框中的 按钮,在其下拉列表框中选择输出的尺寸,如图 9-119 所示。当添加了光源和阴影效果时,则需使用中级或中级以上渲染等级。

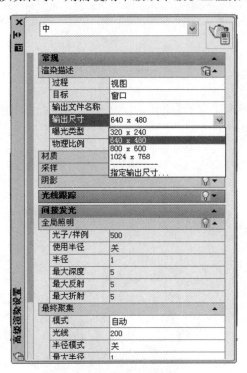

图 9-119 选择输出尺寸

(4) 执行【渲染】命令,开始渲染模型,当渲染结束后,在【渲染】窗口右侧与下方将会显示这次渲染操作使用的配置信息和渲染时间,如图 9-120 所示。

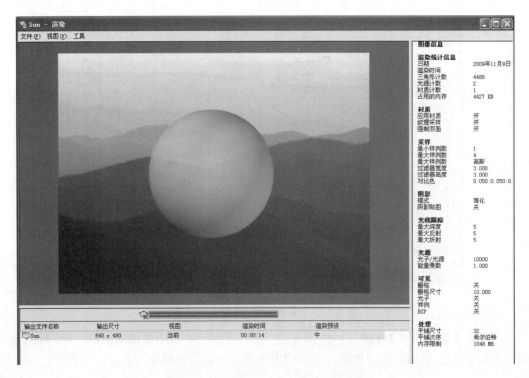

图 9-120　在【渲染】窗口中显示的信息

9.7　三维绘图范例

本节介绍一个小别墅三维模型的绘制范例，这个范例主要通过绘制和编辑三维实体的方法来完成，范例的效果如图 9-121 所示。下面来具体介绍其制作步骤。

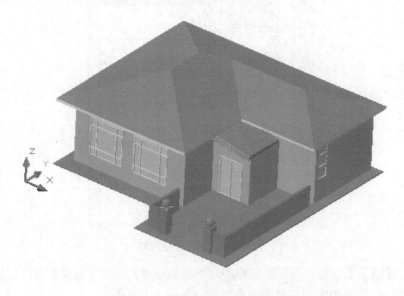

图 9-121　小别墅三维模型范例效果

9.7.1 设置视口和图层

(1) 打开 AutoCAD 2010，新建一个文件，单击【状态栏】中的【切换工作空间】下拉列表框，打开列表，如图 9-122 所示，选择【三维建模】选项，进入三维建模界面。

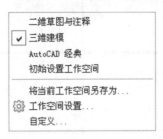

图 9-122 【切换工作空间】列表框

(2) 选择【视图】|【视口】菜单命令，弹出【视口】对话框。在【新名称】文本框中输入"模型视口"；在【标准视口】列表框中选择【四个：相等】选项；单击【预览】选项组左上角的视图，在【修改视图】下拉列表框中选择【俯视】选项；单击【预览】选项组右上角的视图，在【修改视图】下拉列表框中选择【右视】选项；单击【预览】选项组左下角的视图，在【修改视图】下拉列表框中选择【左视】选项；单击【预览】选项组右下角的视图，在【修改视图】下拉列表框中选择【视图：东南等轴测】选项，如图 9-123 所示。单击【确定】按钮回到绘图区，绘图区域发生变化，变为四个视口，如图 9-124 所示。

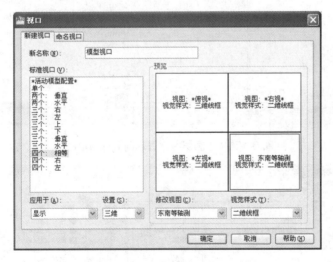

图 9-123 视口配置样式列表

(3) 选择【格式】|【图层】菜单命令，打开【图层特性管理器】选项板，如图 9-125 所示。这里我们要新建几个要用到的图层，以便区分不同的房屋部分。单击【新建图层】按钮，增加一个图层列，修改名称，并修改相应的颜色。新建的图层为【地面】，【墙体】，【门窗】，【房檐】，【屋顶】，【栏杆】，【灯】，【玻璃】八个图层，它们的颜色分别为"34"，"74"，"255"，"254"，"14"，"184"，"240"，"80"，修改颜色时直接输入颜色数字即可，结果如图 9-126 所示。

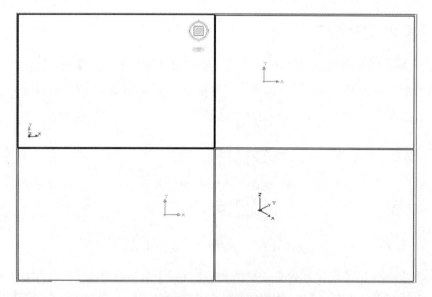

图 9-124 绘图区域

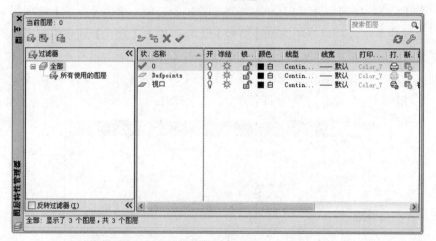

图 9-125 【图层特性管理器】选项板(1)

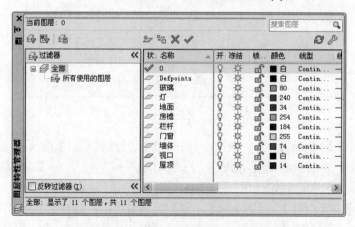

图 9-126 【图层特性管理器】选项板(2)

9.7.2 创建地面

(1) 在【图层特性管理器】选项板中，在图层列表中选择【地面】图层，再单击【置为当前】按钮✓，将【地面】图层设为当前图层，如图9-127所示。完成后关闭【图层特性管理器】选项板。

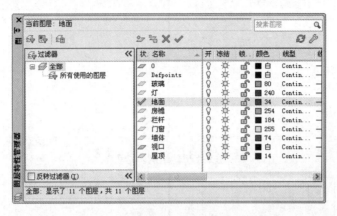

图9-127 【图层特性管理器】选项板

(2) 单击绘图区域中左上角的"俯视"区域，单击【绘图】工具栏中的【直线】按钮，依次在命令行中输入"0,2000"，"@0,9000"，"@11000,0"，"@-11000,0"，"@-5000,0"，"@0,2000"，"@-6000,0"，注意在两次的输入中都要按一下Enter键，即在逗号处按Enter键，最后一次输入之后连按两次Enter键，绘制如图9-128所示的多边形。命令行窗口提示如下。

命令: _line 指定第一点: 0
指定下一点或 [放弃(U)]: 2000   //输入直线长度
指定下一点或 [放弃(U)]: @0,9000
指定下一点或 [放弃(U)]: @11000，0
指定下一点或 [放弃(U)]: @-11000，0
指定下一点或 [放弃(U)]: @-5000，0
指定下一点或 [放弃(U)]: @0，2000
指定下一点或 [放弃(U)]: @-6000，0
指定下一点或 [闭合(C)/放弃(U)]:   //按下Enter键

(3) 单击【绘图】工具栏中的【多段线】按钮，沿新绘制的地面轮廓创建一个封闭的图形。

(4) 单击【常用】选项卡的【建模】面板中的【拉伸】按钮，在俯视图绘图区选择刚绘制的多边形，按Enter键之后，提示输入拉伸高度，输入"50"后，按Enter键确认。命令行窗口提示如下。

命令: _extrude
当前线框密度: ISOLINES=8
选择要拉伸的对象: //选择新创建的多段线
选择要拉伸的对象: //按下Enter键
指定拉伸的高度或 [方向(D)/路径(P)/倾斜角(T)]: 50

得到地面的图形，结果如图9-129所示。

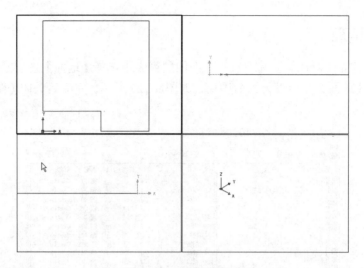

图 9-128 绘制多边形

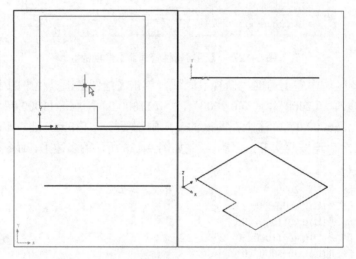

图 9-129 拉伸的地面

9.7.3 创建墙体

(1) 打开【图层特性管理器】选项板,将【墙体】图层设为当前图层,如图 9-130 所示。

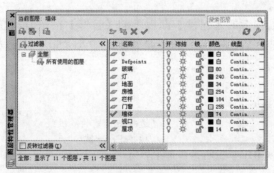

图 9-130 【图层特性管理器】选项板

(2) 单击激活俯视图,单击【绘图】工具栏中的【直线】按钮,在命令行中依次输入"500,2500"、"@0,8000"、"@10000,0"、"@0,-4000"、"@-4000,0"、"@0,-4000"、"@-6000,0",在两次的输入中都要按一下 Enter 键,最后一次输入之后连按两次 Enter 键,结果如图 9-131 所示。命令行窗口提示如下。

```
命令: _line 指定第一点: 500
指定下一点或 [放弃(U)]: 2500                //输入长度
指定下一点或 [放弃(U)]: @0,8000
指定下一点或 [放弃(U)]: @10000,0
指定下一点或 [放弃(U)]: @0,-4000
指定下一点或 [放弃(U)]: @-4000,0
指定下一点或 [放弃(U)]: @0,-4000
指定下一点或 [放弃(U)]: @-6000,0
指定下一点或 [闭合(C)/放弃(U)]:            //按下 Enter 键
```

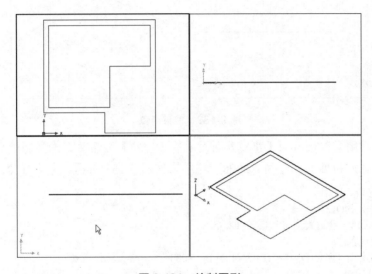

图 9-131 绘制图形

(3) 单击【绘图】工具栏中的【多段线】按钮,沿新绘制的轮廓创建一个封闭的图形。命令行窗口提示如下。

```
命令: _pline
指定起点:
当前线宽为 0.0000
指定下一个点或 [圆弧(A)/半宽(H)/长度(L)/放弃(U)/宽度(W)]:
指定下一点或 [圆弧(A)/闭合(C)/半宽(H)/长度(L)/放弃(U)/宽度(W)]:
指定下一点或 [圆弧(A)/闭合(C)/半宽(H)/长度(L)/放弃(U)/宽度(W)]:
指定下一点或 [圆弧(A)/闭合(C)/半宽(H)/长度(L)/放弃(U)/宽度(W)]:
指定下一点或 [圆弧(A)/闭合(C)/半宽(H)/长度(L)/放弃(U)/宽度(W)]:
指定下一点或 [圆弧(A)/闭合(C)/半宽(H)/长度(L)/放弃(U)/宽度(W)]:
指定下一点或 [圆弧(A)/闭合(C)/半宽(H)/长度(L)/放弃(U)/宽度(W)]:    //按下 Enter 键
```

(4) 单击【修改】工具栏中的【偏移】按钮,设置偏移距离为"240",选择新绘制的多段线为偏移对象,再在图形内侧单击,结果如图 9-132 所示。单击【绘图】工具栏中的【多段线】按钮,沿新绘制的轮廓创建一个封闭的图形。命令行窗口提示如下。

命令：_offset
当前设置：删除源=否 图层=源 OFFSETGAPTYPE=0
指定偏移距离或 [通过(T)/删除(E)/图层(L)] <240.0000>: 240   //设定距离
选择要偏移的对象，或 [退出(E)/放弃(U)] <退出>:

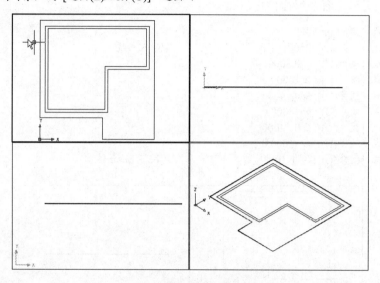

图 9-132 偏移对象

(5) 单击【常用】选项卡的【建模】面板中的【拉伸】按钮，选择新绘制的两条多段线作为拉伸对象，输入拉伸的高度为"3000"，结果如图 9-133 所示。命令行窗口提示如下。

命令：_extrude
当前线框密度：ISOLINES=4
选择要拉伸的对象: 指定对角点: 找到 12 个
选择要拉伸的对象:
指定拉伸的高度或 [方向(D)/路径(P)/倾斜角(T)]: 3000   //输入拉伸高度

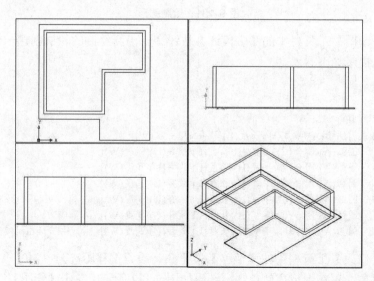

图 9-133 拉伸图形

(6) 单击激活东南等轴测视图，单击【绘图】工具栏中的【直线】按钮，以图 9-134 中的 a、b 两点为端点绘制直线 A。

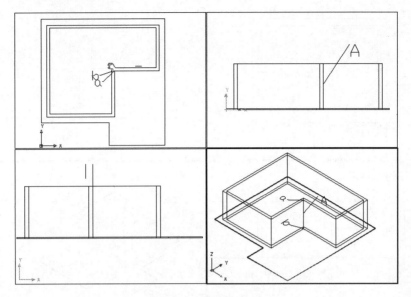

图 9-134　绘制直线

(7) 单击激活俯视图，单击【修改】工具栏中的【偏移】按钮，把图 9-134 中的 A 直线向右偏移 2000，结果如图 9-135 所示。命令行窗口提示如下。

```
命令:_offset
当前设置：删除源=否   图层=源   OFFSETGAPTYPE=0
指定偏移距离或 [通过(T)/删除(E)/图层(L)] <240.0000>:   2000         //设定距离
选择要偏移的对象，或 [退出(E)/放弃(U)] <退出>:                    //按下 Enter 键
```

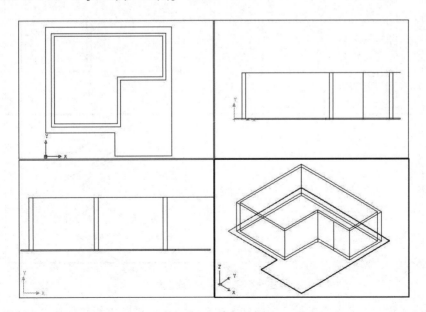

图 9-135　偏移直线

(8) 单击激活东南等轴测视图,单击【绘图】工具栏中的【直线】按钮，以图 9-136 中的 a、c 为端点绘制直线。

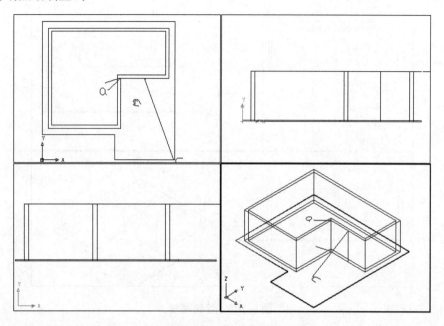

图 9-136 绘制直线

(9) 单击激活俯视图,单击【修改】工具栏中的【复制】按钮，把刚绘制的直线向下复制一条,距离为 300;再复制一条,距离为 400,结果如图 9-137 所示。

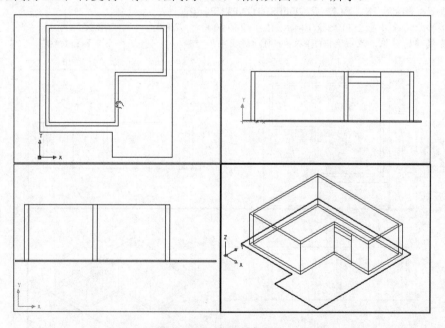

图 9-137 偏移生成直线

(10) 单击【绘图】工具栏中的【多段线】按钮，在右视图中绘制如图 9-138 所示的图形。

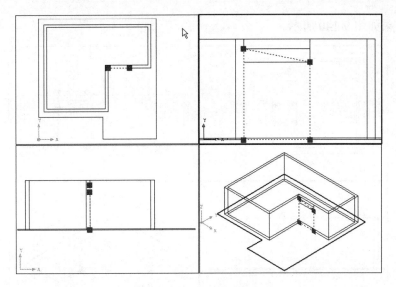

图 9-138 绘制多段线

(11) 单击【常用】选项卡的【建模】面板中的【拉伸】按钮，选择新创建的多段线作为拉伸对象，输入拉伸的高度为 2000，结果如图 9-139 所示。

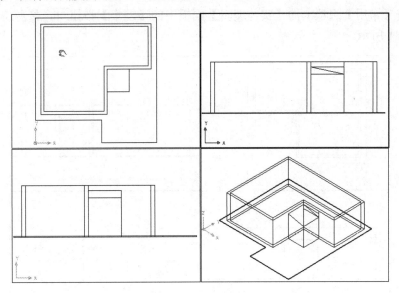

图 9-139 拉伸出实体

(12) 单击【常用】选项卡的【建模】面板中的【长方体】按钮，在刚拉伸的图形同样的位置上建立一个同尺寸的长方体，命令行窗口提示如下。

命令: _box
指定第一个角点或 [中心(C)]: 6500,6500,0
指定其他角点或 [立方体(C)/长度(L)]: L   //指定尺寸
指定长度: 1760   //输入长方体的长度
指定宽度: -1760   //输入长方体的宽度
指定高度: 3200   //输入长方体的高度

绘制的结果如图 9-140 所示。

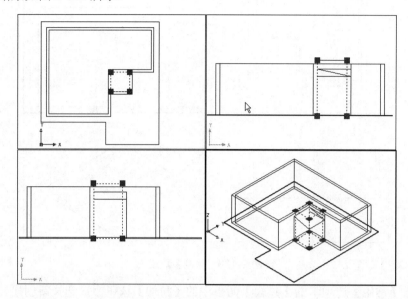

图 9-140　绘制长方体

(13) 单击【常用】选项卡的【实体编辑】面板中的【差集】按钮◎，修剪出小屋的墙体，结果如图 9-141 所示。

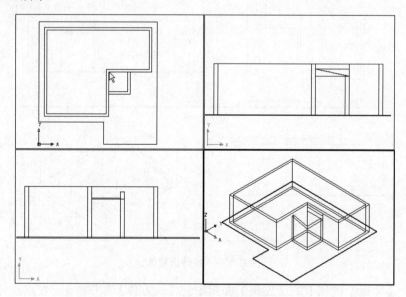

图 9-141　修剪出小屋的墙体

(14) 单击【常用】选项卡的【实体编辑】面板中的【并集】按钮◎，选择所有的实体墙体，按 Enter 键，合并墙体对象。

(15) 单击激活俯视图，单击【常用】选项卡的【建模】面板中的【长方体】按钮，在命令行中输入长方体的角点坐标为"1300,2800,650"，绘制一个长宽高为 1800×300×1800 的长方体，如图 9-142 所示。命令行窗口提示如下：

```
命令: _box
指定第一个角点或 [中心(C)]: 1300,2800,650        //指定角点
指定其他角点或 [立方体(C)/长度(L)]: 1800         //指定尺寸
指定高度或 [两点(2P)] <1000.0000>: 300
指定其他角点或 [立方体(C)/长度(L)]: 1800
```

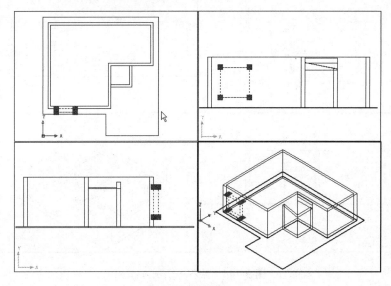

图 9-142　绘制长方体

(16) 单击【修改】工具栏中的【复制】按钮，选择新绘制的长方体进行复制，输入"@2400,0,0"作为复制的距离，结果如图 9-143 所示。命令行窗口提示如下：

```
命令: _copy 找到 1 个
当前设置：复制模式 = 多个
指定基点或 [位移(D)/模式(O)] <位移>:
指定第二个点或 <使用第一个点作为位移>:@2400,0,0       //指定距离
指定第二个点或 [退出(E)/放弃(U)] <退出>:              //按下 Enter 键
```

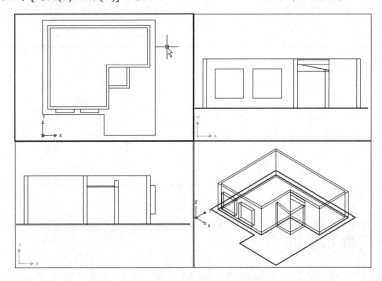

图 9-143　复制长方体

(17) 按照前面同样的方法，再绘制一个长方体，长宽高为 1200×300×1800，如图 9-144 所示。

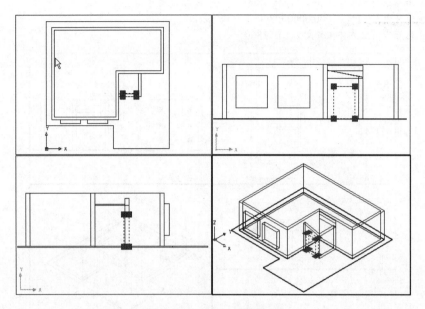

图 9-144　绘制一个长方体

(18) 单击【常用】选项卡的【实体编辑】面板中的【差集】按钮，选择墙体为被修剪对象，几个长方体作为修剪对象，这样就修剪出门窗的位置，结果如图 9-145 所示。

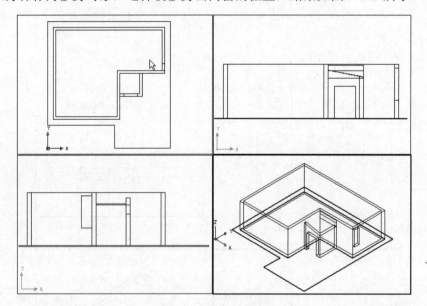

图 9-145　修剪出门窗洞

9.7.4　创建门框和窗框

(1) 打开【图层特性管理器】选项板，将【门窗】图层设为当前图层。

(2) 单击激活东南等轴测图,单击【常用】选项卡的【建模】面板中的【长方体】按钮，创建长方体,位置尺寸见命令行,命令行窗口提示如下。

命令：_box
指定第一个角点或 [中心(C)]: 1300,2640,650
指定其他角点或 [立方体(C)/长度(L)]: L   //输入尺寸
指定长度: 1800
指定宽度: -50
指定高度: 1800

绘制的结果如图 9-146 所示。

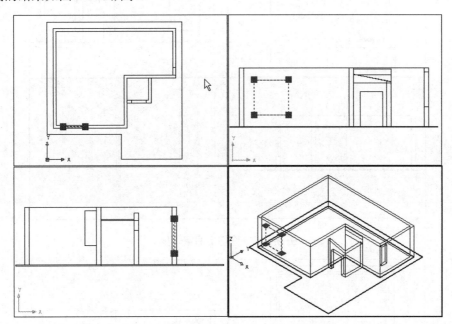

图 9-146　绘制长方体

(3) 单击【常用】选项卡的【建模】面板中的【长方体】按钮，在刚才绘制的长方体内绘制一个长方体,长度和高度比刚才的长方体小 100。命令行窗口提示如下。

命令：_box
指定第一个角点或 [中心(C)]: 1250,2590,600
指定其他角点或 [立方体(C)/长度(L)]: L   //输入尺寸
指定长度: 1700
指定宽度: 50
指定高度: 1700

(4) 单击【常用】选项卡的【实体编辑】面板中的【差集】按钮，以外侧长方体作为界限参照,修剪内侧长方体,剪切出窗户外框的位置,如图 9-147 所示。

(5) 按照前面同样的方法,单击【长方体】按钮，再绘制出四个长方体,作为窗棂,单击【常用】选项卡的【实体编辑】面板中的【并集】按钮，将所有的窗框合并为一个整体,结果如图 9-148 所示。命令行窗口提示如下。

```
命令: _box                                    //调用长方体命令
指定第一个角点或 [中心(C)]: 1250,2590,600
指定其他角点或 [立方体(C)/长度(L)]: L         //输入尺寸
指定长度: 1700
指定宽度: 50
指定高度: 1700
```

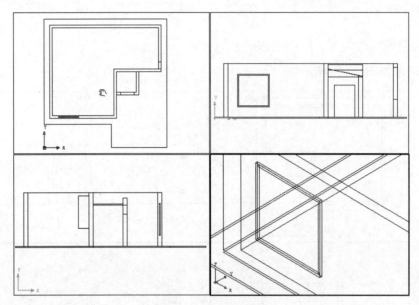

图 9-147　剪切出的窗外框

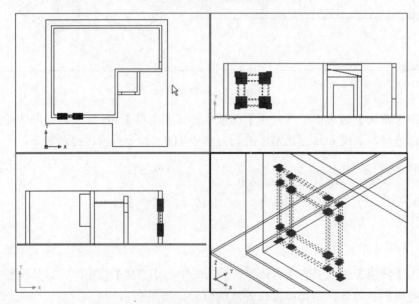

图 9-148　完成的窗框

(6) 单击【修改】工具栏中的【复制】按钮，选择刚才绘制的窗框进行复制，结果如图 9-149 所示，这样就完成了窗框的创建。

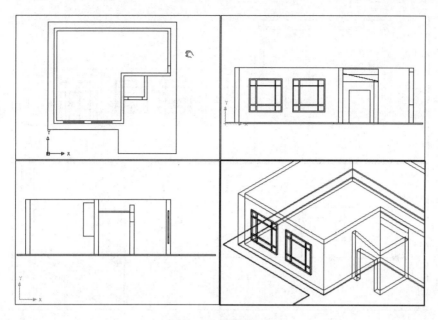

图 9-149 复制窗框

(7) 按照前面的方法创建其他的窗框和门框，结果如图 9-150 所示。

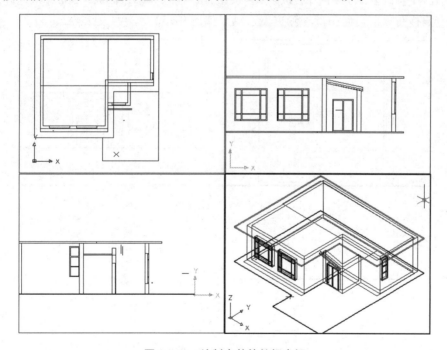

图 9-150 绘制出其他的门窗框

9.7.5 创建房檐

(1) 打开【图层特性管理器】选项板，将【房檐】图层设为当前图层。

(2) 单击激活俯视图，单击【绘图】工具栏中的【多段线】按钮，绘制如图 9-151 所示的多段线。

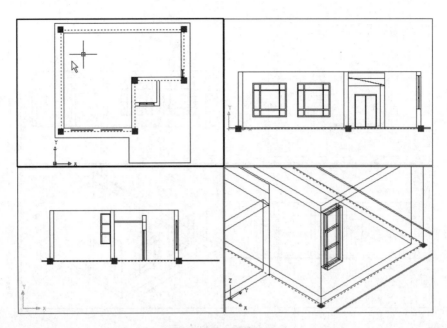

图 9-151 绘制多段线

(3) 单击【修改】工具栏中的【偏移】按钮，输入偏移距离为"500"，选择新绘制的多段线作为偏移对象，再向图形外侧单击，结果如图 9-152 所示。

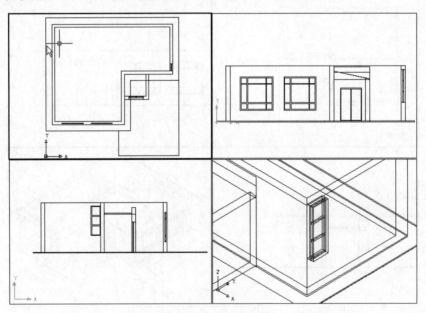

图 9-152 偏移多段线

(4) 单击【常用】选项卡的【建模】面板中的【拉伸】按钮，选择刚偏移过的多段线进行拉伸，拉伸高度为"100"。单击【修改】工具栏中的【偏移】按钮，选择拉伸后的实体作为拉伸对象，在视图区域任意指定一点，然后在命令行中输入"@0,0,3050"，并按下 Enter 键，结果如图 9-153 所示。命令行窗口提示如下：

```
命令:_extrude
当前线框密度: ISOLINES=4
选择要拉伸的对象: 指定对角点: 找到 12 个                    //选择对象
选择要拉伸的对象:
指定拉伸的高度或 [方向(D)/路径(P)/倾斜角(T)]: 100           //拉伸高度
命令:_offset
当前设置: 删除源=否  图层=源  OFFSETGAPTYPE=0
指定偏移距离或 [通过(T)/删除(E)/图层(L)] <90.0000>:
指定第二点: @0, 0, 3050
指定要偏移的那一侧上的点, 或 [退出(E)/多个(M)/放弃(U)] <退出>:  //指定位置
选择要偏移的对象, 或 [退出(E)/放弃(U)] <退出>:               //按下 Enter 键
```

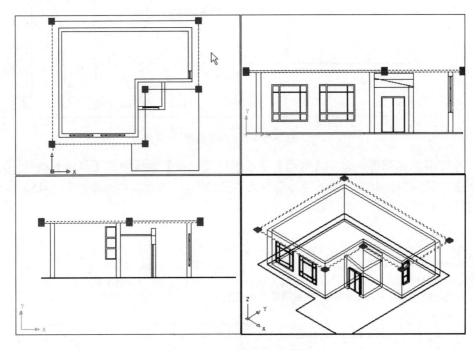

图 9-153 拉伸实体并偏移

(5) 单击激活俯视图,单击【绘图】工具栏中的【直线】按钮,依次在命令行中输入 "6500,2750,-4400"、"@0,100,0"、"@2100,-420,0"、"@0,-100,0",按下 Enter 键,再在命令行中输入 c,在视图中会出现 4 条封闭线段。命令行窗口提示如下。

```
命令:_line 指定第一点: 6500                //调用直线命令
指定下一点或 [放弃(U)]: 2700
指定下一点或 [放弃(U)]: -4400
指定下一点或 [放弃(U)]: @0,100, 0
指定下一点或 [放弃(U)]: @2100, -420,0
指定下一点或 [放弃(U)]: @0,-100,0
指定下一点或 [放弃(U)]:c
指定下一点或 [闭合(C)/放弃(U)]:            //按下 Enter 键
```

(6) 单击【绘图】工具栏中的【多段线】按钮,在俯视图中沿新绘制的线段绘制多段线,结果如图 9-154 所示。

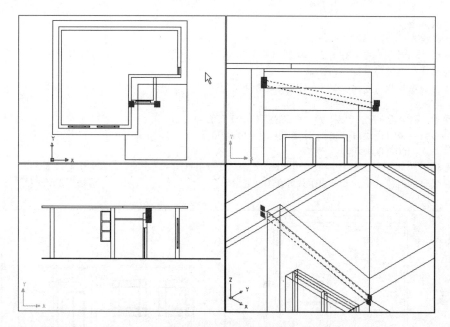

图 9-154　绘制多段线

(7) 单击激活俯视图，单击【常用】选项卡的【建模】面板中的【拉伸】按钮，选择新绘制的多段线为拉伸对象，输入拉伸高度为"-2100"，得到实体结果如图 9-155 所示，这样就完成了房檐的创建。命令行窗口提示如下。

命令: _extrude
当前线框密度: ISOLINES=4
选择要拉伸的对象: 指定对角点: 找到 1 个　　　　//选择对象
选择要拉伸的对象:　　　　　　　　　　　　　　　//按下 Enter 键
指定拉伸的高度或 [方向(D)/路径(P)/倾斜角(T)]: -2100　//输入拉伸高度

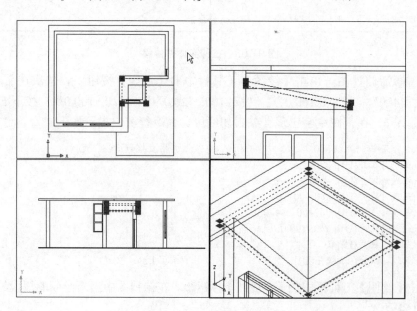

图 9-155　绘制完成屋檐

9.7.6 创建屋顶

(1) 打开【图层特性管理器】选项板,将【屋顶】图层设为当前图层。

(2) 单击激活俯视图,单击【绘图】工具栏中的【直线】按钮,依次在命令行中输入"6500,2850,-4500"、"@0,100,0"、"@2100,-420,0"、"@0,-100,0",按 Enter 键,再在命令行中输入 c,在视图中会出现 4 条封闭线段。命令行窗口提示如下。

```
命令:_line 指定第一点: 6500
指定下一点或 [放弃(U)]: 2850
指定下一点或 [放弃(U)]: -4500
指定下一点或 [放弃(U)]: @0,100,0
指定下一点或 [放弃(U)]: @2100,-420,0
指定下一点或 [放弃(U)]: @0,-100,0
指定下一点或 [放弃(U)]:c
```

单击【绘图】工具栏中的【多段线】按钮,在俯视图中沿新绘制的线段绘制多段线,结果如图 9-156 所示。

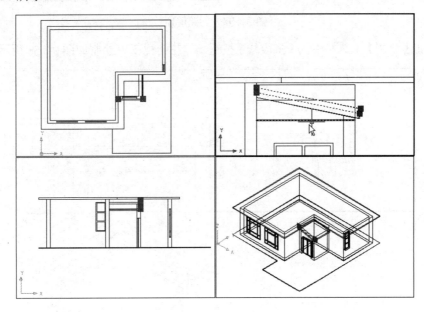

图 9-156 绘制多段线

(3) 单击激活俯视图,单击【常用】选项卡的【建模】面板中的【拉伸】按钮,选择新绘制的多段线为拉伸对象,输入拉伸高度为"-2100",得到实体结果如图 9-157 所示。命令行窗口提示如下。

```
命令:_extrude
当前线框密度:  ISOLINES=4
选择要拉伸的对象: 指定对角点: 找到 1 个        //选择对象
选择要拉伸的对象:
指定拉伸的高度或 [方向(D)/路径(P)/倾斜角(T)]: -2100    //输入拉伸高度
```

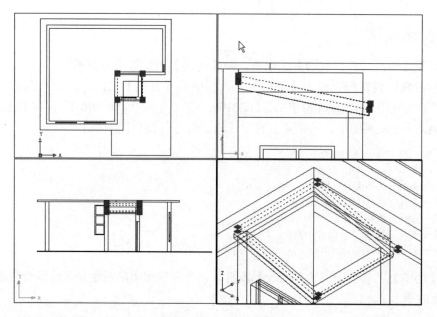

图 9-157 创建屋顶

(4) 单击【绘图】工具栏中的【多段线】按钮 ,在俯视图中绘制如图 9-158 所示的多段线。

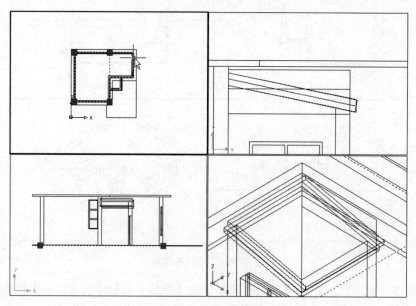

图 9-158 绘制多段线

(5) 单击【修改】工具栏中的【偏移】按钮 ,输入偏移量为"500",选择新绘制的多段线作为偏移对象,再向图形外侧单击,结果如图 9-159 所示。命令行窗口提示如下。

```
命令:_offset
当前设置: 删除源=否   图层=源   OFFSETGAPTYPE=0
指定偏移距离或 [通过(T)/删除(E)/图层(L)] <90.0000>:   指定第二点: 500  //指定偏移距离
指定要偏移的那一侧上的点,或 [退出(E)/多个(M)/放弃(U)] <退出>:       //指定位置
选择要偏移的对象,或 [退出(E)/放弃(U)] <退出>:                        //按下 Enter 键
```

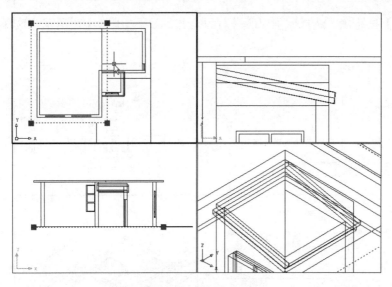

图 9-159 偏移多段线

(6) 单击激活俯视图，单击【常用】选项卡的【建模】面板中的【拉伸】按钮，选择刚偏移过的多段线为拉伸对象，输入拉伸高度为"1500"，输入偏移角度为"70"，得到的实体结果如图 9-160 所示。命令行窗口提示如下。

命令: _extrude
当前线框密度: ISOLINES=4
选择要拉伸的对象: 找到 1 个
选择要拉伸的对象:
指定拉伸的高度或 [方向(D)/路径(P)/倾斜角(T)] <650.0000>: t
指定拉伸的倾斜角度 <0.00>: 70   //输入拉伸倾斜角度
指定拉伸的高度或 [方向(D)/路径(P)/倾斜角(T)] <650.0000>: 1500   //输入拉伸高度

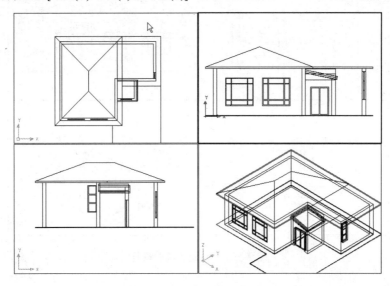

图 9-160 绘制主要屋顶

(7) 按照前面同样的方法，绘制出其他的屋顶，使用【常用】选项卡的【实体编辑】面板中的【并集】按钮,选择屋顶层所有对象合并,效果如图 9-161 所示,这样屋顶就全部创建完成了。

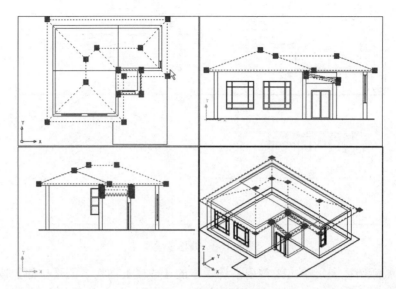

图 9-161 创建完成的屋顶

9.7.7 创建栏杆

当屋顶创建完成之后,需要创建栏杆,栏杆主要是由长方体拼接完成的。这里就不再详细介绍其具体绘制方法,绘制出的栏杆如图 9-162 所示。

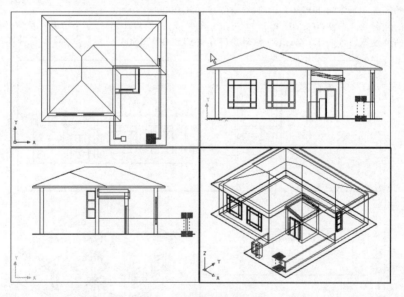

图 9-162 创建完成的栏杆

9.7.8 创建灯

灯是由两个球组成的。

(1) 打开【图层特性管理器】选项板，将【灯】图层设为当前图层。

(2) 单击激活东南等轴测图，单击【绘图】工具栏中的【直线】按钮，沿栏杆顶部创建两条直线，如图 9-163 所示。

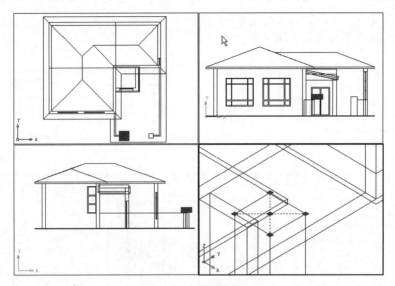

图 9-163　绘制两条直线

(3) 单击【常用】选项卡的【建模】面板中的【球体】按钮，在上一步两条直线的交点位置创建球体。命令行窗口提示如下。

```
命令: _sphere
指定中心点或 [三点(3P)/两点(2P)/相切、相切、半径(T)]:     //选择两条直线的交点
指定半径或 [直径(D)] <100.0000>:200
```

得到球体结果如图 9-164 所示。

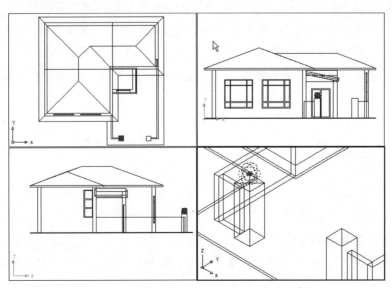

图 9-164　绘制球体

(4) 单击【修改】工具栏中的【复制】按钮，复制一个新的球体作为另一盏灯，如图 9-165 所示。灯就创建完成了。

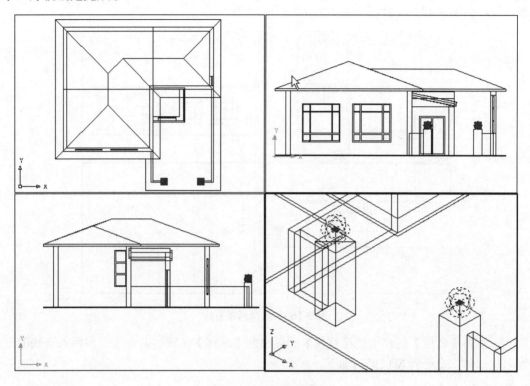

图 9-165 复制球体

9.7.9 创建玻璃

玻璃为一个平面，在不渲染场景的情况下，是没有效果的，但渲染场景时，如果为玻璃赋予正确的材质，可以影响入射别墅内的光线，使模型具有更好的视觉效果。

(1) 打开【图层特性管理器】选项板，将【玻璃】图层设为当前图层。

(2) 单击激活俯视图，选择【绘图】|【建模】|【网格】|【三维面】菜单命令，绘制三维面，命令行窗口提示如下。

```
命令: _3dface
指定第一点或 [不可见(I)]:                    //选择图 9-166 中点 1
指定第二点或 [不可见(I)]:                    //选择图 9-166 中点 2
指定第三点或 [不可见(I)] <退出>:              //选择图 9-166 中点 3
指定第四点或 [不可见(I)] <创建三侧面>:        //选择图 9-166 中点 4
指定第三点或 [不可见(I)] <退出>:              //按下 Enter 键
```

得到的结果如图 9-166 所示。

(3) 单击【修改】工具栏中的【移动】按钮，配合对象捕捉功能将平面移动至窗框后部，结果如图 9-167 所示。

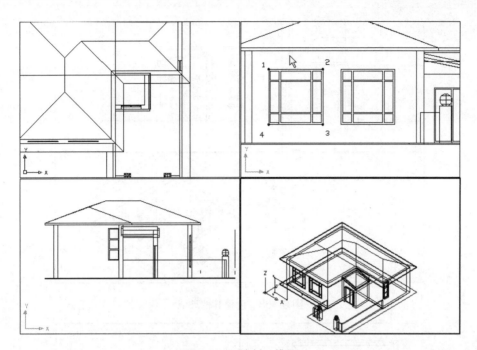

图 9-166 绘制三维面

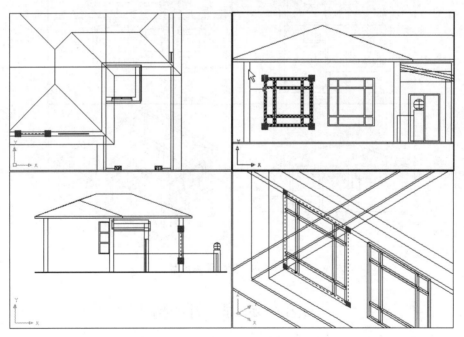

图 9-167 移动三维面

(4) 使用同样的方法创建其他门框和窗框的玻璃，结果如图 9-168 所示。
(5) 这样，就完成了别墅模型的制作，模型效果如图 9-169 所示。

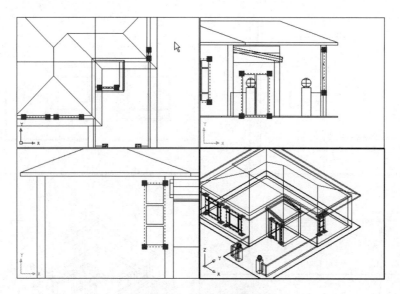

图 9-168　创建其他玻璃

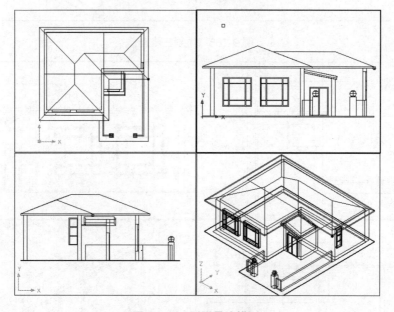

图 9-169　别墅最终模型

9.8　本章小结

　　本章介绍了三维坐标和视点，其内容包括三维坐标的形式，新建、设置和移动 UCS，设置三维视点，并简单介绍了三维动态观察工具的应用。主要讲解了三维曲面和三维实体的绘制，编辑三维图形的方法，如三维镜像、三维阵列等，以及对三维实体的编辑，如拉伸面、移动面、偏移面等，然后讲解了三维模型的后期处理，实体模型的渲染方法。最后讲解了三维绘图范例，操作步骤明确、条理清晰，希望读者认真体会。

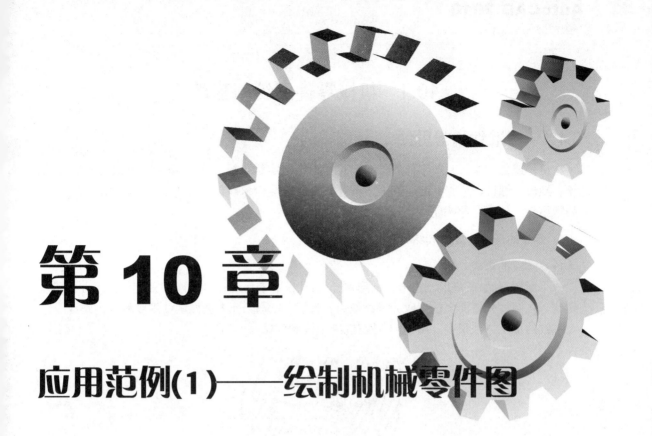

第 10 章

应用范例(1)——绘制机械零件图

本章主要介绍绘制机械零件图的方法和步骤。在基础部分我们会介绍绘制标准件和常用件的基础知识,还有零件常用的表达方法。后面通过两个零件的范例绘制,我们将详细讲解在绘图过程中的方法和步骤。

本章主要内容

- 机械零件图绘制基础
- 机械零件图范例介绍
- 制作步骤

10.1 机械零件图绘制基础

10.1.1 标准件和常用件

在机器或部件中,有些零件的结构和尺寸已全部实行了标准化,这些零件称为标准件,如螺栓、螺母、螺钉、垫圈、键、销等。还有些零件的结构和参数实行了部分标准化,这些零件称为常用件,如齿轮和蜗轮、蜗杆等。

1. 螺纹的形成、要素和结构

1) 螺纹的形成

一平面图形(如三角形、矩形、梯形)绕一圆柱做螺旋运动得到一圆柱螺旋体,工业上常称为螺纹。在圆柱外表面上的螺纹为外螺纹;在圆柱(或圆锥)孔内表面上的螺纹称为内螺纹。

螺纹的加工方法很多,图 10-1 是在铣床上铣制外螺纹的情况。

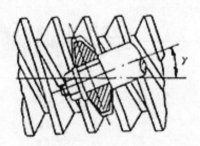

图 10-1 铣削外螺纹

加工不穿通的螺孔,可先用钻头钻出光孔,再用丝锥攻丝。

2) 螺纹的要素

螺纹的牙型、直径、线数、螺距、旋向等称为螺纹的要素,内外螺纹配对使用时,上述要素必须一致。

- 牙型:沿螺纹轴线剖切时,螺纹牙齿轮廓的剖面形状称为牙型。螺纹的牙型有三角形、梯形、锯齿形等。不同的螺纹牙型,有不同的用途。
- 螺纹的直径(大径、小径、中径):与外螺纹牙顶或内螺纹牙底相重合的假想圆柱面的直径称为大径(内、外螺纹分别用 D、d 表示),也称为螺纹的公称直径;与外螺纹牙底或内螺纹牙顶相重合的假想圆柱面的直径称为小径(内、外螺纹分别用 D_1、d_1 表示);在大径与小径之间,其母线通过牙型沟槽宽度和凸起宽度相等的假想圆柱面的直径称为中径(内、外螺纹分别用 D_2、d_2 表示)。
- 线数(n):螺纹有单线和多线之分,沿一条螺旋线形成的螺纹为单线螺纹;沿轴向等距分布的两条或两条以上的螺旋线所形成的螺纹为多线螺纹。
- 螺距(P)和导程(L):相邻两牙在中径线上对应两点之间的轴向距离称为螺距。同一螺旋线上相邻两牙在中径线上对应两点之间的轴向距离称为导程。导程与螺距的关系为 $L=nP$。
- 旋向:螺纹有右旋和左旋之分。按顺时针方向旋转时旋进的螺纹称为右旋螺纹,按逆时针方向旋转时旋进的螺纹称为左旋螺纹。判别的方法是将螺杆轴线铅垂放置,面对螺纹,若螺纹自左向右升起,则为右旋螺纹,反之则为左旋螺纹。常用的螺纹多为右旋螺纹。

在螺纹诸要素中,牙型、大径和螺距是决定螺纹结构规格最基本的要素,称为螺纹三要素。凡螺纹三要素符合国家标准的称为标准螺纹;而牙型符合标准,直径或螺距不符合标准的称为特殊螺纹;对于牙型不符合标准的,称为非标准螺纹。

3) 螺纹的结构(见图10-2)
- 螺纹的末端:为了便于装配和防止螺纹起始圈损坏,常在螺纹的起始处加工成一定的形式,如倒角,倒圆等。
- 螺纹的收尾和退刀槽:车削螺纹时,刀具接近螺纹末尾处要逐渐离开工件,因此螺纹收尾部分的牙型是不完整的,螺纹的这一段牙型不完整的收尾部分称为螺尾。为了避免产生螺尾,可以预先在螺纹末尾处加工出退刀槽,然后再车削螺纹。

2. 常用螺纹紧固件

螺纹紧固件就是运用一对内、外螺纹的连接作用来连接和紧固一些零部件。

1) 常用螺纹紧固件的种类及标记

常用的螺纹紧固件有螺栓、螺柱、螺钉、螺母和垫圈等,它们的结构和尺寸均已标准化,由专门的标准件厂成批生产。常用螺纹紧固件的完整标记由以下各项组成:名称、标准编号、型式、规格精度、机械性能等级或材料及热处理、表面处理和其他要求。

例如:螺柱 GB898-88 M10×50 表示两端均为粗牙普通螺纹,d=10mm,L=50mm,性能等级为 4.8 级,不经表面处理,B 型、bm=1.25d 的螺柱,根据螺纹紧固件的标记就可在相应的标准中查出有关的形状和尺寸。

2) 螺栓连接

螺栓连接由螺栓、螺母、垫圈等组成,用于连接两个不太厚的并能钻成通孔的零件,如图 10-3 所示。

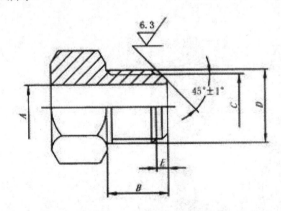

图 10-2 螺纹的末端、收尾和退刀槽等结构

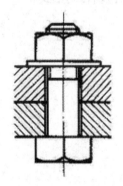

图 10-3 螺栓连接

螺栓连接的比例画法如下。

单个螺纹紧固件的画法可根据公称直径查附表或有关标准,得出各部分的尺寸。但在绘制螺栓、螺母和垫圈时,通常按螺纹规格 d、螺母的螺纹规格 D、垫圈的公称尺寸 d 进行比例折

算，得出各部分尺寸后按近似画法画出。

螺栓的公称长度 l，应查阅垫圈、螺母的表格得出 h、mmax，再加上被连接零件的厚度等，经计算后选定。螺栓长度：$l=δ1+δ2+h+mmax+a$。其中 a 是螺栓伸出螺母的长度，一般可取 0.3d 左右(d 是螺栓的螺纹规格，即公称直径)。上式计算得出数值后，再从相应的螺栓标准所规定的长度系列中，选取合适的 l 值。

将螺栓穿入被连接的两零件上的通孔中，再套上垫圈，以增加支撑和防止擦伤零件表面，然后拧紧螺母。螺栓连接是一种可拆卸的紧固方式。

3) 零件装配的规定画法

画零件装配(如螺纹紧固件连接)的视图时应遵守以下基本规定。

- 两零件的接触面只画一条线，非接触面画两条线。
- 在剖视图中，相邻的两零件的剖面线方向应相反，或方向一致但间隔不等。
- 剖切平面通过标准件(螺栓、螺钉、螺母、垫圈等)和实心件(如球、轴等)的轴线时，这些零件按不剖绘制，仍画外形，需要时可采用局部剖视。

4) 双头螺柱连接

当被连接的两个零件中有一个较厚，不易钻成通孔时，可制成螺孔，用螺柱连接。画图时要注意旋入端应完全旋入螺孔中，旋入端的螺纹终止线应与两个被连接零件接触面平齐。

5) 螺钉连接

螺钉按用途可分为连接螺钉和紧定螺钉两种，螺钉一般用在不经常拆卸且受力不大的地方。通常在较厚的零件上制出螺孔，另一零件上加工出通孔。连接时，将螺钉穿过通孔旋入螺孔拧紧即可。螺钉的螺纹终止线应在螺孔顶面以上；螺钉头部的一字槽在端视图中应画成 45°方向。对于不穿通的螺孔，可以不画出钻孔深度，仅按螺纹深度画出。

3. 齿轮

齿轮是广泛用于机器或部件中的传动零件。齿轮的参数中只有模数、压力角已经标准化。因此它属于常用件，齿轮不仅可以用来传递动力，还能改变转速和回转方向。图 10-4 表示几种常见的齿轮传动形式。

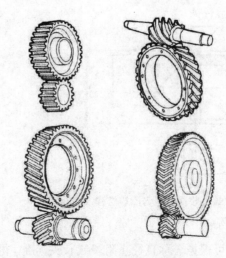

图 10-4　几种常见的齿轮传动

1) 圆柱齿轮

圆柱齿轮的轮齿有直齿、斜齿和人字齿等,是应用最广的一种齿轮。

(1) 直齿圆柱齿轮各部分名称如下。

- 齿顶圆:齿轮的齿顶圆柱面与端平面(垂直于齿轮轴线的平面)的交线称为齿顶圆,其直径用 da 表示。
- 齿根圆:齿轮的齿根圆柱面与端平面的交线称为齿根圆,其直径用 df 表示。
- 分度圆:在齿顶圆和齿根圆之间,取一个作为计算齿轮各部分几何尺寸的基准的圆称为分度圆,其直径用 d 表示。
- 节圆,中心距与压力角:当一对齿轮啮合时,齿廓在连心线 O1、O2 上的接触点 C 称为节点。分别以 O1、O2 为圆心,O1C、O2C 为半径作相切的两个圆,称为节圆,其直径用 d1、d2 表示。对于标准齿轮来说,节圆和分度圆是重合的。连接两齿轮中心的连线 O1、O2 称为中心距,用 a 表示。在节点 C 处,两齿廓曲线的公法线(即齿廓的受力方向)与两节圆的内公切线(即节点 C 处的瞬时运动方向)所夹的锐角,称为压力角,我国标准压力角为 20°。
- 全齿高、齿顶高、齿根高:齿顶圆与齿根圆之间的径向距离,称为全齿高,用 h 表示;齿顶圆与分度圆之间的径向距离称为齿顶高,用 ha 表示;轮齿在分度圆与齿根圆之间的径向距离称为齿根高,用 hf 表示。h=ha+hf。
- 齿距、齿厚、槽宽:对分度圆而言,两个相邻轮齿齿廓对应点之间的弧长称为齿距,用 p 表示;每个轮齿齿廓在分度圆上的弧长称为齿厚,用 s 表示;每个齿槽在分度圆上的弧长称为槽宽,用 e 表示。
- 模数:若以 z 表示齿轮的齿数,则分度圆周长为 πd=zp,d=zp/π,令 m=p/π,则 d=mz。m 称为齿轮的模数,单位是 mm。模数是设计、制造齿轮的重要参数,它代表了轮齿的大小。齿轮传动中只有模数相等的一对齿轮才能互相啮合。为便于设计和加工,国家规定了统一的标准模数系列。

(2) 圆柱齿轮的规定画法。

单个圆柱齿轮的画法。一般用两个视图来表示单个齿轮。其中平行于齿轮轴线的投影面的视图常画成全剖视图或半剖视图。根据国标规定,齿顶圆和齿顶线用粗实线绘制;分度圆和分度线用细点划线绘制;齿根圆和齿根线用细实线绘制,也可省略不画;在剖视图中,齿根线用粗实线绘制,当剖切平面通过齿轮轴线时,轮齿一律按不剖处理。

圆柱齿轮的啮合画法。根据国标规定,在垂直于齿轮轴线的投影面的视图中,啮合区内的齿顶圆均用粗实线绘制,也可省略不画,相切的两分度圆用点划线画出,两齿根圆省略不画。在平行于齿轮轴线的投影面的外形视图中,不画啮合区内的齿顶线,节线用粗实线画出,其他处的节线仍用点划线绘制。在剖视图中,在啮合区内,将一个齿轮的轮齿用粗实线绘制,另一个齿轮的轮齿被遮挡的部分,用虚线绘制。

2) 圆锥齿轮

圆锥齿轮通常用于垂直相交两轴之间的传动。由于轮齿位于圆锥面上,所以锥齿轮的轮齿一端大,另一端小,齿厚是逐渐变化的,直径和模数也随着齿厚的变化而变化。规定以大端的模数为准,用它决定轮齿的有关尺寸。一对锥齿轮啮合也必须有相同的模数。

锥齿轮各部分几何要素的尺寸,也都与模数 m、齿数 z 及分度圆锥角 δ 有关。其计算公式:

齿顶高 ha=m，齿根高 hf=1.2m，齿高 h=2.2m，分度圆直径 d=mz，齿顶圆直径 da=m(z+2cosδ)，齿根圆直径 df=m(z-2.4cosδ)。

锥齿轮的规定画法，与圆柱齿轮基本相同。单个锥齿轮的画法，一般用主、左两视图表示，主视图画成剖视图，在投影为圆的左视图中，用粗实线表示齿轮大端和小端的齿顶圆，用点划线表示大端的分度圆，不画齿根圆。

锥齿轮的啮合画法，主视图画成剖视图，由两齿轮的节圆锥面相切，因此，其节线重合，画成点划线；在啮合区内，应将其中一个齿轮的齿顶线画成粗实线，而将另一个齿轮的齿顶线画成虚线或省略不画，左视图画成外形视图，对标准齿轮来说，节圆锥面和分度圆锥面，节圆和分度圆是一致的。

3) 蜗杆和蜗轮简介

蜗杆和蜗轮用于垂直交叉两轴之间的传动，通常蜗杆是主动的，蜗轮是从动的。蜗杆、蜗轮的传动比大，结构紧凑，但效率底。蜗杆的齿数(即头数)z1 相当于螺杆上螺纹的线数。蜗杆常用单头或双头，在传动时，蜗杆旋转一圈，则蜗轮只转过一个齿或两个齿。因此，可得到大的传动比(i=z2/z1，z2 为蜗轮齿数)。蜗杆和蜗轮的轮齿是螺旋形的，蜗轮的齿顶面和齿根面常制成圆环面。啮合的蜗杆、蜗轮的模数相同，且蜗轮的螺旋角和蜗杆的螺旋线升角大小相等、方向相同。

蜗杆和蜗轮的画法与圆柱齿轮基本相同，但是在蜗轮投影为圆的视图中，只画出分度圆和最外圆，不画齿顶圆与齿根圆。在外形视图中，蜗杆的齿根圆和齿根线用细实线绘制或省略不画。蜗杆和蜗轮的啮合画法，在主视图中，蜗轮被蜗杆遮住的部分不必画出；在左视图中，蜗轮的分度圆和蜗杆的分度线相切。

4. 键与销

1) 键连接

键是标准件，用来实现轴上零件的周向固定，借以传递扭矩。

常用的键有普通平键、半圆键、钩头楔键等。键和键槽的结构型式及尺寸可查阅相应的国家标准。

平键连接示意图如图 10-5 所示，其中有关尺寸可根据轴径 d 查阅相应的国家标准。

2) 销连接

销是标准件，在机器中起连接和定位作用。

5. 滚动轴承

滚动轴承是支承轴的一种标准组件。由于结构紧凑、摩擦力小，所以得到广泛使用。本节主要介绍滚动轴承的类型、代号及画法。

1) 滚动轴承的构造、类型和代号

(1) 滚动轴承的构造。

滚动轴承由内圈、外圈、滚动体、隔离圈(或保持架)等零件组成，如图 10-6 所示为几种常见的轴承。

(2) 滚动轴承的类型。

- 径向轴承：适用于承受径向载荷，如深沟球轴承。
- 止推轴承：用来承受轴向载荷，如止推球轴承。

- 径向止推轴承：用于同时承受轴向和径向载荷，如圆锥滚子轴承。

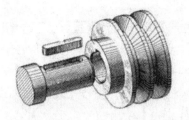
图 10-5 平键连接

图 10-6 常见的轴承

2) 滚动轴承的代号

滚动轴承代号是由字母加数字来表示滚动轴承的结构、尺寸、公差等级、技术性能等特征的产品符号，它由基本代号、前置代号和后置代号构成，其排列方式有：前置代号、基本代号、后置代号。

- 基本代号：基本代号表示轴承的基本类型、结构和尺寸，是轴承代号的基础。基本代号由轴承类型代号、尺寸系列代号、内径代号构成，其排列方式有：轴承类型代号、尺寸系列代号、内径代号。

  尺寸系列代号由轴承的宽(高)度系列代号和直径系列代号组合而成，用两位阿拉伯数字来表示。它的主要作用是区别内径相同而宽度和外径不同的轴承。具体代号需查阅相关国家标准。

  内径代号表示轴承的公称内径，一般用两位阿拉伯数字表示。代号数字为 00，01，02，03 时，分别表示轴承内径：d=10mm，12mm，15mm，17mm；代号数字为 04～96 时，代号数字乘 5，即为轴承内径；轴承公称内径为 1～9mm 时，用公称内径毫米数直接表示；轴承公称内径为 22mm，28mm，32mm，500mm 或大于 500mm 时，用公称内径毫米数直接表示，但与尺寸系列代号之间用"/"分开。

- 前置、后置代号：前置代号用字母表示，后置代号用字母(或加数字)表示。前置、后置代号是轴承在结构形状、尺寸、公差、技术要求等有改变时，在其基本代号左右添加的代号。

3) 滚动轴承的画法

滚动轴承是标准组件，使用时必须按要求选用。当需要画滚动轴承的图形时，可采用简化画法或规定画法。

- 简化画法。简化画法可采用通用画法或特征画法，但在同一图样中一般只采用其中一种画法，如图 10-7 所示。
- 通用画法。在剖视图中，当不需要确切地表示滚动轴承的外形轮廓、载荷特性、结构特征时，可用矩形线框及位于线框中央正立的十字形符号表示，十字符号不应与矩形线框接触。如需确切的表示滚动轴承的外形,则应画出其剖面轮廓,并在轮廓中央画出正立的十字形符号,十字形符号不应与剖面轮廓线接触。
- 特征画法。在剖视图中,如需较形象的表示滚动轴承的结构特征时,可采用在矩形线框内画出其结构要素符号的方法表示。

6. 弹簧

弹簧是一种用来减振、夹紧、测力和贮存能量的零件。其种类多、用途广,这里只介绍常用的圆柱螺旋弹簧。

圆柱螺旋弹簧,根据用途不同可分为压缩弹簧、拉伸弹簧和扭转弹簧。以下介绍圆柱螺旋压缩弹簧的尺寸计算和画法。如图 10-8 所示为弹簧的一般画法。

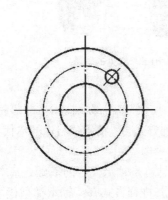

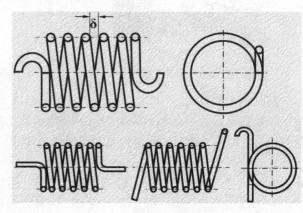

图 10-7　简化画法　　　　　　　　图 10-8　弹簧

1) 圆柱螺旋压缩弹簧的各部分名称及其尺寸计算
- 弹簧丝直径:d。
- 弹簧直径。
  弹簧中径:D (弹簧的规格直径)。
  弹簧内径:D_1,$D_1=D-d$。
  弹簧外径:D_2,$D_2=D+d$。
- 节距 p:除支撑圈外,相邻两圈沿轴向的距离。一般 p≈D/3~D/2。
- 有效圈数 n、支承圈数 n_2 和总圈数 n_1:为了使压缩弹簧工作时受力均匀,保证轴线垂直于支承端面,两端各并紧且磨平。这部分圈数仅起支承作用,称为支承圈。支承圈数(n_2)有 1.5 圈、2 圈和 2.5 圈 3 种。其中 2.5 圈用得较多,即两端各并紧 1/2 圈、磨平 3/4 圈。压缩弹簧除支承圈外,具有相同节距的圈数称为有效圈数,有效圈数 n 与支承圈数 n_2 之和称为总圈数,即:$n_1=n+n_2$。
- 自由高度(或长度)H_0:弹簧在不受外力时的高度 $H_0=np+(n_2-0.5)d$。
- 弹簧展开长度 L:制造时弹簧丝的长度。

2) 普通圆柱螺旋压缩弹簧的标记

GB 20810—80 规定的标记格式如下:名称、端部型式、d×D×H_0、精度、旋向、标准号、材料牌号和表面处理。

例如:压簧Ⅰ:3×20×80 GB 20810—80,表示普通圆柱螺旋压缩弹簧,两端并紧并磨平,

d=3mm，D=20mm，H0=80mm，按 3 级精度制造，材料为碳素弹簧钢丝、B 级且表面氧化处理的右旋弹簧。

3) 圆柱螺旋压缩弹簧的规定画法

在平行于弹簧轴线的投影面上的视图中，其各圈的轮廓应画成直线。常采用通过轴线的全剖视。

表示四圈以上的螺旋弹簧时，允许每端只画两圈(不包括支承圈)，中间各圈可省略不画，只画通过簧丝剖面中心的两条点划线。当中间部分省略后，也可适当地缩短图形的长度。

在装配图中，弹簧中间各圈采取省略画法后，弹簧后面被挡住的零件轮廓不必画出。

当弹簧被剖切，簧丝直径在图上小于 2mm 时，其剖面可以涂黑表示，也可采用示意图画法。

在图样上，螺旋弹簧均可画成右旋，但左旋弹簧不论画成左旋还是右旋，一律要加注"左旋"字样。

10.1.2 零件常用的表达方法

1. 视图

根据国家标准规定，用正投影法将机件向投影面投射所得的图形称为视图，它主要用来表达机件的外部形状和结构。视图分为基本视图、向视图、斜视图和局部视图。

1) 基本视图

根据国家标准的规定，用正六面体的 6 个面作为基本投影面。将机件置于正六面体中，按正投影法分别向 6 个基本投影面投影所得到的 6 个视图称为基本视图。如图 10-9 所示为基本视图的绘制步骤。

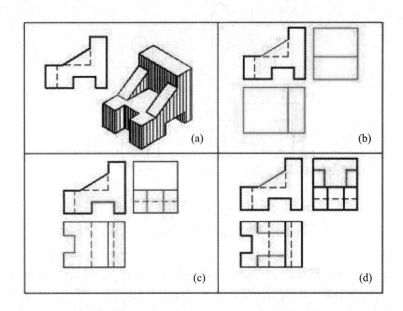

(a) 已知条件　　　　　　　　(b) 画基础形体
(c) 画左下切槽　　　　　　　(d) 叠加三棱柱板

图 10-9　绘制基本视图

6个基本视图的名称及投射方向规定如下。

主视图——由前向后投射所得的视图；右视图——由右向左投射所得的视图；

俯视图——由上向下投射所得的视图；仰视图——由下向上投射所得的视图；

左视图——由左向右投射所得的视图；后视图——由后向前投射所得的视图。

6个基本视图之间，仍保持着与三视图相同的投影规律，即主、俯、仰、后长相等，其中主、俯、仰长对正；主、左、右、后高平齐；俯、左、右、仰宽相等。

2) 向视图

向视图是可以自由配置的视图。

当基本视图不能按规定的位置配置时，可采用向视图的表达方式。向视图必须进行标注，标注时可采用下列表达方式中的一种。

在向视图的上方标注"X"("X"为大写拉丁字母)，在相应视图附近用箭头指明投射方向，并标注相同的字母。

在视图下方(或上方)标注图名。标注图名的各视图的位置，应根据需要和可能，按相应的规则布置。

3) 局部视图

将机件的某一部分向基本投影面投射所得的视图称为局部视图。局部视图常用于表达机件上局部结构的形状，使表达的局部重点突出，明确清晰，如图10-10所示。当画出主、俯两个基本视图后，仍有两侧的凸台和其中一侧的肋板厚度没有表达清楚，因此需要画出表达这两部分的A向、B向局部视图。

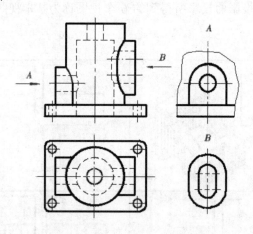

图10-10　局部视图

局部视图的断裂边界用波浪线画出。当所表达的局部结构完整，且外形轮廓线又成封闭时，波浪线可省略不画。

画局部视图时，一般在局部视图上方标出视图的名称"×向"，在相应视图附近用箭头标明投射方向，并注上同样字母。如图10-10中A向、B向。为看图方便，局部视图应尽量配置在箭头所指方向，并与原有视图保持投影关系。有时为了合理布图，也可把局部视图布置在其他适当位置。当局部视图按投影关系配置，中间又没有其他图形隔开时，可省略标注。

4) 斜视图

将机件向不平行于任何基本投影面的平面投射所得的视图，称为斜视图。

如图 10-11 所示的机件，其右上方具有倾斜结构，在俯视图、左视图上均不能反映实形，这既给画图和看图带来困难，又不便于标注尺寸。这时，可选用一个平行于倾斜部分的投影面，按箭头所示投影方向在投影面上作出该倾斜部分的投影，即为斜视图。由于斜视图常用于表达机件上倾斜部分的实形，因此，机件的其余部分不必全部画出，而可用双折线(或波浪线)断开。

斜视图通常按向视图的配置形式配置并标注。必要时，允许将斜视图旋转配置，此时，应标注旋转符号⌒(旋转符号的尺寸和比例见图 10-11 所示)，表示该视图名称的大写拉丁字母应靠近旋转符号的箭头端；也允许将旋转角度标注在字母之后。

2. 剖视图

1) 剖视图的基本概念

当机件内部的结构形状较复杂时，在画视图时就会出现较多的虚线，这不仅影响视图清晰，给看图带来困难，也不便于画图和标注尺寸。为了清楚地表达机件内部的结构形状，在技术图样中常采用剖视图这一表达方法。

2) 剖视图的形成及其画法

如图 10-12 所示，假想用剖切面(多为平面)剖开机件，将处在观察者和剖切面之间的部分移去，而将其余部分向投影面投射所得的图形称剖视图。剖视图主要用来表达机件内部的结构形状。

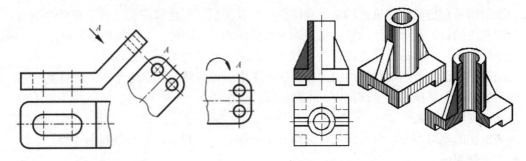

图 10-11　斜视图　　　　　　　　图 10-12　剖视图示例

假想用剖切面剖开物体时，剖切面与物体的接触部分称为剖面区域。画剖视图时，为了区分机件的空心部分和实心部分，在剖面区域中要画出剖面符号。机件的材料不同，其剖面符号也不同，国家标准(GB/T 19453—1998)规定：当不需要在剖面区域中表示材料的类别时，可采用通用剖面线表示。通用剖面线的画法有以下几点规定。

- 通用剖面线应以适当角度的细实线绘制，最好与主要轮廓或剖面区域的对角线成45°角。
- 同一物体的各个剖面区域，其剖面线画法应一致。相邻物体的剖面线必须以不同的方向或以不同的间隔画出。
- 在保证最小间隔(一般为 0.9mm)要求的前提下，剖面线间隔应按剖面区域的大小选择。
- 当同一物体在两平行面上的剖切图(下面将要讲到的阶梯剖)紧靠在一起画出时，剖面线应相同。
- 允许沿着大面积的剖面区域的轮廓画出部分剖面线。
- 剖面区域内标注数字、字母等处的剖面线必须断开。

- 若需要在剖面区域中表示材料的类别时，应采用特定的剖面符号表示。特定剖面符号由相应的标准确定，或必要时也可在图样上用图例的方式说明。

3) 剖视图的配置

剖视图应尽量配置在基本视图位置。如果无法配置在基本视图位置时，也可按投影关系配置在与剖切符号相对应的位置，必要时允许配置在其他适当位置。

4) 剖视图的标注

根据国家标准(GB/T 19452—1998)规定，剖视图的标注包括以下内容。

- 剖切线：指示剖切面位置的线，即剖切面与投影面的交线，用点划线表示。
- 剖切符号：指示剖切面起、迄和转折位置(用粗短划线表示)及投射方向(用箭头或粗短划线表示)的符号。
- 剖视图名称：一般应标注剖视图的名称"X-X"(X 为大写拉丁字母或阿拉伯数字)。在相应的视图上用剖切符号表示剖切位置和投射方向，并标注相同的字母。

在下列情况下，剖视图可简化或省略标注。

- 当剖视图按投影关系配置，中间又没有其他图形隔开时，可省略箭头。
- 当单一剖切平面通过机件的对称对面，且剖视图按投影关系配置，中间又没有其他图形隔开时，可省略标注。

5) 画剖视图的注意事项

由于剖切是假想的，当机件的某个视图画成剖视图后，其他视图仍应按完整机件画出。

画剖视图的目的在于清楚地表示机件的内部结构形状。因此，选择剖切平面时，应使剖切面平行于投影面，并且尽量通过机件的对称平面或内部孔、槽等结构的轴线。

凡剖视图中已经表达清楚的结构，在其他视图中的虚线就可以省略不画。画剖视图时，剖切平面后的可见轮廓线必须全部画出，不得遗漏。

6) 剖视图的种类

按被剖切的范围划分，剖视图又可分为全剖视图、半剖视图、局部剖视图 3 种。

- 全剖视图

  用剖切平面完全地剖开机件所得的剖视图称为全剖视图，如图 10-13 所示。

  当机件的外部形状简单，内部结构较复杂，或其外部形状已在其他视图中表达清楚时均可采用全剖视图来表达其内部结构。

  画全剖视图时应按国家标准规定进行标注。

- 半剖视图

  当机件具有对称平面时，在垂直于对称平面的投影面上的投影，可以对称中心线为界，一半画成剖视图，另一半画成视图(见图 10-14)，这种剖视图称为半剖视图。

  半剖视图能同时反映出机件的内外结构形状，因此，对于内外形状都需要表达的对称机件，一般常采用半剖视图表达。

  画半剖视图的注意事项：

  半个剖视图与半个视图的分界线(图开的对称中心线)应是细点划线，而不是粗实线。

  采用半剖视图后，表示机件内部形状结构的虚线在半个视图中可以省略。但对孔、槽等需用细点划线表示其中心位置。

  半剖视图的标注方法同全剖视图。

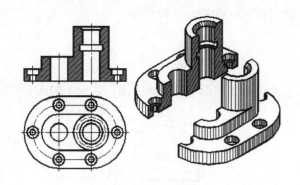 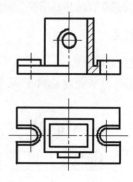

图 10-13　全剖视图　　　　　　　　图 10-14　半剖视图

- 局部剖视图

用剖切平面局部地剖开机件所得的剖视图，称为局部剖视图，如图 10-15 所示。

当机件只需要表达其局部的内部结构时，或不宜采用全剖视图、半剖视图时，可采用局部剖视图。当机件的轮廓线与对称中心线重合，而不宜采用半剖视图时，也可采用局部剖视图。

画局部剖视图的注意事项：

采用局部剖视图时，剖切平面的位置与剖切范围应根据机件表达的需要而定。可大于图形的一半，也可小于图形的一半，它是较为灵活的表达方式。但是，在同一图形中不宜过多使用局部剖视图，以免使图形显得支离破碎，给看图带来困难。

局部剖视图中，剖视部分与视图部分的分界线用波浪线表示。波浪线应画在机件的实体部分，不能超出轮廓线或与图样上其他图线重合。

当被剖切结构是回转体时，可以将该结构的回转轴线作为局部剖视图中剖视与视图的分界线。

当单一剖切平面的剖切位置明显时，局部剖视图的标注可以省略。

7) 剖切面和剖切方法

国家标准规定了多种剖切面和剖切方法，画剖视图时，应根据机件内部结构形状的特点和表达的需要选用不同的剖切面和剖切方法。

- 单一剖切平面

用一个与某一基本投影面相平行的平面剖开机件的方法，称为单一剖。全剖视图、半剖视图及局部剖视图都是用单一剖方法获得的。

- 两相交的剖切平面

用两相交的剖切平面(交线垂直于某一基本投影面)剖开机件的方法，称为旋转剖。

如果机件内部的结构形状仅用一个剖切面不能完全表达；且这个机件又具有较明显的主体回转轴时，可采用旋转剖。

采用旋转剖画剖视图时，先假想地按剖切位置剖开机件，然后把被剖切平面剖开的结构及其有关部分旋转到与选定的基本投影面平行后再进行投射。

用旋转剖画剖视图的注意事项：

用旋转剖画剖视图时，在剖切平面后的其他结构一般仍按原来位置投射。

当剖切后产生不完整要素时，应将此部分结构按不剖绘制。

用旋转剖画出的剖视图必须标注剖切位置、投射方向和名称。

3. 断面图

1) 断面图的概念

假想用剖切平面将机件的某处切断，仅画出断面的图形称为断面图，如图 10-16 所示。

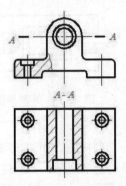

图 10-15 局部剖视图

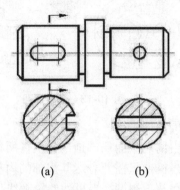

图 10-16 断面图

用断面图来表达机件上的某些结构(如键槽、小孔、轮辐及型材、杆件的断面)，要比视图清晰、比剖视图简便。

断面图与剖视图的区别：断面图只画出断面的投影，而剖视图除画出断面投影外，还要画出断面后面机件留下部分的投影。

2) 断面图的种类

国家标准规定断面图分为移出断面图和重合断面图两种。

- 移出断面图

画在视图外面的断面图，称为移出断面图。

画移出断面图的注意事项：

移出断面图的轮廓线用粗实线绘制。

移出断面图应尽量配置在剖切符号或剖切平面迹线(剖切平面与投影面的交线，用细点划线表示)的延长线上。

当断面图形对称时，也可画在视图中断处。必要时，也可配置在其他适当位置。

由两个或多个相交的剖切平面剖切得出的移出断面图，中间应用波浪线断开。

当剖切平面通过回转面形成的孔或凹坑的轴线时，这些结构按剖视图绘制。

当剖切平面通过非圆孔，会导致完全分离的两个断面图时，则此结构应按剖视图绘制。

移出断面图一般应用剖切符号表示剖切位置，用箭头表示投射方向，并注上字母，在断面图的上方用同样的字母标出相应的名称"X-X"。

配置在剖切符号延长线上的不对称的移出断面图，可省略字母。

不配置在剖切符号延长线上的对称的移出断面图，以及按投影关系配置的不对称的移出断面图，均可省略箭头。

配置在剖切符号或剖切平面迹线延长线上的对称的移出断面图，以及配置在视图中断处的对称的移出断面图均可省略标注。

- 重合断面图

画在视图内的断面图，称为重合断面图。

画重合断面图的注意事项：

重合断面图的轮廓线用细实线绘制。当视图中的轮廓线与重合断面图重叠时，视图中的轮廓线仍应连续画出，不可断开。

对称的重合断面图不必标注。

配置在剖切符号上的不对称的重合断面图不必标注字母。

4．局部放大图

为使作图简便、图形清晰，国家标准还规定了局部放大图表达方法。

1) 局部放大图的概念

将机件的部分结构，用大于原图形的比例所画出的图形，称为局部放大图，如图 10-17 所示。

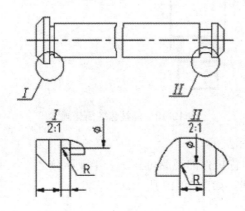

图 10-17 局部放大图

当机件上某些细小结构在视图中表达不清或不便于标注尺寸和技术要求时，常采用局部放大图。

2) 局部放大图的画法及标注

局部放大图可以画成视图、剖视图、断面图的形式，与被放大部位的表达形式无关，且与原图采用的比例无关。为看图方便，局部放大图应尽量配置在被放大的部位的附近，必要时可用几个图形来表达同一个被放大部分的结构。

3) 局部放大图的标注

画局部放大图时，除螺纹牙型、齿轮和链轮的齿形以外，应用细实线圈出被放大的部位。

当同一机件上有几个需放大的部位时，必须用罗马数字依次标明被放大的部位，并在局部放大图的上方标注出相应的罗马数字和所采用的比例。

当机件上被放大的部位仅有一个时，在局部放大图的上方只需注明所采用的比例。

5．简化画法

随着科学技术和工业生产的飞速发展，工程技术中的绘图工作量也随之大大增加，为提高绘图效率、降低绘图劳动强度，就迫切需要采用简便的方法绘制工程图样。

简化画法是指包括规定画法、省略画法、示意画法等在内的图示方法。其中，规定画法是对标准中规定的某些特定的表达对象所采用的特殊图示方法，如机械图样中对螺纹、齿轮的表达；省略画法是通过省略重复投影、重复要素、重复图形等达到使图样简化的图示方法，本节所介绍的简化画法多为省略画法；示意画法是用规定符号、较形象的图线绘制图样的表意性图示方法，如滚动轴承、弹簧的示意画法等。下面介绍国家标准中规定的几种常用简化画法。

1) 相同结构要素的简化画法

当机件具有若干相同结构(齿、槽等)，并按一定规律分布时，只需要画出几个完整的结构，其余用细实线连接，在零件图中则必须注明该结构的总数，如图10-18所示。

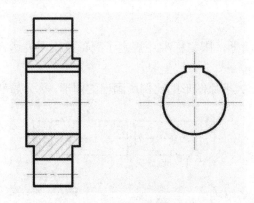

图10-18 圆柱齿轮简化画法

2) 对称机件的简化画法

在不致引起误解时，对称机件的视图可只画一半或四分之一，并在对称中心线的两端画出两条与其垂直的平行细实线，如图10-19所示。

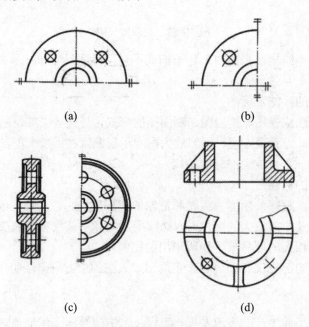

图10-19 对称简化图

3) 多孔机件的简化画法

对于机件上若干直径相同且成规律分布的孔(圆孔、螺孔、沉孔等)，可以仅画出一个或几个，其余用点划线表示其中心位置，但在零件图上应注明孔的总数，如图10-20所示。

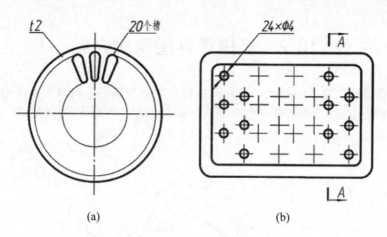

图 10-20 多孔简化画法

4) 网状物及滚花的示意画法

网状物、编织物或机件上的滚花部分，可在轮廓线附近用细实线示意画出，并在零件图上或技术要求中注明这些结构的具体要求。

5) 平面的表达方法

当图形不能充分表达平面时，可用平面符号(两相交细实线)表示。

6) 移出断面图的简化画法

在不致引起误解的情况下，零件图中的移出断面图，允许省略剖面符号，但须按标准规定标注。

7) 细小结构的省略画法

机件上较小的结构，如在一个图形上已表示清楚时，其他图形可简化或省略。

8) 局部视图的简化画法

零件上对称结构的局部视图可按图 10-17 所示的方法绘制。

9) 折断画法

当较长机件(如轴、杆、型材等)沿长度方向的形状一致或按一定规律变化时，可断开后缩短绘制，如图 10-21 所示。采用这种画法时，尺寸应按原长标注。

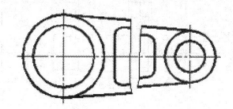

图 10-21 折断画法

10) 剖视图的规定画法

对于机件的肋、轮辐及薄壁等，如按纵向剖切，这些结构都不画剖面符号，而用粗实线将它们与邻接部分分开。

当零件回转体上均匀分布的肋、轮辐、孔等结构不处于剖切平面上时，可将这些结构旋转到剖切平面上画出。

10.2 机械零件图范例介绍

本章范例通过两个零件的绘制，来详细讲解在实际绘图当中机械零件图的绘制方法和步骤。如图 10-22 所示为一个支架零件的平面图，我们要进行绘制外形并标注尺寸；图 10-23 所示为一个轴零件的绘制图形以及断面图，下面我们进行详细讲解。

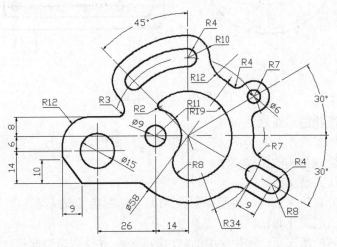

图 10-22　支架零件

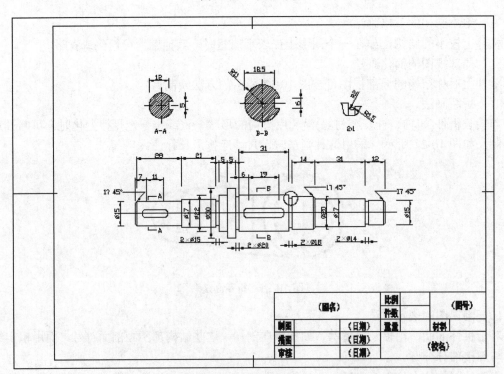

图 10-23　轴零件

10.3 制 作 步 骤

10.3.1 绘制支架零件图形

步骤 1：绘制基本零件图形。

(1) 打开 AutoCAD 2010，新建一个二维图纸。

(2) 单击【绘图】工具栏中的【圆】按钮⊙，绘制一个半径为 4.5 的圆，如图 10-24 所示。命令行窗口提示如下。

    命令: _circle 指定圆的圆心或 [三点(3P)/两点(2P)/切点、切点、半径(T)]:   //使用圆命令
    指定圆的半径或 [直径(D)] <7.5284>: 4.5   //指定半径

(3) 单击【绘图】工具栏中的【圆】按钮⊙，绘制一个半径为 19 的圆，两个圆的中心位于一条水平线上，圆心距离为 14.4，如图 10-25 所示。命令行窗口提示如下。

    命令: _circle 指定圆的圆心或 [三点(3P)/两点(2P)/切点、切点、半径(T)]:   //使用圆命令
    指定圆的半径或 [直径(D)] <7.5284>: 19   //指定半径

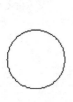
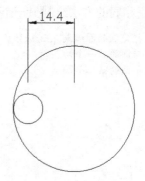

图 10-24　绘制半径为 4.5 的圆　　　　　图 10-25　绘制半径为 19 的圆

(4) 单击【绘图】工具栏中的【圆】按钮⊙，绘制一个半径为 11 的圆，该圆和第一个圆同心，如图 10-26 所示。命令行窗口提示如下。

    命令: _circle 指定圆的圆心或 [三点(3P)/两点(2P)/切点、切点、半径(T)]:   //使用圆命令
    指定圆的半径或 [直径(D)] <7.5284>: 11   //指定半径

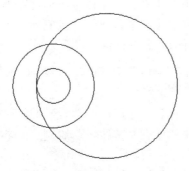

图 10-26　绘制半径为 11 的圆

(5) 单击【绘图】工具栏中的【圆】按钮,绘制一个半径为 2 的圆,依次选择相切圆,如图 10-27 所示,绘制的圆如图 10-28 所示。命令行窗口提示如下。

```
CIRCLE 指定圆的圆心或 [三点(3P)/两点(2P)/切点、切点、半径(T)]: t     //使用圆命令
指定对象与圆的第一个切点:                                              //指定切点
指定对象与圆的第二个切点:
指定圆的半径 <11.0000>: 2                                              //指定半径
```

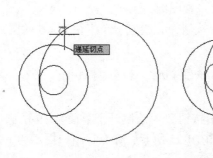

图 10-27 选择相切圆

(6) 使用相同的方法绘制另一个圆,半径为 8,如图 10-29 所示。命令行窗口提示如下。

```
CIRCLE 指定圆的圆心或 [三点(3P)/两点(2P)/切点、切点、半径(T)]: t     //使用圆命令
指定对象与圆的第一个切点:                                              //指定切点
指定对象与圆的第二个切点:
指定圆的半径 <11.0000>: 8                                              //指定半径
```

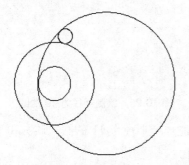

图 10-28 绘制的圆

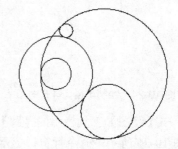

图 10-29 绘制圆

(7) 单击【修改】工具栏中的【修剪】按钮,修剪掉不需要的部分,如图 10-30 所示。

(8) 单击【绘图】工具栏中的【圆】按钮,绘制一个半径为 29 的圆,该圆与已绘制成的最大弧形同心,如图 10-31 所示。命令行窗口提示如下。

```
命令: _circle 指定圆的圆心或 [三点(3P)/两点(2P)/切点、切点、半径(T)]:     //使用圆命令
指定圆的半径或 [直径(D)] <7.5284>: 29                                    //指定半径
```

(9) 单击【绘图】工具栏中的【直线】按钮,绘制两条直线,位置尺寸如图 10-32 所示。

(10) 单击【绘图】工具栏中的【圆】按钮,绘制一个半径为 7.5 的圆,该圆位置尺寸如图 10-33 所示。

(11) 单击【绘图】工具栏中的【直线】按钮,绘制两条直线,位置尺寸如图 10-34 所示。

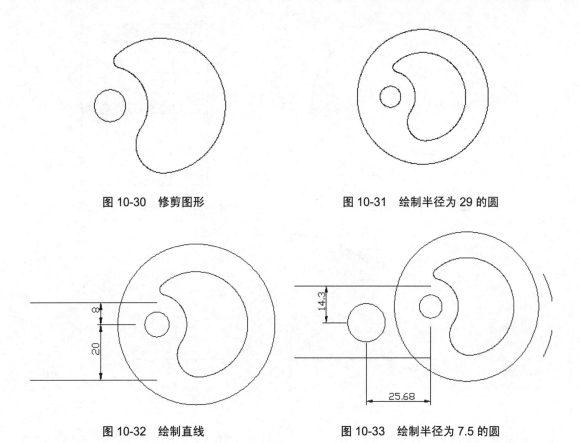

图 10-30 修剪图形　　　　　图 10-31 绘制半径为 29 的圆

图 10-32 绘制直线　　　　　图 10-33 绘制半径为 7.5 的圆

(12) 单击【绘图】工具栏中的【圆】按钮，绘制圆，半径为 12，和两条直线相切，如图 10-35 所示。

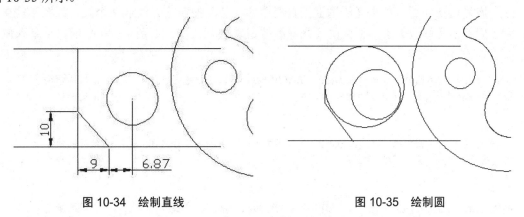

图 10-34 绘制直线　　　　　图 10-35 绘制圆

(13) 单击【修改】工具栏中的【修剪】按钮，修剪掉不需要的部分，如图 10-36 所示。

步骤 2：绘制完整的零件图形。

(1) 选择【常用】选项卡的【特性】面板中的【线型】下拉列表，如图 10-37 所示，选择 CENTER 选项。

(2) 单击【绘图】工具栏中的【直线】按钮，绘制中心线和三条斜线，尺寸如图 10-38 所示。

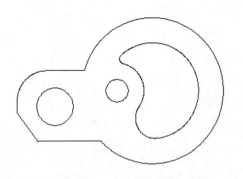

图 10-36 修剪图形

图 10-37 选择 CENTER 选项

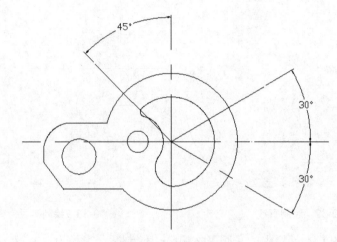

图 10-38 绘制中心线

(3) 恢复默认线型,单击【绘图】工具栏中的【圆】按钮⊙,绘制三个圆,如图 10-39 所示。完成后单击【修改】工具栏中的【修剪】按钮 进行修剪,如图 10-40 所示。命令行窗口提示如下。

```
命令:_circle 指定圆的圆心或 [三点(3P)/两点(2P)/切点、切点、半径(T)]:      //使用圆命令
指定圆的半径或 [直径(D)] <7.5284>: 43.16                               //指定半径
命令:
命令:
命令:_circle 指定圆的圆心或 [三点(3P)/两点(2P)/切点、切点、半径(T)]:      //使用圆命令
指定圆的半径或 [直径(D)] <7.5284>:37.4                                 //指定半径
命令:
命令:
命令:_circle 指定圆的圆心或 [三点(3P)/两点(2P)/切点、切点、半径(T)]:      //使用圆命令
指定圆的半径或 [直径(D)] <7.5284>: 29.72                               //指定半径
命令:
```

(4) 单击【绘图】工具栏中的【圆弧】按钮 ,绘制圆弧,如图 10-41 所示。

(5) 单击【绘图】工具栏中的【圆】按钮⊙,绘制一个半径为 9.6 的圆,如图 10-42 所示。

(6) 单击【绘图】工具栏中的【圆】按钮⊙,绘制圆,半径为 12.48,和两条圆弧相切,如图 10-43 所示。命令行窗口提示如下。

```
CIRCLE 指定圆的圆心或 [三点(3P)/两点(2P)/切点、切点、半径(T)]: t        //使用圆命令
指定对象与圆的第一个切点:                                              //指定切点
指定对象与圆的第二个切点:
指定圆的半径 <11.0000>: 12.48                                          //指定半径
```

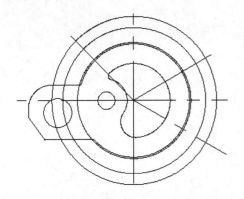

图 10-39 绘制圆

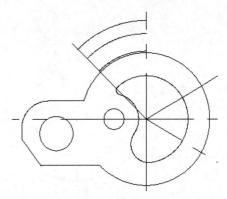

图 10-40 修剪图形

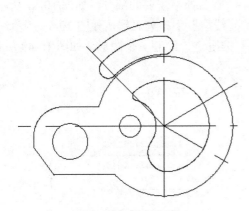

图 10-41 绘制圆弧

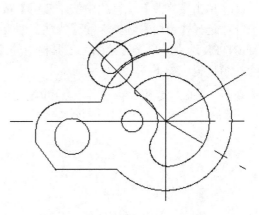

图 10-42 绘制半径为 9.6 的圆

(7) 单击【修改】工具栏中的【修剪】按钮 ，修剪掉不需要的部分，如图 10-44 所示。

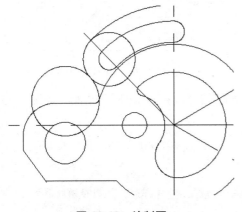

图 10-43 绘制圆

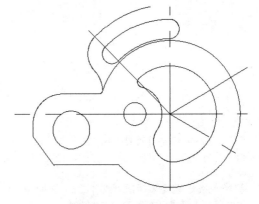

图 10-44 修剪图形

(8) 单击【绘图】工具栏中的【圆】按钮 ，绘制一个半径为 10 的圆，如图 10-45 所示。

(9) 单击【绘图】工具栏中的【圆】按钮,绘制圆,半径为 12,和两条圆弧相切,如图 10-46 所示。

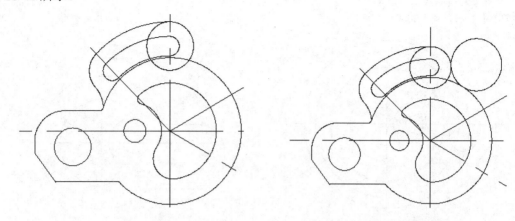

图 10-45 绘制圆　　　　　　　　　图 10-46 绘制圆

(10) 单击【修改】工具栏中的【修剪】按钮,修剪掉不需要的部分,如图 10-47 所示。

(11) 选择【常用】选项卡的【特性】面板中的【线型】下拉列表框,如图 10-48 所示,选择 CENTER 选项。单击【绘图】工具栏中的【圆】按钮,绘制一个圆形,如图 10-49 所示。命令行窗口提示如下。

命令: _circle 指定圆的圆心或 [三点(3P)/两点(2P)/切点、切点、半径(T)]:　　　//使用圆命令
指定圆的半径或 [直径(D)] <7.5284>: 33.56　　　　　　　　　　　　　　　　　　//指定半径

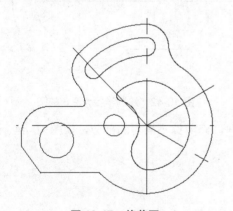

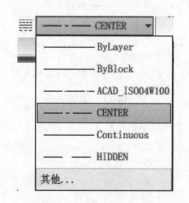

图 10-47 修剪圆　　　　　　　　　图 10-48 选择 CENTER 选项

(12) 恢复默认线型,单击【绘图】工具栏中的【圆】按钮,绘制两个圆,如图 10-50 所示。命令行窗口提示如下:

命令: _circle 指定圆的圆心或 [三点(3P)/两点(2P)/切点、切点、半径(T)]:　　　//使用圆命令
指定圆的半径或 [直径(D)] <7.5284>: 3　　　　　　　　　　　　　　　　　　　　//指定半径
命令:
命令: _circle 指定圆的圆心或 [三点(3P)/两点(2P)/切点、切点、半径(T)]:　　　//使用圆命令
指定圆的半径或 [直径(D)] <7.5284>: 7　　　　　　　　　　　　　　　　　　　　//指定半径

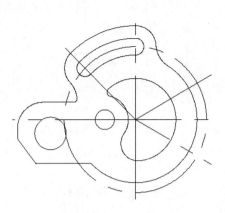

图 10-49 绘制圆

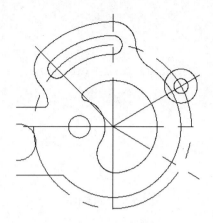

图 10-50 绘制圆

(13) 单击【绘图】工具栏中的【圆】按钮⊙，绘制两个圆，半径为4，和两条圆弧相切，如图 10-51 所示。

(14) 单击【修改】工具栏中的【修剪】按钮，修剪掉不需要的部分，如图 10-52 所示。

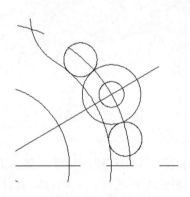

图 10-51 绘制圆

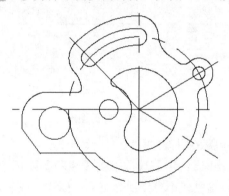

图 10-52 修剪图形

(15) 恢复默认线型，单击【绘图】工具栏中的【圆】按钮⊙，绘制三个圆，如图 10-53 所示。命令行窗口提示如下。

```
命令: _circle 指定圆的圆心或 [三点(3P)/两点(2P)/切点、切点、半径(T)]:    //使用圆命令
指定圆的半径或 [直径(D)] <7.5284>: 4                                    //指定半径
命令:
命令: _circle 指定圆的圆心或 [三点(3P)/两点(2P)/切点、切点、半径(T)]:    //使用圆命令
指定圆的半径或 [直径(D)] <7.5284>: 4                                    //指定半径
命令:
命令: _circle 指定圆的圆心或 [三点(3P)/两点(2P)/切点、切点、半径(T)]:    //使用圆命令
指定圆的半径或 [直径(D)] <7.5284>: 8                                    //指定半径
```

(16) 单击【绘图】工具栏中的【直线】按钮，绘制直线，如图 10-54 所示。

(17) 单击【修改】工具栏中的【修剪】按钮，修剪掉不需要的部分，如图 10-55 所示。

(18) 单击【修改】工具栏中的【圆角】按钮，设置圆角弧度半径为7，进行倒圆角，结果如图 10-56 所示。

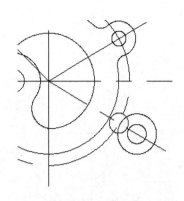
图 10-53 绘制图形

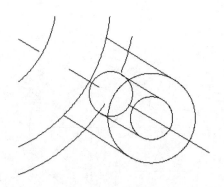
图 10-54 绘制直线

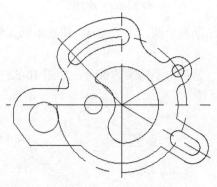
图 10-55 修剪图形

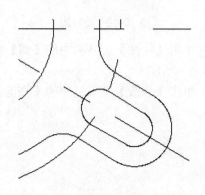
图 10-56 倒圆角

步骤 3：标注零件。

单击【常用】选项卡的【注释】面板中的【线性】按钮，进行线性标注，然后进行其他标注，这里就不再详细介绍了，标注完成后，这个零件图就绘制完成了，零件图的最终效果如图 10-57 所示。

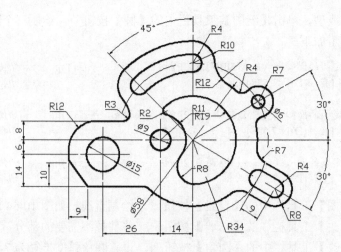
图 10-57 标注内容

10.3.2 绘制轴的零件图

步骤 1：绘制主视图。

(1) 打开 AutoCAD 2010，新建一个二维图纸。

(2) 单击【绘图】工具栏中的【直线】按钮，绘制两条直线，如图 10-58 所示。

(3) 单击【绘图】工具栏中的【直线】按钮，绘制一条短竖直线，如图 10-59 所示。

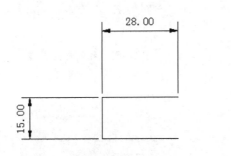
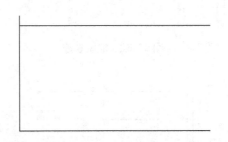

图 10-58　绘制两条直线　　　　　　　　图 10-59　绘制短竖直线

(4) 单击【修改】工具栏中的【旋转】按钮，旋转直线，如图 10-60 所示。命令行窗口提示如下。

```
命令: _rotate                                         //使用旋转命令
UCS 当前的正角方向:  ANGDIR=逆时针   ANGBASE=0.00
选择对象: 指定对角点: 找到 2 个                        //选择对象
选择对象:
指定基点:                                             //指定基点
指定旋转角度, 或 [复制(C)/参照(R)] <0.00>:  135        //旋转角度
```

(5) 单击【修改】工具栏中的【镜像】按钮，镜像直线，如图 10-61 所示。

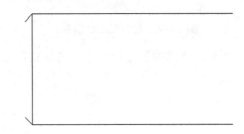

图 10-60　旋转直线　　　　　　　　图 10-61　镜像直线

(6) 单击【绘图】工具栏中的【直线】按钮，绘制一条直线连接两条斜线，如图 10-62 所示。

(7) 单击【绘图】工具栏中的【直线】按钮，绘制两条直线，如图 10-63 所示。

(8) 单击【绘图】工具栏中的【圆弧】按钮，绘制圆弧，如图 10-64 所示。

(9) 单击【绘图】工具栏中的【直线】按钮，绘制一个封闭的矩形，如图 10-65 所示。

(10) 单击【绘图】工具栏中的【直线】按钮，绘制轴肩的图形，如图 10-66 所示。

(11) 单击【绘图】工具栏中的【直线】按钮，绘制下一段轴的图形，如图 10-67 所示。

(12) 单击【绘图】工具栏中的【直线】按钮，绘制另外一段轴的图形，如图 10-68 所示。

图 10-62 绘制直线

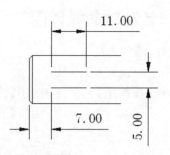
图 10-63 绘制两条直线

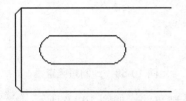
图 10-64 绘制圆弧

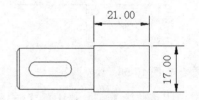
图 10-65 绘制矩形

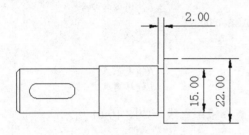
图 10-66 绘制轴肩的图形

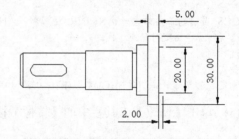
图 10-67 绘制下一段轴的图形

(13) 单击【修改】工具栏中的【复制】按钮，复制第一个键槽，如图 10-69 所示。

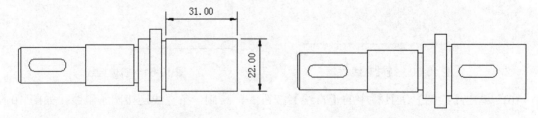

图 10-68 绘制另外一段轴的图形　　　　　图 10-69 复制键槽

(14) 单击【修改】工具栏中的【拉伸】按钮，拉伸键槽的长度，拉伸 8mm 即可，如图 10-70 所示。命令行窗口提示如下。

命令: _stretch　　　　　　　　　　　　　//使用拉伸命令
以交叉窗口或交叉多边形选择要拉伸的对象...
选择对象: 指定对角点: 找到 3 个
选择对象:

指定基点或 [位移(D)] <位移>:
指定第二个点或 <使用第一个点作为位移>:   8   //指定拉伸长度

(15) 单击【绘图】工具栏中的【直线】按钮，绘制下一段轴的图形，如图 10-71 所示。

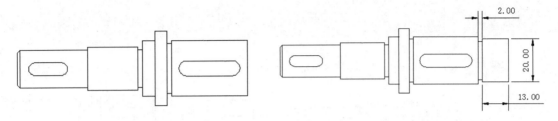

图 10-70　拉伸图形　　　　　　　　图 10-71　绘制下一段轴的图形

(16) 单击【绘图】工具栏中的【直线】按钮，绘制倒角，倒角斜度同样为 45°，如图 10-72 所示。

(17) 单击【绘图】工具栏中的【直线】按钮，绘制另外一段轴的图形，如图 10-73 所示。

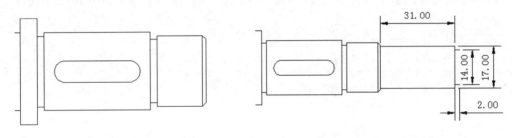

图 10-72　绘制倒角　　　　　　　　图 10-73　绘制另外一段轴的图形

(18) 单击【绘图】工具栏中的【直线】按钮，绘制轴末端和倒角，如图 10-74 所示。至此，这个轴的主视图就绘制完成了。

步骤 2：绘制局部视图和剖视图。

(1) 单击【绘图】工具栏中的【直线】按钮，绘制 L 型标志，即剖断面标记，如图 10-75 所示。

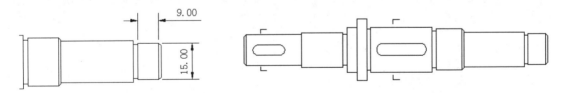

图 10-74　绘制轴末端和倒角　　　　图 10-75　绘制 L 型标志

(2) 单击【绘图】工具栏中的【圆】按钮，绘制局部剖的标记，如图 10-76 所示。命令行窗口提示如下。

命令: _circle 指定圆的圆心或 [三点(3P)/两点(2P)/切点、切点、半径(T)]:   //使用圆命令
指定圆的半径或 [直径(D)] <7.5284>: 4.2   //指定半径

(3) 单击【绘图】工具栏中的【圆】按钮，绘制剖面图轮廓，如图 10-77 所示。命令行

窗口提示如下。

```
命令: _circle 指定圆的圆心或 [三点(3P)/两点(2P)/切点、切点、半径(T)]:    //使用圆命令
指定圆的半径或 [直径(D)] <7.5284>: 7.5                                  //指定半径
```

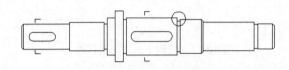

图 10-76　绘制局部剖的标记

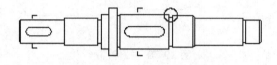

图 10-77　绘制剖面图轮廓

(4) 单击【绘图】工具栏中的【直线】按钮，绘制图形，如图 10-78 所示。
(5) 单击【修改】工具栏中的【修剪】按钮，进行修剪，结果如图 10-79 所示。

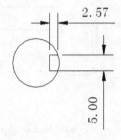

图 10-78　绘制图形

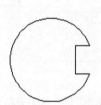

图 10-79　修剪图形

(6) 使用相同的方法绘制第二个剖断面，如图 10-80 所示。

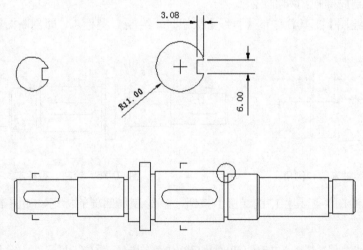

图 10-80　绘制图形

(7) 单击【绘图】工具栏中的【图案填充】按钮，弹出【图案填充和渐变色】对话框，设置其中的参数，如图 10-81 所示，选择 45°斜线，进行填充，得到的结果如图 10-82 所示。

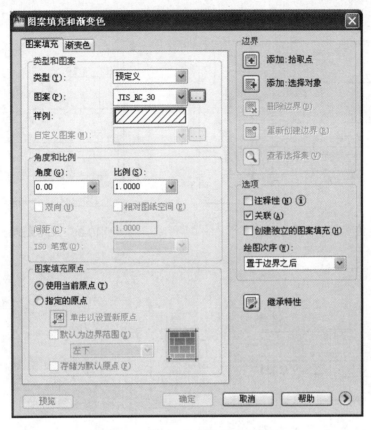

图 10-81 【图案填充和渐变色】对话框

(8) 单击【修改】工具栏中的【复制】按钮，复制图形，并单击【修改】工具栏中的【缩放】按钮，放大到两倍，得到的结果如图 10-83 所示。

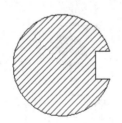
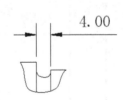

图 10-82 填充图案　　　　　　图 10-83 复制的图形

步骤 3：标注和图框。

(1) 单击【常用】选项卡的【注释】面板中的【线性】按钮，对轴主视图的前端进行线性标注，得到的结果如图 10-84 所示。

(2) 按照同样的方法，对主视图和其他视图进行标注，得到的结果如图 10-85～图 10-87 所示。

(3) 单击【绘图】工具栏中的【直线】按钮，绘制图框，尺寸为 397×210 和 267×200，如图 10-88 所示。

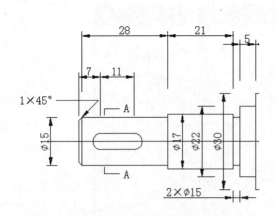

图 10-84 轴前端的标注

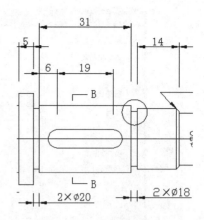

图 10-85 轴中段的标注

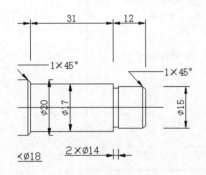

图 10-86 轴后端的标注

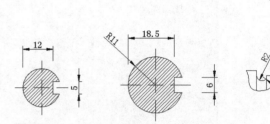

图 10-87 其他视图的标注

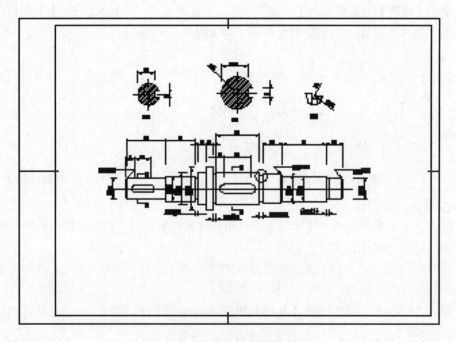

图 10-88 绘制图框

(4) 单击【绘图】工具栏中的【直线】按钮，绘制标题栏，如图 10-89 所示。

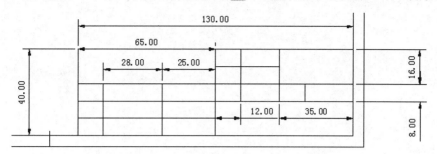

图 10-89　绘制标题栏

(5) 单击【常用】选项卡的【注释】面板中的【多行文字】按钮 ，添加标题栏文字，如图 10-90 所示。

至此，这个范例就制作完成了。

（图名）		比例		（图号）
		件数		
制图		（日期）	重量		材料	
描图		（日期）		（校名）	
审核		（日期）			

图 10-90　添加文字

10.4　本章小结

本章介绍了绘制机械零件图的基本知识和绘制零件图的方法和步骤，这些内容在以后的工作中会经常使用到，读者可以结合范例学习体会。

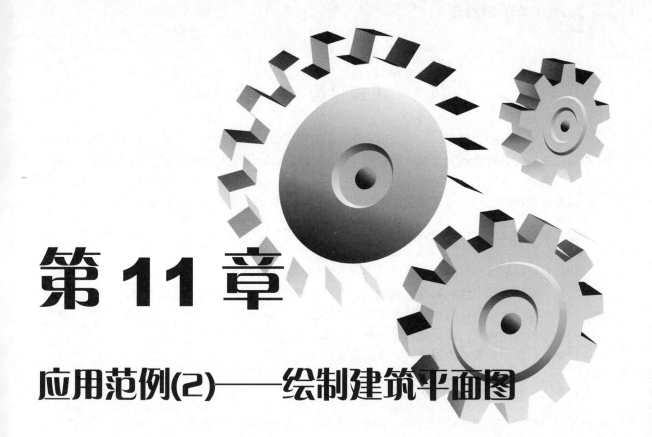

第 11 章

应用范例(2)——绘制建筑平面图

本章结合建筑设计规范和建筑制图要求,详细讲述了建筑平面图的设计和绘制过程。通过本章的学习,读者可掌握绘使用 AutoCAD 绘制建筑平面图的方法和思路。

本章主要内容

- 建筑平面绘制基础
- 建筑平面范例介绍
- 制作步骤

11.1 建筑平面图的绘制基础

建筑平面图是假想用一水平剖切平面，在某层门窗洞口范围内，将建筑物剖切开，对剖切平面以下的部分所绘制的水平正投影图。主要表达建筑物的平面形状，包括房间的布局、形状、大小、用途，墙、柱的位置，门窗的类型、位置，各部分的联系以及各类构件的尺寸等，是建筑最基本的图样之一，也是施工过程中放线、墙体砌筑、门窗安装、室内装修等的依据。

11.1.1 建筑平面图的分类

用户可以根据房屋的层数不同将建筑平面图分为以下几类。

- 地下室平面图：表示建筑地下室的平面形状，各房间的布局及楼梯位置。
- 底层平面图：表示建筑底层的布局情况。
- 楼层平面图：表示建筑中间各层及最上一层的布局情况。
- 屋顶平面图：表示建筑上方的布局情况。

11.1.2 建筑平面图的基本内容

将新建建筑物的墙壁、门窗、楼梯、地面以及内部布局等的建筑情况，用水平正投影方法和相应的图例所画出的图样，即为建筑平面图，简称平面图。

建筑平面图主要反映建筑的形状、大小、内部布局，地面、门窗的具体位置和占地面积等情况。因此，平面图是新建筑的施工及施工现场布置的重要依据，也是规划设计水、暖、电等专业工程平面图和绘制管线综合图的依据。

建筑平面图的图示内容主要如下。

1. 比例

由于建筑平面图所表达的范围较大，所以都采用较小的比例绘制。国家标准《建筑制图标准》(GB/T 50104—2001)规定：平面图应采用 1∶50、1∶100、1∶150、1∶200 和 1∶300 的比例绘制。

2. 定位轴线

建筑平面图中的轴线是施工定位、放线的重要依据，所以也叫定位轴线。通常承重墙、柱子等主要承重件都应绘制出轴线来确定其位置。

"国标"规定，定位轴线采用细点画线表示，轴线的顶端绘制直径为 8mm 的细实线圆圈，在圆圈内书写轴线编号。

平面图上的定位轴线的编号一般标注在图的左侧和下方，当图不对称时，上方和右侧也应标注轴线编号。

3. 图线

建筑平面图中的图线应粗细有别，层次分明。被剖切到的墙、柱等截面轮廓线用粗实线(b)绘制，门的开启示意线用中实线(0.5b)，其余可见轮廓线用细实线(0.35b)，尺寸线、定位轴线

第 11 章
应用范例(2)——绘制建筑平面图

等用细实线和细点划线绘制。其中，b 的大小应根据图样的复杂程度和比例，按照《房屋建筑制图统一标准》中的规定选用适当的线宽组，如表 11-1 所示。

表 11-1 线宽组

线宽比	线宽组(mm)					
b	2.0	1.4	1.0	0.7	0.5	0.35
0.5b	1.0	0.7	0.5	0.35	0.25	0.18
0.35b	0.7	0.5	0.35	0.25	0.18	

当绘制较简单的图样时，可采用两种线宽的线宽组，其线宽比例宜为 b∶0.25b。

4. 图例

由于平面图采用较小的比例绘制，所以建筑平面图上的墙壁、地面、楼梯、门窗等内容都是用图例表示的。表 11-2 给出了"国标"规定的总平面图中一些常用的图例。如果在平面图中使用了"国标"上没有的图例，应在图纸的适当位置全部列出，加以说明。

表 11-2 建筑平面图常用图例

名 称	图 例	说 明
墙体	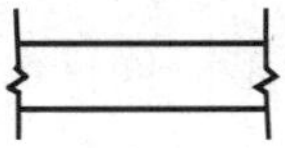	① 在图中可以注出墙体的材料 ② 用双线表示 ③ 根据墙的厚度决定双线的距离
隔断		① 用双线表示 ② 通常隔断要比墙体薄一些
栏杆		用实线加点表示
楼梯	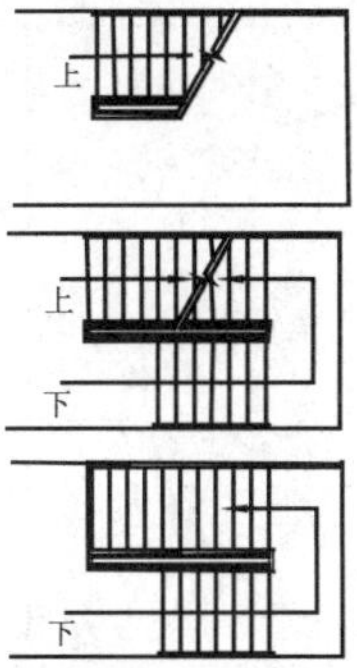	① 上图为底层楼梯平面，中图为中间层楼梯平面，下图为顶层楼梯平面 ② 楼梯栏杆扶手及楼梯台阶按照实际情况控制
坡道	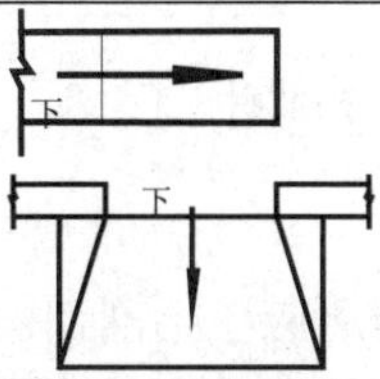	上图为长坡道，下图为门口坡道
孔洞		阴影部分可以涂色代替

续表

名 称	图 例	说 明
坑道		
窗户		单层窗中间为一根直线，双层窗为两根
空门洞		
单开门		图中门应为90°或者45°开启
双开门		
推拉门		
内外开双开门		
旋转门		

5. 建筑中内外部大小

建筑中内外部的大小，一般按照标准的柱距或者开间模数的倍数来进行，并以mm为单位标注出建筑物内部开间和外部尺寸。

6. 建筑的朝向

建筑平面图中用指北针来表示新建建筑的朝向。指北针应按"国标"规定绘制，如图11-1所示。指北针用细实线绘制，圆的直径为24mm，指北针尾部宽度为3mm。

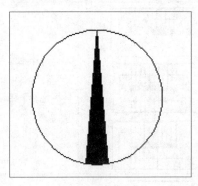

图11-1 指北针

7. 尺寸标注和名称标注

除了标准建筑物长、宽等大小尺寸外，图内还应包括剖切面及投影方向可见的建筑构造以及必要的尺寸、标高等，标高是用来表达建筑各部位(如室内地面、窗台、楼层、孔洞等)高度的标注方法。图中用标高符号加注尺寸数字表示。

另外，根据规定，建筑物平面图应注写房间的名称或编号，还有门窗的编号。而且，如果要表示室内立面在平面图上的位置,应在平面图上用内视符号注明视点位置、方向及立面编号。

11.1.3 建筑平面图的绘制要求

在 Auto CAD 中要绘制建筑平面图,首先要了解绘制平面图的要求,下面进行详细介绍。

- 比例:根据建筑物的大小及图纸表达的要求,可选用不同的比例。一般情况下,建筑平面图主要采用 1∶550,1∶100 或 1∶200 的比例绘制,楼梯、门窗、卫生设备以及细部构件均采用"国标"规定的图例绘制。
- 定位轴线:建筑平面图中的承重墙、柱子、梁等主要承重构件都是通过轴线来确定未知的,为了看图和查阅的方便,用户需要对定位轴线编号。沿水平方向的编号应采用阿拉伯数字,从左向右依次注写;沿垂直方向的编号应采用大写的拉丁字母,从下至上依次注写。
- 线型:建筑平面图中的线型应粗细分明,主要要求如下。
  - ◆ 墙、柱断面应采用粗实线绘制轮廓。
  - ◆ 门、窗户、楼梯卫生设施以及家具等应采用中实线或细实线绘制。
  - ◆ 尺寸线、尺寸界线、索引符号以及标高符号等应采用细实线绘制。
  - ◆ 轴线应采用细实线绘制。
- 图例:建筑平面图中的所有构件都应该按照《建筑制图标注规定》中的图例来绘制。
- 尺寸标注:建筑平面图中所标注的尺寸以毫米为单位,表高以米为单位,其中标注的尺寸分为外部尺寸和内部尺寸。
- 外部尺寸:在建筑平面图中要标注三道尺寸,其中最里面的尺寸是外墙、门、窗户等的尺寸;中间的尺寸是房间的开间与进深的轴线尺寸;最外侧的尺寸是房屋的尺寸。
- 内部尺寸:主要标注房屋墙、门窗洞、墙厚及轴线的关系,柱子截面、门垛等细部尺寸,还有房间长、宽方向的净空尺寸。
- 详图索引符号:在建筑平面图中,对于有详图的地方,应使用详图索引符号注明要画详图的位置、编号及详图所在图纸的编号。

11.1.4 建筑平面图的识图基础

在绘制建筑平面图时,应学会如何识读建筑平面图,为设计工作打下基础。

- 先读图名、比例及文字说明。
- 了解房屋的平面形状、总尺寸及朝向。
- 由定位轴线了解建筑物的开间,进深。
- 了解各房间的形状、大小、位置、面积、用途及相互关系和交通关系。
- 了解墙、柱的定位和尺寸,以及室内外有关的标高。
- 读门窗图例和编号。
- 了解细部构造及设备、设施。
- 查看剖视图的标注符号、详图索引符号。

11.1.5 建筑平面图的设计思路及绘制方法

通常来讲，建筑物都是由各种不同的使用空间和交通联系空间组成，而表达建筑物的三度空间和具体构造的工程图，是由建筑的平、立、剖面图和各细部大样图等组成。而建筑平面图是反映建筑物内部功能、结构、建筑内外环境、交通联系及建筑构件设置、设备及室内布置最直观的手段，是立面、剖面及三维模型和透视图的基础，建筑设计一般是从透视或平面设计开始的。

1. 设计思路

建筑平面设计是在熟悉任务，对建设地点、周围环境及设计对象有了较为深刻的理解的基础上开始的，设计时首先进行总体分析，初步确定出入口位置及建筑物平面形状，然后分析功能关系和流线组织，安排建筑各部分的相对位置，再确定建筑各部分尺寸。

建筑平面设计的结果，表示了建筑物在水平方向房屋各部分的组合关系。由于建筑平面通常较为集中地反映了建筑功能方面的问题，一些剖面关系比较简单的民用建筑，其平面布置基本上能够反映空间组合的主要内容，因此更加凸现建筑平面设计的重要性。但是，在平面设计中，始终需要从建筑整体空间组合的效果来考虑，紧密联系建筑剖面和立面，分析剖面、立面的可能性和合理性，不断调整修改平面，反复深入。也就是说，虽然是从平面设计入手，但是着眼于建筑空间的组合，由平面联系到空间，再由空间联系到平面，如图 11-2 所示为一个办公楼的平面，就体现了其空间的较好把握。

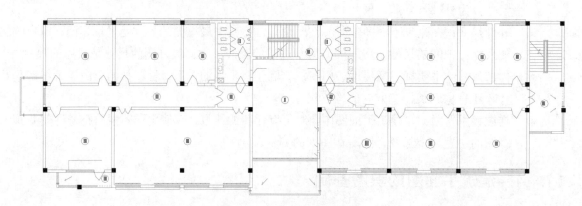

图 11-2　办公楼的建筑平面

建筑平面设计的主要任务是根据设计要求和基础条件，确定建筑平面中各组成部分的大小和相互关系。平面设计的内容主要包括以下几个方面。

- 结合周边环境、自然条件，根据城乡规划建设要求，以建筑总平面图为依据进行设计，使建筑平面形式、布局与周围环境相适应。
- 妥善处理好平面设计中的日照、采光、通风、隔声、保温、隔热、节能、防潮防水和安全防火等问题，满足不同的功能使用要求。
- 根据建筑规模和使用性质要求进行单个房间的面积、形状及门窗位置等设计以及交通部分和平面组合设计。

- 为建筑结构选型、建筑体型组合与立面处理、室内设计等提供合理的平面布局。
- 尽量减少交通辅助面积和结构面积，提高平面利用系数，有利于降低建筑造价，节约投资。

建筑平面设计的方法没有统一格式，因为设计的建筑物多种多样，环境条件也各异。对同一个建筑物的设计，设计者也有各自的理解和构思，具体设计手法不尽相同。但就平面设计方法的一般程序而言，有些还是具有共性的。

从建筑平面设计的程序来说，一般是以建筑环境及总体指标，分析建筑周围环境、文化因素、气候因素、交通组织等，进行大的功能分区，然后再进行平面功能的具体划分以及开启门窗洞口、布置家具、设计楼梯等。设计绘图过程中，利用 AutoCAD 可以绘制出各功能块，然后进行拼装组合，调整尺寸，协调相互之间的关系，使之组合成为一个有机整体。在充分分析和比较的基础上，就有了一个对建筑的初步轮廓，对平面布置及总体尺寸有了大致的把握。此时，即可进行细致的平面图绘制，利用 AutoCAD 初步确定柱网、墙体、门窗、楼梯等建筑部件，确定各部件的大体尺寸和形状。

2. 绘制方法与步骤

建筑平面图是水平投影图，绘制时要按照一定的比例，在图纸上画出建筑的轮廓线及平面内部布局的水平投影的可见线。

一般建筑平面图的绘制步骤如下。

(1) 设置绘图环境。
(2) 绘制轴线和柱网。
(3) 生成墙体。
(4) 布置门窗。
(5) 添加楼梯和电梯。
(6) 室内布置。
(7) 尺寸标注。
(8) 文字标注。
(9) 添加图框标题。
(10) 打印输出。

11.2 建筑平面范例介绍

本节将在上一节对建筑平面图知识介绍的基础上，运用 AutoCAD 2010 设计并绘制某综合科技楼的平面图，由于这个楼为多层建筑，多个平面大致相同，因此本章将主要介绍底层平面画法，底层最终平面效果如图 11-3 所示。

从图 11-3 所示的平面图中可以看到，该图采用 1∶200 的比例绘制。建筑分为主要的办公写字间、办公室和大厅及其他辅助部分。

底层平面上要作出进出建筑的正门，还有会议大厅，在高层的平面上也只能看到屋顶。

在这个建筑中，辅助部分的设计也很重要，如楼梯、卫生间等。

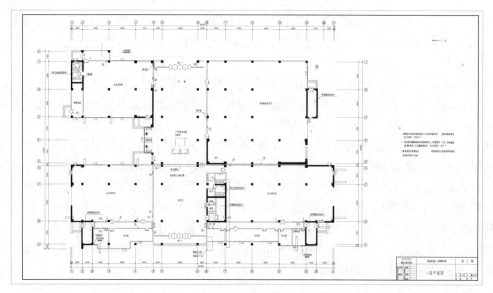

(a) 底层平面图

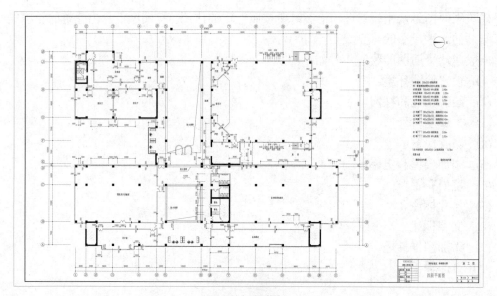

(b) 四层平面图

图 11-3 科技综合楼平面图示例

11.3 制 作 步 骤

整个设计过程包括设置绘图环境、绘制轴线及柱网、绘制墙体、布置门窗、大厅和大门设计、添加楼梯和阳台、室内布置、尺寸和文字标注、加图框和标题、打印输出等几个部分。

11.3.1 设置绘图环境

首先规划图形的绘图环境,也就是设置绘图单位、图形界限、线型以及不同的图层,这里不再详细介绍。

(1) 新建一个绘图文件。设置好绘图单位和图形界限,这里根据图的大小,设置图形界限为 841×594(A1 图纸大小),并且设置线型,由于第 10 章介绍的比较详细,这里不再赘述。

(2) 设置好图层,这样可以区分出不同的图形来,设置完成的【图层特性管理器】选项板如图 11-4 所示。

现在,就可以开始绘制该平面图了。

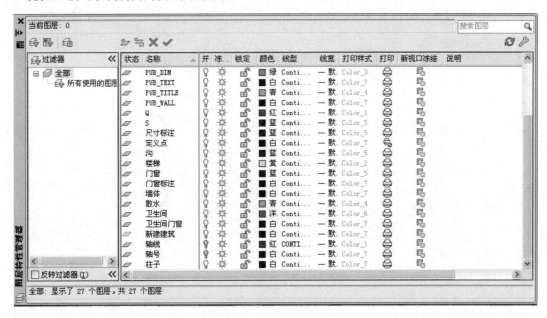

图 11-4 设置图层

11.3.2 绘制轴线和柱网

在绘制建筑平面图之前,首先要分析周围的环境和对建筑的总规划要求,同时还要确定建筑的总长、宽,以及开间的大小。这些都要借助建筑总平面图,并以此为依据来确定各项参数,总平面图如图 11-5 所示。

根据总平面图确定这些参数后,就要通过轴线和柱网来将建筑平面分割出来。本例中综合楼采用的是框架结构,轴线开间不等间距,下面来具体绘制。

步骤 1:绘制轴线。

轴线是建筑墙体的定位基准,在正式成图中再将其隐藏。

(1) 选择【轴线】图层为当前层,使用【绘图】|【直线】命令和【修改】|【偏移】命令绘制轴线。

```
命令: _line 指定第一点:                              //在绘图区单击
指定下一点或 [放弃(U)]:                              //在绘图区单击
指定下一点或 [放弃(U)]:                              //按下 Enter 键,得到一条纵向轴线
命令: _offset
当前设置: 删除源=否  图层=源  OFFSETGAPTYPE=0
指定偏移距离或 [通过(T)/删除(E)/图层(L)] <通过>: 3600    //输入轴线间距
选择要偏移的对象, 或 [退出(E)/放弃(U)] <退出>:          //选择上步绘制的纵向轴线
```

指定要偏移的那一侧上的点，或 [退出(E)/多个(M)/放弃(U)] <退出>:	//在要偏移的一侧单击
选择要偏移的对象，或 [退出(E)/放弃(U)] <退出>:	//按下 Enter 键
命令:	//按下 Enter 键
命令: _offset	
当前设置: 删除源=否 图层=源 OFFSETGAPTYPE=0	
指定偏移距离或 [通过(T)/删除(E)/图层(L)] <3600.0000>: 9000	//输入轴线间距
选择要偏移的对象，或 [退出(E)/放弃(U)] <退出>:	//选择上步复制的轴线
指定要偏移的那一侧上的点，或 [退出(E)/多个(M)/放弃(U)] <退出>:	//在要偏移的一侧单击
选择要偏移的对象，或 [退出(E)/放弃(U)] <退出>:	//按下 Enter 键结束

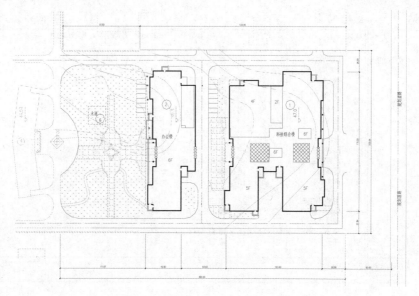

图 11-5　建筑所在区域的总平面图

以同样方法可以得到其他横向和纵向的轴线，其中纵向轴线间距为 3600、9000、9000、9000、12000、9000、9000、9000、9000、9000。横向轴线间距为 7500、12000、6000、8350、7500、9000、9000。绘制出的轴线结果如图 11-6 所示。

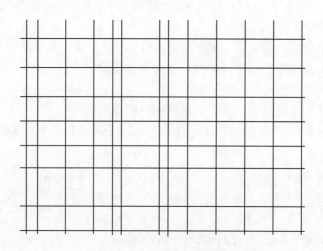

图 11-6　绘制出初步的轴线

(2) 下面利用【直线】命令和【偏移】命令绘制其他分支的轴线,这些轴线是建筑中一些辅助墙体的定位辅助线,这里不再详细介绍绘制步骤,绘制出的最终轴线图如图 11-7 所示。

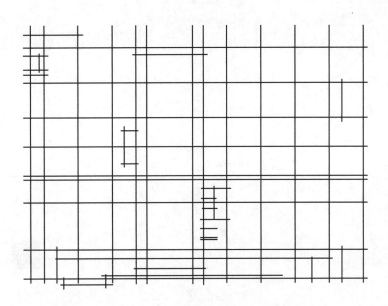

图 11-7　最终的轴线图

> **提示**
> 现在所绘制的轴线同最终平面图的轴线并不完全吻合,有些长短不同,有些影响平面图的识读,因此最终需要删除部分多余图线。一般在完成基本图形绘制后进行该项工作。

步骤 2:绘制柱网。

绘制柱网主要是确定柱子的数量、大小,然后利用【块】命令的操作将柱子作为块来进行插入。

(1) 绘制柱子的形状,并将其制作成块。首先利用【矩形】命令绘制出柱子的边缘轮廓。

命令:_rectang
指定第一个角点或 [倒角(C)/标高(E)/圆角(F)/厚度(T)/宽度(W)]:
指定另一个角点或 [面积(A)/尺寸(D)/旋转(R)]: @1000,1000

(2) 执行【绘图】|【图案填充】命令,打开【图案填充和渐变色】对话框,在【图案】下拉列表框中选择 SOLID 选项,各项参数设置如图 11-8 所示,单击【选择对象】按钮,选择柱子的轮廓,单击【确定】按钮,这样就得到柱子的效果,如图 11-9 所示。

> **提示**
> 这里柱子采用 1000 的标准来作为标准柱块,这样插入的时候根据柱子的大小采用相应的比例即可。

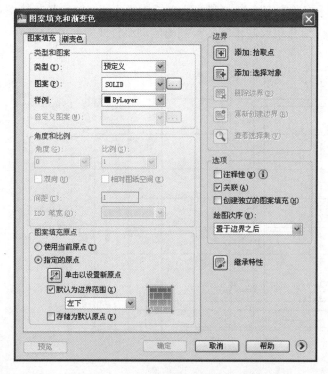

图 11-8 【图案填充和渐变色】对话框

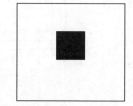

图 11-9 柱子的效果

(3) 制作柱子的块。选择【绘图】|【块】|【创建】菜单命令,打开【块定义】对话框,单击【选择对象】按钮,选择绘制好的柱子作为块,在名称中输入"zhu",【块定义】对话框的设置如图 11-10 所示。单击【确定】按钮,就建立了柱子的块。

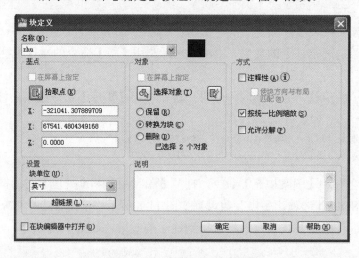

图 11-10 【块定义】对话框

(4) 下面在图中插入柱子的块。选择【插入】|【块】菜单命令,打开【插入】对话框,在名称中选择"zhu"的块,参数设置如图 11-11 所示,其中缩放比例可以按照柱子实际的大小进行缩放,本建筑中主要有两种柱子,分别为 800×800 和 600×600。

图 11-11 【插入】对话框

(5) 选择柱子插入点为轴线的交点，插入后完成柱网的绘制，如图 11-12 所示。

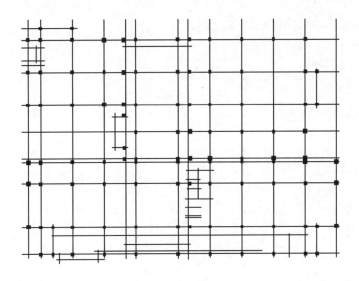

图 11-12 柱网图

11.3.3 生成墙体

墙体依据其在房屋中所处的位置的不同，可以分为内墙和外墙。外墙是建筑物的外围围护结构，起着挡风、阻碍、保温等的作用，内墙主要起隔断作用。

墙体依据结构受力作用的不同分为承重墙和非承重墙。凡是直接承受上部屋顶或者楼板传递来的荷载的墙体称为承重墙，否则称为非承重墙。非承重墙包括隔墙、填充墙和幕墙等。

在平面图中，墙线用双线表示，一般采用轴线定位的方式来进行绘制。这个平面图中墙体的绘制比较简单，主要以轴线作为辅助线，通过【多线】、【修剪】等基本的绘图及修改命令来完成。

步骤 1：生成底层外部墙体。

首先以底层墙体为例，外墙体为 200 厚度的墙，主要通过间距为 200 的多线来绘制，具体步骤如下。

(1) 选择【墙体】图层,选择【绘图】|【多线】命令,命令行窗口提示如下:

```
命令: _mline
当前设置: 对正 = 上,比例 =1.00,样式 = STANDARD
指定起点或 [对正(J)/比例(S)/样式(ST)]:  s            //设置线的间距
输入多线比例 <1.00>:  200                          //输入比例
当前设置: 对正 = 上,比例 =200,样式 = STANDARD
指定起点或 [对正(J)/比例(S)/样式(ST)]:             //选择轴线交点
指定下一点:                                        //选择另一个轴线交点
指定下一点或 [放弃(U)]:
指定下一点或 [闭合(C)/放弃(U)]:
指定下一点或 [闭合(C)/放弃(U)]:
指定下一点或 [闭合(C)/放弃(U)]:
...
指定下一点或 [闭合(C)/放弃(U)]:
指定下一点或 [闭合(C)/放弃(U)]:c
```

(2) 这样,绘制出建筑的外部墙体,如图 11-13 所示。

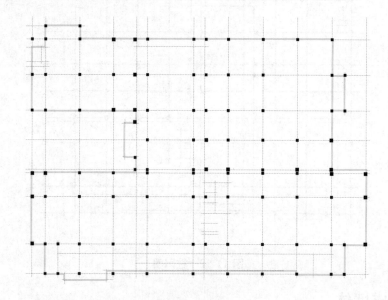

图 11-13 建筑底层外部墙体

步骤 2:绘制底层内部的墙体。

利用【多线】命令绘制出内墙体,然后利用【修剪】命令对交接的地方进行修剪,有时还要用到【分解】等其他命令,这里不再赘述,绘制出的效果如图 11-14 所示,这样,完成了底层墙体的绘制。

步骤 3:绘制其他层墙体。

绘制其他层墙体基本与底层相同,也是以轴线作为辅助线来绘制,以四层为例,基本与底层相同。绘制出的四层墙体平面如图 11-15 所示。

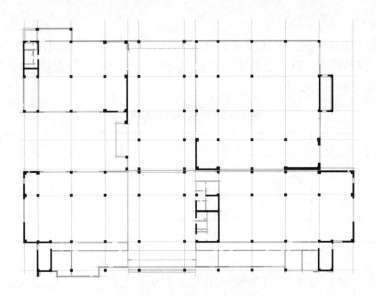

图 11-14 绘制出底层所有墙体

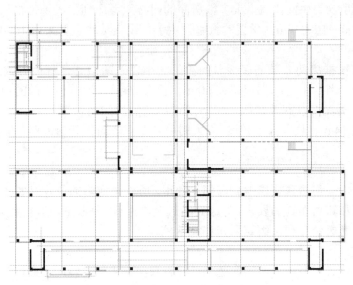

图 11-15 四层墙体平面

提示

墙体绘制完成后,通常将轴线层进行隐藏,因为根据制图规定,正式出图的时候不显示出轴线这样的辅助线。

11.3.4 布置门窗

下面来对建筑物中的门窗进行布置,一个平面的设计考虑是否周到,门窗的设计是一个重要的因素。布置门窗主要考虑人员的进出方便和房间的采光与通风,设计门窗时要进行综合考虑,在满足功能要求、各工种要求、经济许可的情况下还要注意美观。

步骤1：布置门。

首先来布置门，建筑中的门是比较重要的，每个房间都需要门来进出，门的规格也有很多，通常是以 300mm 作为模数，以本建筑为例，表 11-3 列出了几种门的规格。同时在布置门的时候还要注意下面几个方面的要求。

表 11-3 建筑中门的规格

代号	宽度(mm)	高度(mm)
FM-1	1800	3000
M-6	1600	2400
M-7	1600	3000
M-8	900	2400

- 宽度

  门的宽度一般由人流多少和搬运家具设备时所需要的宽度来确定。单股人流通行最小宽度一般根据人体尺寸定为 550～600 mm，所以门的最小宽度为 600～700 mm，如住宅中的厕所、卫生间门等。大多数房间的门必须考虑到一人携带物品通行，所以门的宽度为 900～1000 mm。学校的教室，由于使用人数较多可采用 1000 mm 宽度的门。

- 数量

  门的数量根据房间人数的多少、面积的大小以及疏散方便程度等因素决定。防火规范中规定，当一个房间面积超过 60m^2，且人数超过 50 人时，门的数量要有 2 个，并分别设在两端，以利于疏散。位于走道尽端的房间由最远一点到房间门口的直线距离不超过 14 m，且人数不超过 80 人时，可设一个向外开启的门，但门的净宽不应小于 1.4 m。

- 位置

  门的位置恰当与否直接影响到房间的使用，所以确定门的位置时要考虑到室内人流活动的特点和家居布置的要求，考虑到缩短交通路线，争取室内有较完整的空间和墙面，同时还要考虑到有利于组织采光和穿堂风。

- 开启方式

  门的开启方式类型很多，如普通平开门、双向自由门、转门、推拉门、折叠门等，在民用建筑中用的最普通的是普通平开门。平开门分外开和内开两种，对于人数较少的房间，一般要求门向房间内开启，以免影响走廊的交通，如住宅、宿舍、办公室等；使用人数较多的房间，如会议室、礼堂、教室等，考虑疏散的安全，门还应开向疏散方向。

下面来绘制门。

(1) 以一个门为例，首先利用"修改对象"的方法剪切出门洞。选择【修改】|【对象】|【多线】命令，打开【多线编辑工具】对话框，单击【全部剪切】按钮，如图 11-16 所示，单击【确定】按钮，命令行窗口提示如下。

```
命令：_mledit
选择多线：                          //选择要剪切的墙线
选择第二个点:@1000,0
选择多线或 [放弃(U)]：              //按下 Enter 键
```

第 11 章
应用范例(2)——绘制建筑平面图

这样,就在墙线上剪切出一个宽度为 1000 的门洞,如图 11-17 所示。

(2) 得到门洞后,使用【直线】命令和【圆弧】命令绘制门,命令行窗口提示如下。

命令:_line
指定第一点: //选择门洞左边墙线下端点

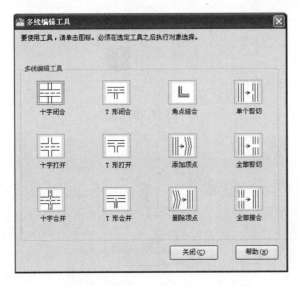

图 11-16 【多线编辑工具】对话框　　　　图 11-17 剪切好的门洞

指定下一点或 [放弃(U)]:@1000<-135
指定下一点或 [放弃(U)]:
命令:_arc
指定圆弧的起点或 [圆心(C)]:   //选择上步绘制的线的端点
指定圆弧的第二个点或 [圆心(C)/端点(E)]:
指定圆弧的端点:
命令:_line
指定第一点: //选择门洞左边墙线下的端点
指定下一点或 [放弃(U)]:@0,240
指定下一点或 [放弃(U)]:
命令:_line
指定第一点: //选择门洞右边墙线下的端点
指定下一点或 [放弃(U)]:@0,240
指定下一点或 [放弃(U)]:

绘制出的门的效果如图 11-18 所示。

> **提 示**
>
> 在建筑制图中,直线表示门,而圆弧代表门的开启方向。

(3) 用相同的方法绘制出建筑中其他的门,如果门比较大,应该为双开门,这时需要画两条直线和两条圆弧,如图 11-19 所示。这样,绘制出建筑中的所有门。要指出的是,这里不包括建筑的大门,关于建筑的大门设计会在后面详细讲解。绘制完成门后的底层平面图如图 11-20 所示。

471

> **提示**
> 建筑中相同的门可以利用【复制】命令直接复制即可。

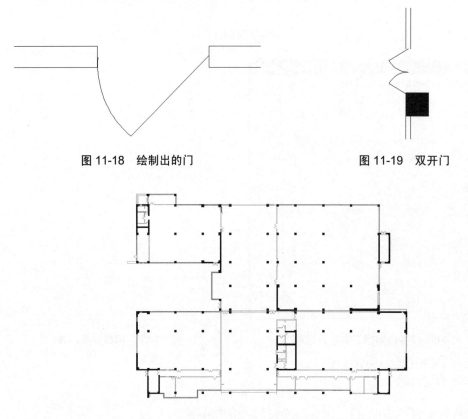

图 11-18 绘制出的门　　　　　　图 11-19 双开门

图 11-20 绘制完成门后的底层平面图

步骤 2：布置窗户。

窗户和门的情况基本类似，也是按照规格来进行设计的，窗户的规格一般以 300mm 作为模数。在窗户的设计中也要通常从以下两方面来进行考虑。

- 采光

  民用建筑一般情况下都要具有良好的天然采光，采光效果主要取决于窗的大小和位置。使用性质不同的房间对采光要求也不同，在具体设计过程中既要满足房间使用性质的要求，又要结合具体情况，如当地气候、室外遮挡情况、建筑立面要求等，综合确定窗的面积。

  窗的平面位置，主要影响到房间沿外墙方向来的照度是否均匀、有无暗角和眩光。窗的位置要使进入房间的光线均匀和内部家居布置方便。中小学教室在一侧采光的条件下，窗户应位于学生左侧，窗间墙的宽度从照度均匀考虑一般不宜过大，不应超过 1200 mm，以保证室内光线均匀。

- 通风

  建筑物室内的自然通风，除了和建筑朝向、间距、平面布局等因素有关外，房间中的窗户位置对室内通风效果的影响也非常关键，通常利用房间两侧相对应的窗户或门窗

第 11 章
应用范例(2)——绘制建筑平面图

之间组织穿堂风,门窗的相对位置采用对面通直布置时,室内气流通畅。而教室通常在靠走廊一侧开设高窗,以调节出风通路,改善室内通风条件。

下面以一个 1500mm 宽的单层窗为例讲解绘制窗户的具体方法。

在建筑制图中,一般采用一个矩形,内加一条直线,代表单层窗,如果内加两条直线,代表双层窗。

(1) 选择【绘图】|【直线】菜单命令,命令行窗口提示如下。

```
命令:_line 指定第一点:                          //选择墙上的一点
指定下一点或 [放弃(U)]: @1500,0                  //输入窗的宽度
指定下一点或 [放弃(U)]:                          //按下 Enter 键
```

(2) 利用【偏移】命令和【直线】命令绘制出窗户。命令行窗口提示如下。

```
命令:_offset
当前设置: 删除源=否  图层=源  OFFSETGAPTYPE=0
指定偏移距离或 [通过(T)/删除(E)/图层(L)] <通过>:  100
选择要偏移的对象, 或 [退出(E)/放弃(U)] <退出>:    //选择刚才绘制的直线
指定要偏移的那一侧上的点, 或 [退出(E)/多个(M)/放弃(U)] <退出>:
选择要偏移的对象, 或 [退出(E)/放弃(U)] <退出>:    //选择刚才偏移后的直线
指定要偏移的那一侧上的点, 或 [退出(E)/多个(M)/放弃(U)] <退出>:
选择要偏移的对象, 或 [退出(E)/放弃(U)] <退出>:    //按下 Enter 键
命令:_line
指定第一点:                                     //选择第 1 条直线的左端点
指定下一点或 [放弃(U)]:                         //选择第 3 条直线的左端点
指定下一点或 [放弃(U)]:                         //按下 Enter 键
命令:_line
指定第一点:                                     //选择第 1 条直线的右端点
指定下一点或 [放弃(U)]:                         //选择第 3 条直线的右端点
指定下一点或 [放弃(U)]:                         //按下 Enter 键
```

(3) 绘制出的窗户如图 11-21 所示。

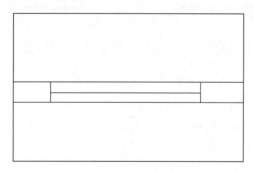

图 11-21 绘制的窗户

(4) 按照上面的方法绘制出其他规格的窗户,增加门窗后的底层平面图和四层平面图如图 11-22 所示。

> **提示**
>
> 将绘制好的窗户定义为块,然后在墙体的相应位置插入块,这样可方便快捷地绘制出窗户。

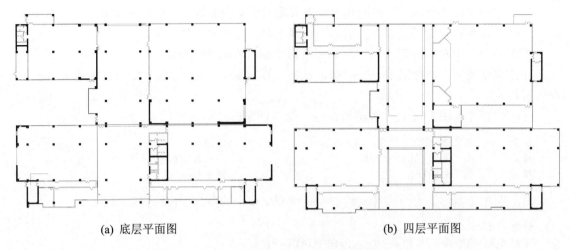

(a) 底层平面图   (b) 四层平面图

图 11-22　增加门窗后的底层平面图和四层平面图

11.3.5　大门设计和中庭设计

由于底层进出建筑的大门是比较重要的门，而且是建筑的门面，因此这里进行单独的设计。另外，这个综合楼中还有一个中庭，这样，对建筑的采光性和开阔性有好处。

步骤 1：设计大门和台阶。

由于本建筑的大门较高也较宽，这里设计多个大型的玻璃内外开双开门，其效果如图 11-23 所示。下面来讲解其绘制方法。

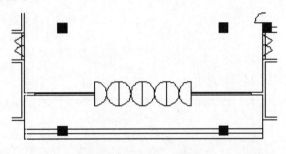

图 11-23　大门的效果

(1) 按照前面的方法绘制一个大的玻璃窗。

(2) 将窗剪切出 7200mm 宽的缺口，利用【直线】命令和【圆弧】命令绘制出一部分门，然后利用【镜像】命令和【复制】命令绘制出整个大门。命令行窗口提示如下。

```
命令:_line
指定第一点:
指定下一点或 [放弃(U)]: @0,1800           //输入大门的厚度
指定下一点或 [放弃(U)]:
命令:_arc
指定圆弧的起点或 [圆心(C)]: c
指定圆弧的圆心:                           //捕捉直线的中点
指定圆弧的起点:                           //捕捉直线的端点
指定圆弧的端点或 [角度(A)/弦长(L)]:        //捕捉直线的另一个端点
```

```
命令:_mirror
选择对象: 找到 2 个                                    //选择刚才绘制的直线和圆弧
选择对象:                                             //按下 Enter 键
指定镜像线的第一点:
指定镜像线的第二点:
要删除源对象吗? [是(Y)/否(N)] <N>:N
命令:_copy
选择对象: 找到 4 个                                    //选择绘制好的直线和圆弧
选择对象:                                             //按下 Enter 键
指定基点或 [位移(D)/模式(O)/多个(M)] <位移>:
指定第二个点或 <使用第一个点作为位移>:@1800,0
```

(3) 按照上述方法绘制好大门的形状。下面，绘制门前的台阶，这主要是利用【直线】和【偏移】命令来绘制的，命令行窗口提示如下。

```
命令:_line
指定第一点:                                           //选择大门左侧墙的端点
指定下一点或 [放弃(U)]:@0,-1350
指定下一点或 [放弃(U)]:@17800,0
指定下一点或 [闭合(C)/放弃(U)]:@0,1350
指定下一点或 [闭合(C)/放弃(U)]:
命令:_offset
当前设置: 删除源=否  图层=源  OFFSETGAPTYPE=0
指定偏移距离或 [通过(T)/删除(E)/图层(L)] <通过>: 350
选择要偏移的对象, 或 [退出(E)/放弃(U)] <退出>:        //选择刚才绘制的水平直线
指定要偏移的那一侧上的点, 或 [退出(E)/多个(M)/放弃(U)] <退出>:  //单击水平直线的上方
选择要偏移的对象, 或 [退出(E)/放弃(U)] <退出>:        //选择刚才偏移后的直线
指定要偏移的那一侧上的点, 或 [退出(E)/多个(M)/放弃(U)] <退出>:  //单击偏移后直线的上方
选择要偏移的对象, 或 [退出(E)/放弃(U)] <退出>:
```

这样就绘制好如图 11-23 所示的大门效果。

(4) 按照这种方法，绘制好综合楼另外一个大门，如图 11-24 所示，这里要注意该大门外的柱子采用了圆柱子的结构，绘制的时候绘制两个圆形放置在柱子外面。

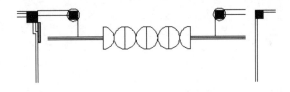

图 11-24 建筑的另一个大门

(5) 用上面的方法绘制出其他建筑物外墙开门的台阶，得到结果如图 11-25 所示。

步骤 2：中庭设计。

为了增加建筑物中间的采光，建筑中间作了由上至下的中庭。在建筑平面中，要表示中庭，主要是利用孔洞的方法来表示，以四层平面图为例，中庭的效果如图 11-26 所示。

由图 11-26 中可以看出中庭的绘制方法是：利用【多线】命令绘制出中庭的边缘，然后利用【多线】命令绘制两条斜线，表示出中庭的孔洞来。这里不再详细介绍，希望读者能够自己练习绘制。

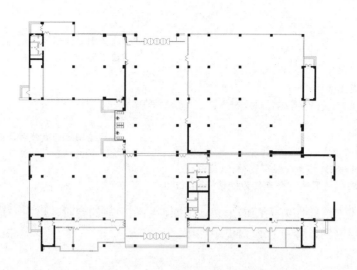

图 11-25　绘制了大门和台阶的底层平面

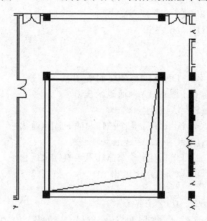

图 11-26　中庭的效果

最终绘制了中庭后的四层平面图如图 11-27 所示。

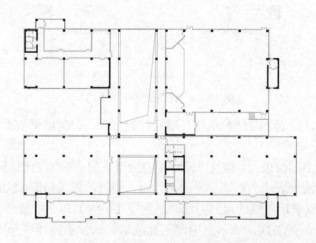

图 11-27　绘制了中庭的四层平面图

第 11 章 应用范例(2)——绘制建筑平面图

11.3.6 添加楼梯和电梯

在这个科技综合楼中,由于是多楼层,所以设了楼梯,另外,在中庭的位置,还设置了观光电梯,下面讲解楼梯和电梯的绘制过程。

步骤 1:绘制楼梯。

楼梯是建筑物中常用的垂直交通设施,楼梯的数量、位置以及形式应满足使用方便和安全疏散的要求,注重建筑环境空间的艺术效果。设计楼梯时,还应使其符合《建筑设计防火规范》和《建筑楼梯模数协调标准》等其他有关单项建筑设计规范的要求。

楼梯通常分为底层楼梯、中间层楼梯和顶层楼梯,读者可以从表 11-2 中看出各种楼梯的不同绘制形式。下面利用一个中间层的楼梯来进行讲解。

> **提示**
> 建筑中楼梯的踏步一般在 200~300mm 之间,这里选用 200mm。楼梯扶手采用宽 270mm 的矩形。

(1) 首先绘制楼梯的扶手。如图 11-28 所示。选择【绘图】|【矩形】菜单命令,绘制出楼梯的扶手,命令行窗口提示如下。

```
命令: _rectang
指定第一个角点或 [倒角(C)/标高(E)/圆角(F)/厚度(T)/宽度(W)]:
指定另一个角点或 [面积(A)/尺寸(D)/旋转(R)]: @270,3500      //输入扶手的长和宽
命令: _rectang
指定第一个角点或 [倒角(C)/标高(E)/圆角(F)/厚度(T)/宽度(W)]:   //单击上一个矩形的左下角
指定另一个角点或 [面积(A)/尺寸(D)/旋转(R)]:@150,3260
```

(2) 下面来绘制楼梯栏杆,主要利用【直线】命令和【偏移】命令来完成,命令行窗口提示如下。

```
命令: _line
指定第一点:                                    //选择扶手上一点
指定下一点或 [放弃(U)]:@-1200,0
指定下一点或 [放弃(U)]:                        //按下 Enter 键
```

绘制的第一条栏杆如图 11-29 所示。

图 11-28 楼梯扶手　　　　　　　　图 11-29 绘制的第一条栏杆

命令: _offset
当前设置: 删除源=否 图层=源 OFFSETGAPTYPE=0
指定偏移距离或 [通过(T)/删除(E)/图层(L)] <通过>: 300
选择要偏移的对象，或 [退出(E)/放弃(U)] <退出>:   //选择刚才绘制的直线
指定要偏移的那一侧上的点，或 [退出(E)/多个(M)/放弃(U)] <退出>:
选择要偏移的对象，或 [退出(E)/放弃(U)] <退出>:   //选择刚才偏移后的直线
指定要偏移的那一侧上的点，或 [退出(E)/多个(M)/放弃(U)] <退出>:
...

这样多次进行偏移操作后，即可绘制出一侧的楼梯，如图 11-30 所示。

(3) 选择【修改】|【镜像】命令，命令行窗口提示如下。

命令: _mirror
选择对象: 指定对角点: 找到 13 个
选择对象:
指定镜像线的第一点: 指定镜像线的第二点:
要删除源对象吗? [是(Y)/否(N)] <N>: N

这样绘制出的图形如图 11-31 所示。

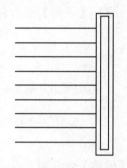 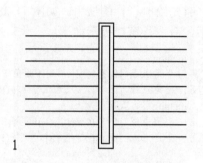

图 11-30 绘制出一侧的楼梯   图 11-31 绘制好的楼梯

(4) 随后画出楼梯外的墙体，如图 11-32 所示。

命令: _line 指定第一点: from
基点: //捕捉点 1
<偏移>: @0,-1000
指定下一点或 [放弃(U)]: @0,5000
指定下一点或 [放弃(U)]: @3960,0
指定下一点或 [闭合(C)/放弃(U)]: @0,-5000
指定下一点或 [闭合(C)/放弃(U)]:

(5) 绘制楼梯的转角箭头

参照第 2 章范例中讲解的转角楼梯的画法，绘制出楼梯的转角箭头，如图 11-33 所示。

步骤 2：绘制底层楼梯。

(1) 绘制楼梯扶手，单击【绘图】面板中的【矩形】按钮，执行【矩形】命令，命令行窗口提示如下。

命令: _rectang
指定第一个角点或 [倒角(C)/标高(E)/圆角(F)/厚度(T)/宽度(W)]:
指定另一个角点或 [面积(A)/尺寸(D)/旋转(R)]: @60,-920

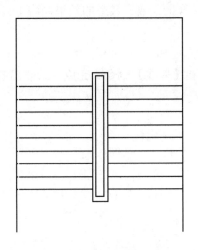
图 11-32 楼梯外的墙体

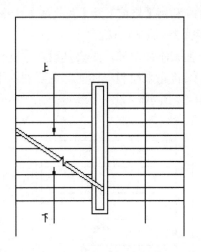
图 11-33 绘制楼梯的转角箭头

(2) 绘制出矩形后，利用【直线】命令及【偏移】命令绘制围栏，命令行窗口提示如下。

命令: _line 指定第一点:
指定下一点或 [放弃(U)]: @-1600,0
指定下一点或 [放弃(U)]:   //按下 Enter 键
命令: _offset
当前设置：删除源=否 图层=源 OFFSETGAPTYPE=0
指定偏移距离或 [通过(T)/删除(E)/图层(L)] <通过>: 300
选择要偏移的对象，或 [退出(E)/放弃(U)] <退出>:   //单击绘制的直线，按下 Enter 键
指定要偏移的那一侧上的点，或 [退出(E)/多个(M)/放弃(U)] <退出>:
选择要偏移的对象，或 [退出(E)/放弃(U)] <退出>:   //单击偏移的直线
指定要偏移的那一侧上的点，或 [退出(E)/多个(M)/放弃(U)] <退出>:
选择要偏移的对象，或 [退出(E)/放弃(U)] <退出>:
指定要偏移的那一侧上的点，或 [退出(E)/多个(M)/放弃(U)] <退出>:
选择要偏移的对象，或 [退出(E)/放弃(U)] <退出>:
指定要偏移的那一侧上的点，或 [退出(E)/多个(M)/放弃(U)] <退出>:
选择要偏移的对象，或 [退出(E)/放弃(U)] <退出>:
指定要偏移的那一侧上的点，或 [退出(E)/多个(M)/放弃(U)] <退出>:
选择要偏移的对象，或 [退出(E)/放弃(U)] <退出>:

绘制的围栏如图 11-34 所示。

(3) 利用【直线】命令绘制扶手旁的斜线，如图 11-35 所示。

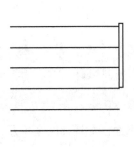
图 11-34 绘制的围栏

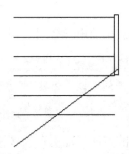
图 11-35 绘制扶手旁的斜线

(4) 利用【修剪】及【多段线】命令，完成底层楼梯的绘制，最终的效果如图 11-36 所示。

步骤 3：添加电梯。

下面来添加电梯，主要是设在中庭部分的两部观光电梯。

(1) 首先来绘制电梯间。主要利用【直线】命令和【多线】命令来完成，绘制出的电梯间如图 11-37 所示。

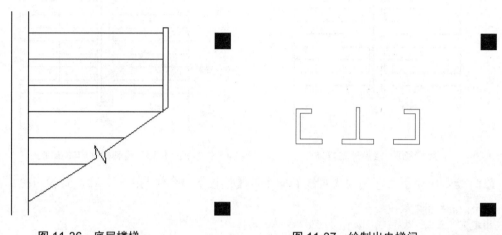

图 11-36　底层楼梯　　　　　　　　　　　图 11-37　绘制出电梯间

(2) 下面来绘制电梯。利用【圆弧】命令，绘制电梯的主体，用【直线】命令绘制电梯的连接部分，命令行窗口提示如下。

命令: _arc
指定圆弧的起点或 [圆心(C)]:　　　　　　　　　　　　//选择中间墙体的上端点
指定圆弧的第二个点或 [圆心(C)/端点(E)]: _c 指定圆弧的圆心:　//单击两墙体中间的位置
指定圆弧的端点或 [角度(A)/弦长(L)]:　　　　　　　　//选择左边墙体的上端点
命令: _arc 指定圆弧的起点或 [圆心(C)]:　　　　　　　//选择右边墙体的上端点
指定圆弧的第二个点或 [圆心(C)/端点(E)]: _c 指定圆弧的圆心:　//捕捉刚绘制好圆弧的圆心
指定圆弧的端点或 [角度(A)/弦长(L)]:　　　　　　　　//选择中间墙体的上端点
……　　　　　　　　　　　　　　　　　　　　　　　//重复绘制多个圆弧
命令: _line
指定第一点:　　　　　　　　　　　　　　　　　　　//选择最里面圆弧的端点
指定下一点或 [放弃(U)]:@0,-2500
指定下一点或 [放弃(U)]:@2500,0
指定下一点或 [闭合(C)/放弃(U)]:@0,2500
……

这样，绘制出的电梯效果如图 11-38 所示。

> **提示**
> 　　观光电梯的弧线基本上都是同心的圆弧，因此，在绘制圆弧时，可以选择定义固定圆心的绘制方法。

按照上面的方法增加所有的楼梯和电梯，得到的底层平面图如图 11-39 所示。

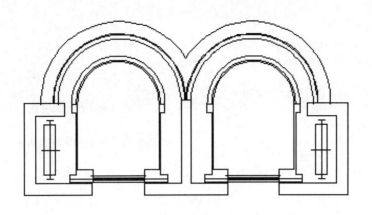

图 11-38　电梯的效果

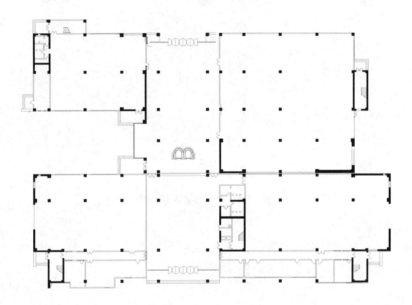

图 11-39　添加了楼梯和电梯的底层平面图

11.3.7　开间布置

室内布置设计既要能满足住户心理上的要求,又要满足房间组织上的合理、房间的使用性质和人流物流进出方便等要求。此类作图也是室内设计的重要组成部分。在国家建筑设计规范中,对家居和有关设备的尺寸都有一定的约定,如果房间的布置不满足这些规定,就会导致室内布置的凌乱和面积的浪费。

下面要讲解的室内布置包括开间、卫生间的布置等。本节将以开间的布置为主。

步骤 1:绘制玻璃隔断。

由于建筑的开间比较大,因此,有些房间根据它的使用,通常会加一些玻璃或者铝合金的隔断,例如图 11-40 所示为加了玻璃隔断。

玻璃隔断主要用三条等间距的直线来表示,主要通过【直线】命令和【偏移】命令来绘制,命令行窗口提示如下:

```
命令:_line
指定第一点:                                    //选择墙上的一点
指定下一点或 [放弃(U)]: @6000,0                //隔断的长度
指定下一点或 [放弃(U)]:按 Enter 键
命令:_offset
指定偏移距离或 [通过(T)] <通过>: 120
选择要偏移的对象或 <退出>:                    //选取刚才绘制的直线
指定点以确定偏移所在一侧:
选择要偏移的对象或 <退出>:                    //选取刚才偏移后的直线
指定点以确定偏移所在一侧:
选择要偏移的对象或 <退出>:按 Enter 键
```

这样,就绘制出如图 11-40 所示的玻璃隔断。

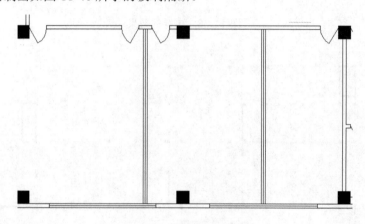

图 11-40 增加了玻璃隔断

步骤 2:布置家具。

室内中庭的部分是有些家具布置的,下面来进行绘制。

(1) 首先来绘制沙发,命令行窗口提示如下。

```
命令:_rectang
指定第一个角点或 [倒角(C)/标高(E)/圆角(F)/厚度(T)/宽度(W)]:
指定另一个角点或 [面积(A)/尺寸(D)/旋转(R)]:@1800,50
命令:_rectang
指定第一个角点或 [倒角(C)/标高(E)/圆角(F)/厚度(T)/宽度(W)]:    //选择矩形的左下端点
指定另一个角点或 [面积(A)/尺寸(D)/旋转(R)]:@1800,-90
命令:_rectang
指定第一个角点或 [倒角(C)/标高(E)/圆角(F)/厚度(T)/宽度(W)]:    //选择第 2 个矩形的左下端点
指定另一个角点或 [面积(A)/尺寸(D)/旋转(R)]:@1800,-550
命令:_explode
选择对象: 找到 1 个                              //选择绘制的第 3 个矩形
选择对象:
命令:_offset
当前设置:删除源=否  图层=源  OFFSETGAPTYPE=0
指定偏移距离或 [通过(T)/删除(E)/图层(L)] <通过>: 600
选择要偏移的对象,或 [退出(E)/放弃(U)] <退出>:              //选择矩形左竖直线
指定要偏移的那一侧上的点,或 [退出(E)/多个(M)/放弃(U)] <退出>:  //单击左竖直线右侧
选择要偏移的对象,或 [退出(E)/放弃(U)] <退出>:
```

```
命令: _offset
当前设置: 删除源=否  图层=源  OFFSETGAPTYPE=0
指定偏移距离或 [通过(T)/删除(E)/图层(L)] <600.0000>: 600
选择要偏移的对象, 或 [退出(E)/放弃(U)] <退出>:              //选择偏移后的直线
指定要偏移的那一侧上的点, 或 [退出(E)/多个(M)/放弃(U)] <退出>:  //单击偏移后直线的右侧
选择要偏移的对象, 或 [退出(E)/放弃(U)] <退出>:
命令: _rectang
指定第一个角点或 [倒角(C)/标高(E)/圆角(F)/厚度(T)/宽度(W)]:   //选择第 2 个矩形的右下端点
指定另一个角点或 [面积(A)/尺寸(D)/旋转(R)]:@90,-650
命令: _rectang
指定第一个角点或 [倒角(C)/标高(E)/圆角(F)/厚度(T)/宽度(W)]:   //选择第 2 个矩形的左下端点
指定另一个角点或 [面积(A)/尺寸(D)/旋转(R)]:@-90,-650
```

这样, 绘制出沙发的图形如图 11-41 所示。

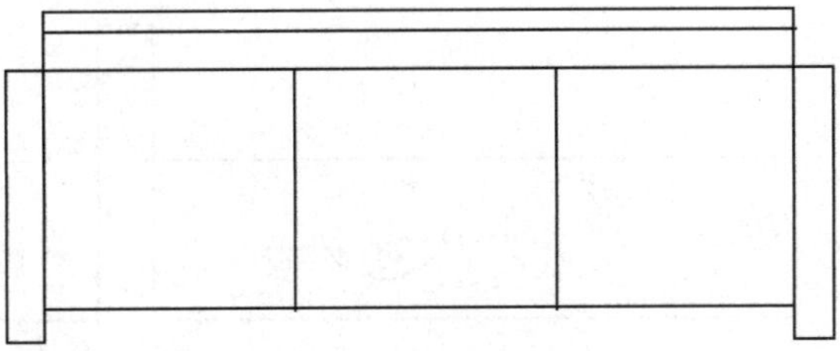

图 11-41 绘制的沙发

(2) 将沙发的图形放置到平面中, 并复制多个。

(3) 下面增加盆景, 这主要是利用插入块的方法进行导入的。选择【插入】|【块】菜单命令, 打开【插入】对话框, 输入块的名称 penjing, 设置如图 11-42 所示, 就插入盆景。

(4) 按照上面的方法增加其他的家具, 完成后的结果如图 11-43 所示。

图 11-42 【插入】对话框

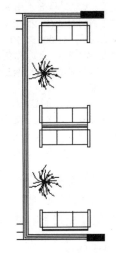

图 11-43 绘制出室内家具

11.3.8 卫生间布置及其他室内布置

卫生间布置的合理性与否至关重要, 而通风孔等也是室内布置中不可缺少的部分。下面先

以一个平面中的卫生间作为例子来讲解。

步骤1：绘制洗手盆。

主要是利用【椭圆】命令和【圆】命令来完成的，命令行窗口提示如下：

命令:_ellipse
指定椭圆的轴端点或 [圆弧(A)/中心点(C)]:_c
指定椭圆的中心点：
指定轴的端点：
指定另一条半轴长度或 [旋转(R)]：
命令:_circle 指定圆的圆心或 [三点(3P)/两点(2P)/切点、切点、半径(T)]：
指定圆的半径或 [直径(D)]：

然后，再绘制一条直线作为洗手台，这样，绘制出洗手盆部分，如图11-44所示。

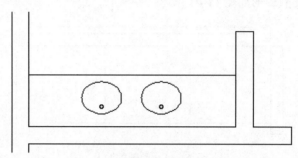

图 11-44 洗手盆

步骤2：绘制厕所的隔断。

主要利用【多线】命令，命令行窗口提示如下：

命令:_mline
当前设置: 对正 = 上，比例 = 1.00，样式 = STANDARD
指定起点或 [对正(J)/比例(S)/样式(ST)]: s   //设置线的间距
输入多线比例 <1.00>: 50   //输入隔断厚50
当前设置: 对正 = 上，比例 = 50.00，样式 = STANDARD
指定起点或 [对正(J)/比例(S)/样式(ST)]：
指定下一点：
指定下一点或 [放弃(U)]：
指定下一点或 [闭合(C)/放弃(U)]：
指定下一点或 [闭合(C)/放弃(U)]：
指定下一点或 [闭合(C)/放弃(U)]：   //按下 Enter 键

绘制完成隔断后，用前面增加门的方法添加门。

步骤3：绘制大便池。

(1) 利用【矩形】、【偏移】等命令绘制如图11-45所示的图形，命令行窗口提示如下。

命令:_rectang
指定第一个角点或 [倒角(C)/标高(E)/圆角(F)/厚度(T)/宽度(W)]：
指定另一个角点或 [面积(A)/尺寸(D)/旋转(R)]: @465,280
命令:_explode   //执行【分解】命令
选择对象: 找到 1 个   //选择绘制的矩形
选择对象：
命令:_offset   //执行【偏移】命令

```
当前设置：删除源=否  图层=源  OFFSETGAPTYPE=0
指定偏移距离或 [通过(T)/删除(E)/图层(L)] <通过>: 30
选择要偏移的对象，或 [退出(E)/放弃(U)] <退出>:           //分别选择矩形的左、上、下侧边
指定要偏移的那一侧上的点，或 [退出(E)/多个(M)/放弃(U)] <退出>:
选择要偏移的对象，或 [退出(E)/放弃(U)] <退出>:
指定要偏移的那一侧上的点，或 [退出(E)/多个(M)/放弃(U)] <退出>:
选择要偏移的对象，或 [退出(E)/放弃(U)] <退出>:
指定要偏移的那一侧上的点，或 [退出(E)/多个(M)/放弃(U)] <退出>:
选择要偏移的对象，或 [退出(E)/放弃(U)] <退出>:           //按下 Enter 键
```

绘制的图形如图 11-45 所示。

(2) 单击【常用】选项卡的【绘图】面板中绘制圆弧的【圆心，起点，长度】按钮，执行【圆弧】命令，命令行窗口提示如下。

```
命令：_arc
指定圆弧的起点或 [圆心(C)]: _c 指定圆弧的圆心:         //捕捉矩形右侧边的中点
指定圆弧的起点:                                    //捕捉矩形的下角点
指定圆弧的端点或 [角度(A)/弦长(L)]: _l 指定弦长:         //捕捉矩形的上角点
```

绘制的图形如图 11-46 所示。

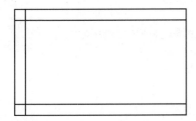
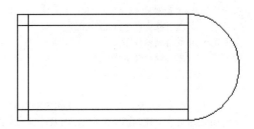

图 11-45 用【矩形】、【偏移】命令绘制的图形   图 11-46 绘制圆弧后的图形

(3) 利用【修剪】，【圆角】命令修改图形，命令行窗口提示如下。

```
命令：_trim
当前设置:投影=UCS，边=无
选择剪切边...
选择对象或 <全部选择>: 找到 1 个                    //分别选择偏移后的 3 条边
选择对象: 找到 1 个，总计 2 个
选择对象: 找到 1 个，总计 3 个
选择对象:                                       //按下 Enter 键
选择要修剪的对象，或按住 Shift 键选择要延伸的对象，或
[栏选(F)/窗交(C)/投影(P)/边(E)/删除(R)/放弃(U)]:      //选择相交线中多余的线
选择要修剪的对象，或按住 Shift 键选择要延伸的对象，或
[栏选(F)/窗交(C)/投影(P)/边(E)/删除(R)/放弃(U)]:
选择要修剪的对象，或按住 Shift 键选择要延伸的对象，或
[栏选(F)/窗交(C)/投影(P)/边(E)/删除(R)/放弃(U)]:
选择要修剪的对象，或按住 Shift 键选择要延伸的对象，或
[栏选(F)/窗交(C)/投影(P)/边(E)/删除(R)/放弃(U)]:
选择要修剪的对象，或按住 Shift 键选择要延伸的对象，或
[栏选(F)/窗交(C)/投影(P)/边(E)/删除(R)/放弃(U)]:
命令：_fillet                                   //选择【圆角】命令
当前设置：模式 = 修剪，半径 = 0.0000
```

选择第一个对象或 [放弃(U)/多段线(P)/半径(R)/修剪(T)/多个(M)]: m
选择第一个对象或 [放弃(U)/多段线(P)/半径(R)/修剪(T)/多个(M)]: r
指定圆角半径 <0.0000>: 15
选择第一个对象或 [放弃(U)/多段线(P)/半径(R)/修剪(T)/多个(M)]:
选择第二个对象，或按住 Shift 键选择要应用角点的对象:
选择第一个对象或 [放弃(U)/多段线(P)/半径(R)/修剪(T)/多个(M)]:
选择第二个对象，或按住 Shift 键选择要应用角点的对象:
选择第一个对象或 [放弃(U)/多段线(P)/半径(R)/修剪(T)/多个(M)]: m
选择第一个对象或 [放弃(U)/多段线(P)/半径(R)/修剪(T)/多个(M)]: r
指定圆角半径 <30.0000>: 25
选择第一个对象或 [放弃(U)/多段线(P)/半径(R)/修剪(T)/多个(M)]:
选择第二个对象，或按住 Shift 键选择要应用角点的对象:
选择第一个对象或 [放弃(U)/多段线(P)/半径(R)/修剪(T)/多个(M)]:
选择第二个对象，或按住 Shift 键选择要应用角点的对象:
选择第一个对象或 [放弃(U)/多段线(P)/半径(R)/修剪(T)/多个(M)]:

修改后的图形即完成图如图 11-47 所示。

步骤 4：绘制小便池。

(1) 利用【直线】、【偏移】命令绘制如图 11-48 所示的图形，命令行窗口提示如下。

命令: _line 指定第一点:
指定下一点或 [放弃(U)]: @330,0
指定下一点或 [放弃(U)]:   //沿着直线中点基准线斜向下
指定下一点或 [闭合(C)/放弃(U)]:
指定下一点或 [闭合(C)/放弃(U)]:   //绘制出三角形
命令: _offset
当前设置: 删除源=否 图层=源 OFFSETGAPTYPE=0
指定偏移距离或 [通过(T)/删除(E)/图层(L)] <通过>:30
选择要偏移的对象，或 [退出(E)/放弃(U)] <退出>:   //分别选择三角形的三条边
指定要偏移的那一侧上的点，或 [退出(E)/多个(M)/放弃(U)] <退出>:
选择要偏移的对象，或 [退出(E)/放弃(U)] <退出>:
指定要偏移的那一侧上的点，或 [退出(E)/多个(M)/放弃(U)] <退出>:
选择要偏移的对象，或 [退出(E)/放弃(U)] <退出>:   //按下 Enter 键

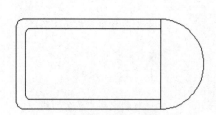
图 11-47 修改后的图形

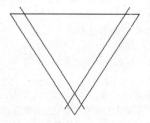
图 11-48 绘制的图形

(2) 利用【修剪】命令修改图形，并执行【多段线】命令绘制便池外部的轮廓，绘制的图形如图 11-49 所示，命令行窗口提示如下。

命令: _trim
当前设置:投影=UCS,边=无
选择剪切边...
选择对象或 <全部选择>: 找到 1 个
选择对象: 找到 1 个，总计 2 个

选择对象: 找到 1 个，总计 3 个
选择对象: //按下 Enter 键
选择要修剪的对象，或按住 Shift 键选择要延伸的对象，或
[栏选(F)/窗交(C)/投影(P)/边(E)/删除(R)/放弃(U)]:   //分别选择多出的线
选择要修剪的对象，或按住 Shift 键选择要延伸的对象，或
[栏选(F)/窗交(C)/投影(P)/边(E)/删除(R)/放弃(U)]:
选择要修剪的对象，或按住 Shift 键选择要延伸的对象，或
[栏选(F)/窗交(C)/投影(P)/边(E)/删除(R)/放弃(U)]:
选择要修剪的对象，或按住 Shift 键选择要延伸的对象，或
[栏选(F)/窗交(C)/投影(P)/边(E)/删除(R)/放弃(U)]:
选择要修剪的对象，或按住 Shift 键选择要延伸的对象，或
[栏选(F)/窗交(C)/投影(P)/边(E)/删除(R)/放弃(U)]:
选择要修剪的对象，或按住 Shift 键选择要延伸的对象，或
[栏选(F)/窗交(C)/投影(P)/边(E)/删除(R)/放弃(U)]:
选择要修剪的对象，或按住 Shift 键选择要延伸的对象，或
[栏选(F)/窗交(C)/投影(P)/边(E)/删除(R)/放弃(U)]:   //按下 Enter 键
命令: _pline
指定起点:
当前线宽为 0.0000
指定下一个点或 [圆弧(A)/半宽(H)/长度(L)/放弃(U)/宽度(W)]: @0,70
指定下一个点或 [圆弧(A)/闭合(C)/半宽(H)/长度(L)/放弃(U)/宽度(W)]: @330,0
指定下一个点或 [圆弧(A)/闭合(C)/半宽(H)/长度(L)/放弃(U)/宽度(W)]: @0,-70
指定下一个点或 [圆弧(A)/闭合(C)/半宽(H)/长度(L)/放弃(U)/宽度(W)]:

(3) 最后绘制圆形开关并利用【圆角】命令修改图形以完成绘制，最终效果如图 11-50 所示。命令行窗口提示如下。

命令: _fillet
当前设置: 模式 = 修剪，半径 = 0.0000
选择第一个对象或 [放弃(U)/多段线(P)/半径(R)/修剪(T)/多个(M)]: m
选择第一个对象或 [放弃(U)/多段线(P)/半径(R)/修剪(T)/多个(M)]: r
指定圆角半径 <0.0000>: 10
选择第一个对象或 [放弃(U)/多段线(P)/半径(R)/修剪(T)/多个(M)]:
选择第二个对象，或按住 Shift 键选择要应用角点的对象:
选择第一个对象或 [放弃(U)/多段线(P)/半径(R)/修剪(T)/多个(M)]:
选择第二个对象，或按住 Shift 键选择要应用角点的对象:
选择第一个对象或 [放弃(U)/多段线(P)/半径(R)/修剪(T)/多个(M)]:   //按下 Enter 键
命令: //按下 Enter 键
FILLET
当前设置: 模式 = 修剪，半径 = 10.0000
选择第一个对象或 [放弃(U)/多段线(P)/半径(R)/修剪(T)/多个(M)]: r
指定圆角半径 <10.0000>: 50
选择第一个对象或 [放弃(U)/多段线(P)/半径(R)/修剪(T)/多个(M)]:
选择第二个对象，或按住 Shift 键选择要应用角点的对象: //按下 Enter 键
命令: //按下 Enter 键
FILLET
当前设置: 模式 = 修剪，半径 = 50.0000
选择第一个对象或 [放弃(U)/多段线(P)/半径(R)/修剪(T)/多个(M)]: r
指定圆角半径 <50.0000>: 80
选择第一个对象或 [放弃(U)/多段线(P)/半径(R)/修剪(T)/多个(M)]: m
选择第一个对象或 [放弃(U)/多段线(P)/半径(R)/修剪(T)/多个(M)]:

选择第二个对象，或按住 Shift 键选择要应用角点的对象:
选择第一个对象或 [放弃(U)/多段线(P)/半径(R)/修剪(T)/多个(M)]:
选择第二个对象，或按住 Shift 键选择要应用角点的对象:
选择第一个对象或 [放弃(U)/多段线(P)/半径(R)/修剪(T)/多个(M)]:
选择第二个对象，或按住 Shift 键选择要应用角点的对象:
选择第一个对象或 [放弃(U)/多段线(P)/半径(R)/修剪(T)/多个(M)]:

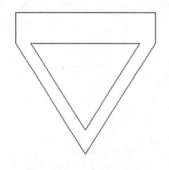 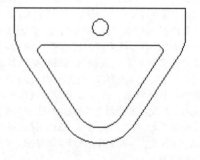

图 11-49　绘制的外部轮廓　　　　　　　　图 11-50　小便池图形

然后利用【复制】、【旋转】、【移动】等命令，将大便池及小便池添加到卫生间，效果如图 11-51 所示。

按照前面的方法，绘制其他的室内部分。另外，再绘制一些孔洞作为通风孔。这样，基本上完成了平面的绘制，结果(以底层平面为例)如图 11-52 所示。

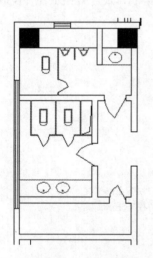 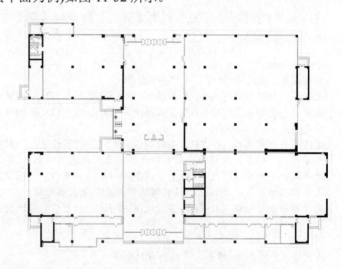

图 11-51　卫生间布置　　　　　　　　图 11-52　底层室内布置后的平面

11.3.9　尺寸标注

下面来进行必要的尺寸标注。一般来说，一张完整的建筑图纸是不能缺少尺寸标注的。平面图上的尺寸标注内容比较多，主要分为定位和定量两种尺寸，定位尺寸主要是说明某建筑构件与定位轴线的距离，而定量尺寸则说明这个建筑构件的大小。根据相关的建筑制图规定，在平面图中进行尺寸标注时应遵守以下几点规定。

第 11 章 应用范例(2)——绘制建筑平面图

- 尺寸标注一般以毫米为单位，当使用其他单位进行标注尺寸时需注明所采用的尺寸单位。
- 尺寸标注不能重复，每一部分只能标注一次。
- 尺寸标注有时要符合用户所在设计单位的习惯。
- 标注尺寸的所有汉字和数字要遵循规范的要求。

图 11-53 所示的是完成了尺寸标注的平面图的一部分。下面来讲解其标注方法。

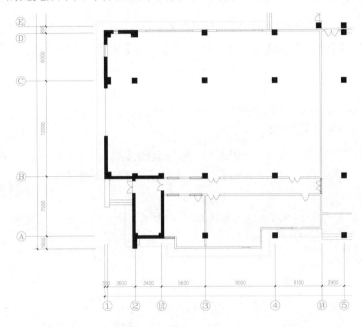

图 11-53　尺寸标注实例

(1) 先来标注尺寸。首先设置标注的样式，选择【尺寸标注】图层为当前层，选择【标注】|【标注样式】菜单命令，打开【标注样式管理器】对话框，选择"标注样式"为 AXIS150，设置如图 11-54 所示，单击【置为当前】按钮，然后单击【关闭】按钮。

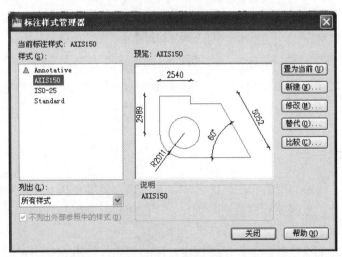

图 11-54　设置【标注样式管理器】

(2) 由于要标注轴距,还要借助轴线,因此打开【轴线】层,然后执行【标注】|【线性标注】命令,命令行窗口提示如下。

```
命令:_dimlinear
指定第一条延伸线原点或 <选择对象>:<对象捕捉 开>        //选择两条轴线的交点
指定第二条延伸线原点:指定尺寸线位置或                  //选择另一个交点
[多行文字(M)/文字(T)/角度(A)/水平(H)/垂直(V)/旋转(R)]:
标注文字 = 3600
```

这样,就得到图中一个柱距的尺寸。按照这种方法,将建筑的所有尺寸进行标注。

(3) 下面标注轴号。选择【绘制】|【圆】|【两点】命令,绘制出轴号的外圈。命令行窗口提示如下。

```
命令:_circle
指定圆的圆心或 [三点(3P)/两点(2P)/切点、切点、半径(T)]:
指定圆的半径或 [直径(D)]: 600
```

(4) 首先设置文字样式为 COMPLEX,然后选择【绘制】|【文字】|【单行文字】菜单命令,则标注完成一个轴号,如图 11-55 所示。命令行窗口提示如下。

```
命令:_dtext
当前文字样式: Standard  文字高度: 0.2000   注释性: 否
指定文字的起点或 [对正(J)/样式(S)]:
指定高度 <0.2000>: 500                              //输入轴号文字大小
指定文字的旋转角度 <0>:
在输入框中输入文字: A(轴号名称)
```

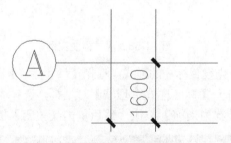

图 11-55 绘制轴号

提 示

建筑制图规定沿水平方向的轴线用阿拉伯数字进行编号,沿竖直方向的轴线用英文字母进行编号。

11.3.10 文字标注

在建筑制图中,门窗的规格和房间的名称以及图名都需要使用文字进行说明,另外,还有一些图中特殊的部分,也需要标注说明。因此,下面将进行文字标注。

步骤1: 标注门窗。

首先要对门窗的规格进行标注,根据规定,门的名称代号用 M,而窗的名称代号用 C。门窗的标注示例如图 11-56 所示。这主要利用【绘制】|【文字】|【单行文字】菜单命令来进行标

注，命令行窗口提示如下：

命令: _dtext
当前文字样式：Standard 当前文字高度：0.2000
指定文字的起点或 [对正(J)/样式(S)]:
指定高度 <0.2000>: 400
指定文字的旋转角度 <0>:
输入文字: C-5(窗的名称)

步骤 2：标注房间名称。

下面标注各房间的名称，也是利用【单行文字】命令来进行标注，这里不再赘述，绘制出的房间名称示例如图 11-57 所示。

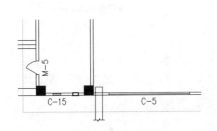

图 11-56　门窗的标注

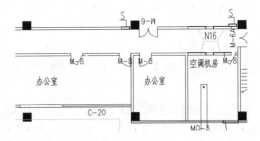

图 11-57　房间名称标注

> **提示**
>
> 在标注房间名称的时候要尽量标注在房间的中央。

步骤 3：进行文字标注。

另外，有些文字说明需要特别标注，如一些图中百叶或者梁等的说明，如图 11-58 所示。

图 11-58　图中的文字说明

步骤 4：书写文字说明。

还有一些需要注意的地方，会在图旁边标出。

(1) 执行【绘图】|【文字】|【多行文字】菜单命令，命令行窗口提示如下：

命令: _mtext 当前文字样式: "Standard" 文字高度: 500 注释性: 否
指定第一角点:
指定对角点或 [高度(H)/对正(J)/行距(L)/旋转(R)/样式(S)/宽度(W)/栏(C)]:

(2) 指定文字输入区域后，系统打开如图 11-59 所示的【文字格式】工具栏和文字输入框及标尺，输入文字后，单击【确定】按钮完成文字的标注。

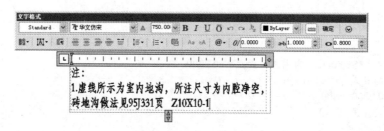

图 11-59　输入多行文字

步骤 5：绘制指北针。

下面为建筑平面图增加指北针。

(1) 选择【绘图】|【圆】菜单命令绘制一个圆。

(2) 利用【直线】命令绘制出指针，然后利用【图案填充】命令将指针涂黑。

(3) 标注出文字【北】，最终得到指北针的效果，如图 11-60 所示。

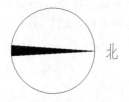

图 11-60　指北针

至此，平面图基本完成，添加文字说明后的底层平面图如图 11-61 所示。

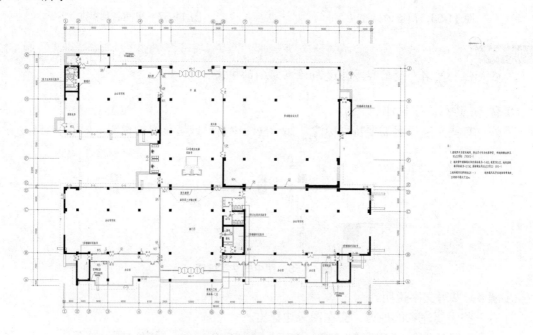

图 11-61　添加标注和文字说明后的底层平面

11.3.11　添加图框标题并打印输出

下面来为图纸添加图框标题，并最终打印输出。

步骤 1：添加图框标题。

本例中的每张平面图均采用 A1 的图纸，因此定制 A1 的图幅，第 10 章已经介绍的比较详细，本章不再赘述，平面图标题栏示例如图 11-62 所示，将定制好的 A1 图存为"A1.dwg"。

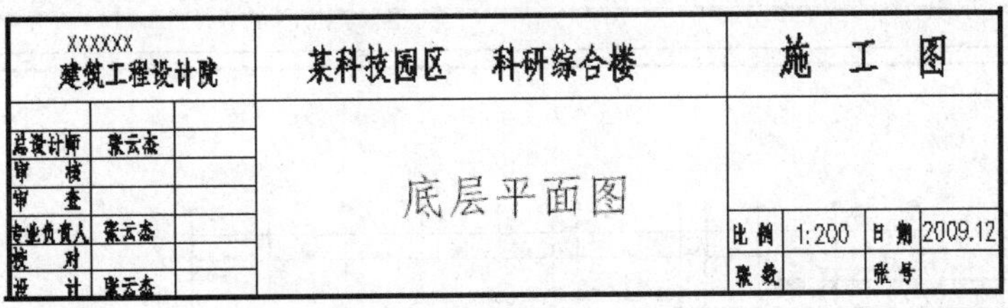

第 11 章
应用范例(2)——绘制建筑平面图

图 11-62 平面图标题栏示例

切换到平面图中，执行【插入】|【块】菜单命令，打开【插入】对话框。单击【名称】文本框旁边的【浏览】按钮，在随后打开的【选择图形文件】对话框中选择上面保存的"A1.dwg"文件，返回到【插入】对话框，如图 11-63 所示。单击【确定】按钮进入到绘图区域，在屏幕上指定一点，使所绘的总平面图基本位于图框正中，也可以用【移动】命令来调整图框位置。

至此，平面图的设计和绘制已经完成。

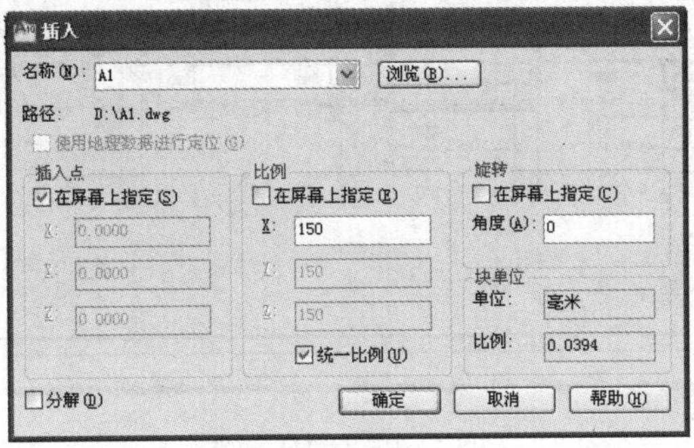

图 11-63 【插入】对话框

步骤 2：打印输出。

绘制完成平面图后，可以把图形切换至布局环境下进行打印。具体步骤前面章节也介绍得比较详细，这里只给出【打印-模型】对话框的设置，如图 11-64 所示。如图 11-65 所示为底层平面图的打印预览效果。最后打印出所有的建筑平面图，就完成了范例的制作。

图 11-64 【打印-模型】对话框

493

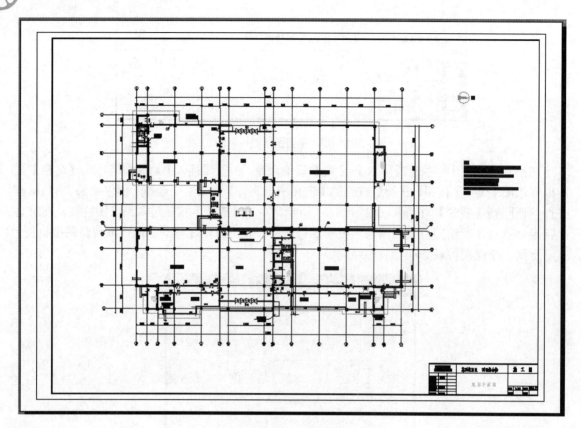

图 11-65 打印预览

11.4 本章小结

  本章介绍了建筑平面图的基本知识以及如何利用 AutoCAD 2010 绘制完整的平面图效果，由于本章篇幅有限，着重介绍了其中两层的平面设计，但是介绍得比较详细，充分体现了平面图在设计中的重要地位。

  通过本章的学习，读者应该对建筑平面图的设计有充分的了解，并对 AutoCAD 2010 绘制平面图的方法和思路有了进一步的认识。希望读者依据自身的情况，多多进行实践和总结，从而达到熟练设计和绘制。

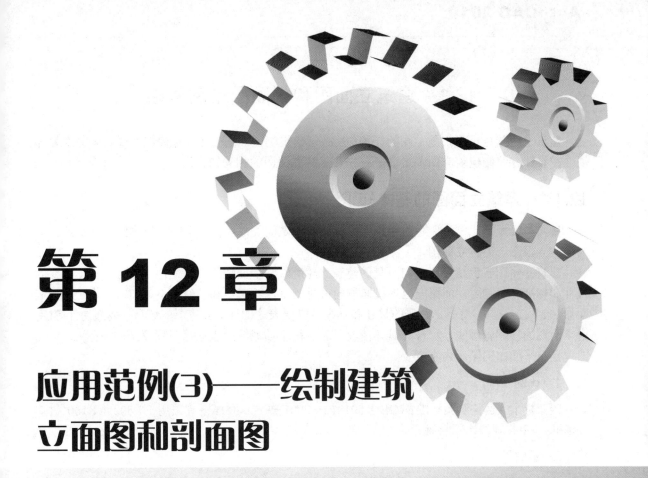

第 12 章

应用范例(3)——绘制建筑立面图和剖面图

本章结合建筑设计规范和建筑制图要求,详细讲述了建筑立面图的设计和绘制过程,并简单介绍了室内立面的绘制方法。通过本章的学习,可以了解建筑立面图设计的一般要求,以及对立面图设计和绘制的一定规则,并掌握使用 AutoCAD 绘制建筑立面图的方法与技巧。

本章主要内容

- 建筑立面图和剖面图绘制基础
- 建筑立面图和剖面图范例介绍
- 建筑立面图绘制范例
- 建筑剖面图绘制范例

12.1 建筑立面图和剖面图绘制基础

建筑立面图也是建筑施工图的一种,反映了建筑物的立面效果,是建筑外观效果的主要体现。在设计并绘制建筑立面图之前,首先要了解立面图的相关知识。

12.1.1 建筑立面图的基本知识

按照一般规定比例绘制建筑物正面、背面或者侧面的形状图,反映建筑物的外部情况,即为建筑立面图,简称立面图。

建筑立面图应包括投影方向可见的建筑外轮廓线和墙面线脚、构配件、墙面做法及必要的尺寸和标高等。室内立面图应包括投影方向可见的室内轮廓线和装修构造、门窗、构配件、墙面做法、固定家具、灯具、必要的尺寸和标高及需要表达的非固定家具、灯具、装饰物件等(室内立面图的顶棚轮廓线,可根据具体情况只表达吊平顶或同时表达吊平顶及结构顶棚)。

建筑平面图的图示内容主要如下。

1. 比例

国家标准《建筑制图标准》(GB/T 501012—2001)规定:立面图宜采用 1∶50、1∶100、1∶150 和 1∶200 等的比例绘制。

2. 图例

由于立面图采用较小的比例绘制,所以建筑立面图上的门、窗等内容都是用图例表示的。在建筑物立面图上,相同的门窗、阳台、外檐装修、构造做法等可在局部重点表示,绘出其完整图形,其余部分只画轮廓线。

3. 图线

为了加强立面图的表达效果,使建筑物的轮廓突出、层次分明,通常选用的线型如下:屋脊线和外墙最外轮廓线用粗实线(b),室外地坪线用加粗实线(1.4b),所有凸凹部位如阳台、雨篷、门窗洞等用中实线(0.5b),其他部分如门窗、雨水管、尺寸线、标高等用细实线(0.35b)。

4. 轴号标注

建筑立面图中应标出建筑物的轴线轴号。有定位轴线的建筑物,宜根据两端定位轴线号编注立面图名称(如:①~⑩立面图、Ⓐ~Ⓕ立面图)。无定位轴线的建筑物可按平面图各面的朝向确定名称。建筑物室内立面图的名称,应根据平面图中内视符号的编号或字母确定(如:① 立面图、Ⓐ立面图)。

5. 标高标注

建筑立面图上高度方向的尺寸主要使用标高的形式标注,主要包括建筑物室内外地坪,各楼层地面、窗台、门窗顶部、檐口、阳台底部、女墙压顶及水箱顶部等处的标高尺寸。在所标注处画一条水平引出线,标高符号一般画在图形外,符号大小一致整齐排列在同一铅垂线上。必要时为了更清楚起见,可标注在图内,如楼梯间的窗台面标高。标高符号的标注方法和形式如图 12-1 所示。

第 12 章
应用范例(3)——绘制建筑立面图和剖面图

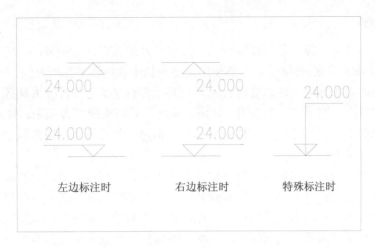

图 12-1　标高标注

6．建筑的材料和颜色标注

根据标准规定，应用文字说明各部位所用面材及色彩。在建筑立面上，外墙的色彩和材质决定建筑立面的效果，因此一定要进行标注。

12.1.2　建筑立面图的设计思路及绘制方法

立面图是建筑在某一垂直方向上的二维投影图，它们与建筑的平面图有密切的关系，在设计上要和平面图统一考虑。立面设计除了要确定与平面图相对应的建筑构件位置和形状外，最主要的是三维空间的概念审视和完善立面诸要素的设计内容，比如立面的轮廓、立面的样式、立面材料和色彩处理、各部分的比例和尺度、门窗的构成以及整个立面的艺术表达等。当然上述内容还涉及到建筑美学的问题，这需要读者通过建筑学设计的书籍去进一步了解，本书在这里就不做过多叙述，如图 12-2 所示为一个教学楼的立面效果，其立面造型上取得了比较好的效果。

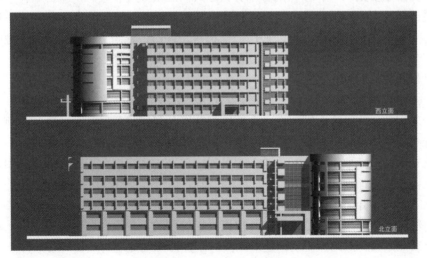

图 12-2　教学楼的立面

1. 设计思路

建筑物的立面设计实际上是与建筑物的功能设计及形式设计分不开的。所以说，建筑的外部形象(包括建筑物的立面)必须受到内部使用功能和技术及经济条件所制约，并受到周边环境、群体规划等外界因素的影响。建筑立面设计，也必须符合建筑造型和立面构图方面的规律性，如均衡、韵律、对比、统一等，把实用、经济、美观三者有机地结合起来。针对不同类型的建筑采用不同的立面形式，从建筑的整体到局部反复推敲，相互协调，使建筑形象趋于完善。

- 节奏和虚实对比

  节奏韵律和虚实对比是使建筑立面富有表现力的重要设计手法。建筑立面图上，相同构件或门窗进行有规律的重复和变化，使人们在视觉上得到节奏韵律的感受效果。立面的节奏感，在门窗的排列组合、墙面构件的划分中表现得比较突出。门窗的排列，在满足功能技术条件的前提下。应尽可能调整得既整齐又富有节奏变化。通常可以结合房屋内部多个相同的使用空间，对门窗进行分组排列。

  建筑立面的虚实对比，通常是指由于形体凹凸的光影效果，所形成的比较强烈的明暗对比关系，例如墙面的实体和门窗洞口、柱墩和门廊之间的明暗对比关系等。不同的虚实对比，给人们以不同的感觉。例如实墙面较大，门窗洞口较小，常使人感到厚实和封闭；相反，则使人感到轻巧和宽敞。

- 尺度和比例

  尺度正确和比例协调是使立面完整统一的重要方面。建筑立面中的一部分，如台阶的高低、栏杆和窗台的高度、大门拉手的位置等，由于这些部分的尺度相应的比较固定，如果它们的尺度不符合要求，不仅在使用上不方便，在视觉上也会使人感到不习惯，对于比例协调的要求，既存在于立面各部分之间，也存在于构件之间，以及构件本身的高宽比例。

- 重点与细部处理

  突出建筑物立面中的重点，既是建筑造型的设计方法，也是房屋使用功能的需要。建筑物的主要出入口和楼梯间等部分，是人们经常经过和接触的地方，在使用上要求这些部分的位置明显，易于发现，在建筑立面设计中，相应的也应该对出入口和楼梯间的立面适当进行重点处理，如门口雨棚等。同时，建筑立面上一些构件的构造搭接，窗台、遮阳以及檐口等的线脚处理，也应在设计中给予一定的重视。

- 材料和色彩配置

  一幢建筑物的立面，最终是以它们的轮廓、墙面和门窗的材质和色彩等多方面的综合来表现的，从而给人们留下一个完整深刻的外观印象。在立面轮廓的比例关系、门窗排列、构件组合以及墙面划分基本确定的基础上，材质和色彩的选择、配置，是使建筑立面进一步取得丰富和生动效果的另一重要方面。因此，在立面设计中，这一部分也应着重考虑。

另外，除了上面介绍的一些设计思路，在进行具体的立面设计中还应注意以下几点。

首先，建筑立面是为满足施工要求而按正投影绘制的，一般会分别为正立面、后立面、侧立面等多个立面效果。因此，在设计建筑立面时不能孤立地处理每一面，必须注意几个面的相互协调和相邻面的衔接以取得建筑风格的统一。

其次，立面设计也是建立在与功能和结构要求相符的基础上的。因此，建筑外形应立足于运用建筑物构件的直接效果、入口的重点处理以及少量装饰处理等,避免繁琐装饰和不切实际的浪费,对于中小型建筑更应力求简洁、明朗、朴素、大方。

最后,建筑造型是一种空间艺术,因此确定立面造型不能只局限在立面的尺寸大小和形状,应考虑到建筑空间的透视效果,这涉及到了建筑表现效果。

2. 绘制方法与步骤

建筑立面图的设计一般是在完成平面图的设计之后进行的。在 AutoCAD 2010 中绘制建筑立面图有两种基本方法:传统方法和模型投影法。

- 传统方法:同平面图的绘制一样,是手工绘图方法和普通 AutoCAD 命令的结合。这种绘图方法简单、直观、准确,只需以完成的建筑平面图作为生成基础,关闭不必要的图层(如尺寸标注、内部设备等),然后选定某一投影方向,根据平面图某一方向的外墙、外门窗等的位置和尺寸,直接利用 AutoCAD 的二维绘图命令绘制建筑立面图。这种方法简单实用,能基本上体现出计算机绘图的优势,但是,绘制的立面图是彼此分离的,不同方向的立面图必须独立绘制。

- 三维模型投影法:这种方法是调用建筑平面图,关闭不必要的图层,删去不必要的图素,根据平面图的外墙、外门窗等的位置和尺寸,构造建筑物外表三维实体模型。然后利用计算机优势,选择不同视点方向观察模型并进行消隐处理,即得到不同方向的建筑立面图。这种方法的优点是,它直接从三维模型上提取二维立面信息,一旦完成建模工作,就可生成任意方向的立面图,还可以在此基础上做必要的修整补充,因此从建筑形体、综合对比等方面看,建模方法更有利于立面设计的合理性。但该建模方法相对于传统方法操作较为复杂。因此,通常在实际设计中,还是采用传统方法来绘制建筑立面图。

一般建筑立面图的绘制步骤如下。

(1) 设置绘图环境。
(2) 绘制建筑轮廓。
(3) 绘制细部。
(4) 绘制门窗。
(5) 尺寸标注和文字说明。
(6) 加图框和标题。
(7) 打印输出。

12.1.3　建筑剖面图的基本知识

按照一般规定比例绘制建筑物的垂直剖视图,表示室内布置、屋顶、楼板、地面、墙身、门窗、楼梯、基础等的位置和轮廓,即为建筑剖面图,简称剖面图。在剖面施工图中还应标注出标高、用料做法、详细尺寸、定位轴线等。

建筑剖面图的图示内容主要如下。

1. 比例

剖面图的比例与平面图、立面图的比例一致,通常采用 1∶50、1∶100、1∶150 和 1∶200 的较小比例绘制。

2. 图例

由于比例较小，剖面图中的门窗等构配件应采用国家标准规定的图例来表示。常用构造和配件的图例可以参阅相关的建筑制图书籍或者国家标准。

为了清楚地表达建筑各部分的材料和构造层次，当剖面图的比例大于 1：50 时，应在被剖切到的构配件断面商标出其材料图例，当剖面图的比例小于 1：50 时，则不画出具体材料图例，而用简化的图例表示其构配件断面的材料。

3. 图线

剖面图上的线型按照国家标准规定：凡是被剖切到的墙、板、梁等构件的轮廓线用粗实线(b)来表示，未剖到的可见轮廓如门窗洞、楼梯栏杆、扶手等用中实线(0.5b)来表示，门窗扇、图例线、引出线、尺寸线等用细实线(0.35b)来表示，室内外地坪线用加粗实线(1.4b)来表示。

4. 尺寸标注和名称标注

除了标准出建筑物长、宽等大小尺寸外，图内还应包括剖切面及投影方向可见的建筑构造以及必要的尺寸、标高等，标高是用来表达建筑各部位(如室内地面、窗台、楼层、孔洞等)高度的标注方法。图中用标高符号加注尺寸数字表示，标高符号的画法在第 11 章已经介绍过。

另外，根据规定，建筑物平面图应注写房间的名称或编号，还有门窗的编号。而且，如果要表示室内立面在平面图上的位置，应在平面图上用内视符号注明视点位置、方向及立面编号。

12.1.4 建筑剖面图的设计思路及绘制方法

剖面设计主要分析建筑物各部分应有的高度、建筑层、建筑空间的组合和利用，以及建筑剖面中的结构与构造关系等。它和房屋的使用、造价和节约用地等有密切关系，也反映了建筑标准的一个方面。其中一些问题需要平、剖面结合在一起研究，才能具体确定下来。例如要将平面中房间的分层安排、各层面积大小和剖面中房屋层数进行全面考虑，要注意平面中不同高度房间竖向组合的平剖面关系，同时进行垂直交通联系的楼梯间中层高和进深尺寸的确定等。如图 12-3 所示为一幢二层办公楼的剖面图，可以看出，其剖面形状和应用功能都比较合理。

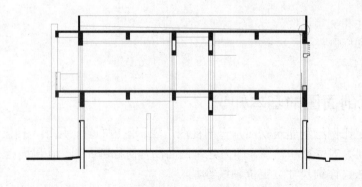

图 12-3 办公楼的剖面

1. 设计思路

建筑剖面设计需要考虑的因素包括确定房间的剖面形状、各部分层高、层数、剖面组合及空间组合等。
- 剖面形状
  房间的剖面形状主要根据房间的功能要求来确定，同时必须考虑剖面形状与组合后竖向各部分空间的特点、具体的物质技术、经济条件和空间的艺术效果等方面的影响，既要实用又要美观。
- 层数
  房屋层数主要从建筑本身的使用要求、规划要求、建筑技术的要求这三方面来考虑。建筑使用性质不同，层数也有所不同，用于生产、门诊之类的用房一般低层为好，用于集中住宅的房屋可建多层或高层。
  同时还要考虑规划部门对于建筑总高度的限制和规定。规划往往重视与环境的关系，决定建筑物层数时要求做到改善城市面貌，节约用地，与建筑物、道路、绿化相协调。建筑技术的核心反映在建筑的结构、材料及施工水平上，技术条件不同，所选建筑的层数也不同，如砖混结构用于低层，钢筋混凝土框架结构可建多层、高层，钢结构可建超高层。
  总之，确定层数时，使用要求、规划要求是第一位的，而建筑技术可随第一位的要求而改变，从而达到所需要的目的。
- 层高与净高
  对矩形剖面建筑而言，层高是指该层楼地面到地上一层楼面之间的垂直距离。而房间的净高是指楼板地面到结构层(梁、板)底面或悬吊顶棚下表面之间的垂直距离，一般情况下净高小于层高。
  层高通常是根据使用要求，如室内家具、设备、人体活动、采光通风、技术经济条件以及室内空间比例等因素要求，综合考虑而确定的。在定层高之前，一般先要确定室内的净高。而房间的净高与人体活动尺度有很大关系，一般情况不低于 2.2m，如果有大型设备放置，层高应适当提高。
  其次，不同类型的房间由于使用人数不同，房间面积大小不同，对净高要求也不同。例如对于住宅中的卧室、起居室，因使用人数少、房间面积小，净高可低一些，一般大于 2.4m，层高在 2.8m 左右；而对于礼堂、剧场等建筑，由于使用人数多、面积大，同时考虑到安全因素，净高要尽量高一些，一般取 5m 左右，层高在 5~12.5m；而对于生产车间这样的工业建筑，更要考虑生产的需要，如建筑中要设置吊车，这样层高要取到 7~8m，甚至更高，如图 12-4 所示为一个生产车间的剖面，层高为 7m。
- 空间组合
  建筑剖面空间的组合，主要是建筑物中各类房间的高度和剖面形状，房屋的使用要求和结构布置特点等因素决定的。在进行建筑空间组合时，应根据使用性质和使用特点将各房间进行合理的垂直分区，做到分区明确、使用方便、流线清晰、合理利用空间，同时应注意结构合理、设备管线集中的设计原则。

2. 绘制方法与步骤

建筑剖面图的设计一般是在完成平面图和立面图的设计之后进行的。用 AutoCAD 2010 绘制建筑剖面图有两种基本方法：一般方法和三维模型法。

一般情况下，设计者在绘制建筑剖面图时采用的是利用 AutoCAD 系统提供的二维绘图命令绘制剖面图。这种绘图方法简便、直观，从时间和经济效益来讲都比较核算，它的绘制只需以建筑平面图和立面图为其生成基础，根据建筑形体的情况绘制。这种方法适宜于从底层开始向上逐层设计，相同的部分逐层向上阵列或复制，最后再进行适当修改即可。

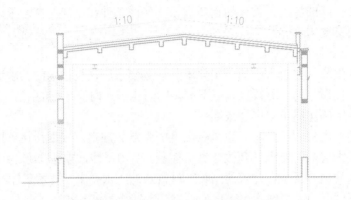

图 12-4　生产车间的剖面

三位模型法是以现有平面图为基础，基于建筑立面图的标高、层高和门窗等相关设计资料，将未来剖面图中可能剖到或看到的部分保留，然后从剖切线位置把与剖切方向相反的部分删去，从而得到剖面图的三位模型框架，以它为基础，即可生成剖面图。三维方法中比较简单的是建立表面模型，相对于实体模型来说，建立表面模型简单易行，对计算机的性能要求不是很高。但是，从三维表面模型生成的剖面还很不完善，需要在以后的编辑修改过程中做很多的后期工作。因此，从总体上来说，使用三维模型法绘制剖面图工作繁琐，效率低下，一般不采用。

在实际的剖面图设计绘制中，通常还是采用一般方法来进行，本章也将讲述以一般方法绘制剖面图的步骤。

建筑剖面图一般的绘制步骤如下。

(1) 设置绘图环境。
(2) 绘制地坪。
(3) 绘制墙和柱。
(4) 绘制建屋顶楼板。
(5) 绘制电(楼)梯间。
(6) 绘制门窗。
(7) 尺寸标注和文字说明。
(8) 加图框和标题。
(9) 打印输出。

12.2　建筑立面图和剖面图范例介绍

12.2.1　建筑立面图

本节将在上面对建筑立面图知识介绍的基础上，运用 AutoCAD 2010 设计并绘制前面介绍的某科技综合楼的立面图，四个立面的最后效果如图 12-5 所示。

第 12 章
应用范例(3)——绘制建筑立面图和剖面图

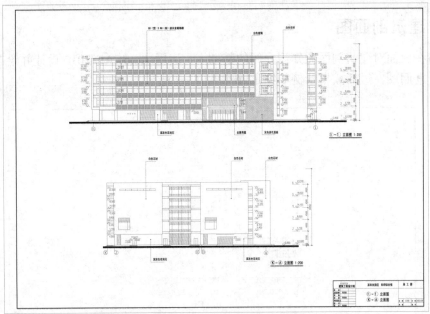

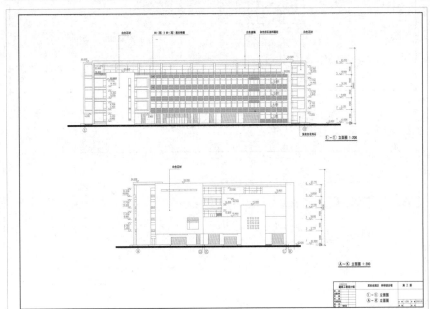

图 12-5　科技综合楼的立面图

从立面图中可以看到，该图采用 1∶200 的比例绘制。其中①～⑪轴立面是该综合楼的主立面。

整个设计过程包括设置绘图环境、绘制建筑轮廓、绘制细部和墙面装饰、绘制门窗、尺寸标注、文字标注、添加图框标题并打印输出共 7 个部分。

> **提　示**
> 为了便于讲解，下面主要以①～⑪轴的立面和Ⓐ～Ⓙ轴立面的图纸作为例子来进行讲解。

12.2.2 建筑剖面图

本节将在上面对建筑剖面图知识介绍的基础上,运用 AutoCAD 2010 设计并绘制某科技综合楼的多个剖面图,最后成果示例如图 12-6 和图 12-7 所示。

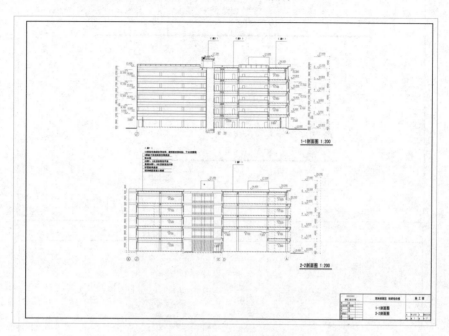

图 12-6 某科技综合楼的剖面图(1)

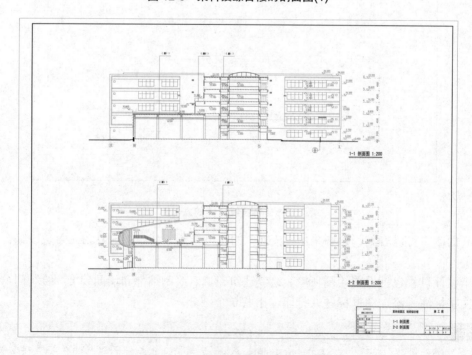

图 12-7 某科技综合楼的剖面图(2)

从图 12-6 和图 12-7 所示的剖面图中可以看到，该图采用 1：200 的比例绘制。

整个设计过程包括设置绘图环境、绘制地坪、绘制墙和柱子、绘制屋顶楼板、绘制门窗、绘制电(楼)梯间、尺寸标注和文字说明、加图框和标题并打印输出共 9 个部分。为了介绍方便，这里主要以其中一个剖面的绘制来进行主要的讲解。

12.3 绘制建筑立面图

12.3.1 设置绘图环境

与手工绘图一样，用户在 AutoCAD 2010 中绘图时，应首先规划图形的绘图环境，也就是设置绘图单位、图形界限、线型以及不同的图层。

(1) 首先，打开 AutoCAD 2010，新建一个绘图文件。设置好绘图单位和图形界限，这里根据图的大小，设置图形界限为 1189×841(A1 图纸大小)，并且设置线型，由于前面章节介绍得比较详细，这里不再赘述。

(2) 设置好图层，这样可以区分出不同的图形来，设置完成的【图层特性管理器】选项板如图 12-8 所示。

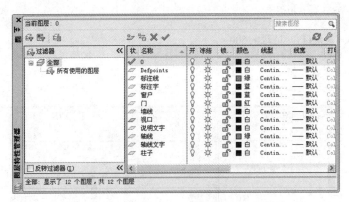

图 12-8　【图层特性管理器】选项板

至此，整个绘图环境的设置基本完成。下面来进行立面的绘制。

12.3.2 绘制建筑轮廓

建筑立面图是按照一定的立面方案来进行设计，首先要绘制出建筑的轮廓，主要包括建筑的外墙轮廓、地面等。

步骤 1：绘制墙的轮廓。

绘制墙的轮廓主要利用【直线】按钮 ，并根据上面提取出的基础平面图中的形状大小，绘制出墙的闭合线，然后，绘制出屋顶的边界。下面以①～⑪轴的正立面作为例子来绘制。

> **提示**
>
> 由于立面图采用正投影的方式，因此前面的墙线会投影到后面的墙上，这样也可以区分出墙的层次感。

(1) 首先选择【墙线】图层为当前图层，如图 12-9 所示；单击【绘图】工具栏【直线】按钮和【修改】工具栏中的【修剪】按钮，绘制墙线，如图 12-10 所示，命令行窗口提示如下。

```
命令: _line
指定第一点:                                    //直接用鼠标点取
指定下一点或 [放弃(U)]: @0,24000              //建筑的高度
指定下一点或 [放弃(U)]: @88300,0              /建筑的宽度
指定下一点或 [放弃(U)]: @0,-24000
指定下一点或 [放弃(U)]:C
命令:
命令: _offset
指定偏移距离或 [通过(T)] <通过>: 4000
选择要偏移的对象或 <退出>:                    //选择左侧的墙线
指定点以确定偏移所在一侧:
选择要偏移的对象或 <退出>:
命令: _offset
指定偏移距离或 [通过(T)] <通过>: 6000
选择要偏移的对象或 <退出>:                    //选择右侧的墙线
指定点以确定偏移所在一侧:
选择要偏移的对象或 <退出>:
命令: _offset
指定偏移距离或 [通过(T)] <通过>: 500
选择要偏移的对象或 <退出>:                    //选择顶部的墙线
指定点以确定偏移所在一侧:
选择要偏移的对象或 <退出>:                    //按 Enter 键
```

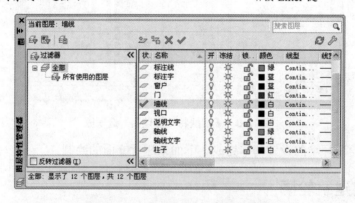

图 12-9　【图层特性管理器】选项板

图 12-10　画出初步的墙线

(2) 使用同样的方法可绘制出墙体的突出部分和边缘，命令行窗口提示如下。

```
命令: _offset
指定偏移距离或 [通过(T)] <通过>: 240
选择要偏移的对象或 <退出>:                    //选择左侧的轮廓线
指定点以确定偏移所在一侧:                      //向右单击
选择要偏移的对象或 <退出>:                    //选择左边上侧墙轮廓线
指定点以确定偏移所在一侧:                      //向下单击
选择要偏移的对象或 <退出>:                    //选择左边下数第 2 根水平线
指定点以确定偏移所在一侧:                      //向上单击
选择要偏移的对象或 <退出>:
命令: _line
指定第一点:                                  //选择左下方左数第 2 个端点
指定下一点或 [放弃(U)]: @5200,0
指定下一点或 [放弃(U)]: @0,20000
指定下一点或 [闭合(C)/放弃(U)]: @11000,0
指定下一点或 [闭合(C)/放弃(U)]: @0,-20000
指定下一点或 [闭合(C)/放弃(U)]:
```

这样，绘制出左边的墙体边缘轮廓和突出的墙体轮廓来，如图 12-11 所示。

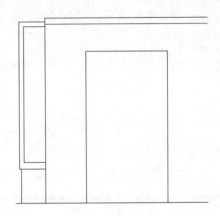

图 12-11 绘制出一部分墙体轮廓

(3) 按照这样的方法绘制出其他部分的墙体轮廓，最终得到墙体轮廓如图 12-12 所示。

图 12-12 墙体轮廓结果

步骤 2：绘制地面。

(1) 地面是用一条粗实线来表示的，单击【绘图】工具栏【多段线】按钮，绘制图形，命令行窗口提示如下。

```
命令:_pline                                                    //使用【多段线】命令
指定起点:
当前线宽为 0.0000
指定下一个点或 [圆弧(A)/半宽(H)/长度(L)/放弃(U)/宽度(W)]: H
指定起点半宽 <0.0000>: 300                                      //设置线起点的宽度
指定端点半宽 <300.0000>:300                                     //设置线端点的宽度
指定下一个点或 [圆弧(A)/半宽(H)/长度(L)/放弃(U)/宽度(W)]:
指定下一点或 [圆弧(A)/闭合(C)/半宽(H)/长度(L)/放弃(U)/宽度(W)]:  //按 Enter 键
```

这样，得到建筑地面，如图 12-13 所示。

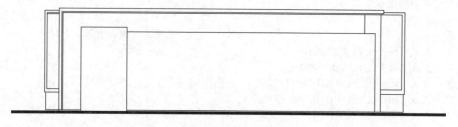

图 12-13　绘制地面

(2) 按照前面的方法，绘制出Ⓐ～Ⓙ轴立面的建筑轮廓，这里就不再赘述了，要注意根据基础平面图来进行，如图 12-14 所示。

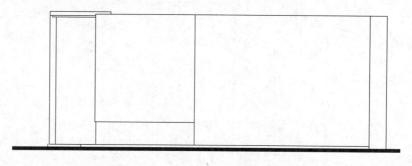

图 12-14　Ⓐ～Ⓙ轴立面的建筑轮廓

> **提示**
>
> 绘制建筑后立面的轮廓，可以参照建筑主立面的轮廓来进行。

12.3.3　细部设计和墙面装饰

立面的细部和墙面的装饰可以体现建筑的艺术性，是使建筑立面美化的重要部分。这两部分的绘制，主要通过【直线】、【偏移】、【镜像】等基本的绘图及修改命令来完成。

步骤 1：细部设计。

下面还是主要利用①～⑪轴立面作为例子，其墙面的细部主要包括建筑中层的分界，柱子和台阶等，绘制步骤如下。

(1) 设置【外墙】图层为当前图层，单击【绘图】工具栏中的【直线】按钮和【修改】工具栏中的【偏移】按钮，绘制图形。命令行窗口提示如下。

```
命令: _line
指定第一点:                                    //选择左侧墙线一点
指定下一点或 [放弃(U)]:@3600,0
指定下一点或 [放弃(U)]:
命令: _offset
指定偏移距离或 [通过(T)] <通过>: 1200           //楼层之间的距离
选择要偏移的对象或 <退出>:                     //选择墙线
指定点以确定偏移所在一侧:                      //向右单击
选择要偏移的对象或 <退出>:
命令:
命令: _offset
指定偏移距离或 [通过(T)] <通过>: 3300           //一层的高度
选择要偏移的对象或 <退出>:                     //选择楼层线
指定点以确定偏移所在一侧:                      //向下单击
选择要偏移的对象或 <退出>:
```

(2) 按照这种方法多次绘制,就绘制出各层之间的立面分界,绘制出的左边楼体效果如图 12-15 所示。

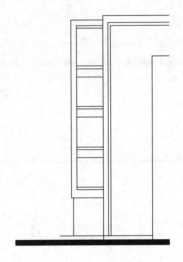

图 12-15 左边楼体的效果

(3) 按照上面的方法,将其他部分每层的分界也绘制出来,效果如图 12-16 所示。

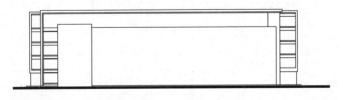

图 12-16 整个楼的效果

步骤 2:绘制墙面装饰。

墙面装饰主要包括墙面的效果,墙面上的装饰线和文字。

(1) 单击【绘图】工具栏中的【直线】按钮 和【常用】选项卡【注释】面板中的【多行文字】按钮,然后写入要显示的文字,绘制出的文字效果如图 12-17 所示。

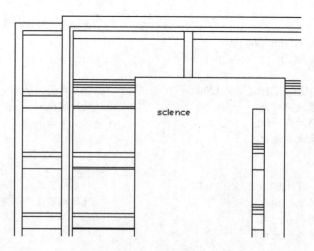

图 12-17 文字效果

(2) 绘制装饰的方法基本和细部设计相同，这里不做详细介绍，绘制出的①～⑪墙面装饰效果如图 12-18 所示。

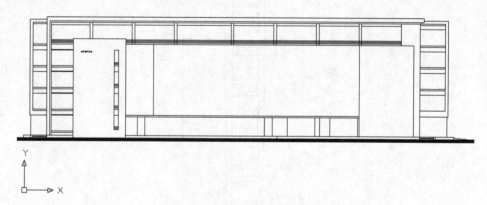

图 12-18 墙面装饰效果

(3) 用相同的方法绘制出Ⓐ～Ⓙ轴立面的细部和墙面装饰，如图 12-19 所示。

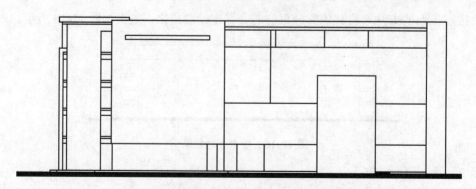

图 12-19 Ⓐ～Ⓙ轴立面的细部和墙面装饰效果

12.3.4 绘制门窗

下面来绘制门窗，门窗一般都是规范中规定的标准件，可以依据建筑设计的要求从规范中选取，当然也可以自行绘制。

这幢建筑的窗主要为大的玻璃平窗和百叶窗，一层大门为玻璃的推拉大门和卷帘门，下面来具体绘制。

步骤1：绘制窗。

关于窗的图例，其结构特点基本相同，都是矩形中按窗框分为几块，因而可以采用相同的画法：先画出矩形，再利用【直线】命令画出中间的窗框。

具体步骤如下。

(1) 设置【窗】图层为当前图层，单击【绘图】工具栏中的【矩形】按钮▢，生成窗的外框线。然后单击【绘图】工具栏中的【直线】按钮，生成内部的窗棂。命令行窗口提示如下。

```
命令: _rectang                                    //使用矩形命令
指定第一个角点或 [倒角(C)/标高(E)/圆角(F)/厚度(T)/宽度(W)]:
指定另一个角点或 [尺寸(D)]: D
指定矩形的长度 <0.0000>: 1950                      //窗的宽度
指定矩形的宽度 <0.0000>: 2700                      //窗的高度
指定另一个角点或 [尺寸(D)]:
命令: _line
指定第一点:                                        //选择窗左边竖直线上一点
指定下一点或 [放弃(U)]:                            //选择正交水平方向与右竖直线的交点
指定下一点或 [放弃(U)]:
```

绘制出的窗户效果如图 12-20 所示。

(2) 在窗户的上方，还有百叶窗，单击【绘图】工具栏中的【矩形】按钮▢和【直线】按钮，再单击【修改】工具栏中的【偏移】按钮，进行绘制。命令行窗口提示如下。

```
命令: _rectang
指定第一个角点或 [倒角(C)/标高(E)/圆角(F)/厚度(T)/宽度(W)]:
指定另一个角点或 [尺寸(D)]: D
指定矩形的长度 <0.0000>: 1950                      //百叶窗的宽度
指定矩形的宽度 <0.0000>: 900                       //百叶窗的高度
命令: _line
指定第一点:                                        //选择窗左边竖直线上一点
指定下一点或 [放弃(U)]:                            //选择正交水平方向与右竖直线的交点
指定下一点或 [放弃(U)]:
命令: offset
指定偏移距离或 [通过(T)] <通过>: 150
选择要偏移的对象或 <退出>:                         //选择刚才绘制的直线
指定点以确定偏移所在一侧:                          //向下单击
选择要偏移的对象或 <退出>:                         //选择偏移后的直线
指定点以确定偏移所在一侧:                          //向下单击
选择要偏移的对象或 <退出>:
指定点以确定偏移所在一侧:
...                                               //进行多次，每次都选择上次偏移后的直线
选择要偏移的对象或 <退出>:
```

提示

绘制百叶窗的时候，这些窗户的直线是通过偏移来绘制的，也可以利用复制和阵列来进行绘制。

制作完成的窗户和百叶窗的效果如图 12-21 所示。

图 12-20　绘制出的窗户效果　　　　　图 12-21　窗户和百叶窗的效果

(3) 下面利用【阵列】命令生成其他的窗户和百叶窗。选择【修改】|【阵列】菜单命令，打开【阵列】对话框，单击【选择对象】按钮，选择刚才绘制好的窗户，按下 Enter 键，返回【阵列】对话框，设置参数如图 12-22 所示，单击【确定】按钮。

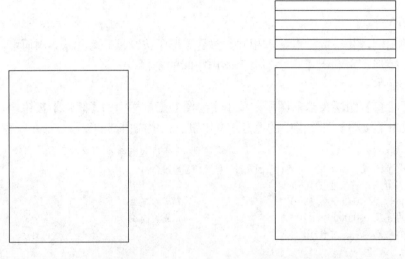

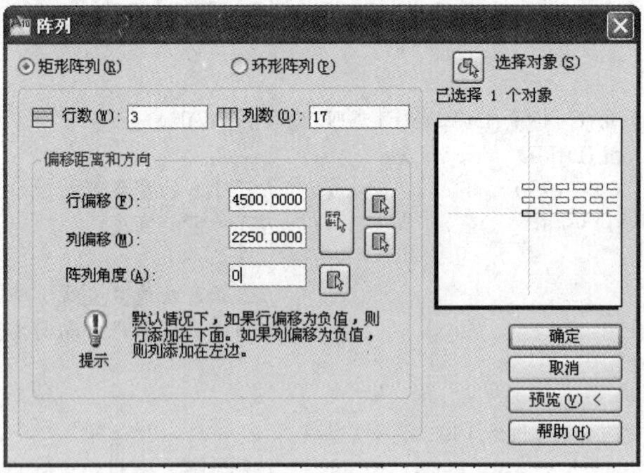

图 12-22　窗户的【阵列】对话框设置

(4) 选择【修改】|【阵列】菜单命令，打开【阵列】对话框，单击【选择对象】按钮，选择刚才绘制好的百叶窗，按下 Enter 键，返回【阵列】对话框，设置参数如图 12-23 所示，单击【确定】按钮，得到阵列后的窗户和百叶窗效果如图 12-24 所示。

第 12 章
应用范例(3)——绘制建筑立面图和剖面图

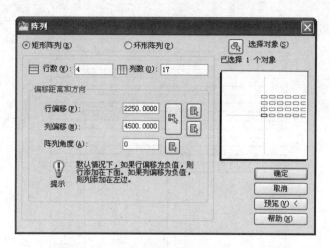

图 12-23　百叶窗的【阵列】对话框设置

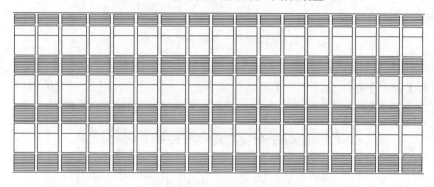

图 12-24　阵列后窗户和百叶窗

(5)　下面绘制另一种窗户和百叶窗。窗户主要还是单击【绘图】工具栏中的【矩形】按钮□和【直线】按钮╱，还有【修改】工具栏中的【偏移】按钮△来完成，命令行窗口提示如下。

```
命令: _rectang
指定第一个角点或 [倒角(C)/标高(E)/圆角(F)/厚度(T)/宽度(W)]:
指定另一个角点或 [尺寸(D)]: D
指定矩形的长度 <0.0000>: 4200              //窗的宽度
指定矩形的宽度 <0.0000>:1800               //窗的高度
指定另一个角点或 [尺寸(D)]:
命令: _line
指定第一点:                                //选择窗上边水平线上靠左一点
指定下一点或 [放弃(U)]:                    //选择正交竖直方向与下水平线的交点
指定下一点或 [放弃(U)]:
命令: offset
指定偏移距离或 [通过(T)] <通过>: 1500
选择要偏移的对象或 <退出>:                 //选择刚才绘制的直线
指定点以确定偏移所在一侧:                   //向右单击
选择要偏移的对象或 <退出>:                 //选择偏移后的直线
指定点以确定偏移所在一侧:                   //向右单击
选择要偏移的对象或 <退出>:
```

然后按照前面的方法绘制出百叶窗，这里就不详细介绍了，绘制好的另一种窗户和百叶窗的图形如图 12-25 所示。

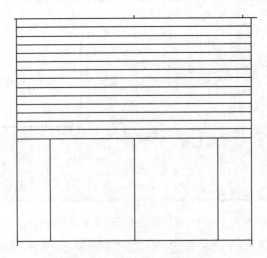

图 12-25　另一种窗户和百叶窗

(6) 下面还是用【阵列】命令绘制出其他窗户和百叶窗的效果，选择【修改】|【阵列】菜单命令，打开【阵列】对话框，单击【选择对象】按钮，选择刚才绘制好的窗户，按下 Enter 键，返回【阵列】对话框，设置参数如图 12-26 所示，单击【确定】按钮。

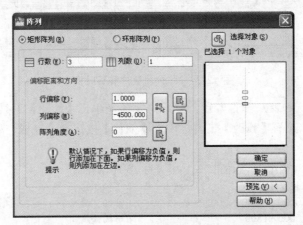

图 12-26　窗户的【阵列】对话框设置

然后设置百叶窗的【阵列】对话框，参数与窗户的设置基本相同，只是设置行数为 4，阵列后得到的结果如图 12-27 所示。

> **提示**
> 本例的绘制过程中多次运用了【阵列】命令，这对于复制有规则分布的图形对象非常方便。在后续章节的图形绘制过程中将更加体会到该命令的实用性。

(7) 复制并阵列出另一面墙上的窗户和百叶窗效果，如图 12-28 所示。
(8) 还有其他一些次要的窗户效果，如图 12-29 所示，主要利用【矩形】和【直线】命令来绘制，在这里就不详细介绍了。

第 12 章
应用范例(3)——绘制建筑立面图和剖面图

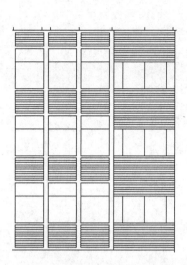

图 12-27 阵列另一种窗户和百叶窗

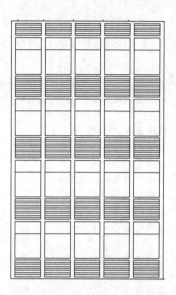

图 12-28 另一面墙的窗户和百叶窗效果

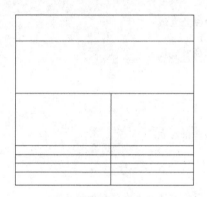
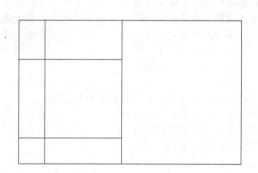

图 12-29 其他的窗户

(9) 这样,将所有窗户绘制出来,得到的结果如图 12-30 所示。

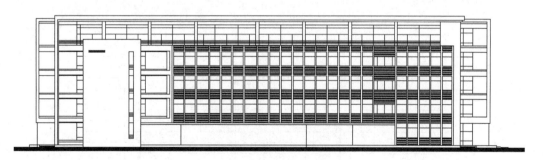

图 12-30 绘制出窗户

步骤 2:绘制大门。

大门主要有两种,一种是玻璃推拉大门,一种是卷帘门。下面来具体绘制。

(1) 设置【大门】图层为当前层。

(2) 首先来绘制玻璃推拉大门。单击【绘图】工具栏中的【矩形】按钮口和【修改】工具栏中的【偏移】按钮来绘制，命令行窗口提示如下。

```
命令: _rectang                          //使用矩形命令
指定第一个角点或 [倒角(C)/标高(E)/圆角(F)/厚度(T)/宽度(W)]:
指定另一个角点或 [尺寸(D)]: @11000,3900
命令: _offset                           //使用偏移命令
指定偏移距离或 [通过(T)] <通过>: 300
选择要偏移的对象或 <退出>:              //选择矩形的上水平线
指定点以确定偏移所在一侧:               //向下单击
选择要偏移的对象或 <退出>:              //选择偏移后的水平线
指定点以确定偏移所在一侧:               //向下单击
选择要偏移的对象或 <退出>:              //选择再次偏移后的水平线
指定点以确定偏移所在一侧:               //向下单击
… …
指定点以确定偏移所在一侧:
命令: offset
指定偏移距离或 [通过(T)] <300.0000>: 1250
选择要偏移的对象或 <退出>:              //选择偏移后的竖直线
指定点以确定偏移所在一侧:               //向左单击
选择要偏移的对象或 <退出>:              //选择矩形的左竖直线
指定点以确定偏移所在一侧:               //向右单击
选择要偏移的对象或 <退出>:              //选择偏移后的竖直线
指定点以确定偏移所在一侧:               //向右单击
选择要偏移的对象或 <退出>:
命令: offset
指定偏移距离或 [通过(T)] <1250.0000>: 1000
选择要偏移的对象或 <退出>:              //选择右数第三条竖直线
指定点以确定偏移所在一侧:               //向左单击
选择要偏移的对象或 <退出>:
指定点以确定偏移所在一侧:
…                                       //进行多次，每次都选择上次偏移后的直线
指定点以确定偏移所在一侧:
```

绘制出的图形如图 12-31 所示。

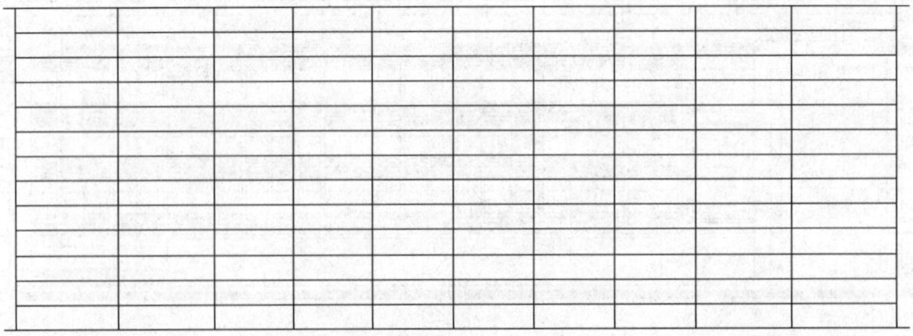

图 12-31 绘制了一部分的大门

(3) 单击【修改】工具栏中的【修剪】按钮，剪掉多余的线，得到大门的最终效果，如图 12-32 所示。

```
命令:_trim
当前设置:投影=UCS,边=无
选择剪切边...
选择对象:                                      //选择上数第6条水平线
选择对象:
选择要修剪的对象,或按住 Shift 键选择要延伸的对象,或 [投影(P)/边(E)/放弃(U)]:
                                               //选择左数第4条竖直线
选择要修剪的对象,或按住 Shift 键选择要延伸的对象,或 [投影(P)/边(E)/放弃(U)]:
```

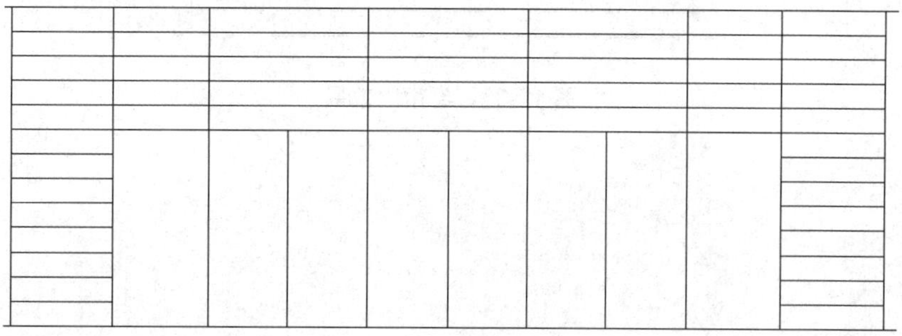

图 12-32 玻璃推拉大门

(4) 下面绘制卷帘门,单击【绘图】工具栏中的【直线】按钮和【修改】工具栏中的【偏移】按钮,绘制图形,命令行窗口提示如下。

```
命令:_line
指定第一点:                    //选择左侧门框上一点
指定下一点或 [放弃(U)]: @5800,0
指定下一点或 [放弃(U)]:
命令:
命令:_offset
指定偏移距离或 [通过(T)] <通过>: 300
选择要偏移的对象或 <退出>:     //选择刚才绘制的直线
指定点以确定偏移所在一侧:      //向下单击
选择要偏移的对象或 <退出>:     //选择偏移后的水平线
指定点以确定偏移所在一侧:      //向下单击
选择要偏移的对象或 <退出>:     //选择再次偏移后的水平线
指定点以确定偏移所在一侧:      //向下单击
选择要偏移的对象或 <退出>:
指定点以确定偏移所在一侧:
...                            //进行多次,每次都选择上次偏移后的直线
选择要偏移的对象或 <退出>:
```

这样,绘制出的卷帘门效果如图 12-33 所示。

(5) 下面绘制出其他的门,也可以使用【修改】工具栏中的【复制】按钮,将相同的门复制出来即可,最终完成整个①~⑪轴立面绘制,结果如图 12-34 所示。

(6) 下面按照同样的方法绘制出Ⓐ~Ⓙ轴立面上的门窗,注意由于Ⓐ~Ⓙ轴是楼的侧面,所以没有大门,主要是普通的窗,还有几个小的卷帘门。绘制后的结果如图 12-35 所示。

图 12-33　卷帘门效果

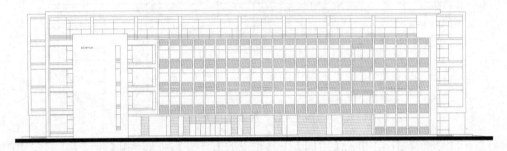

图 12-34　①～⑪轴立面

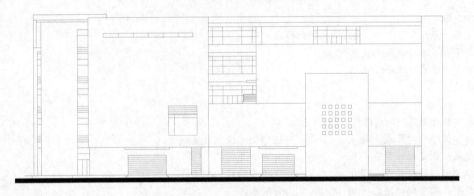

图 12-35　添加门窗后的Ⓐ～Ⓙ轴立面

12.3.5　尺寸标注和文字标注

下面进行尺寸标注和必要的文字标注，这也是立面图不可缺少的一部分。

步骤 1：尺寸标注。

立面图的尺寸标注主要包括：立面中各层的层高、屋顶标高以及窗户的标高。立面图的尺寸标注与平面图不同，它无法完全采用 AutoCAD 2010 自带的标注功能来完成。这里将主要介绍一下标高的绘制方法。

(1) 设置【尺寸标注】图层为当前图层。

(2) 首先来绘制标注线，单击【绘图】工具栏中的【直线】按钮 ，进行绘制，命令行窗口提示如下。

```
命令: _line
指定第一点:
指定下一点或 [放弃(U)]: @600,-600
指定下一点或 [放弃(U)]: @600,600
指定下一点或 [闭合(C)/放弃(U)]: c
命令: _line 指定第一点:           //选择前面绘制的三角形的右端点
指定下一点或 [放弃(U)]: @1200,0
指定下一点或 [放弃(U)]:
```

(3) 然后单击【常用】选项卡的【注释】面板中的【多行文字】按钮 A 多行文字，在直线上方写出标高值，就完成了一个标高的绘制，如图 12-36 所示。

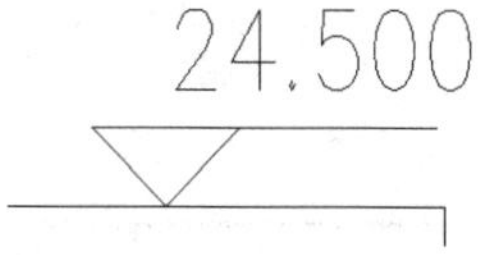

图 12-36　绘制标高

(4) 按照前面的方法，绘制出立面上的所有标高，然后对楼层的高度进行尺寸标注，这种标注方式，基本上与平面图的标注方法相同，这在第 11 章已经进行过介绍，这里不再赘述，得到的结果如图 12-37 所示。

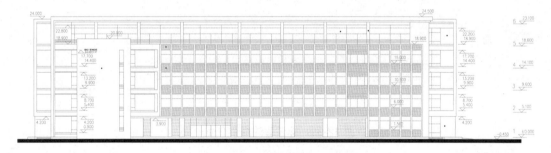

图 12-37　标注尺寸后的立面图

步骤 2：文字标注。

立面图的文字标注主要包括立面所选用的面层材料、门窗材料、必要的轴的标注以及立面图的说明，其中面层和门窗材料标注如图 12-38 所示。

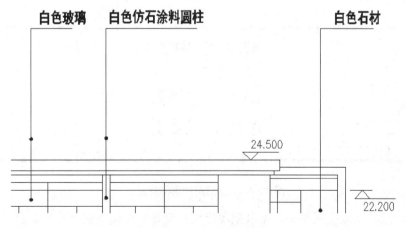

图 12-38　面层和门窗材料标注

这些标注主要利用单击【常用】选项卡的【注释】面板中的【多行文字】按钮 A 多行文字 来完

成，这里就不详细介绍了，标注后的①～⑪轴立面和Ⓐ～Ⓙ轴立面如图 12-39 所示。

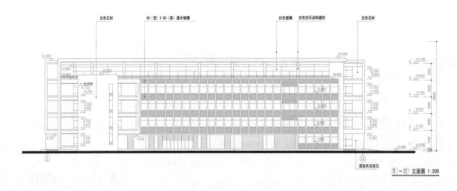

图 12-39　标注后的两个立面

12.3.6　添加图框标题并打印输出

下面来为图纸添加图框标题，并最终打印输出。

(1) 单击【绘图】工具栏中的【直线】按钮和【常用】选项卡的【注释】面板中的【多行文字】按钮，绘制图框标题如图 12-40 所示。

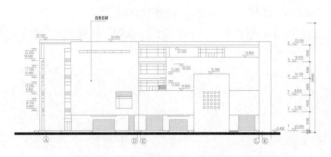

图 12-40　立面图的图框标题

(2) 这样，绘制完成立面图后，可以把图形切换至布局环境下进行打印。具体步骤前面介绍得比较详细。【打印-模型】对话框的设置如图 12-41 所示。

(3) 两张立面图的打印预览效果如图 12-42 所示。最后按照 1∶1 的比例打印出所有的建筑立面图。

图12-41 【打印-模型】对话框

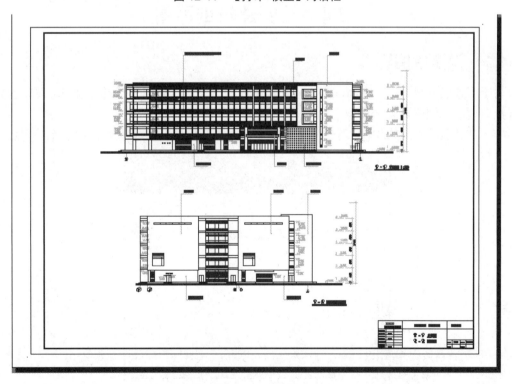

图12-42 打印预览

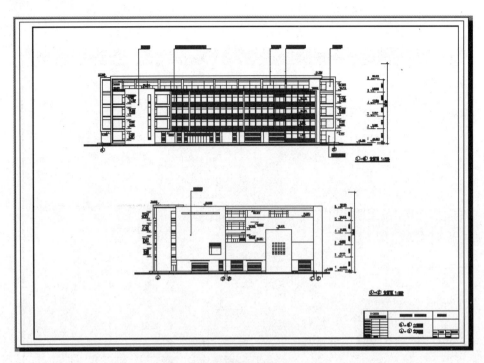

图 12-42 （续）

12.4 绘制建筑剖面图

12.4.1 设置绘图环境

与手工绘图一样，用户在 AutoCAD 2010 中绘图时，应首先规划图形的绘图环境，也就是设置绘图单位、图形界限、线型以及不同的图层。

(1) 打开 AutoCAD 2010。新建一个绘图文件。打开软件界面如图 12-43 所示。

图 12-43 软件界面

(2) 选择【格式】|【图层】菜单命令，弹出【图层特性管理器】选项板，如图 12-44 所示。单击【新建图层】按钮，新建一个图层，设置【名称】为【标高】，【颜色】为绿色，如图 12-45 所示。

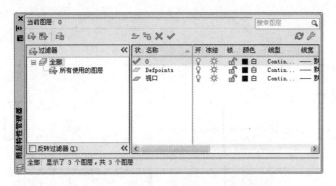

图 12-44 【图层特性管理器】选项板(1)

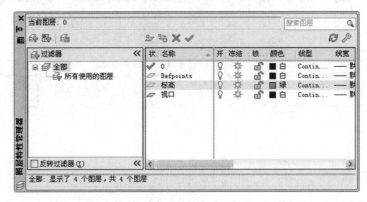

图 12-45 新建【标高】图层

(3) 继续设置其他图层。这里也不再详细介绍了，设置完成的【图层特性管理器】选项板，如图 12-46 所示。

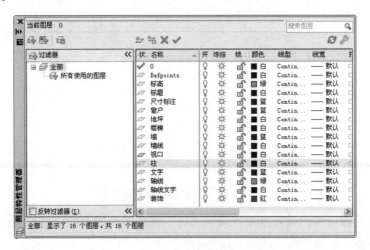

图 12-46 【图层特性管理器】选项板(2)

(4)由于建筑剖面图是以平面图和立面图为基础的,下面来确定剖面图的剖切位置。根据前面所介绍的剖切原则,在平面图中选择出适当的剖切位置,同时确定此平面为基础平面图,如图 12-47 所示为建筑的平面图,可以看到剖切位置一般选在 A—A 和 B—B 上。

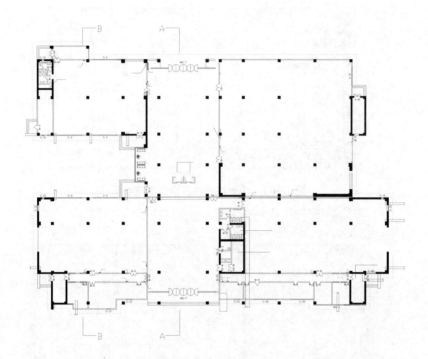

图 12-47　确定剖切位置

(5)由于剖面不仅要以平面为基础,还要结合立面的形式进行设计,因此,提取出剖面所对应的立面图,如图 12-48 所示。

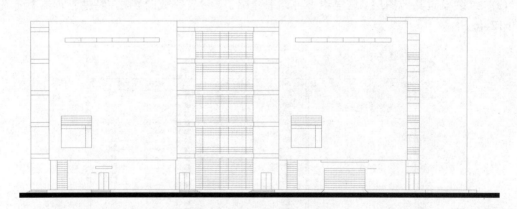

图 12-48　提取的立面基础图

至此,整个绘图环境的设置基本完成。现在,就可以开始绘制该科研综合楼的剖面图了,本章中主要介绍 A—A 剖切位置的剖面绘制。

> **提示**
> 事实上在绘制剖面图前,应该首先确定剖切的位置,这需要在建筑的平面上选择并绘制好剖切位置和方向,然后以此为根据来绘制剖面。

12.4.2 绘制地坪

在剖面的绘制中,地坪是很重要的。地坪主要是作为基准和基础。在本例中,由于地形比较简单,绘制地坪主要使用【多段线】命令。

(1) 首先设置【地坪】图层为当前图层。
(2) 单击【绘图】工具栏中的【多段线】按钮 ⌐⌐,绘制地坪的图形。命令行窗口提示如下。

```
命令: _pline                    //使用【多段线】命令
指定起点:
当前线宽为 0.0000
指定下一个点或 [圆弧(A)/半宽(H)/长度(L)/放弃(U)/宽度(W)]: w
指定起点宽度 <0.0000>: 100
指定端点宽度 <100.0000>:
指定下一个点或 [圆弧(A)/半宽(H)/长度(L)/放弃(U)/宽度(W)]: @9000,0
指定下一点或 [圆弧(A)/闭合(C)/半宽(H)/长度(L)/放弃(U)/宽度(W)]: w
指定起点宽度 <100.0000>: 0
指定端点宽度 <0.0000>:
指定下一点或 [圆弧(A)/闭合(C)/半宽(H)/长度(L)/放弃(U)/宽度(W)]:@50,300
指定下一点或 [圆弧(A)/闭合(C)/半宽(H)/长度(L)/放弃(U)/宽度(W)]:@59900,0
指定下一点或 [圆弧(A)/闭合(C)/半宽(H)/长度(L)/放弃(U)/宽度(W)]:@-50,300
指定下一点或 [圆弧(A)/闭合(C)/半宽(H)/长度(L)/放弃(U)/宽度(W)]: w
指定起点宽度 <0.0000>: 100
指定端点宽度 <100.0000>:
指定下一点或 [圆弧(A)/闭合(C)/半宽(H)/长度(L)/放弃(U)/宽度(W)]: @9000,0
指定下一点或 [圆弧(A)/闭合(C)/半宽(H)/长度(L)/放弃(U)/宽度(W)]:
```

得到的地坪线结果如图 12-49 所示。

图 12-49 绘制地坪

12.4.3 绘制墙和柱子

剖面图中的墙和柱子是比较重要的,下面来具体介绍绘制方法。

步骤 1:绘制墙体。

从平面图中可以看出,被剖切到的墙主要有两堵墙,是外侧的墙和中间的一堵内墙。同时,结合立面图的效果,剖面中的墙采用双线绘制,墙的厚度为 240mm。

(1) 确定线条样式,设置线条间距为 240mm。
(2) 设置【墙】图层为当前图层,使用【多线】命令进行绘制。命令行窗口提示如下。

```
命令:_mline
当前设置: 对正 = 上，比例 = 20.00，样式 = STANDARD
指定起点或 [对正(J)/比例(S)/样式(ST)]: st
输入多线样式名或 [?]: wall
当前设置: 对正 = 上，比例 = 20.00，样式 = wall
指定起点或 [对正(J)/比例(S)/样式(ST)]: j
输入对正类型 [上(T)/无(Z)/下(B)] <上>: z
当前设置: 对正 = 无，比例 = 20.00，样式 = wall
指定起点或 [对正(J)/比例(S)/样式(ST)]: s
输入多线比例 <20.00>: 240
当前设置: 对正 = 无，比例 = 240.00，样式 = wall
指定起点或 [对正(J)/比例(S)/样式(ST)]:
指定下一点:@0,24500                //建筑物的墙高
指定下一点或 [放弃(U)]:
```

从而得到外侧的墙体，如图 12-50 所示。

(3) 按照同样的方法绘制其余的墙体，要注意墙体是以轴线为基础的，要结合平面和里面中的轴线位置来进行绘制，绘制出的所有墙体结果如图 12-51 所示。

图 12-50　绘制一段墙体　　　　　图 12-51　绘制出所有墙体

步骤 2：绘制柱子。

在剖面图中，构造柱并没有被剖切到，但是可以看见其轮廓，因此需要用中实线表示出来。

(1) 设置【柱】图层为当前图层。

(2) 使用【多线】命令进行绘制，设置双线间距为 500。命令行窗口提示如下。

```
命令:_mline
当前设置: 对正 = 无，比例 = 240.00，样式 = STANDARD
指定起点或 [对正(J)/比例(S)/样式(ST)]: j
输入对正类型 [上(T)/无(Z)/下(B)] <无>: z
当前设置: 对正 = 无，比例 = 240.00，样式 = STANDARD
指定起点或 [对正(J)/比例(S)/样式(ST)]: s
输入多线比例 <240.00>: 500         //柱的截面尺寸为 500 × 500
当前设置: 对正 = 无，比例 = 500.00，样式 = STANDARD
指定起点或 [对正(J)/比例(S)/样式(ST)]:
指定下一点:@0,4000                  //一层的柱高
指定下一点或 [放弃(U)]:
```

这样就绘制出一层的一个柱子，如图 12-52 所示。

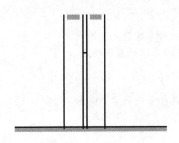

图 12-52 绘制一层中的柱子

(3) 将这个柱子复制到其他层。然后按照这种方法绘制出其他的柱子，结果如图 12-53 所示。

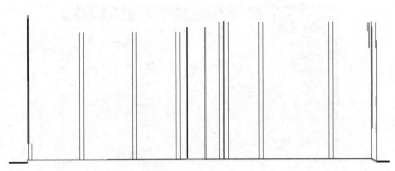

图 12-53 绘制出其他的柱子

12.4.4 绘制屋顶和楼板

下面来绘制建筑物的屋顶和楼板，同时将建筑物的一些附属件，如台阶等绘制出来。

步骤 1：绘制楼板。

楼板层是多层建筑物中沿水平方向分割上下空间的结构部件，它除了承受并传递垂直荷载和水平荷载外，还具有一定程度的隔声、防水、防火等的能力。同时，建筑物中的各种设备管线，也在楼板层内安装。因此，楼板层由面层、结构层、顶棚层等组成，具有一定的厚度。在剖面图中，楼板用填充的平行线表示。绘制方法如下。

(1) 设置【楼板】图层为当前图层，使用【多线】命令绘制楼板。命令行窗口提示如下。

命令:_mline
当前设置: 对正 = 上，比例 = 20.00，样式 = STANDARD
指定起点或 [对正(J)/比例(S)/样式(ST)]: j
输入对正类型 [上(T)/无(Z)/下(B)] <上>: t
当前设置: 对正 = 上，比例 = 20.00，样式 = STANDARD
指定起点或 [对正(J)/比例(S)/样式(ST)]: s
输入多线比例 <20.00>: 180
当前设置: 对正 = 上，比例 = 180.00，样式 = STANDARD
指定起点或 [对正(J)/比例(S)/样式(ST)]:
指定下一点: //选择楼板的另一个顶点
指定下一点或 [放弃(U)]:

(2) 单击【绘图】工具栏中的【直线】按钮，首先将多线封闭。命令行窗口提示如下。

```
命令: _line
指定第一点:              //选择多线的左上端点
指定下一点或 [放弃(U)]:  //选择多线的左下端点
指定下一点或 [放弃(U)]:
命令: _line
指定第一点:              //选择多线的右上端点
指定下一点或 [放弃(U)]:  //选择多线的右下端点
指定下一点或 [放弃(U)]:
```

(3) 单击【绘图】工具栏中的【图案填充】按钮，打开【图案填充和渐变色】对话框，选择【图案】选项为 SOLID，如图 12-54 所示，单击【添加：选取点】按钮，选择楼板内一点，然后单击【确定】按钮，进行填充。

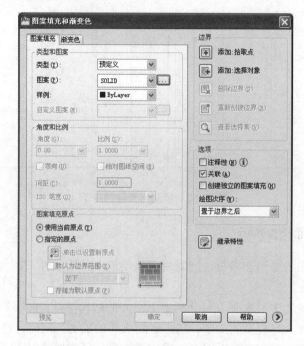

图 12-54 【图案填充和渐变色】对话框

(4) 以同样的方法绘制其余各层楼板，或者使用【修改】工具栏中的【复制】按钮，得到其余的楼板，结果如图 12-55 所示。

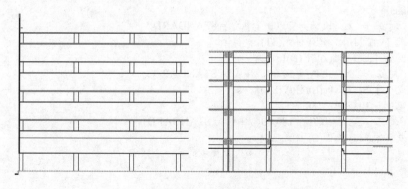

图 12-55 绘制楼板

步骤 2：绘制屋顶。

屋顶是房屋最上层覆盖的外围结构，其主要功能是抵御自然界的风霜雪雨、太阳辐射、气温变化和其他外界的不利因素，以使屋顶覆盖下的空间，有一个良好的使用环境。因此，屋顶在设计上应解决防水、保温、隔热等的问题，尤其是防水功能。

这里的建筑物由于是科研综合楼，因此屋顶采用了平屋顶的构造形式，由于屋面坡度较小，采用了常用的挑檐沟排水方式，将屋面的雨水汇集到悬挑在墙外的檐沟内，再从雨水管排下。在平面图中，屋顶用矩形表示。其中矩形上边为细实线绘制，表示屋面线，其余各边用实心双线绘制，表示构造层。

(1) 使用【绘图】工具栏中的【直线】按钮和【多线】命令绘制剖面图的右侧屋顶，命令行窗口提示如下。

```
命令:_line
指定第一点: from
基点:
<偏移>: @-500,0
指定下一点或 [放弃(U)]: from
基点:
<偏移>: @500,0
指定下一点或 [放弃(U)]:
命令:_mline
当前设置: 对正 = 上, 比例 = 180.00, 样式 = STANDARD
指定起点或 [对正(J)/比例(S)/样式(ST)]: j
输入对正类型 [上(T)/无(Z)/下(B)] <上>: b
当前设置: 对正 = 下, 比例 = 180.00, 样式 = STANDARD
指定起点或 [对正(J)/比例(S)/样式(ST)]: s
输入多线比例 <180.00>: 180
当前设置: 对正 = 下, 比例 = 180.00, 样式 = STANDARD
指定起点或 [对正(J)/比例(S)/样式(ST)]:
指定下一点:
指定下一点或 [放弃(U)]:
指定下一点或 [闭合(C)/放弃(U)]:
指定下一点或 [闭合(C)/放弃(U)]:
```

(2) 以同样的方法可以绘制出剖面图左侧的屋顶。

(3) 单击【绘图】工具栏中的【直线】按钮，绘制出屋顶的水泵间，最终得到结果如图 12-56 所示。

> **提示**
> 【直线】命令虽然简单，但是对于绘制建筑图非常重要，有时用【直线】命令绘制平行线比【多线】命令还要方便快捷，这一点读者在绘图过程中可以仔细体会。

步骤 3：绘制地坪台阶。

地坪台阶是在建筑物入口处因室内外地面的高度差而设置的踏步段，在剖面图中用直线表示出来即可。

(1) 设置【地坪】图层为当前图层。

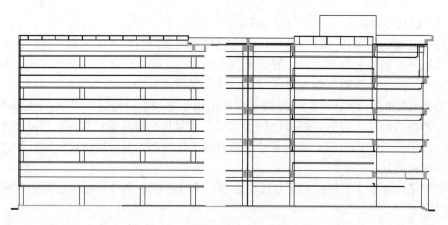

图 12-56　绘制的屋顶

(2) 单击【绘图】工具栏中的【直线】按钮，绘制室内外地坪的台阶。命令行窗口提示如下：

命令: _line
指定第一点:　　　　　　　　　　　　　//选择室内地坪的端点
指定下一点或 [放弃(U)]: @300,0
指定下一点或 [放弃(U)]: @0,-150　　　 //台阶台面宽度为300mm，高度为150mm
指定下一点或 [闭合(C)/放弃(U)]: @300,0
指定下一点或 [闭合(C)/放弃(U)]: @0,-150
指定下一点或 [闭合(C)/放弃(U)]: @300,0
指定下一点或 [闭合(C)/放弃(U)]: @0,-150
指定下一点或 [闭合(C)/放弃(U)]:

完成后的地坪台阶如图 12-57 所示。

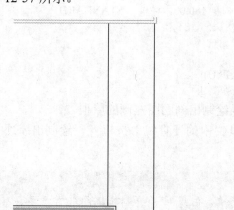

图 12-57　绘制的台阶

12.4.5　绘制电(楼)梯间

电梯和楼梯是房屋各层间的垂直交通联系部分，是楼层人流物流必经的通路。下面来进行绘制。

步骤 1：绘制电梯间。

剖面正剖切到电梯间，因此要将电梯间绘制出来，电梯间主要是由电梯通道和电梯顶室组成的。

(1) 设置【楼梯】图层为当前图层。

(2) 单击【绘图】工具栏中的【多段线】按钮，绘制电梯间的墙和地面，命令行窗口提示如下。

```
命令: _pline                    //使用【多段线】命令
指定起点：
当前线宽为 0.0000
指定下一个点或 [圆弧(A)/半宽(H)/长度(L)/放弃(U)/宽度(W)]: w
指定起点宽度 <0.0000>: 200
指定端点宽度 <200.0000>: 200
指定下一个点或 [圆弧(A)/半宽(H)/长度(L)/放弃(U)/宽度(W)]: @0,-24800
指定下一点或 [圆弧(A)/闭合(C)/半宽(H)/长度(L)/放弃(U)/宽度(W)]: @3000,0
指定下一点或 [圆弧(A)/闭合(C)/半宽(H)/长度(L)/放弃(U)/宽度(W)]: @0,24800
指定下一点或 [圆弧(A)/闭合(C)/半宽(H)/长度(L)/放弃(U)/宽度(W)]: c
```

这样就绘制出电梯间的剖面。

(3) 接着单击【绘图】工具栏中的【直线】按钮，绘制出电梯顶室，这里不再赘述，绘制出的结果如图 12-58 所示。

步骤 2：绘制楼梯间。

在 A-A 剖面中并没有剖切到楼梯间，下面 B—B 就以剖面中剖切到的楼梯间作为实例来讲解楼梯间的绘制。

(1) 设置【楼梯】图层为当前图层。

(2) 单击【绘图】工具栏中的【直线】按钮，绘制出每一层的楼梯间，这里不再赘述，绘制出的结果如图 12-59 所示。

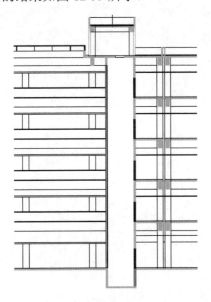

图 12-58　绘制的电梯间

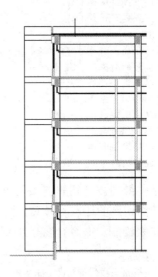

图 12-59　绘制的楼梯间

12.4.6 绘制门窗

在前面的平面图和立面图的设计过程中，已经接触到了门窗的设计。由于门窗的种类各有不同，因此绘制方法也略有差异。前面所介绍到的一些常用的门窗的绘制方法，在剖面图的绘制中仍然可以使用。

总的说来，剖面图中的门窗有两类。一类是没有剖切到的部分，它们的绘制方法与立面图中门窗的绘制方法相同；另一类是被剖切到的，它们的绘制方法与平面图中门窗的绘制方法有相似之处，可以借鉴。

步骤 1：绘制被剖切到的窗。

绘制方法与平面图中窗的绘制类似，具体方法如下。

(1) 单击【修改】工具栏中的【修剪】按钮 ，修剪出窗洞。

(2) 设置【门窗】层为当前图层，单击【绘图】工具栏中的【直线】按钮 ，绘制出窗洞上下的墙线。命令行窗口提示如下。

```
命令: _line
指定第一点:                    //选择墙洞的左上端点
指定下一点或 [放弃(U)]:        //选择墙洞的右上端点
指定下一点或 [放弃(U)]:
命令: _line
指定第一点:                    //选择墙洞的左下端点
指定下一点或 [放弃(U)]:        //选择墙洞的右下端点
指定下一点或 [放弃(U)]:
```

(3) 单击【绘图】工具栏中的【直线】按钮 和【修改】工具栏中的【偏移】按钮 ，绘制窗户内层。命令行窗口提示如下。

```
命令: _line
指定第一点:                    //选择墙洞的左上端点
指定下一点或 [放弃(U)]:        //选择墙洞的左下端点
指定下一点或 [放弃(U)]:
命令: _offset
指定偏移距离或 [通过(T)] <通过>: 80
选择要偏移的对象或 <退出>:     //选择刚才绘制的竖直线
指定点以确定偏移所在一侧:
选择要偏移的对象或 <退出>:
指定点以确定偏移所在一侧:
选择要偏移的对象或 <退出>:
指定点以确定偏移所在一侧:
选择要偏移的对象或 <退出>:
```

(4) 这样得到被剖到的窗，还可以绘制出同样的窗来，结果如图 12-60 所示。

(5) 被剖切到的还有百叶窗，下面来绘制被剖切到的百叶窗。单击【绘图】工具栏中的【矩形】按钮 来绘制，命令行窗口提示如下。

```
命令: _rectang
指定第一个角点或 [倒角(C)/标高(E)/圆角(F)/厚度(T)/宽度(W)]:   //选择墙上一点
指定另一个角点或 [尺寸(D)]:@200,1500
```

```
命令:_rectang
指定第一个角点或 [倒角(C)/标高(E)/圆角(F)/厚度(T)/宽度(W)]:    //选择矩形中一点
指定另一个角点或 [尺寸(D)]:@100,40
```

单击【修改】工具栏中的【阵列】按钮 ,复制多个小矩形,弹出【阵列】对话框,设置如图 12-61 所示。这样就绘制出被剖切到的百叶窗的效果,如图 12-62 所示。

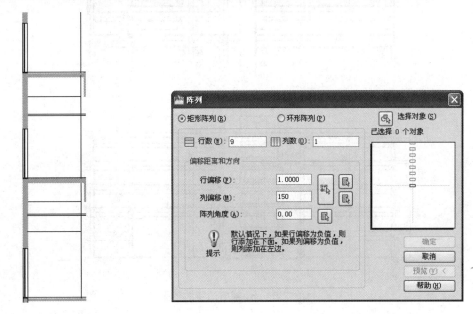

图 12-60 绘制被剖到的窗   图 12-61 【阵列】对话框

步骤 2:绘制被剖切到的门。

在剖面图中,被剖切到的门与窗的表示方法基本相同,因而绘制方法也基本相同,这里不再赘述,绘制好的门如图 12-63 所示。

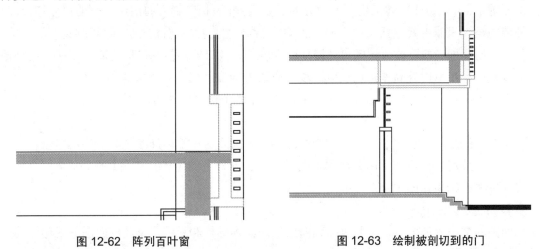

图 12-62 阵列百叶窗   图 12-63 绘制被剖切到的门

步骤 3:绘制未剖切到的窗和门。

未被剖切到的窗、门与立面图中的窗、门表示方法完全相同,因此按照前面立面图中的方法绘制即可。这样,绘制好的剖面如图 12-64 所示。

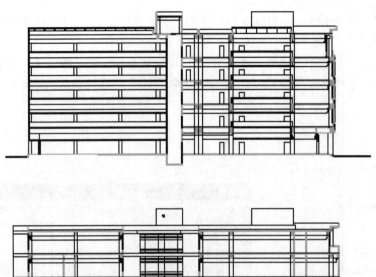

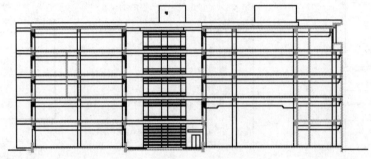

图 12-64 绘制好门窗的剖面

12.4.7 尺寸和文字标注

完成剖面图的绘制后，下面进行尺寸和文字的标注。

步骤 1：尺寸标注。

剖面图中，应该标注出被剖切到的部分的必要尺寸，包括竖直方向剖切部位的尺寸和标高。

外墙的竖直尺寸主要包括三项：标注建筑的总高尺寸；标注层高尺寸，即底层到二层楼面、各层到上一层楼面、顶层楼面到檐口处楼顶的高度差、檐口处楼顶到压顶的高度差和室内外地面的高度差；标注室内外高差，门窗洞高度、垂直方向窗间墙、窗下墙等的高度。

剖面图还标注一些结构的标高，包括室内外各部分的地面、楼面、楼梯休息平台面、梁、雨篷等。

剖面图中的尺寸标注方法与立面图中基本相同，因此这里不再详细讲解标注的过程，读者可以自行进行练习，单击【常用】选项卡的【注释】面板中的【多行文字】按钮，剖面最终尺寸标注的结果如图 12-65 所示。

步骤 2：文字标注。

剖面图的文字标注内容，主要包括剖面构件的具体结构和做法，以及剖面图的说明，其中屋顶结构和做法标注如图 12-66 所示。

这些标注主要利用单击【常用】选项卡的【注释】面板中的【多行文字】按钮来完成，这里就不详细介绍了，标注后的剖面如图 12-67 所示。

第 12 章
应用范例(3)——绘制建筑立面图和剖面图

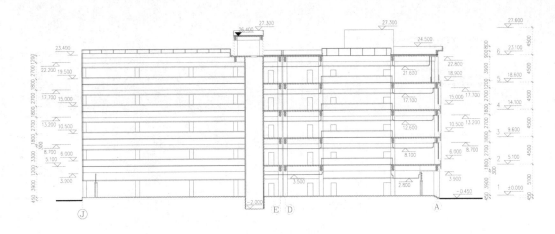

图 12-65　进行尺寸标注

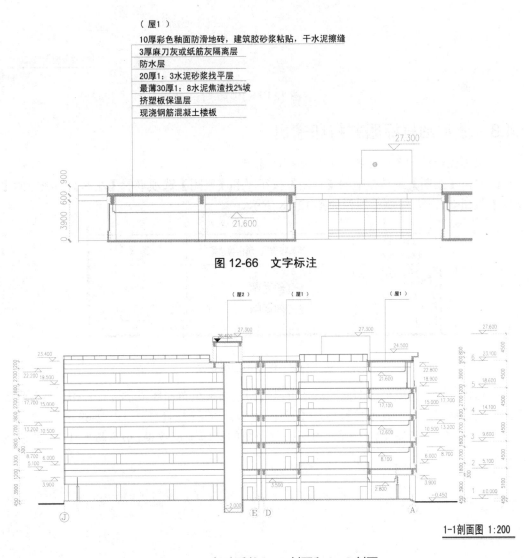

图 12-66　文字标注

图 12-67　标注后的 1—1 剖面和 2—2 剖面

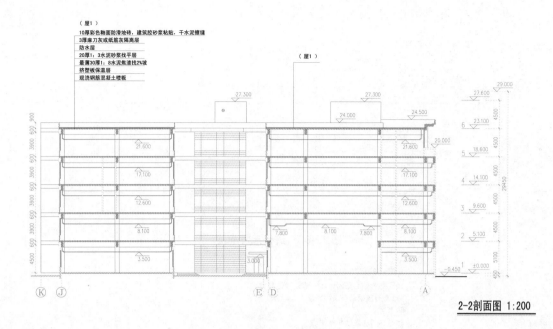

图 12-67 （续）

12.4.8 添加图框标题并打印输出

下面来为图纸添加图框标题，并最终打印输出。

(1) 单击【绘图】工具栏中的【直线】按钮和【常用】选项卡的【注释】面板中的【多行文字】按钮，绘制标题栏如图 12-68 所示。

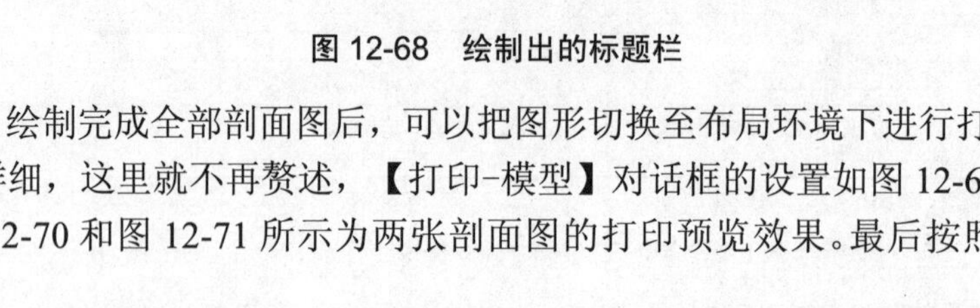

图 12-68 绘制出的标题栏

(2) 这样，绘制完成全部剖面图后，可以把图形切换至布局环境下进行打印。具体步骤前面介绍得比较详细，这里就不再赘述，【打印-模型】对话框的设置如图 12-69 所示。

(3) 如图 12-70 和图 12-71 所示为两张剖面图的打印预览效果。最后按照 1：1 的比例打印出图。

第 12 章
应用范例(3)——绘制建筑立面图和剖面图

图 12-69 【打印-模型】对话框

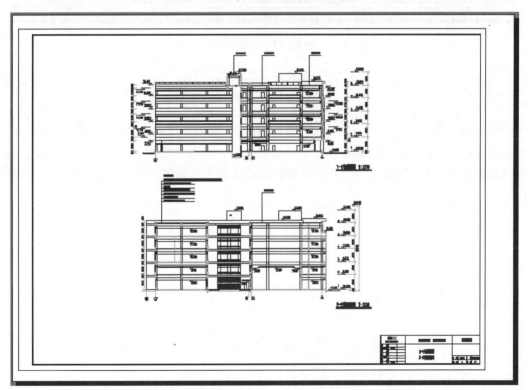

图 12-70 打印预览

537

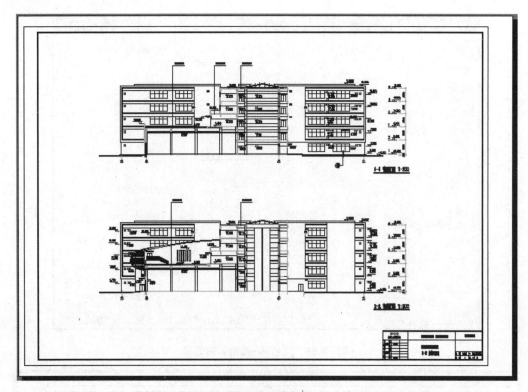

图 12-71 打印预览

12.5 本章小结

本章介绍了建筑立面图的基本知识以及如何利用 AutoCAD 2010 绘制立面图和剖面图，使读者对立面图和剖面图的设计和绘制有了一定的了解。在进行建筑立面图和剖面图的设计时，读者要根据情况，具体问题具体分析，从中理解设计思想与绘制方法，从而为以后的工作打下基础。